Teoria e Problemas de
ARQUITETURA DE COMPUTADORES

C323t   Carter, Nicholas
            Teoria e problemas de arquitetura de computadores /
       Nicholas Carter; trad. Ralph Miller Jr.. – Porto Alegre :
       Bookman, 2003.
            (Coleção Schaum.)

            ISBN 978-85-363-0250-8

            1. Ciência da computação – arquitetura de
       computadores. I. Título.

                                                    CDU 004.02/.457

Catalogação na publicação: Mônica Ballejo Canto – CRB 10/1023

NICHOLAS CARTER, Ph.D.
Assistant Professor
Electrical and Computer Engineering Department
University of Illinois

Teoria e Problemas de
ARQUITETURA DE COMPUTADORES

Tradução:
Ralph Miller Jr.

Consultoria, supervisão e revisão técnica desta edição:
Alexandre S. Carissimi
Doutor em Informática pelo Institut National Polytechnique de Grenoble, França
Professor do Instituto de Informática da UFRGS

Obra originalmente publicada sob o título
Schaum's Outline of Theory and Problems of Computer Architecture
© 2002, McGraw-Hill Companies, Inc.
All rights reserved.

ISBN 0-07-136207-X

Capa: *Rogério Grilho*

Leitura final: *Luciano Gomes*

Supervisão editorial: *Denise Weber Nowaczyk*

Editoração eletrônica: *Laser House*

NICHOLAS P. CARTER é professor assistente no Departamento de Engenharia Elétrica e de Computadores na Universidade de Illinois em Urbana-Champaign. Ele é Ph.D. em Engenharia Elétrica e Ciência dos Computadores pelo Instituto de Tecnologia de Massachusetts. Seus graus de bacharel e de mestre também são daquela instituição. Os interesses de pesquisa do Dr. Carter são em arquitetura de computadores, em especial a interação da tecnologia de fabricação e a arquitetura dos computadores, bem como o projeto de sistemas de computadores utilizando tecnologias não tradicionais de fabricação. Ele recebeu vários prêmios, incluindo o AASERT *fellowship*, e foi nomeado Collins Scholar pela Universidade de Illinois.

Os produtos e as marcas utilizadas neste livro podem ser marcas registradas ou patentes. Onde acreditamos ser esse o caso, foi utilizada a primeira letra em maiúsculo ou no estilo adotado pelo proprietário da marca. Não houve intenção, por parte dos editores, de endosso ou vínculo com os proprietários das patentes. Nem o autor nem os editores tiveram a intenção de expressar qualquer juízo de valor no que diz respeito à validade ou ao status legal das marcas em questão.

Reservados todos os direitos de publicação, em língua portuguesa, à
ARTMED® EDITORA S.A.
(BOOKMAN® COMPANHIA EDITORA é uma divisão da ARTMED® EDITORA S.A.)
Av. Jerônimo de Ornelas, 670 - Santana
90040-340 Porto Alegre RS
Fone (51) 3027-7000 Fax (51) 3027-7070

É proibida a duplicação ou reprodução deste volume, no todo ou em parte, sob quaisquer
formas ou por quaisquer meios (eletrônico, mecânico, gravação, fotocópia, distribuição na Web
e outros), sem permissão expressa da Editora.

SÃO PAULO
Av. Angélica, 1091 - Higienópolis
01227-100 São Paulo SP
Fone (11) 3665-1100 Fax (11) 3667-1333

SAC 0800 703-3444

IMPRESSO NO BRASIL
PRINTED IN BRAZIL

Prefácio

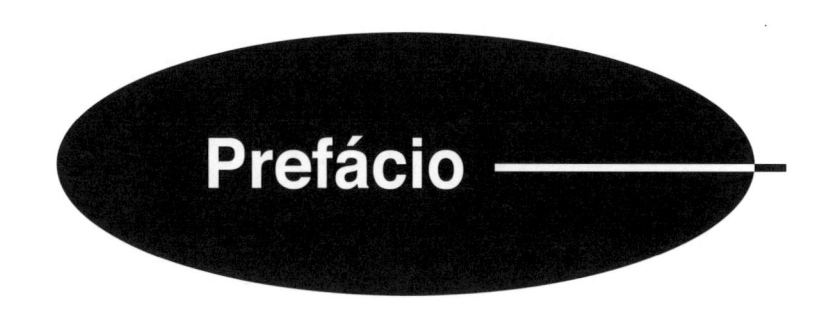

Um dos aspectos mais interessantes da arquitetura de computadores é a rapidez com a qual essa área muda. As inovações ocorrem quase que diariamente. No entanto, a taxa deste progresso é um dos maiores desafios que o ensino da arquitetura e da organização dos computadores enfrenta. Diferente de outras áreas, cursos sobre arquitetura e organização de computadores precisam mudar a cada período letivo, a fim de incorporar os novos desenvolvimentos na área, sem sobrecarregar os alunos com material. Da mesma forma, escrever livros para esta área é difícil, uma vez que o autor precisa encontrar um equilíbrio entre material de ponta e a perspectiva histórica.

Este livro inclui uma seleção de tópicos, cujo objetivo é torná-lo útil para leitores com uma ampla gama de exposição prévia à área. Os Capítulos 1 a 5 cobrem muitos conceitos básicos sobre a organização de computadores, incluindo modos de medir desempenho, representação de dados numéricos e programas, modelos de programação para computadores e os elementos básicos para o projeto de processadores. Os Capítulos 6 e 7 cobrem *pipelining* e paralelismo no nível da instrução, duas tecnologias que são extremamente importantes para o desempenho dos processadores modernos. Os Capítulos 8, 9 e 10 cobrem o projeto de sistemas de memória, incluindo hierarquias de memória, *caches* e memória virtual. O Capítulo 11 descreve sistemas de E/S e o Capítulo 12 traz uma introdução aos sistemas com vários processadores – computadores que combinam vários processadores para fornecer um desempenho melhor.

É meu desejo que os leitores achem este livro útil em seu estudo desta área. Tentei tornar as minhas explicações sobre cada tópico tão claras quanto possível, evitando deter-me em demasia nos detalhes. Comprimir a área de organização e arquitetura de computadores em um livro deste tamanho foi um desafio e eu gostaria de receber comentários que os leitores possam ter a respeito da escolha do material, dos exercícios ou de qualquer outra coisa relacionada a este trabalho.

Concluindo, gostaria de agradecer a todos aqueles que fizeram com que este esforço fosse possível: meus pais, amigos, colegas na University of Illinois e todos os professores que contribuíram para minha própria formação. Além disto, agradeço à equipe da McGraw-Hill por encorajar este trabalho e pela sua tolerância com os atrasos no cronograma.

Nicholas P. Carter

Sumário

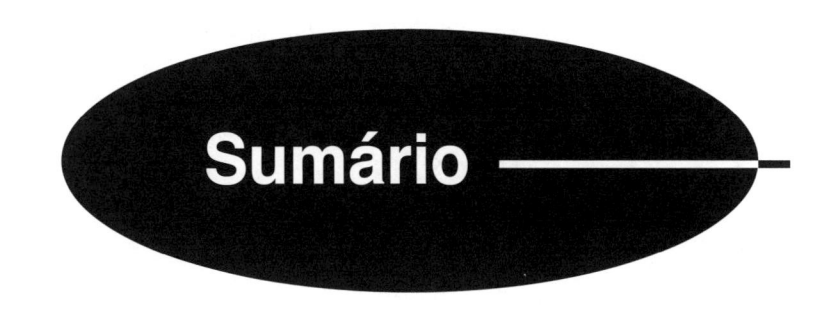

CAPÍTULO 1 **Introdução**   **11**

     1.1 Objetivo deste Livro   11
     1.2 Conhecimentos Presumidos   11
     1.3 Escopo   11
     1.4 Objetivos do Capítulo   12
     1.5 Tendências Tecnológicas   12
     1.6 Medindo o Desempenho   12
     1.7 Aceleração   14
     1.8 A Lei de Amdahl   15
     1.9 Resumo   15

CAPÍTULO 2 **Representações de Dados e Aritmética de Computadores**   **22**

     2.1 Objetivos   22
     2.2 De Elétrons a *Bits*   22
     2.3 Representação Binária de Inteiros Positivos   23
     2.4 Operações Aritméticas com Inteiros Positivos   24
     2.5 Inteiros Negativos   28
     2.6 Números em Ponto Flutuante   31
     2.7 Resumo   36

CAPÍTULO 3 **Organização de Computadores**   **43**

     3.1 Objetivos   43
     3.2 Introdução   43
     3.3 Programas   44
     3.4 Sistemas Operacionais   47
     3.5 Organização dos Computadores   49
     3.6 Resumo   52

CAPÍTULO 4 **Modelos de Programação**   **56**

     4.1 Objetivos   56
     4.2 Introdução   56
     4.3 Tipos de Instruções   57

4.4	Arquiteturas Baseadas em Pilha	61
4.5	Arquiteturas Baseadas em Registradores de Uso Geral	68
4.6	Comparando Arquiteturas Baseadas em Pilha e em Registradores de Uso Geral	71
4.7	Utilizando Pilhas para Implementar Chamadas de Procedimentos	72
4.8	Resumo	74

CAPÍTULO 5   Projeto de Processadores   80

5.1	Objetivos	80
5.2	Introdução	80
5.3	Arquitetura do Conjunto de Instruções	81
5.4	Microarquitetura de Processadores	87
5.5	Resumo	90

CAPÍTULO 6   Utilização de *Pipelines*   96

6.1	Objetivos	96
6.2	Introdução	96
6.3	*Pipelining*	97
6.4	Riscos de Dependências entre Instruções e o seu Impacto sobre a Taxa de Rendimento	100
6.5	Prevendo o Tempo de Execução em Processadores com *Pipelines*	104
6.6	Transmissão de Resultados (*Bypassing*)	107
6.7	Resumo	109

CAPÍTULO 7   Paralelismo no Nível da Instrução   118

7.1	Objetivos	118
7.2	Introdução	118
7.3	O que é Paralelismo no Nível da Instrução?	120
7.4	Limitações do Paralelismo no Nível da Instrução	120
7.5	Processadores Superescalares	121
7.6	Execução Em-Ordem *versus* Fora-de-Ordem	122
7.7	Renomeação de Registradores	124
7.8	Processadores PIML	126
7.9	Técnicas de Compilação para Paralelismo no Nível da Instrução	128
7.10	Resumo	131

CAPÍTULO 8   Sistemas de Memória   141

8.1	Objetivos	141
8.2	Introdução	141
8.3	Latência, Taxa de Transferência e Largura de Banda	141
8.4	Hierarquias de Memória	144
8.5	Tecnologias de Memória	146
8.6	Resumo	156

CAPÍTULO 9   *Caches*   158

9.1	Objetivos	158
9.2	Introdução	158
9.3	*Caches* de Dados, de Instruções e Unificadas	159
9.4	Descrevendo *Caches*	160
9.5	Capacidade	160
9.6	Comprimento de Linha	160

	9.7	Associatividade	162
	9.8	Política de Substituição	165
	9.9	*Caches Write-Back versus Write-Through*	166
	9.10	Implementações de *Caches*	167
	9.11	Matrizes de Etiquetas	167
	9.12	Lógica de Acertos/Faltas	169
	9.13	Matrizes de Dados	170
	9.14	Categorizando Faltas de *Cache*	170
	9.15	*Caches* em Vários Níveis	171
	9.16	Resumo	172

CAPÍTULO 10   Memória Virtual   181

10.1	Objetivos	181
10.2	Introdução	181
10.3	Tradução de Endereços	183
10.4	Paginação por Demanda *versus Swapping*	184
10.5	Tabelas de Páginas	184
10.6	*Translation Lookaside Buffers*	190
10.7	Proteção	192
10.8	*Caches* e Memória Virtual	194
10.9	Resumo	195

CAPÍTULO 11   Entrada e Saída   201

11.1	Objetivos	201
11.2	Introdução	201
11.3	Barramentos de E/S	202
11.4	Interrupções	204
11.5	E/S Mapeada em Memória	206
11.6	Acesso Direto à Memória	208
11.7	Dispositivos de E/S	209
11.8	Discos Magnéticos	210
11.9	Resumo	213

CAPÍTULO 12   Multiprocessadores   220

12.1	Objetivos	220
12.2	Introdução	220
12.3	Aceleração e Desempenho	221
12.4	Multiprocessadores	223
12.5	Sistemas Baseados em Troca de Mensagens	225
12.6	Sistemas de Memória Compartilhada	226
12.7	Comparando Memória Compartilhada e Troca de Mensagens	231
12.8	Resumo	232

ÍNDICE   239

Capítulo 1

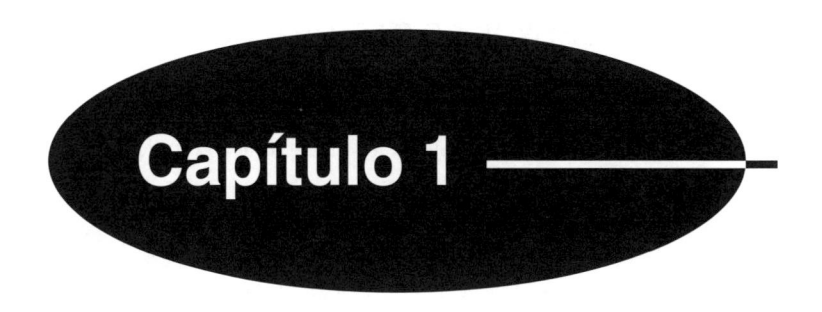

Introdução

1.1 OBJETIVO DESTE LIVRO

O objetivo deste livro é ser utilizado como um texto de acompanhamento para cursos introdutórios sobre arquitetura de computadores, em nível de graduação ou em cursos de pós-graduação. O seu público principal são estudantes de cursos com disciplinas de arquitetura de computadores que estejam interessados em explicações adicionais, problemas práticos e exemplos a serem utilizados para melhorar a sua compreensão do material, ou na preparação de exercícios.

1.2 CONHECIMENTOS PRESUMIDOS

Este livro presume que o leitor tenha conhecimentos equivalentes àqueles de alunos de segundo ou terceiro ano de Engenharia Elétrica, ou de programas de Ciência da Computação que ainda não tenham tido uma disciplina sobre organização ou arquitetura de computadores. Presume-se uma familiaridade básica com a operação de computadores e sua terminologia, assim como alguma familiaridade com programação em linguagens de alto nível.

1.3 ESCOPO

Este livro cobre uma gama de tópicos ligeiramente mais ampla que a maioria das disciplinas sobre arquitetura de computadores, com um semestre de duração, a fim de aumentar a sua utilidade. Os leitores descobrirão que o material adicional é útil como uma revisão ou como uma introdução para tópicos mais avançados. O livro começa com uma discussão sobre representação de dados e aritmética de computadores, seguida por capítulos sobre a organização de computadores e os modelos de programação. Três capítulos são dedicados à discussão de projeto de processadores, incluindo *pipelining* e paralelismo ao nível da instrução. Estes são seguidos por três capítulos sobre sistemas de memória, incluindo memória virtual e *caches*. Os dois últimos capítulos discutem E/S e fornecem uma introdução aos multiprocessadores.

1.4 OBJETIVOS DO CAPÍTULO

A meta deste capítulo é preparar o leitor para os conteúdos apresentados em capítulos posteriores, ao discutir as tecnologias básicas que determinam o desempenho de computadores e as técnicas utilizadas para medir e discutir o desempenho. Após ler este capítulo e completar os exercícios, o estudante deverá:

1. Compreender e ser capaz de discutir as taxas históricas do aperfeiçoamento da densidade de transistores, do desempenho de circuitos e do desempenho geral de sistemas.
2. Compreender métodos comuns para avaliar o desempenho de computadores.
3. Ser capaz de calcular como as modificações em uma parte de um sistema de computadores afetam o desempenho geral.

1.5 TENDÊNCIAS TECNOLÓGICAS

Desde o início da década de 1980, o desempenho dos computadores tem sido impulsionado por aperfeiçoamentos nas capacidades dos circuitos integrados utilizados para implementar microprocessadores, nos *chips* de memória e em outros componentes de computadores. Ao longo do tempo, os circuitos integrados foram aperfeiçoados em *densidade* (quantos transistores e ligações podem ser colocados em uma área fixa em um *chip* de silício), *velocidade* (a rapidez com que as portas lógicas básicas e dispositivos de memória operam) e a *área* (o tamanho físico do maior circuito integrado que pode ser fabricado).

O impressionante crescimento do desempenho de computadores ao longo das últimas duas décadas foi impulsionado pelo fato de que a velocidade e a densidade dos *chips* foram aperfeiçoados geometricamente, em vez de linearmente. Isto significa que uma melhoria no desempenho de um ano com relação ao seguinte tem sido uma parcela relativamente constante do desempenho do ano anterior, em vez de um valor absoluto constante. Em média, o número de transistores que podem ser produzidos sobre um *chip* de silício aumentou cerca de 50% ao ano, e a velocidade dos transistores aumentou tanto que o atraso de uma porta lógica básica (E, OU, etc.) diminuiu 13% ao ano. A observação de que o desempenho dos computadores melhora geometrica e não linearmente é freqüentemente citada como a *Lei de Moore*.

> ***Exemplo*** A quantidade de dados que pode ser armazenada em um *chip* de memória RAM dinâmica (DRAM) quadruplicou a cada três anos desde o final da década de 1970, em uma taxa de crescimento anual de 60%.

Do final da década de 1970 até o final da década de 1980, o desempenho dos microprocessadores foi impulsionado principalmente pelos aperfeiçoamentos na tecnologia de fabricação e foi melhorado a uma taxa de 35% ao ano. Desde então, a taxa de aperfeiçoamento efetivamente cresceu para mais de 50% ao ano, embora a taxa do progresso na fabricação de semicondutores tenha permanecida relativamente constante. O aumento na taxa de desempenho tem sido devido a melhorias na arquitetura e na organização de computadores – os projetistas de computadores têm sido capazes de tirar proveito da crescente densidade dos circuitos integrados para acrescentar recursos aos microprocessadores e aos sistemas de memória, os quais proporcionam um desempenho acima do aumento da velocidade dos transistores que os implementam.

1.6 MEDINDO O DESEMPENHO

Neste capítulo, já discutimos como o desempenho dos computadores melhorou ao longo do tempo, mas sem dar uma definição formal do que é desempenho. Isso se deve, em parte, ao fato de o termo *desempenho* ser muito vago quando utilizado no contexto de sistemas de computadores. Geralmente, o desempenho descreve a rapidez com a qual um determinado sistema pode executar um programa ou programas. Sistemas que executam programas em menos tempo são ditos de melhor desempenho.

A melhor medida para o desempenho de um computador é o tempo de execução de um programa, ou programas, que o usuário deseja executar. Mas geralmente é impraticável testar todos os programas que serão executados em um dado sistema antes de decidir qual computador comprar, ou quando se toma decisões de projeto. Assim, os projetistas de computadores produziram um certo número de unidades para descrever o desempenho de computadores, algumas das quais serão discutidas neste capítulo. Os projetistas também imaginaram uma certa quantidade de unidades para o desempenho de subsistemas individuais dos computadores, as quais serão discutidas nos capítulos que tratam desse assunto.

Tenha em mente que, além do desempenho, muitos fatores podem influenciar decisões de projeto ou de compra. Facilidade de programação é uma preocupação importante, pois o tempo e os gastos necessários para desenvolver programas que sejam úteis podem ser mais significativos do que a diferença nos tempos de execução dos mesmos, uma vez que eles tenham sido desenvolvidos. A questão da compatibilidade também é importante; a maioria dos programas é vendida como imagens binárias que somente poderão ser executadas em uma família de processadores em particular. Se o programa que você precisa não é executável em um dado sistema, não importa a rapidez com que o sistema execute outros programas.

MIPS

Uma medida antiga do desempenho de computadores é a taxa pela qual a máquina executa instruções. Isto é calculado dividindo-se o número de instruções executadas em um programa pelo tempo necessário para executá-lo, e é tipicamente expresso em *milhões de instruções por segundo* (MIPS). Essa medida caiu em desuso porque não leva em conta o fato de que diferentes sistemas freqüentemente precisam de números diferentes de instruções para implementar um dado programa. A taxa de MIPS de um computador nada diz a respeito de quantas instruções são necessárias para executar uma dada tarefa, tornando-a menos útil do que outras unidades para comparar o desempenho de diferentes sistemas.

CPI/IPC

Outra unidade utilizada para descrever o desempenho de computadores é o número de ciclos de relógio necessário para executar cada instrução, conhecido como *ciclos por instrução*, ou CPI. O CPI de um programa, em um sistema, é calculado dividindo-se o número de ciclos de relógio necessários para executar o programa pelo número de instruções executadas. Para sistemas que podem executar mais de uma instrução por ciclo, o número de *instruções executadas por ciclo*, ou IPC, é freqüentemente utilizada, em vez do CPI. O IPC é calculado dividindo-se o número de instruções executadas, ao se executar um programa, pelo número de ciclos de relógio necessários para executar o programa, e é o recíproco do CPI. Essas duas unidades fornecem a mesma informação e a escolha de qual usar geralmente é baseada em qual dos valores é maior do que o número 1. Quando se utiliza o IPC e o CPI para comparar sistemas, é importante lembrar que valores altos de IPC indicam que o programa de referência demorou menos ciclos para ser executado do que valores baixos de IPC, enquanto que valores altos de CPI indicam que foram necessários mais ciclos do que valores baixos de CPI. Assim, um IPC alto tende a indicar bom desempenho, um CPI alto indica um desempenho fraco.

> **Exemplo** Um dado programa consiste de um laço de 100 instruções que é executado 42 vezes. Se demora 16.000 ciclos para executar o programa em um dado sistema, quais são os valores de CPI e de IPC do sistema para este programa?
>
> **Solução**
>
> O laço de 100 instruções é executado 42 vezes, de modo que o número total de instruções executadas é $100 \times 42 = 4200$. Demora 16.000 ciclos para executar o programa, de modo que o CPI é $16.000/4200 = 3,81$. Para calcular o IPC, dividimos 4200 instruções por 16.000 ciclos, obtendo um IPC de 0,26.

Em geral, o IPC e o CPI são medidas ainda menos úteis do desempenho de sistemas atuais do que o MIPS, porque eles não contêm qualquer informação a respeito da freqüência do relógio do sistema ou de quantas instruções o sistema exige para executar uma tarefa. Se você conhece a taxa de MIPS de um sistema em um programa, você pode multiplicá-la pelo número de instruções executadas nele para determinar quanto tempo demorou para ser completado. Se você conhece o CPI de um sistema em um dado programa, você pode multiplicá-lo pelo número de instruções para obter o número de ciclos que demorou para completar o programa, mas você tem que saber o número de ciclos por segundo (a freqüência de relógio do sistema) para converter isto na quantidade de tempo necessário para executar o programa.

Como resultado, o CPI e o IPC raramente são utilizados para comparar sistemas de computadores atuais. No entanto, são unidades muito comuns na pesquisa de arquitetura de computadores, porque a maior parte desse tipo de pesquisa é feita utilizando programas que simulam uma arquitetura em especial, para estimar quantos ciclos um dado programa irá utilizar para ser executado naquela arquitetura. Esses simuladores geralmente são incapazes de prever o ciclo de tempo dos sistemas que eles simulam, de modo que o CPI/IPC é a melhor estimativa de desempenho disponível.

Conjuntos de *Benchmark*

Como discutimos, tanto o MIPS quanto o CPI/IPC têm limitações significativas como medidas de desempenho de computadores. Conjuntos de *benchmark* (medição de desempenho) são uma terceira medida de desempenho de computadores e foram desenvolvidas para resolver as limitações do MIPS e do CPI/IPC.

Um conjunto de *benchmark* consiste de uma série de programas que acredita-se ser o correspondente típico de programas que serão executados no sistema. A pontuação de um sistema no conjunto de *benchmark* é baseada em quanto tempo o sistema demora para executar todos os programas que o compõem. Existem muitos conjuntos de *benchmark* diferentes, que geram estimativas do desempenho de um sistema com diferentes tipos de aplicações.

Um dos conjuntos de *benchmark* mais conhecidos é a suíte SPEC, produzida pela Standard Performance Evaluation Corporation. Sua versão atual, por ocasião da publicação deste livro, é a "SPEC CPU2000 *benchmark*", a terceira principal revisão desde que o conjunto de *benchmark* SPEC foi publicado em 1989.

Os conjuntos de *benchmark* fornecem várias vantagens sobre MIPS e CPI/IPC. Primeiro, os seus resultados de desempenho são baseados em tempos totais de execução, não na taxa de execução de instruções. Segundo, elas fazem uma média do desempenho do sistema por vários programas, de modo a gerar uma estimativa da sua velocidade média. Isto torna a avaliação geral do sistema em um conjunto de *benchmark* um indicador melhor do seu desempenho geral do que é a avaliação MIPS em qualquer programa isolado. Além disto, muitos *benchmarks* exigem que os fabricantes publiquem os resultados dos seus sistemas com programas individuais do *benchmark*, bem como a pontuação geral do sistema no conjunto de *benchmark*, tornando possível fazer uma comparação direta de resultados individuais do *benchmark*, se você sabe que um sistema será utilizado para uma aplicação em especial.

Média Geométrica *versus* Média Aritmética

Muitos conjuntos de *benchmark* utilizam a média *geométrica*, em vez da média *aritmética*, para fazer a média dos resultados dos programas contidos no conjunto de *benchmark* porque um único valor extremo tem um impacto menor sobre a média geométrica de uma série do que sobre a média aritmética. Utilizar a média geométrica torna mais difícil para um sistema atingir uma pontuação alta no *benchmark*, ao atingir um bom desempenho em apenas um dos programas do conjunto, fazendo com que a pontuação geral do sistema seja um indicador melhor do seu desempenho com a maioria dos programas.

A média geométrica de *n* valores é calculada multiplicando-se os *n* valores e tirando-se a raiz enésima do produto. A média aritmética, ou média de um conjunto de valores, é calculada somando-se todos os valores e dividindo-se o resultado pelo número de valores.

Exemplo Quais são as médias aritmética e geométrica dos valores 4, 2, 4, 82?

Solução

A média aritmética desta série é

$$\frac{4+2+4+82}{4} = 23$$

A média geométrica é

$$\sqrt[4]{4 \times 2 \times 4 \times 82} = 7{,}16$$

Note que a inclusão de um valor extremo na série teve um efeito muito maior sobre a média aritmética do que sobre a média geométrica.

1.7 ACELERAÇÃO

Freqüentemente, os projetistas de computadores utilizam o termo *aceleração* para descrever como o desempenho de uma arquitetura muda à medida que diferentes melhoramentos são feitos naquela arquitetura. A aceleração é simplesmente a razão entre os tempos de execução antes e depois que a mudança é feita, de modo que:

$$\text{Aceleração} = \frac{\text{Tempo de execução}_{antes}}{\text{Tempo de execução}_{depois}}$$

Por exemplo, se um programa demora 25 segundos para ser executado em uma versão de uma arquitetura e 15 segundos para ser executado em uma nova versão, a aceleração geral é de 25 segundos/15 segundos = 1,67.

1.8 A LEI DE AMDAHL

A regra mais importante para projetar sistemas de computadores de alto desempenho é *faça com que o mais comum seja rápido*. Qualitativamente, isto significa que o impacto de um dado aperfeiçoamento sobre o desempenho geral depende tanto de quanto o aperfeiçoamento melhora o desempenho quando ele é utilizado, como de com que freqüência esse aperfeiçoamento é utilizado. Quantitativamente, esta regra foi expressa pela *Lei de Amdahl*, que define

$$\text{Tempo de execução}_{novo} = \text{Tempo de execução}_{antigo} \times \left[\text{Parcela}_{n\tilde{a}o\_usada} + \frac{\text{Parcela}_{usada}}{\text{Aceleração}_{usada}} \right]$$

Na equação, Parcela$_{n\tilde{a}o\_usada}$ é a parcela de tempo (não instruções) na qual o aperfeiçoamento não está em uso, Parcela$_{usada}$ é a parcela de tempo na qual o aperfeiçoamento está em uso e Aceleração$_{usada}$ é a aceleração que acontece quando o aperfeiçoamento é usado (isto seria a aceleração geral se o aperfeiçoamento fosse utilizado o tempo todo). Note que Parcela$_{n\tilde{a}o\_usada}$ e Parcela$_{usada}$ são calculados utilizando o tempo de execução *antes* que as modificações sejam aplicadas. Calcular estes valores utilizando o tempo de execução depois que a modificação fosse aplicada daria resultados incorretos.

A Lei de Amdahl pode ser reescrita utilizando a definição de aceleração para dar

$$\text{Aceleração} = \frac{\text{Tempo de execução}_{antigo}}{\text{Tempo de execução}_{novo}} = \frac{1}{\text{Parcela}_{n\tilde{a}o\_usada} + \frac{\text{Parcela}_{usada}}{\text{Aceleração}_{usada}}}$$

Exemplo Suponha que uma dada arquitetura não tenha suporte de *hardware* para multiplicações, de modo que as multiplicações tenham que ser feitas por meio de adições repetidas (este é o caso de alguns dos primeiros microprocessadores). Se demora 200 ciclos para executar uma multiplicação por *software* e quatro ciclos para executar a multiplicação por *hardware*, qual é a aceleração geral produzida pelo *hardware* para suporte de multiplicações, se um programa gasta 10% do seu tempo fazendo multiplicações? E com um programa que gasta 40% do seu tempo fazendo multiplicações?

Solução

Em ambos os casos, quando é utilizado *hardware* para multiplicações a aceleração é 200/4 = 50 (razão entre o tempo para fazer uma multiplicação sem e com o *hardware*). No caso em que o programa gasta 10% do seu tempo fazendo multiplicações, Parcela$_{n\tilde{a}o\_usada}$ = 0,9 e Parcela$_{usada}$ = 0,1. Colocando estes valores na Lei de Amdahl, temos: Aceleração = 1/[0,9 + (0,1/50)] = 1,11. Se o programa gasta 40% do seu tempo fazendo multiplicações, antes que o *hardware* para multiplicações seja acrescentado, então Parcela$_{n\tilde{a}o\_usada}$ = 0,6 e Parcela$_{usada}$ = 0,4 e obtemos Aceleração = 1/[0,6 + (0,4/50)] = 1,64.

Este exemplo ilustra o impacto sobre o desempenho geral que tem a parcela de tempo na qual um aperfeiçoamento é utilizado. À medida que a Aceleração$_{usada}$ vai para o infinito, a aceleração geral converge para 1/Parcela$_{n\tilde{a}o\_usada}$, porque o aperfeiçoamento nada pode fazer a respeito do tempo de execução da parcela do programa que não utiliza o aperfeiçoamento.

1.9 RESUMO

Este capítulo teve por objetivo fornecer um contexto para o resto do livro, ao explicar algumas das forças tecnológicas que impulsionam o desempenho de computadores, e fornecer um arcabouço para a discussão e avaliação do desempenho de sistemas, que será utilizado por todo o livro.

Os conceitos importantes que o leitor deve entender, após ter estudado este capítulo, são:

1. A tecnologia de computadores é impulsionada por aperfeiçoamentos na tecnologia de fabricação de semicondutores, e estes aperfeiçoamentos progridem geometrica e não linearmente.
2. Há muitos modos de medir o desempenho de computadores, e as medidas mais efetivas do desempenho geral são baseadas no desempenho de um sistema com uma ampla variedade de aplicações.
3. É importante compreender como uma dada unidade de desempenho é gerada, de modo a entender qual é a sua utilidade para prever o desempenho de um sistema, em uma determinada aplicação.
4. O impacto que uma mudança em uma arquitetura tem sobre o desempenho geral depende não apenas de quanto esta mudança melhora o desempenho quando ela é utilizada, mas com qual freqüência esta modificação é útil. A conseqüência disto é que o impacto de um aperfeiçoamento sobre o desempenho geral é limitado pela parcela de tempo que o aperfeiçoamento não está em uso, independentemente de quanta aceleração este aperfeiçoamento traz quando ele é utilizado.

Problemas Resolvidos

Tendências Tecnológicas (I)

1.1 Para ilustrar a rapidez com que a tecnologia de computadores está sendo aperfeiçoada, vamos considerar o que teria acontecido se tivesse acontecido o mesmo com os automóveis. Assuma que o carro médio, em 1977, tinha uma velocidade máxima de 160 quilômetros por hora e que o consumo médio de combustível era de 6,4 km por litro (km/l). Se tanto a velocidade máxima como a eficiência fossem aperfeiçoadas a uma taxa de 35% ao ano, de 1977 a 1987, e a 50% ao ano, de 1987 a 2000, acompanhando o desempenho dos computadores, qual seria a velocidade máxima e o consumo de combustível de um carro em 1987? E em 2000?

Solução

Em 1987:

O período que vai de 1977 a 1987 é de 10 anos; assim, ambas as características teriam sido aperfeiçoadas por um fator de $(1,35)^{10} = 20,1$, dando uma velocidade máxima de 3216 km/h e um consumo de combustível de 128,6 km/l.

Em 2000:

Um período de mais 13 anos, desta vez a uma taxa de aperfeiçoamento de 50% ao ano, para um fator total de $(1,5)^{13} = 194,6$ sobre os valores de 1987. Isto dá uma velocidade máxima de 625.833,6 km/h e um consumo de combustível de 25.025,6 km/l. Isto é rápido o suficiente para cobrir a distância entre a Terra e a Lua em menos de 40 minutos e fazer a viagem de ida e volta com menos de 40 litros de gasolina.

Tendências Tecnológicas (II)

1.2 Desde 1987, o desempenho dos computadores tem aumentado a uma taxa de aproximadamente 50% ao ano, com as melhorias na tecnologia de fabricação respondendo por cerca de 35% ao ano e os aperfeiçoamentos na arquitetura por, aproximadamente, 15% ao ano.

1. Se o desempenho do melhor computador disponível em 1/1/1988 fosse definido como sendo 1, qual seria o desempenho esperado do melhor computador disponível em 1/1/2001?

2. Suponha que não tivesse havido aperfeiçoamentos na arquitetura dos computadores desde 1987, fazendo com que a tecnologia de fabricação fosse a única fonte de melhorias no desempenho. Qual seria o desempenho esperado do melhor computador disponível em 1/1/2001?

3. Agora, suponha que não tivesse havido aperfeiçoamentos na tecnologia de fabricação, tornando as melhorias na arquitetura a única fonte de melhoras no desempenho. Qual seria o desempenho esperado do computador mais rápido em 1/1/2001?

Solução

1. O desempenho melhora a 50% ao ano e de 1/1/1988 até 1/1/2000 são 13 anos, de modo que o desempenho esperado da máquina de 1/1/2001 é $1 \times (1,5)^{13} = 194,6$.

2. Aqui, o desempenho melhora apenas 35% ao ano, de modo que o desempenho esperado é 49,5.

3. A melhora no desempenho é de 15% ao ano, dando um desempenho esperado de 6,2.

Aceleração (I)

1.3 Se a versão de 1998 de um computador executa um programa em 200 s e a versão fabricada no ano 2000 executa o mesmo programa em 150 s, qual é a aceleração que o fabricante obteve ao longo de um período de dois anos?

Solução

$$\text{Aceleração} = \frac{\text{Tempo de execução}_{\text{antes}}}{\text{Tempo de execução}_{\text{depois}}}$$

Assim, a aceleração é de 200 s/150 s = 1,33. Claramente, este fabricante está bem abaixo da taxa de crescimento de desempenho da indústria em geral.

Aceleração (II)

1.4 Para atingir uma aceleração de 3 em um programa que originalmente demorava 78 s para ser executado, para quanto deve ser reduzido o tempo de execução do programa?

Solução

Aqui, temos os valores para a Aceleração e o Tempo de execução$_{\text{antes}}$. Substituindo estes valores na fórmula para a aceleração e resolvendo para o Tempo de execução$_{\text{depois}}$, temos que o tempo de execução precisa ser reduzido para 26 s, de modo a atingir uma aceleração de 3.

Medindo o Desempenho (I)

1.5 1. Quais são os programas e os conjuntos de *benchmark* utilizados para medir o desempenho de computadores?

2. Por que existem vários *benchmarks* que são utilizados pelas arquiteturas de computadores, ao invés de um *benchmark* "melhor"?

Solução

1. Sistemas de computadores são utilizados para executar uma ampla variedade de programas, alguns dos quais podem não existir por ocasião da compra ou construção do sistema. Assim, geralmente não é possível medir o desempenho de um sistema sobre um conjunto de programas que será executado na máquina. Ao invés disto, programas e conjuntos de *benchmark* são utilizados para medir o desempenho de um sistema com uma ou mais aplicações que acredita-se serem representativas do conjunto de programas que será executado na máquina.

2. Existem vários programas/conjuntos de *benchmark* porque os computadores são utilizados para uma ampla variedade de aplicações, cujo desempenho pode depender de muitos aspectos diferentes do sistema de computador. Por exemplo, o desempenho de aplicações de banco de dados e processamento de transações tende a depender fortemente do desempenho do subsistema de E/S do computador. Em contraste, aplicações para cálculos científicos dependem principalmente do desempenho do processador e do sistema de memória do sistema. Da mesma forma que as aplicações, os conjuntos de *benchmark* variam em termos da quantidade de esforço que elas colocam sobre cada subsistema do computador e é importante utilizar um *benchmark* que exija esforços dos mesmos subsistemas que as aplicações pretendidas. Utilizar um *benchmark* exigente quanto ao processador a fim de avaliar computadores com relação ao processamento de transações não daria uma boa estimativa da taxa pela qual esses sistemas poderiam processar transações, pois o fator limitante é o subsistema de E/S.

Medindo o Desempenho (II)

1.6 Quando está executando um programa em particular, o computador A atinge 100 MIPS e o computador B atinge 75 MIPS. No entanto, o computador A demora 60 segundos para executar o programa, enquanto que o computador B demora apenas 45 segundos. Como isto é possível?

Solução

MIPS medem a taxa pela qual um processador executa instruções, mas arquiteturas diferentes de processadores exigem números diferentes de instruções para executar um determinado cálculo. Se, para completar o programa, o computador A tem que executar muito mais instruções do que o computador B, seria possível que o computador A demorasse mais para executar o programa do que o processador B, independentemente do fato de que o computador A executa mais instruções por segundo.

Medindo o Desempenho (III)

1.7 Em um conjunto de *benchmark*, o computador C obtém uma pontuação de 42 e o computador D, 35 (pontuações maiores são melhores). Ao executar o seu programa, você descobre que o computador C demora 20% a mais que o computador D. Como isso é possível?

Solução

A explicação mais provável é que o seu programa seja altamente dependente de algum aspecto do sistema que não está sendo exigido pelo conjunto de *benchmark*. Por exemplo, ele pode executar um grande número de cálculos de ponto flutuante e o conjunto de *benchmark* enfatiza o desempenho com inteiros, ou vice-versa.

CPI

1.8 Quando executado em um dado sistema, um programa demora 1.000.000 de ciclos. Se o sistema atinge um CPI de 40, quantas instruções foram executadas no programa?

Solução

CPI = (número de ciclos)/(número de instruções). Portanto, (número de instruções) = (número de ciclos)/CPI. 1.000.000 ciclos/40 CPI = 25.000. Assim, ao executar o programa, 25.000 instruções foram executadas.

IPC

1.9 Qual é o IPC de um programa que executa 35.000 instruções e exige 17.000 ciclos para ser completado?

Solução

IPC = (número de instruções)/(número de ciclos), de modo que o IPC deste programa é de 35.000 instruções/17.000 ciclos = 2,06.

Média Geométrica versus Média Aritmética

1.10 Dado o seguinte conjunto de pontuações de *benchmarks* individuais para cada um dos programas na parte de inteiros do *benchmark* SPEC2000, calcule as médias aritmética e geométrica de cada conjunto. Observe que estas pontuações não representam um conjunto real de medições feitas sobre uma máquina. Elas foram selecionadas para ilustrar o impacto que a utilização de métodos diferentes de cálculo da média tem sobre pontuações de *benchmark*.

Benchmark	Pontuação antes do aperfeiçoamento	Pontuação depois do aperfeiçoamento
1.64.gzip	10	12
175.vpr	14	16
176.gcc	23	28
181.mcf	36	40
186.crafty	9	12
197.parser	12	120
252.eon	25	28
253.perlbmk	18	21
254.gap	30	28
255.vortex	17	21
256.bzip2	7	10
300.twolf	38	42

Solução

Existem 12 *benchmarks* no conjunto, de modo que a média aritmética é calculada somando-se todos os valores em cada conjunto e dividindo o resultado por 12, enquanto que a média geométrica é calculada tirando-se a raiz 12^a do produto de todos os valores em um conjunto. Isto dá os seguintes os valores:

Antes do aperfeiçoamento: média aritmética = 19,92; média geométrica = 17,39

Depois do aperfeiçoamento: média aritmética = 31,5; média geométrica = 24,42

O que vemos, a partir disto, é que a média aritmética é muito mais sensível a mudanças grandes em um dos valores do conjunto que a média geométrica. A maioria dos *benchmarks* individuais vêem mudanças relativamente pequenas à medida que acrescentamos aperfeiçoamentos à arquitetura, mas o *benchmark* 197.parser mostra um aperfeiçoamento com um fator de 10. Isto faz com que a média aritmética aumente em praticamente 60%, enquanto que a média geométrica aumenta apenas 40%. Esta sensibilidade reduzida a valores individuais é o motivo pelo qual os especialistas preferem a média geométrica para fazer a média dos resultados de vários *benchmarks*, uma vez que um resultado muito bom ou um resultado muito ruim, em um conjunto de *benchmarks*, tem menos impacto sobre a pontuação geral.

Lei de Amdahl (I)

1.11 Suponha que, ao executar um dado programa, um computador gaste 90% do seu tempo tratando um tipo especial de cálculo, e que os seus fabricantes façam uma mudança que melhore o seu desempenho, naquele tipo de cálculo, por um fator de 10.

1. Se o programa demorava, originalmente, 100 s para ser executado, qual será o seu tempo de execução depois da modificação?

2. Qual é a aceleração do sistema novo com relação ao antigo?

3. Qual parte do seu tempo de execução o novo sistema gasta executando o tipo de cálculo que foi aperfeiçoado?

Solução

1. Isto é uma aplicação direta da Lei de Amdahl:

$$\text{Tempo de execução}_{novo} = \text{Tempo de execução}_{antigo} \times \left[\text{Parcela}_{não\_usada} + \frac{\text{Parcela}_{usada}}{\text{Aceleração}_{usada}} \right]$$

Tempo de execução$_{antigo}$ = 100 s, Parcela$_{usada}$ = 0,9, Parcela$_{não\_usada}$ = 0,1 Aceleração$_{usada}$ = 10
Isto dá um Tempo de execução$_{novo}$ de 19 s.

2. Utilizando a definição de aceleração, temos uma aceleração de 5,3. Alternativamente, poderíamos substituir os valores da parte 1 na versão de aceleração da Lei de Amdahl e obter o mesmo resultado.

3. A Lei de Amdahl não nos dá um meio direto para responder a esta pergunta. O sistema original gastava 90% do seu tempo executando o tipo de cálculo que foi aperfeiçoado, de modo que ele gastava 90 segundos, de um programa de 100 segundos, executando aquele tipo de cálculo. Uma vez que o cálculo foi aperfeiçoado por um fator de 10, o sistema aperfeiçoado gasta 90/10 = 9 segundos executando aquele tipo de cálculo. Como 9 segundos é 47% de 19 segundos, o novo tempo de execução, o novo sistema gasta 47% do seu tempo executando o tipo de cálculo que foi aperfeiçoado.

Poderíamos também ter calculado o tempo que o sistema original gastava executando os cálculos que não tinham sido aperfeiçoados (10 segundos). Uma vez que estes cálculos não foram modificados quando o aperfeiçoamento foi feito, o tempo total gasto neles, pelo novo sistema, é o mesmo que no sistema antigo. Isto poderia ser então utilizado para calcular o percentual de tempo gasto nos cálculos que não foram aperfeiçoados e, subtraindo aquele valor de 100, calcular o percentual de tempo gasto nos cálculos que foram aperfeiçoados.

Lei de Amdahl (II)

1.12 Um computador gasta 30% do seu tempo acessando a memória, 20% executando multiplicações e 50% executando outras instruções. Como projetista de computadores, você tem que escolher entre aperfeiçoar a memória, o *hardware* de multiplicação ou a execução das instruções que não são de multiplicação. Só existe espaço no *chip* para um aperfeiçoamento, e cada um dos aperfeiçoamentos irá melhorar o seu componente de computação associado por um fator de 2.

1. Sem fazer cálculos, qual aperfeiçoamento você esperaria que desse o maior aumento de desempenho. Por quê?

2. Qual seria a aceleração ao se fazer cada uma dessas três mudanças?

Solução

1. Aperfeiçoar a execução das instruções que não são de multiplicação deve produzir o maior benefício. Cada benefício aumenta o desempenho da sua área afetada pelo mesmo fator e o sistema gasta mais tempo executando instruções que não são de multiplicação do que com qualquer uma das outras categorias. Uma vez que a Lei de Amdahl diz que o impacto geral de um aperfeiçoamento cresce à medida que a parcela de tempo que aquele aperfeiçoamento é utilizado cresce, aperfeiçoar as instruções que não são de multiplicação daria o melhor resultado.

2. Substituindo na fórmula de aceleração da Lei de Amdahl os valores do percentual de tempo utilizado e do aperfeiçoamento quando utilizado, mostra que aperfeiçoar o sistema de memória dá uma aceleração de 1,18, aperfeiçoar a multiplicação dá uma aceleração de 1,11 e aperfeiçoar as instruções que não são de multiplicação dá uma aceleração de 1,33, confirmando a intuição da parte 1.

Comparando Diferentes Modificações em uma Arquitetura

1.13 Qual aperfeiçoamento propicia a maior redução no tempo de execução: um que é utilizado 20% do tempo, mas melhora o desempenho por um fator de 2 quando utilizado, ou um que é utilizado 70% do tempo, mas melhora o desempenho apenas por um fator de 1,3 quando é utilizado?

Solução

Aplicando a Lei de Amdahl, obtemos a seguinte equação para o primeiro aperfeiçoamento:

$$\text{Tempo de execução}_{novo} = \text{Tempo de execução}_{antigo} \times \left[0,8 + \frac{0,2}{2}\right]$$

Assim, o tempo de execução com o primeiro aperfeiçoamento é 90% do tempo de execução sem o aperfeiçoamento. Inserindo os valores para o segundo aperfeiçoamento na Lei de Amdahl, tem-se que o tempo de execução com o segundo aperfeiçoamento é 84% do tempo de execução sem o aperfeiçoamento. Assim, o segundo aperfeiçoamento terá um impacto maior sobre o tempo geral de execução, independentemente do fato de que ele dá uma melhoria menor quando em uso.

Convertendo Aperfeiçoamentos Individuais para Impacto Geral sobre o Desempenho

1.14 Um projetista de computadores está desenvolvendo o sistema de memória para a próxima versão de um processador. Se a versão atual do processador gasta 40% do seu tempo processando referências à memória, de quanto o projetista precisa acelerar o sistema de memória para atingir uma aceleração global de 1,2? E uma aceleração de 1,6?

Solução

Para resolver isto, aplicamos a Lei de Amdahl para acelerações, tendo a Aceleração$_{usada}$ como desconhecida, ao invés de Aceleração geral. Parcela$_{usada}$ é 0,4, uma vez que o sistema original gasta 40% do seu tempo tratando referências à memória, de modo que Parcela$_{não\_usada}$ é 0,6. Para um aumento de 20% no desempenho geral, isto dá:

$$\text{Aceleração} = 1,2 = \frac{1}{0,6 + \frac{0,4}{\text{Aceleração}_{usada}}}$$

Resolvendo para Aceleração$_{usada}$, obtemos

$$\text{Aceleração}_{usada} = \frac{0,4}{\frac{1}{1,2} - 0,6} = 1,71$$

Para encontrar o valor da Aceleração$_{usada}$ necessária para dar uma aceleração de 1,6, o único valor que muda na equação acima é a Aceleração. Resolvendo novamente, obtemos Aceleração$_{usada}$ = 16. Aqui, novamente, vemos os retornos decrescentes que decorrem de aperfeiçoar repetidamente apenas um aspecto do desempenho do sistema. Para aumentar a aceleração geral de 1,2 para 1,6, temos que aumentar a Aceleração$_{usada}$ por um fator de praticamente 10, porque os 60% do tempo que o sistema de memória não está em uso começam a dominar o desempenho geral, à medida que melhoramos o desempenho do sistema de memória.

Aperfeiçoando Instruções

1.15 Considere uma arquitetura que tem quatro tipos de instruções: somas, multiplicações, operações de memória e desvios. A tabela abaixo dá o número de instruções que pertencem a cada tipo, no programa com o qual estamos preocupados, o número de ciclos que demora para executar cada tipo de instrução e a aceleração na execução do tipo de instrução, a partir de um aperfeiçoamento proposto (cada aperfeiçoamento afeta apenas um tipo de instrução). Avalie os aperfeiçoamentos para cada um dos tipos de instrução, em termos do seu impacto sobre o desempenho geral.

Tipo de instrução	Número	Tempo de execução	Aceleração para o tipo
Soma	10 milhões	2 ciclos	2,0
Multiplicação	30 milhões	20 ciclos	1,3
Memória	35 milhões	10 ciclos	3,0
Desvio	15 milhões	4 ciclos	4,0

Solução

Para resolver este problema, primeiro precisamos calcular o número de ciclos gastos ao executar cada tipo de instrução, antes que os aperfeiçoamentos sejam aplicados, e a parcela do total de ciclos gastos executando cada tipo de instrução (Parcela$_{usada}$ para cada um dos aperfeiçoamentos). Isto permitirá que utilizemos a Lei de Amdahl para calcular a aceleração geral para cada aperfeiçoamento proposto. Multiplicar o número de instruções em cada tipo pelo tempo de execução por instrução resulta no número de ciclos gastos para executar cada tipo de instrução, e somar estes valores fornece o número total de ciclos para executar o programa. Os valores estão apresentados na tabela abaixo (o tempo total de execução é de 1.030 milhões de ciclos):

Tipo de instrução	Número	Tempo de execução	Aceleração para o tipo	Número de ciclos	Parcela dos ciclos
Soma	10 milhões	2 ciclos	2,0	20 milhões	2%
Multiplicação	30 milhões	20 ciclos	1,3	600 milhões	58%
Memória	35 milhões	10 ciclos	3,0	350 milhões	34%
Desvio	15 milhões	4 ciclos	4,0	60 milhões	6%

Então, podemos colocar estes valores na Lei de Amdahl, usando a parcela do ciclos como Parcela$_{usada}$, para obter a aceleração geral a partir de cada aperfeiçoamento.

Assim, melhorar as operações de memória dá a melhor aceleração geral, seguido por melhorar as multiplicações, os desvios e as somas:

Tipo de instrução	Número	Tempo de execução	Aceleração para o tipo	Número de ciclos	Parcela dos ciclos	Aceleração geral
Soma	10 milhões	2 ciclos	2,0	20 milhões	2%	1,01
Multiplicação	30 milhões	20 ciclos	1,3	600 milhões	58%	1,15
Memória	35 milhões	10 ciclos	3,0	350 milhões	34%	1,29
Desvio	15 milhões	4 ciclos	4,0	60 milhões	6%	1,05

Capítulo 2

Representação de Dados e Aritmética de Computadores

2.1 OBJETIVOS

Este capítulo cobre os métodos mais comuns que os sistemas de computadores utilizam para representar dados e como as operações aritméticas são executadas sobre estas representações. Inicia com uma discussão sobre como os *bits* (dígitos binários) são representados por sinais elétricos e continua com uma discussão sobre como números inteiros e de ponto flutuante são representados como seqüências de *bits*.

Após ler este capítulo, você deverá:

1. Compreender como os computadores representam os dados internamente, tanto ao nível do padrão de *bits*, quanto ao nível do sinal elétrico.
2. Ser capaz de traduzir números inteiros e em ponto flutuante de e para suas representações binárias.
3. Ser capaz de executar operações matemáticas básicas (adição, subtração e multiplicação) com números inteiros e em ponto flutuante.

2.2 DE ELÉTRONS A *BITS*

Os computadores modernos são sistemas *digitais*, o que significa que eles interpretam os sinais elétricos como possuindo um conjunto de valores discretos, ao invés de quantidades analógicas. Ao mesmo tempo que isto aumenta o número de sinais necessários para transportar uma determinada quantidade de informação, facilita o armazenamento de informações e faz com que os sistemas digitais sejam menos sujeitos a ruídos elétricos do que os analógicos.

A *convenção de sinais* de um sistema digital determina como os sinais elétricos analógicos são interpretados como valores digitais. A Fig. 2-1 ilustra as convenções de sinalização mais comuns em computadores modernos. Cada sinal carrega um de dois valores, dependendo do nível de tensão do sinal. Tensões baixas são interpretadas como 0 e tensões altas são interpretadas como 1.

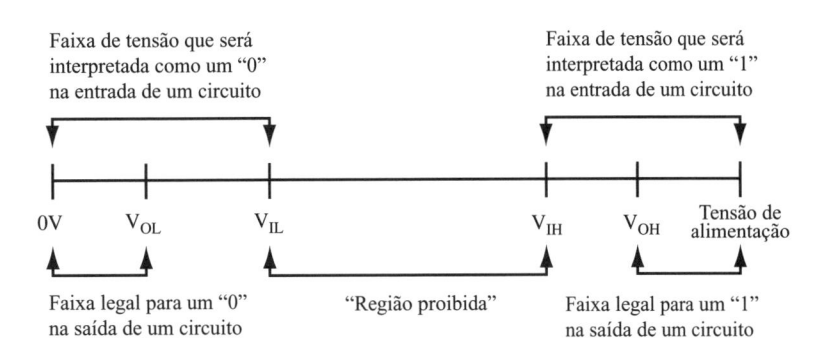

Fig. 2-1   Mapeando tensões para bits.

A convenção de sinalização digital divide a faixa das possíveis tensões em diversas regiões. A região de 0V a V_{IL} é a faixa de tensões que representa o valor lógico zero em um circuito, enquanto a região de V_{IH} até a tensão de alimentação será interpretada como o valor lógico um (1) em um circuito. A região entre V_{IL} e V_{IH} é conhecida como "região proibida" porque não é possível prever se um circuito interpretará a tensão nesta faixa como 0 ou como 1.

A V_{OL} é a tensão mais alta que um circuito pode produzir para gerar um zero lógico e V_{OH} é a tensão mais baixa que um circuito pode produzir para gerar o valor lógico 1. É importante que V_{OH} e V_{OL} estejam mais próximos aos extremos da faixa de tensão do que V_{IH} e V_{IL}, porque os intervalos entre V_{OL} e V_{IL}, e entre V_{IH} e V_{OH}, determinam as *margens de ruído* do sistema digital. A margem de ruído de um sistema digital é a quantidade pela qual o sinal de saída de um circuito pode mudar, antes que seja possível que ele seja interpretado por um outro circuito como o valor oposto. Quanto mais larga a margem de ruído, melhor o sistema será capaz de tolerar os efeitos do acoplamento entre sinais elétricos, perdas resistivas em fios e outros efeitos que podem fazer com que os sinais mudem entre o ponto no qual eles foram gerados e o ponto no qual eles são utilizados.

Sistemas que mapeiam cada sinal elétrico sobre dois valores são conhecidos como *sistemas binários* e a informação que cada sinal carrega é chamada de um *bit* (forma abreviada para *BInary digiT* – dígito binário). Sistemas com mais valores por sinal são possíveis, mas a complexidade adicional de projetar circuitos para interpretar essas convenções de sinais e a redução nas margens de ruído que ocorre quando a faixa de tensão é dividida em mais do que dois valores tornam esses sistemas difíceis de serem construídos. Por este motivo, praticamente todos os sistemas digitais são binários.

2.3 REPRESENTAÇÃO BINÁRIA DE INTEIROS POSITIVOS

Inteiros positivos são representados utilizando o sistema binário de numeração posicional (base 2), semelhante ao sistema de numeração posicional utilizado na aritmética decimal (base 10). Na aritmética base 10, os números são representados como a soma dos múltiplos de cada potência de 10, de modo que o número $1543 = (1 \times 10^3) + (5 \times 10^2) + (4 \times 10^1) + (3 \times 10^0)$. Para números binários, a base é 2; assim, cada posição do número representa uma potência crescente de 2, em vez de uma potência crescente de 10. Por exemplo o número binário $100111 = (1 \times 2^5) + (0 \times 2^4) + (0 \times 2^3) + (1 \times 2^2) + (1 \times 2^1) + (1 \times 2^0)$ eviquale ao número 39 em base decimal. Os valores binários são usualmente precedidos pelo prefixo "0b" para identificá-los como binários, em vez de como números decimais. Assim como um número decimal com *n* dígitos pode representar valores de 0 a $10^n - 1$, um número binário com *n bits*, sem sinal, pode representar valores de 0 a $2^n - 1$.

A desvantagem dos números binários, quando comparados aos números decimais, é que eles exigem significativamente mais dígitos para representar um certo inteiro, o que faz com que seja incômodo e maçante trabalhar com eles. Para resolver isto, a notação *hexadecimal*, na qual cada dígito tem 16 valores possíveis, é freqüentemente utilizada para representar números binários. Na notação hexadecimal, os números de 0 a 9 tem o mesmo valor que na notação decimal, e as letras A até F (ou a até f – maiúsculas ou minúsculas são irrelevantes na notação hexadecimal) são utilizadas para representar os números de 10 até 15, como indicado na Fig. 2-2.

Número decimal	Representação binária	Representação hexadecimal
0	0b0000	0x0
1	0b0001	0x1
2	0b0010	0x2
3	0b0011	0x3
4	0b0100	0x4
5	0b0101	0x5
6	0b0110	0x6
7	0b0111	0x7
8	0b1000	0x8
9	0b1001	0x9
10	0b1010	0xA
11	0b1011	0xB
12	0b1100	0xC
13	0b1101	0xD
14	0b1110	0xE
15	0b1111	0xF

Fig. 2-2   Notação hexadecimal.

Normalmente, para diferenciar números hexadecimais de números decimais ou números binários, emprega-se a notação "0x" colocado à esquerda do número. Para representar valores maiores do que 15 na notação hexadecimal, é utilizada a notação de numeração posicional com base 16.

Exemplo   Quais são as representações binária e hexadecimal do número decimal 47?

Solução

Para converter números decimais em binários, devemos expressá-los como uma soma de valores que são potências de 2:

$$47 = 32 + 8 + 4 + 2 + 1 = 2^5 + 2^3 + 2^2 + 2^1 + 2^0$$

Portanto, a representação binária de 47 é 0b101111.

Para converter números decimais em hexadecimais, podemos expressar o número como uma soma de potências de 16 ou agrupar os *bits*, na representação binária, em conjuntos de 4 *bits* e procurar cada conjunto na Fig. 2-2. Convertendo diretamente, $47 = 2 \times 16 + 15 = 0x2F$. Considerando a representação binária 47 = 0b101111, ou ainda 0b0010 1111, agrupa-se os *bits* quatro a quatro 0b0010 = 0x2, 0b1111 = 0xF, de modo que 47 = 0x2F.

2.4 OPERAÇÕES ARITMÉTICAS COM INTEIROS POSITIVOS

A aritmética em base 2 (binária) pode ser feita utilizando-se as mesmas técnicas empregadas na aritmética em base 10 (decimal), exceto pelo conjunto restrito de valores que podem ser representados por cada dígito. Freqüentemente, este é o modo mais fácil para os seres humanos resolverem problemas de matemática envolvendo números binários. Porém, em alguns casos, essas técnicas não são facilmente implementadas em circuitos, fazendo com que os projetistas de computadores escolham outras técnicas. Como veremos nas próximas seções, a adição e a multiplicação são implementadas utilizando circuitos que são análogos às técnicas utilizadas por seres humanos quando fazem operações aritméticas. A divisão é implementada utilizando métodos específicos de computadores e a subtração é implementada de diferentes formas, dependendo da representação utilizada para inteiros negativos.

Exemplo   Calcule a soma de 9 e 5 utilizando números binários em um formato binário de 4 *bits*.

Solução

As representações binárias em 4 *bits* dos números 9 e 5 são 0b1001 e 0b0101, respectivamente. Ao somar os *bits* menos significativos, obtemos 0b1 + 0b1 = 0b10, que é um 0 no *bit* menos significativo do resultado e um transporte de 1 (vai 1) para a próxima posição de *bit*. Calculando o próximo *bit* da soma, obtemos 0b1 (transporte) + 0b0 + 0b0 = 0b1. Repetindo isto para todos os *bits*, obtemos o resultado final de 0b1110. A Fig. 2-3 ilustra este processo.

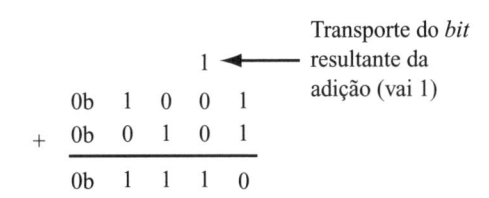

```
                1  ← Transporte do bit
                      resultante da
       0b  1  0  0  1  adição (vai 1)
    +  0b  0  1  0  1
       ─────────────
       0b  1  1  1  0
```

Fig. 2-3 Exemplo de soma binária.

Adição/Subtração

O *hardware* que os computadores utilizam para implementar a adição é muito semelhante ao método delineado acima. Os módulos, conhecidos como *somadores completos*, calculam cada *bit* da saída baseados nos *bits* correspondentes às entradas e ao transporte gerado pela soma dos *bits* anteriores. A Fig. 2-4 mostra um circuito somador de 8 *bits*.

Para o tipo de somador descrito acima, a velocidade do circuito é determinada pelo tempo que demora para propagar os sinais de transporte (vai 1) por todos os somadores completos. Basicamente, cada somador completo não pode executar a sua parte do cálculo até que todos os somadores completos à sua direita tenham completado seu cálculo, de modo que o tempo de cálculo cresce linearmente com o número de *bits* nas entradas. Os projetistas desenvolveram circuitos que melhoram o desempenho desse procedimento ao realizar o máximo possível de cálculo em somador completo antes que cada entrada de transporte esteja disponível, de modo a reduzir o atraso depois que o transporte esteja disponível – ou tomando diversos *bits* de entrada em conta para a geração dos transportes – mas a técnica básica permanece a mesma.

A subtração pode ser tratada por métodos similares, utilizando módulos que calculam um *bit* da diferença entre dois números. No entanto, o formato mais comum para inteiros negativos, a notação em complemento de 2, permite que a subtração seja executada ao negar a segunda entrada e fazer uma soma, tornando possível utilizar o mesmo *hardware*, tanto para a adição quanto para a subtração. A notação em complemento de 2 será discutida posteriormente.

Multiplicação

A multiplicação de inteiros sem sinal é tratada de modo semelhante àquele utilizado pelos seres humanos para multiplicar números decimais com vários dígitos. A primeira entrada da multiplicação é multiplicada por cada *bit* da segunda entrada, separadamente, e os resultados são somados. Na multiplicação binária, isto é simplificado pelo fato de que o resultado da multiplicação de um número por um *bit* é, ou o número original, ou 0, fazendo com que o *hardware* seja menos complexo.

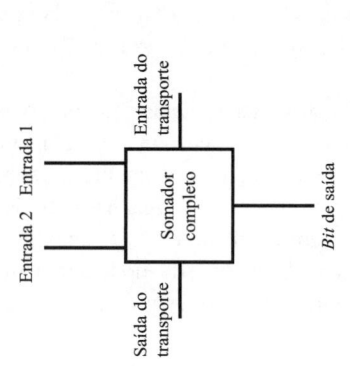

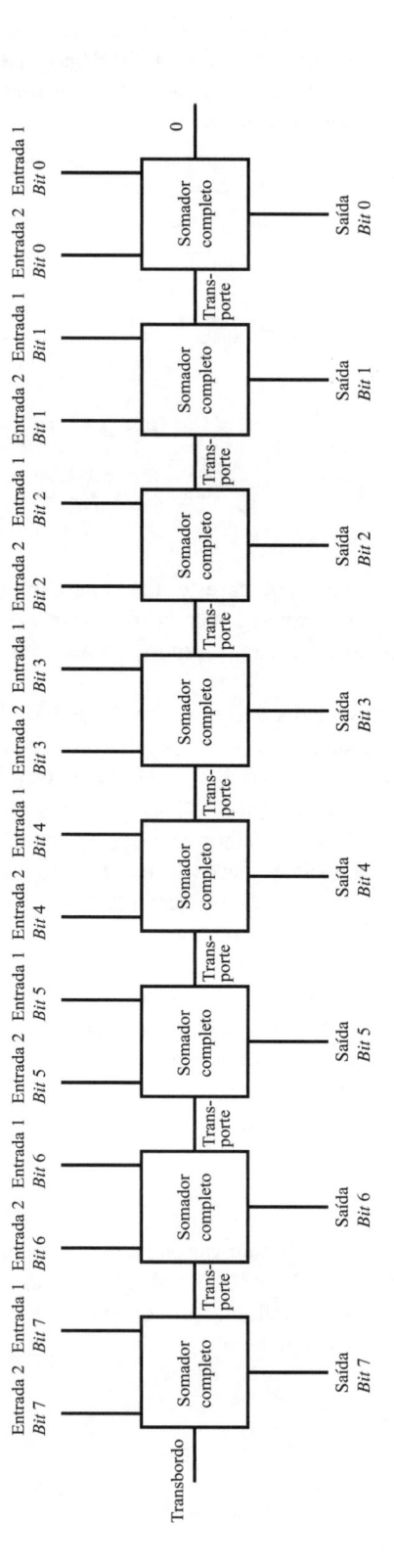

Fig. 2-4   Somador de 8 bits.

$$\begin{array}{r} 0b1011 \\ \times\ 0b0101 \\ \hline 1011 \\ 0000 \\ 1011 \\ +\ 0000 \\ \hline 0b110111 \end{array}$$

Fig. 2-5   Exemplo de multiplicação.

A Fig. 2-5 mostra um exemplo de multiplicação de 11 (0b1011) por 5 (0b0101). Primeiro, 0b1011 é multiplicado por cada *bit* de 0b0101, para obter os produtos parciais mostrados na figura. Então, os produtos parciais são somados para obter o resultado final. Note que cada produto parcial sucessivo é deslocado uma posição para a esquerda, para levar em consideração a posição diferente dos valores dos *bits* na segunda entrada.

Um problema com a multiplicação de inteiros é que o produto de 2 números de *n bits* pode exigir até 2*n bits* para ser representado. Por exemplo, o produto dos 2 números de 4 *bits* na Fig. 2-5 exige 6 *bits* para ser representado. Muitas operações aritméticas podem gerar resultados que não possam ser representados com o mesmo número de *bits* que as suas entradas. Isto é conhecido como *transbordo* (*overflow*) ou *transbordo negativo* (*underflow*) e será discutido a seguir. No caso da multiplicação, o número de *bits* do transbordo é tão grande que os projetistas de *hardware* tomam medidas especiais para tratar disto. Em alguns casos, os projetistas fornecem operações diferentes para calcular os *n bits* mais significativos ou mais significativos do resultado de uma multiplicação de *n bits* por *n bits*. Em outros, o sistema descarta os *n bits* mais significativos, ou os coloca em um registrador de saída especial onde o programador pode acessá-los, se necessário.

Divisão

A divisão pode ser implementada em sistemas de computadores subtraindo repetidamente o divisor do dividendo e contando o número de vezes que o divisor pode ser subtraído do dividendo, antes que o dividendo torne-se menor do que o divisor. Por exemplo, 15 pode ser dividido por 5, subtraindo 5 repetidamente de 15, obtendo 10, 5 e 0 como os resultados intermediários. O quociente, 3, é o número de subtrações que tiveram que ser executadas antes que o resultado intermediário se tornasse menor do que o divisor.

Embora seja possível construir um *hardware* para implementar a divisão por repetidas subtrações, isto seria impraticável por causa do número de subtrações necessárias. Por exemplo, 2^{31} (um número grande em uma representação inteiro sem sinal em 32 *bits*) dividido por 2 é 2^{30}, o que significa que teriam que ser executadas 2^{30} subtrações para executar esta divisão por meio de subtrações repetidas. Em um sistema operando a 1 GHz, isto demoraria aproximadamente 1 segundo, muito mais tempo do que qualquer outra operação aritmética.

Em vez disso, os projetistas utilizam métodos baseados em pesquisa de tabelas para implementar a divisão. Utilizando tabelas pré-geradas, estas técnicas geram de 2 a 4 *bits* do quociente em cada ciclo. Isto permite que divisões de inteiros de 32 e de 64 *bits* sejam feitas em um número razoável de ciclos; apesar disso, a divisão é tipicamente a operação matemática básica mais lenta em um computador.

Transbordo e Transbordo Negativo

A largura de *bits* de um computador limita o maior e o menor número que pode ser representado como inteiro. Para inteiros sem sinal, um número de *n bits* pode representar valores de 0 até $2^n - 1$. No entanto, as operações aritméticas, com números que podem ser representados em um dado número de *bits*, podem gerar resultados que não possam ser representados no mesmo formato. Por exemplo, somar 2 inteiros de *n bits* pode produzir um resultado de até $2(2^n - 1)$, o que não pode ser representado em *n bits* e é possível gerar resultados negativos ao subtrair dois inteiros positivos, o que também não pode ser representado por um número de *n bits* sem sinal.

Quando uma operação gera um resultado que não pode ser expresso no formato dos seus operandos de entrada, diz-se que ocorreu um *transbordo* (*overflow* ou *underflow*). Os transbordos ocorrem quando o resultado de uma operação é grande demais para ser representado no formato das entradas, o que é denominado simplesmente de transbordo (*overflow*), e o transbordo negativo (*underflow*) é quando o resultado é pequeno demais para ser representado naquele formato. Os diversos sistemas tratam os transbordos de modos diferentes. Alguns sinalizam um erro quando eles ocorrem, outros substituem o resultado pelo valor mais próximo que pode ser representado naquele formato. Para números em ponto flutuante, o padrão IEEE especifica um conjunto de representações especiais que indicam que um transbordo ocorreu. Essas representações são chamadas de NaNs e serão discutidas mais adiante.

2.5 INTEIROS NEGATIVOS

Para representar inteiros negativos como seqüências de *bits*, a notação de numeração posicional utilizada para inteiros precisa ser expandida para indicar se um número é positivo ou negativo. Cobriremos dois esquemas para fazer isto: as representações sinal e magnitude e a notação em complemento de 2.

Representação Sinal e Magnitude

Na representação sinal e magnitude, o *bit* mais significativo (também conhecido como o *bit* de sinal) de um número binário indica se o número é positivo ou negativo. E o resto do número indica o valor absoluto (ou magnitude) do número, utilizando o mesmo formato que a representação binária sem sinal. Números de *N bits* em sinal e magnitude podem representar quantidades de $-(2^{(N-1)} - 1)$ até $+(2^{(N-1)} - 1)$. Note que há duas representações possíveis para 0 na notação com sinal de magnitude: +0 e –0. O +0 tem o valor 0 no campo de magnitude e o *bit* de sinal positivo. O –0 tem um valor igual a 0 no campo de magnitude e o *bit* de sinal negativo.

> *Exemplo* A representação binária sem sinal, em 16 *bits*, de 152 é 0b0000 0000 1001 1000. Em um sistema de 16 *bits* em sinal e magnitude, –152 seria representado como 0b1000 0000 1001 1000. Aqui, o *bit* mais à esquerda do número é o *bit* de sinal e o resto do número fornece a magnitude.

As representações em sinal e magnitude têm a vantagem de formar o número negativo de um número de uma forma muito fácil: apenas invertendo o *bit* de sinal. Determinar se um número é positivo ou negativo também é muito fácil, uma vez que só é necessário examinar o *bit* de sinal. A representação em sinal e magnitude faz com que seja fácil executar a multiplicação e a divisão de números com sinal, mas torna difícil executar a soma e a subtração. Para a multiplicação e a divisão, o *hardware* pode simplesmente executar operações sem sinal sobre a parte de magnitude das entradas e examinar os *bits* de sinal das entradas para determinar o *bit* de sinal do resultado.

> *Exemplo* Multiplique os números +7 e –5, utilizando inteiros de 6 *bits* em sinal e magnitude.
>
> **Solução**
>
> A representação binária de +7 é 000111 e de –5 é 100101. Para multiplicá-los, multiplicamos as suas porções de magnitude como inteiros sem sinal, gerando 0100011 (35). Então, examinamos os *bits* de sinal dos números sendo multiplicados e estabelecemos que um deles é negativo. Portanto, o resultado da multiplicação tem que ser negativa, fornecendo 1100011 (–35).

A adição e a subtração de números em sinal e magnitude exigem um *hardware* relativamente complexo porque somar (ou subtrair) a representação binária de um número positivo e a representação binária de um número negativo não dá o resultado correto. O *hardware* precisa levar em consideração o valor do sinal de *bit* quando estiver calculando cada *bit* de saída, e é necessário um *hardware* diferente para executar a adição e a subtração. Esta complexidade de *hardware* é o motivo pelo qual pouquíssimos sistemas utilizam a notação sinal e magnitude para os seus inteiros.

> *Exemplo* Qual é o resultado se você tentar somar diretamente as representações em 8 *bits* em sinal e magnitude de +10 e –4?
>
> **Solução**
>
> As representações em 8 *bits* em sinal e magnitude de +10 e –4 são 0b00001010 e 0b10000100. Somar estes dois números binários resulta em 0b10001110, que sistemas em sinal e magnitude interpretam como –14, e não como 6 (o resultado correto do cálculo).

Notação em Complemento de 2

Na notação em complemento de 2, o número negativo é representado invertendo-se cada *bit* da representação sem sinal do número e somando 1 ao resultado (descartando quaisquer *bits* de transbordo que excedam a largura da representação). O nome "complemento de 2" vem do fato de que a soma sem sinal de um número com *n bits* em complemento de 2 com o seu negativo é 2^n.

Exemplo Qual é a representação em 8 *bits*, em complemento de 2, de –12, e qual é o resultado sem sinal da soma das representações de +12 e de –12?

Solução

A representação em 8 *bits* de +12 é 0b00001100, de modo que a representação de –12 em 8 *bits*, em complemento de 2, é 0b11110100. (Negar cada *bit* na representação positiva produz 0b11110011, e somar 1 produz o resultado final de 0b11110100.) Este processo é ilustrado na Fig. 2-6.

        Valor original: 0b00001100   (12)
        Negação de cada *bit*: 0b11110011
        Somar 1:   0b11110100   (representação em complemento de 2 de –12)

Fig. 2-6 Negação em complemento de 2.

Somar as representações de +12 e –12 produz 0b00001100 + 0b11110100, o que é 0b100000000. Tratando isto como um número de 9 *bits* sem sinal, interpretamos este valor como 256 ($2^8 = 256$). Tratando este resultado como um número de 8 *bits* em complemento de 2, desconsideramos o 1 de transbordo (o novo *bit*) para considerarmos o resultado em 8 *bits*, 0b00000000 = 0, que é o resultado que esperamos da soma de +12 com –12.

Números em complemento de 2 têm algumas propriedades úteis, o que explica porque eles são utilizados em praticamente todos os computadores modernos:

1. O sinal de um número pode ser determinado examinando-se o *bit* mais significativo da representação. Números negativos tem 1 no seu *bit* mais significativo; números positivos tem zero (0).
2. Negar um número duas vezes produz o número original, de modo que não é preciso um *hardware* especial para negar números negativos.
3. A notação em complemento de 2 tem apenas uma representação para 0, eliminando a necessidade de um *hardware* para detectar +0 e –0.
4. Mais importante, somar as representações em complemento de 2 de um número positivo e de um número negativo (descartando o transbordo) fornece o resultado correto na representação em complemento de 2. Além de eliminar a necessidade de um *hardware* especial para tratar a adição de números negativos, a subtração pode ser remodelada como uma adição, calculando a negação em complemento de 2 do subtraendo e somando a ele a representação em complemento de 2 do minuendo (por exemplo, 14 – 7 torna-se 14 + (– 7)), o que reduz ainda mais os custos com o *hardware*.

Embora a representação sinal e magnitude compartilhe as duas primeiras vantagens dos números em complemento de 2, as outras duas dão à notação em complemento de 2 uma vantagem significativa sobre a notação em sinal e magnitude. Uma característica razoavelmente incomum da notação em complemento de 2 é que um número de *n bits* em complemento de 2 pode representar valores de $-(2^{(n-1)})$ a $+(2^{(n-1)} - 1)$. Esta assimetria vem do fato de que existe apenas uma representação para zero, o que permite que seja representado um número ímpar de quantidades que não são zero.

Exemplo Qual é o resultado de negar duas vezes a representação de +5, em 4 *bits*, em complemento de 2?

Solução

+5 = 0b0101. A negação em complemento de 2 é 0b1011 (– 5). Negar novamente este valor dá 0b0101, o valor original.

Exemplo Some os valores +3 e –4 em notação de 4 *bits* em complemento de 2.

Solução

As representações de +3 e –4 com 4 *bits* em complemento de 2 são 0b0011 e 0b1100. Somar estes dois valores produz 0b1111, que é a representação em complemento de 2 de –1.

Exemplo Calcule –3 – 4 em notação de 4 *bits*, em complemento de 2.

Solução

Para executar a subtração, negamos o segundo operando e somamos. Assim, o cálculo que realmente queremos executar é –3 + (–4). As representações em complemento de 2 de –3 e –4 são 0b1101 e 0b1100. Somando estes 2 valores, obtemos 0b11001 (um resultado de 5 *bits*, considerando o transbordo). Descartando o quinto *bit*, que excede a representação, temos 0b1001, a representação em complemento de 2 de –7.

A multiplicação de números em complemento de 2 é mais complicada, porque executar uma multiplicação direta das entradas, sem sinal, das representações em complemento de 2, não fornece o resultado correto. Os multiplicadores poderiam ser projetados para converter ambas as entradas para quantidades positivas e utilizar os *bits* de sinal das entradas originais para determinar o sinal do resultado, mas isto aumenta o tempo necessário para executar uma multiplicação. Existem métodos, como o método de *codificação de Booth*, que está além do escopo deste livro, para converter rapidamente números em complemento de 2 para um formato que pode ser facilmente multiplicado.

Como vimos, tanto números em sinal e magnitude quanto em complemento de 2 têm seus prós e contras. Números em complemento de 2 permitem implementações simples da adição e da subtração, enquanto números em sinal e magnitude facilitam a multiplicação e a divisão. Como a adição e a subtração são muito mais comuns em programas de computador do que a multiplicação e a divisão, praticamente todos os fabricantes de computadores optaram pela representação dos seus inteiros em complemento de 2, permitindo que eles "façam rapidamente o que é comum".

Extensão de Sinal

Em aritmética de computadores, algumas vezes é necessário converter números representados em um dado número de *bits* para uma representação que utiliza um número maior de *bits*. Por exemplo, um programa pode precisar somar uma entrada de 8 *bits* a um valor de 32 *bits*. Para obter o resultado correto, a entrada de 8 *bits* precisa ser convertida para um valor de 32 *bits*, antes que ela possa ser somada ao inteiro de 32 *bits*, o que é conhecido como *extensão de sinal*.

Converter números sem sinal para representações mais largas requer simplesmente preencher com zeros os *bits* à esquerda daqueles da representação original. Por exemplo, o valor sem sinal de 8 *bits* 0b10110110 torna-se o valor sem sinal de 16 *bits* 0b0000000010110110. Para fazer a extensão de sinal de um número em sinal e magnitude, mova o *bit* de sinal (o *bit* mais significativo) da representação antiga para o *bit* de sinal da nova representação e preencha todos os *bits* adicionais na nova representação (incluindo a posição do antigo *bit* de sinal) com zeros.

Exemplo Qual é a representação em 16 *bits*, em sinal e magnitude, do valor em 8 *bits*, em sinal e magnitude, 0b10000111 (–7)?

Solução

Para estender o sinal de um número, movemos o antigo *bit* de sinal para o *bit* mais significativo da nova representação e preenchemos todas as outras posições de *bit* com zeros. Isto produz 0b1000000000000111 como sendo a representação de –7 em 16 *bits*, em sinal e magnitude.

A extensão de sinal de números em complemento de 2 é ligeiramente mais complicada. Para fazer a extensão de sinal de um número em complemento de 2, *copie* o *bit* mais significativo da antiga representação para cada *bit* adicional da nova representação. Assim, números positivos terão zeros em todos os *bits* acrescentados ao ir para uma representação mais larga, e números negativos terão uns em todas estas posições de *bit*.

Exemplo Qual é a extensão de sinal de 16 *bits* do valor 0b10010010 (–110) em 8 *bits*, em complemento de 2?

Solução

Para fazer a extensão de sinal deste número, copiamos o *bit* mais significativo para todas as novas posições de *bit* introduzidas pela extensão da representação. Isto produz 0b1111111110010010. Ao negar isto, obtemos 0b0000000001101110 (+110), confirmando que a extensão de sinal de números em complemento de 2 dá o resultado correto.

2.6 NÚMEROS EM PONTO FLUTUANTE

Números em ponto flutuante são utilizados para representar quantidades que não podem ser representados por inteiros, ou porque elas contêm valores fracionários, ou porque elas estão além da faixa que pode ser representada dentro da largura de bits do sistema. Praticamente, todos os computadores modernos utilizam a representação de ponto flutuante especificada pelo padrão IEEE 754, no qual os números são representados por uma mantissa e um expoente. De modo semelhante à notação científica, o valor de um número em ponto flutuante é: $mantissa \times 2^{expoente}$.

Esta representação permite que uma ampla gama de valores seja representada em um número relativamente pequeno de *bits*, incluindo valores fracionários e valores cuja magnitude é muito grande para ser representada em um inteiro com o mesmo número de *bits*. No entanto, isto cria o problema de que muitos dos valores na faixa da representação em ponto flutuante não podem ser representados exatamente, do mesmo modo que muitos dos números reais não podem ser representados por um número decimal com um número fixo de dígitos significativos. Quando um cálculo cria um valor que não pode ser representado exatamente pelo formato em ponto flutuante, o *hardware* precisa arredondar o resultado para um valor que possa ser representado exatamente. No padrão IEEE 754, o modo *default* de fazer o arredondamento é chamado de *modo de arredondamento*. Os valores são arredondados para o número mais próximo que pode ser representado e o resultado que cai exatamente entre os dois números que podem ser representados é arredondado de modo que o dígito menos significativo do seu resultado seja par. O padrão especifica diversos outros modos de arredondamento que podem ser escolhidos pelos programas, incluindo o arredondamento em direção ao zero, em direção a $+\infty$ e em direção a $-\infty$.

> ***Exemplo*** Os modos de arredondamento no padrão IEEE podem ser aplicados a números decimais, bem como a representações binárias em ponto flutuante. Como os seguintes números decimais seriam arredondados para 2 dígitos significativos, utilizando o modo de arredondamento para o mais próximo?
> **a.** 1,345
> **b.** 78,953
> **c.** 12,5
> **d.** 13,5
>
> **Solução**
>
> **a.** 1,345 é mais próximo de 1,3 do que de 1,4, de modo que ele será arredondado para 1,3. Uma outra maneira de ver isto é que o terceiro dígito mais significativo é menor do que 5, então ele é arredondado para 0 quando nós arredondamos para 2 dígitos significativos.
> **b.** Em 78,953, o terceiro dígito mais significativo é 9, que é arredondado para 10, de modo que 78,953 será arredondado para 79.
> **c.** Em 12,5, o terceiro dígito mais significativo é 5, de modo que nós o arredondamos na direção que torna par o dígito menos significativo do resultado. Neste caso, isto significa arredondar para baixo, para um resultado de 12.
> **d.** Aqui, temos que arredondar para 14 porque o terceiro dígito mais significativo é 5, e temos que fazer o arredondamento para cima, de modo a fazer com que o resultado seja par.

O padrão IEEE 754 especifica diferentes larguras de *bit* para números em ponto flutuante. As duas larguras mais utilizadas são de precisão simples e de precisão dupla, que estão ilustradas na Fig. 2-7. Números de precisão simples tem 32 *bits* de comprimento e contêm 8 *bits* de expoente, 23 *bits* de fração e 1 *bit* de sinal para o sinal do campo da fração. Os números de precisão dupla têm 11 *bits* de expoente, 52 *bits* de fração e 1 *bit* de sinal.

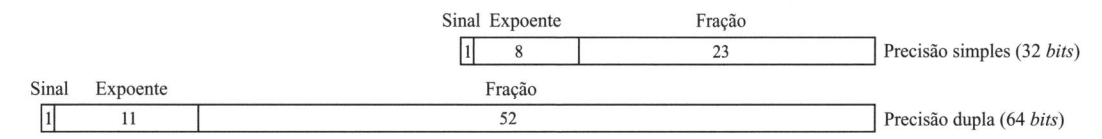

Sinal	Expoente	Fração	
1	8	23	Precisão simples (32 *bits*)
1	11	52	Precisão dupla (64 *bits*)

Fig. 2-7   Formatos de ponto flutuante IEEE 754.

Tanto o campo de expoente quanto o campo de fração de um número em ponto flutuante IEEE 754 são codificados de forma diferente do que as representações de inteiros que discutimos neste capítulo. O campo de fração é um número em sinal e magnitude que representa a parte fracionária de um número binário cuja parte inteira é assumidamente 1. Assim, a mantissa de um número em ponto flutuante IEEE 754 é sempre na forma ±1.*fração*, dependendo do valor do *bit* de sinal. Utilizar um "1 inicial" deste modo aumenta o número de dígitos significativos que podem ser representados por um número em ponto flutuante, em uma dada largura.

Exemplo Qual é o campo de fração da representação de 6,25 em ponto flutuante de precisão simples?

Solução

Números fracionários binários utilizam, com uma base 2, a mesma representação de numeração posicional que os números decimais, de modo que, por exemplo, o número binário 0b11,111 = $2^1 + 2^0 + 2^{-1} + 2^{-2} + 2^{-3}$ = 3,875. Ao utilizar este formato, uma fração decimal pode ser convertida diretamente para uma fração binária, de modo que 6,25 = $2^2 + 2^1 + 2^{-2}$ = 0b110,01.

Para achar o campo de fração, deslocamos a representação binária do número para baixo, de modo que o valor à esquerda da vírgula binária[1] seja 1; assim, 0b110,01 torna-se 0b1,1001 × 2^2. Na representação de fração normalizada utilizada em números de ponto flutuante, o 1 inicial é assumido, e apenas os valores à direita da vírgula binária (neste caso 1001) são representados. Ao estender o valor para o formato de fração de 23 *bits* em ponto flutuante, obtemos 1001 0000 0000 0000 0000 000 como o campo de fração. Note que, quando estendemos valores fracionários para representações mais largas, acrescentamos zeros à *direita* do último dígito significativo, em oposição à extensão de sinal de inteiros sem sinal, onde os zeros são acrescentados à esquerda dele.

O campo de expoente de um número em ponto flutuante utiliza uma representação denominada *por excesso* (*biased*), na qual um valor fixo é adicionado ao campo de expoente para determinar a sua representação. Para números em ponto flutuante de precisão simples, o excesso é 127 (o excesso = 1023 para números em precisão dupla), de modo que o valor do campo de expoente pode ser obtido ao subtrair 127 do número binário sem sinal contido no campo.

Exemplo Como seriam representados os números –45 e 123 em 8 *bits* na notação por excesso utilizada nos expoentes dos números com precisão simples?

Solução

O excesso para este formato é 127, de modo que somamos 127 a cada número para obtermos a representação por excesso.
$$-45 + 127 = 82 = 0b01010010$$
$$123 + 127 = 250 = 0b11111010$$

Exemplo Qual é o valor do expoente representado por um campo de expoente igual a 0b11100010 em um número em ponto flutuante com precisão simples?

Solução

0b11100010 = 226   226 – 127 = 99, de modo que o campo de expoente é igual a 99

Representações por excesso são, de certo modo, incomuns, mas elas têm uma vantagem significativa: permitem que comparações em ponto flutuante sejam feitas utilizando o mesmo *hardware* de comparação que o das comparações entre inteiros sem sinal, uma vez que valores maiores de uma codificação por excesso correspondem a valores maiores do número codificado. Dados os formatos para os campos de fração e de expoente, o valor de um número em ponto flutuante é (–1, se o *bit* de sinal for igual a 1; 1, se o *bit* de sinal for igual a 0) × (1.*fração*) × $2^{(expoente - excesso)}$.

Exemplo Qual é o valor do número em ponto flutuante de precisão simples representado pela cadeia de *bits* 0b0100 0000 0110 0000 0000 0000 0000 0000?

Solução

Ao dividir este número de acordo com os campos especificados na Fig. 2-7, obtemos um *bit* de sinal 0, um campo de expoente 0b10000000 = 128 e um campo de fração 0b11000000000000000000000. Subtrair o excesso 127 do campo de expoente gera um expoente de 1. A mantissa é $1,11_2$ = 1,75, uma vez que incluímos o 1 implícito no campo de fração, à esquerda da vírgula binária, de modo que o valor do número em ponto flutuante é 1 × 1,75 × 2^1 = 3,5.

---

[1] Em uma representação binária, a vírgula binária é equivalente à vírgula decimal.

Números Não Normalizados e NaNs

O padrão IEEE de ponto flutuante especifica diversos padrões de *bits* que representam valores que não são possíveis representar com exatidão no formato de ponto flutuante base: o número zero, os números não normalizados e NaNs*. O 1 assumido na mantissa dos números em ponto flutuante permite um *bit* adicional de precisão na representação, mas evita que o valor zero seja representado com exatidão, uma vez que um campo de fração igual a 0 representa a mantissa 1,0. Uma vez que representar zero de forma exata é muito importante para cálculos numéricos, o padrão IEEE especifica que quando o campo de expoente de um número em ponto flutuante é zero, assume-se que o *bit* inicial da mantissa é zero. Assim, um número em ponto flutuante, com um campo de fração igual a zero e um campo de expoente igual a zero, representa zero de modo exato. Esta convenção também permite que sejam representados os números que estejam mais perto de zero do que $1,0 \times 2^{(1-excesso)}$, se bem que eles tenham menos *bits* de precisão do que números que podem ser representados com um 1 assumido antes do campo de fração.

Números em ponto flutuante (exceto zero) que tenham um campo de expoente igual a zero são conhecidos como números *não normalizados* porque assumem um zero na parte inteira da sua mantissa. Isto contrasta com números que têm outros valores no campo de expoente, os quais tem um 1 assumido na parte inteira da sua mantissa e são conhecidos como números *normalizados*. Assume-se que todos os números não normalizados tenham um campo de expoente igual a (1 – excesso), em vez de (0 – excesso), que seria gerado apenas subtraindo o excesso do valor dos seus expoentes. Isto fornece um pequeno intervalo entre o número normalizado de menor magnitude e o número não normalizado de maior magnitude que pode ser representado por um formato.

O outro tipo de valor especial no padrão de ponto flutuante são os NaNs, utilizados para sinalizar condições de erro como transbordos, transbordos negativos, divisão por zero e assim por diante. Quando uma destas condições de erro ocorre em uma operação, o *hardware* produz um NaN como resultado, em vez de sinalizar uma exceção. Operações subseqüentes que recebam um NaN como uma das suas entradas copiam-no para suas saídas, em vez de executar os seus cálculos normais. NaNs são indicados pela presença de 1s em todos os *bits* do campo de expoente de um número em ponto flutuante, a menos que o campo de fração do número seja zero, representando um número infinito. A existência de NaNs torna mais fácil escrever programas que possam ser executados em diversos computadores diferentes, porque os programadores podem verificar os resultados de cada cálculo procurando erros dentro do programa, em vez de confiar nas funções de tratamento de exceção do sistema, as quais variam significativamente entre diferentes computadores. A Fig. 2-8 resume a interpretação dos diferentes valores dos campos de expoente e de fração em um número em ponto flutuante.

Campo de expoente	Campo de fração	Representa
0	0	0
0	não 0	$+/- (0,fração) \times 2^{(1-excesso)}$ [dependendo do *bit* de sinal]
Não 0, não todos 1	qualquer	$+/- (1,fração) \times 2^{(expoente-excesso)}$ [dependendo do *bit* de sinal]
Todos 1	0	+/– infinito [dependendo do *bit* de sinal]
Todos 1	não 0	NaN

Fig. 2-8 Interpretação dos números IEEE em ponto flutuante.

Aritmética com Números em Ponto Flutuante

Dadas as semelhanças entre a representação IEEE de números em ponto flutuante e a notação científica, não é surpresa que as técnicas utilizadas para a aritmética em ponto flutuante nos computadores sejam muito semelhantes às técnicas usadas na aritmética de números decimais que são expressos em notação científica. Um bom exemplo disto é a multiplicação em ponto flutuante.

Para multiplicar dois números utilizando notação científica, as mantissas dos números são multiplicadas e os expoentes, somados. Se o resultado da multiplicação das mantissas for maior ou igual do que 10, o produto das mantissas é deslocado de modo que haja exatamente um dígito diferente de zero à esquerda da vírgula decimal, e a soma dos expoentes é aumentada como necessário para manter igual o valor do produto. Por exemplo, para multi-

---
* N. de R. T. Provêm da abreviação de *Not a Number*, que significa não é número.

plicar 5×10^3 por 2×10^6, multiplicamos as mantissas ($5 \times 2 = 10$) e somamos os expoentes ($3 + 6 = 9$) para obter um resultado inicial de 10×10^9. Uma vez que a mantissa deste número é maior do que 10, deslocamos a mantissa uma posição e somamos 1 ao expoente, para obter o resultado final de 1×10^{10}.

Os computadores multiplicam números em ponto flutuante utilizando um processo muito semelhante, como ilustrado na Fig. 2-9. O primeiro passo é multiplicar as mantissas dos dois números, utilizando técnicas análogas àquelas utilizadas para multiplicar números decimais, além de somar os seus expoentes. Números em ponto flutuante IEEE utilizam uma representação por excesso para os expoentes, de modo que somar os campos de expoente de dois números em ponto flutuante é ligeiramente mais complicado do que somar dois inteiros. Para calcular a soma dos expoentes, os campos de expoente dos dois números em ponto flutuante são tratados como inteiros e somados, e o valor do excesso é subtraído do resultado. Isto dá a representação por excesso correta para a soma dos dois expoentes.

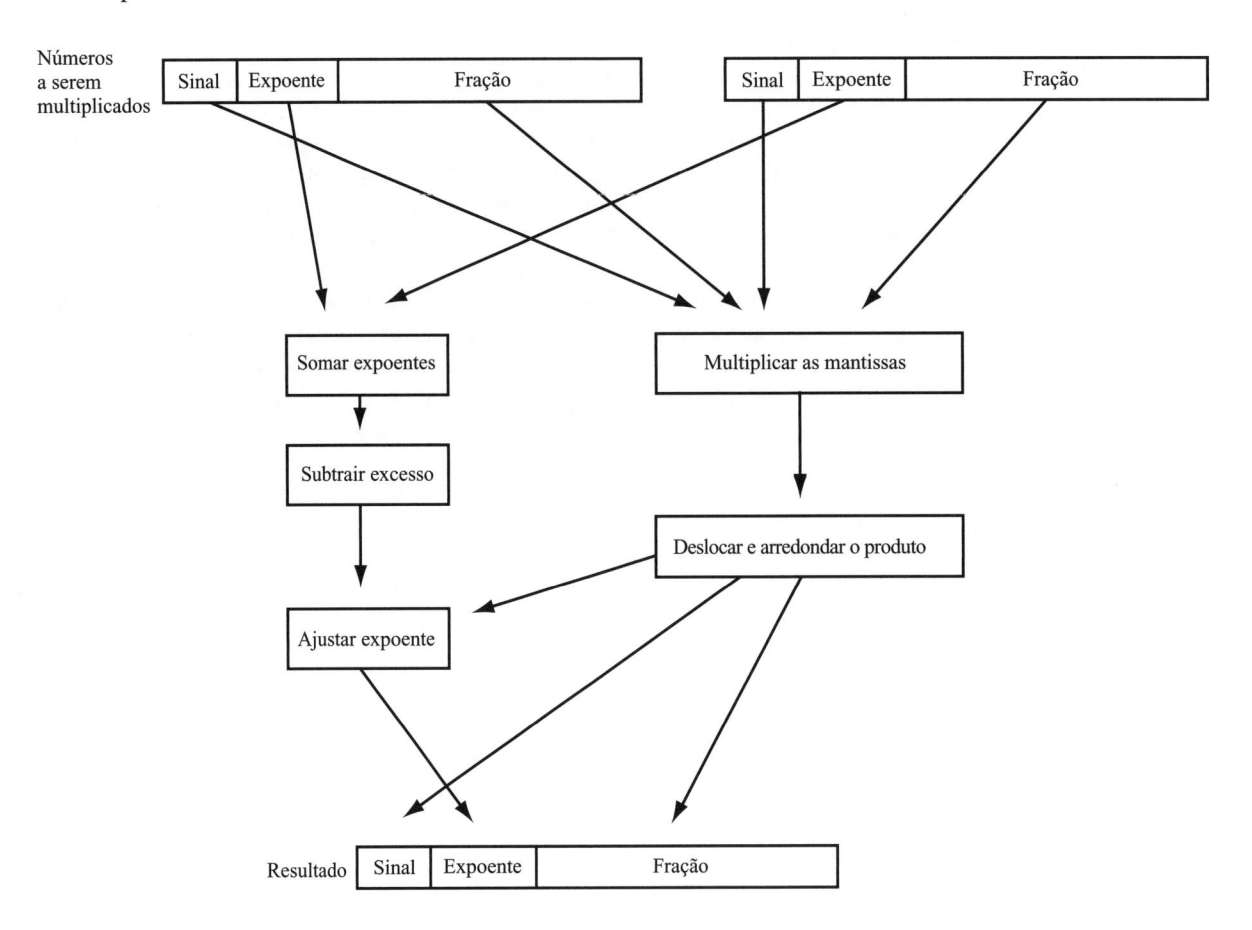

Fig. 2-9   Multiplicação em ponto flutuante.

Uma vez que as mantissas tenham sido multiplicadas, pode ser necessário deslocar o resultado de modo que apenas 1 *bit* permaneça à esquerda da vírgula binária (isto é, de modo que ele se encaixe no formato $1,xxxxx_2$), e a soma dos expoentes é incrementada de modo que o valor da mantissa $\times 2^{\text{expoente}}$ permaneça o mesmo. O produto das mantissas também pode ter que ser arredondado para caber no número de *bits* alocados para o campo de fração, uma vez que o produto de duas mantissas com *n bits* pode exigir até *2n bits* para ser representado com exatidão. Uma vez que a mantissa tenha sido deslocada e arredondada, o produto final é montado a partir do produto das mantissas e da soma dos expoentes.

Exemplo   Utilizando números em ponto flutuante de precisão simples, multiplique 2,5 por 0,75.

Solução

2,5 = 0b0100 0000 0010 0000 0000 0000 0000 0000 (campo do expoente igual a 0b10000000, campo da fração igual a 0b010 0000 0000 0000 0000 0000, mantissa igual a $1,010\ 0000\ 0000\ 0000\ 0000\ 0000_2$). 0,75 = 0b0011 1111 0100 0000 0000 0000 0000 0000 (campo do expoente igual a 0b01111110, campo da fração igual a 0b100 0000 0000 0000 0000 0000, mantissa igual a $1,100\ 0000\ 0000\ 0000\ 0000\ 0000_2$). Somar os campos de expoente diretamente e subtrair o excesso produz o resultado 0b01111111, a representação por excesso de 0. Multiplicar as mantissas dá o resultado de 1,111 0000 0000 0000 0000 0000$_2$, que é convertido para um campo de fração igual a 0b111 0000 0000 0000 0000 0000, de modo que o resultado é 0b0011 1111 1111 0000 0000 0000 0000 0000 = $1,111_2 \times 2^0$ = 1,875.

A divisão em ponto flutuante é muito semelhante à multiplicação. O *hardware* calcula o quociente das mantissas e a diferença entre os expoentes dos números que estão sendo divididos, somando o valor do excesso à diferença entre os campos de expoente dos dois números, de modo a obter a representação por excesso correta do resultado. O quociente das mantissas é, então, deslocado e arredondado para caber dentro do campo de fração do resultado.

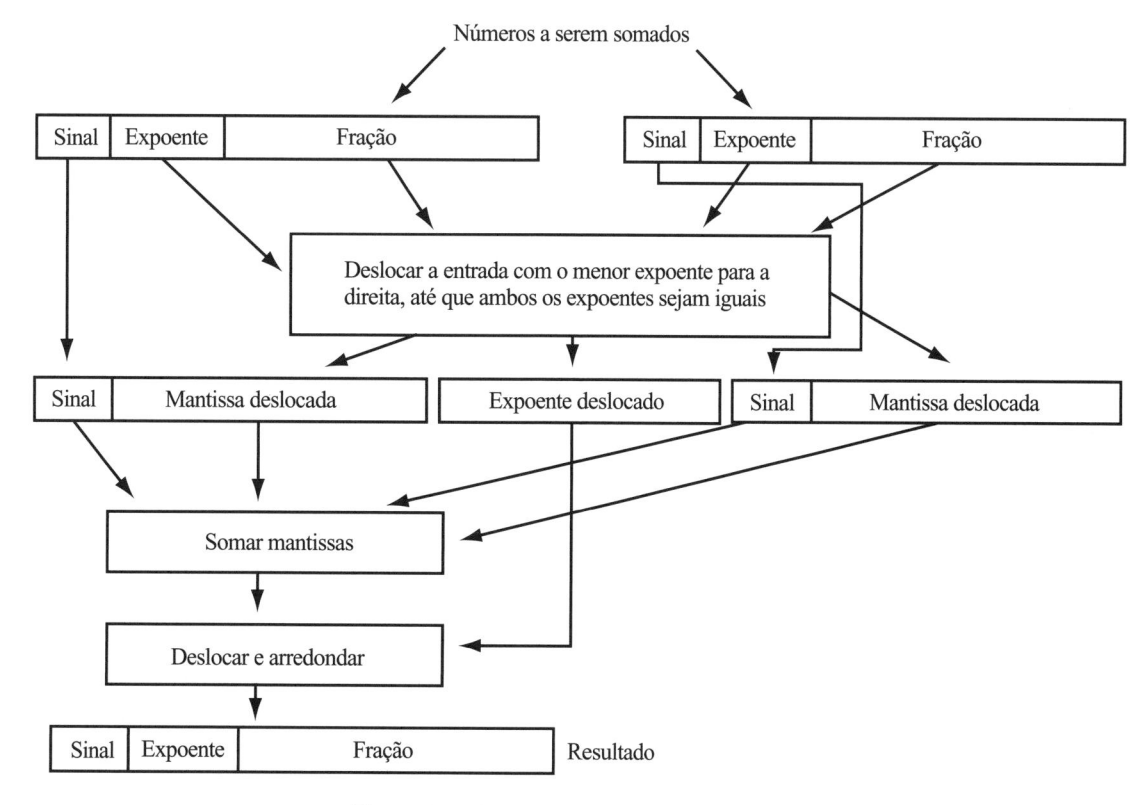

A adição em ponto flutuante exige um conjunto diferente de cálculos, que está ilustrado na Fig. 2-10. Do mesmo modo que com a adição dos números em notação científica, o primeiro passo é deslocar uma das entradas até que ambas tenham o mesmo expoente. Ao somar números em ponto flutuante, o número com o menor expoente é deslocado para a direita. Por exemplo, ao somar $1,01_2 \times 2^3$ e $1,001_2 \times 2^0$, o menor valor é deslocado para tornar-se $0,001001_2 \times 2^3$. Deslocar o número com o menor expoente permite o uso de técnicas para executar o arredondamento, as quais retêm apenas as informações necessárias a respeito dos *bits* menos significativos do menor número, reduzindo o número de *bits* que efetivamente precisam ser somados.

Uma vez que as entradas tenham sido deslocadas, as suas mantissas são somadas e o resultado é deslocado, se necessário. Finalmente, o resultado é arredondado para caber no campo de fração e o cálculo está completo. A subtração em ponto flutuante utiliza o mesmo processo, exceto que é calculada a diferença entre as mantissas deslocadas, ao invés de somá-las.

Exemplo Utilizando números em ponto flutuante de precisão simples, calcule a soma de 0,25 e 1,5.

Solução

0,25 = 0b0011 1110 1000 0000 0000 0000 0000 0000 ($1,0 \times 2^{-2}$)
1,5 = 0b0011 1111 1100 0000 0000 0000 0000 0000 ($1,5 \times 2^0$)

Para somar estes números, deslocamos aquele com o menor expoente (0,25) para a direita até que ambos os expoentes sejam os mesmos (neste caso, duas posições). Isto resulta em mantissas iguais a 1,100 0000 0000 0000 0000 0000 e 0,010 0000 0000 0000 0000 0000 para os dois números (incluindo os 1s assumidos nos valores a serem deslocados). Somar estas duas mantissas produz o resultado de 1,110 0000 0000 0000 0000 0000 × 2^0 (o expoente da entrada com o maior expoente) = 1,75. A representação em precisão simples do resultado final é 0b0011 1111 1110 0000 0000 0000 0000 0000.

Fig. 2-10 Adição em ponto flutuante.

2.7 RESUMO

Este capítulo descreveu as técnicas que os sistemas de computadores utilizam para representar e manipular dados. Em geral, os computadores utilizam dois níveis de abstração para representar os dados, dispostos como camadas um sobre o outro. O nível mais baixo de abstração é a convenção dos sinais digitais que mapeia os números 0 e 1 sobre sinais elétricos analógicos. São utilizadas várias convenções de sinalização, mas a mais comum delas define o nível lógico 0 como a faixa de tensões próxima à tensão de terra do sistema e o nível lógico 1 como a faixa de tensões próxima à tensão de alimentação do sistema (V_{dd}). Para proteger o circuito contra ruídos elétricos, são definidas faixas para os níveis de tensão que podem ser gerados por um circuito e os valores de entrada para os quais é garantida a interpretação como 0 ou 1 por outro circuito.

O segundo nível de abstração define como os grupos de *bits* são utilizados para representar números inteiros e não inteiros. Números inteiros positivos são representados utilizando um sistema de numeração posicional análogo ao sistema decimal. As representações em sinal e magnitude ou em complemento de 2 são utilizadas para representar inteiros negativos, sendo que o complemento de 2 é a representação mais comum porque permite implementações simples, tanto da adição como da subtração.

Valores que não são inteiros são representados por meio de números em ponto flutuante. Números em ponto flutuante são semelhantes à notação científica, representando os números por meio de uma mantissa e de um expoente. Isto permite que uma faixa muito ampla de valores seja representada com um número pequeno de *bits*, embora nem todos os valores possam ser representados com exatidão. A multiplicação e a divisão podem ser implementadas de forma simples com números em ponto flutuante, enquanto que a adição e a subtração são mais complicadas, uma vez que a mantissa de um dos números precisa ser deslocada para fazer com que os expoentes dos dois números sejam iguais.

Utilizando uma combinação de números inteiros e em ponto flutuante, os programas podem executar uma ampla variedade de operações aritméticas. No entanto, todas estas representações têm suas limitações. A faixa dos inteiros que o computador pode representar é limitada pela sua largura de *bits*, e a tentativa de executar cálculos que gerem resultados que estejam fora desta faixa produzirão resultados incorretos. Os números em ponto flutuante também têm uma faixa limitada, embora a representação mantissa-expoente torne este limite muito maior. A limitação mais significativa dos números em ponto flutuante vem do fato de que eles só podem representar números até uma determinada quantidade de dígitos significativos, devido ao número limitado de *bits* utilizados na representação da mantissa de cada número. Os cálculos que exigem uma precisão maior do que a representação em ponto flutuante não executarão as operações corretamente.

Problemas Resolvidos

Convenções de Sinais (I)

2.1 Suponha que um sistema digital tenha $V_{DD} = 3,3$ V, $V_{IL} = 1,2$ V, $V_{OL} = 0,7$ V, $V_{IH} = 2,1$ V, $V_{OH} = 3,0$ V.
Qual é a margem de ruído para esta convenção de sinais?

Solução

A margem de ruído é a menor das diferenças entre os níveis de uma saída ou entrada válidas para um 0 ou 1. Para esta convenção de sinais $|V_{OL} - V_{IL}| = 0,5$ V e $|V_{OH} - V_{IH}| = 0,9$ V. Portanto, a margem de ruído para esta convenção de sinais é 0,5 V, indicando que o valor de qualquer sinal de saída de uma porta lógica pode ser modificado por até 0,5 V devido à ruído no sistema, sem tornar-se um valor inválido.

Convenções de Sinais (II)

2.2 Suponha que seja dito que uma dada convenção de sinais tem $V_{DD} = 3,3$ V, $V_{IL} = 1,0$ V, $V_{OL} = 1,2$ V, $V_{IH} = 2,1$ V, $V_{OH} = 3,0$ V.
Por que esta seria uma convenção de sinais ruim?

Solução

Nesta convenção de sinais, $V_{IH} > V_{OL} > V_{IL}$. Isto significa que uma porta lógica pode gerar um valor de saída que esteja na região proibida, entre V_{IH} e V_{IL}. Não é garantido como tal valor de saída será interpretado por qualquer porta que receba este valor como uma entrada. Um outro modo de expressar isto é dizer que esta convenção de sinais permite que uma porta que esteja tentando dar saída a um 0 produza uma tensão de saída que não será interpretada como 0 pela entrada de uma outra porta, mesmo que não haja ruído no sistema.

Representação Binária de Inteiros Positivos (I)

2.3 Mostre como os seguintes inteiros seriam representados por um sistema que utiliza inteiros de 8 *bits* sem sinal.
   a. 37
   b. 89
   c. 4
   d. 126
   e. 298

   Solução

   a. $37 = 32 + 4 + 1 = 2^5 + 2^2 + 2^0$. Portanto, a representação binária sem sinal, em 8 *bits*, de 37 é 0b00100101.
   b. $89 = 64 + 16 + 8 + 1 = 2^6 + 2^4 + 2^3 + 2^0 = $ 0b01011001.
   c. $4 = 2^2 = $ 0b00000100.
   d. $126 = 64 + 32 + 16 + 8 + 4 + 2 = 2^6 + 2^5 + 2^4 + 2^3 + 2^2 + 2^1 = $ 0b01111110.
   e. Esta é uma "pegadinha". O maior valor que pode ser representado por um número de 8 *bits* sem sinal é $2^8 - 1 = 255$. O número 298 é maior do que 255, de modo que ele não pode ser representado por um número binário de 8 *bits* sem sinal.

Representação Binária de Inteiros Positivos (II)

2.4 Qual é o valor decimal dos seguintes inteiros binários sem sinal?
   a. 0b1100
   b. 0b100100
   c. 0b11111111

   Solução

   a. $0b1100 = 2^3 + 2^2 = 8 + 4 = 12$
   b. $0b100100 = 2^5 + 2^2 = 32 + 4 = 36$
   c. $0b11111111 = 2^7 + 2^6 + 2^5 + 2^4 + 2^3 + 2^2 + 2^1 + 2^0 = 128 + 64 + 32 + 16 + 8 + 4 + 2 + 1 = 255$

Notação Hexadecimal (I)

2.5 Quais são as representações hexadecimais dos seguintes inteiros?
   a. 67
   b. 142
   c. 1348

   Solução

   a. $67 = (4 \times 16) + 3 = $ 0x43
   b. $142 = (8 \times 16) + 14 = $ 0x8e
   c. $1348 = (5 \times 16 \times 16) + (4 \times 16) + 4 = $ 0x544

Notação Hexadecimal (II)

2.6 Quais são os valores decimais dos seguintes números hexadecimais?
   a. 0x1b
   b. 0xa7
   c. 0x8ce

   Solução

   a. $0x1b = (1 \times 16) + 11 = 27$
   b. $0xa7 = (10 \times 16) + 7 = 167$
   c. $0x8ce = (8 \times 16 \times 16) + (12 \times 16) + 14 = 2254$

Adição de Inteiros sem Sinal

2.7 Calcule as somas dos seguintes pares de inteiros sem sinal:
  a. 0b11000100 + 0b00110110
  b. 0b00001110 + 0b10101010
  c. 0b11001100 + 0b00110011
  d. 0b01111111 + 0b00000001

  Solução

  (Note que todos estes problemas podem ter sua solução verificada, ao converter as saídas e entradas para decimal.)
  a. 0b11111010
  b. 0b10111000
  c. 0b11111111
  d. 0b10000000

Multiplicação de Inteiros sem Sinal

2.8 Calcule o produto dos seguintes pares de inteiros sem sinal. Produza o resultado em 8 *bits*.
  a. 0b1001 × 0b0110
  b. 0b1111 × 0b1111
  c. 0b0101 × 0b1010

  Solução

  a. 0b1001 × 0b0110 = (0b1001 × 0b100) + (0b1001 × 0b10) = 0b100100 + 0b10010 = 0b00110110
  b. 0b11100001
  c. 0b00110010

Número de Bits Necessários

2.9 Quantos *bits* são necessários para representar os seguintes números decimais como inteiros binários sem sinal?
  a. 12
  b. 147
  c. 384
  d. 1497

  Solução

  a. 12 é maior que $2^3 - 1$ e menor que $2^4 - 1$, de modo que 12 não pode ser representado em um inteiro de 3 *bits* sem sinal, mas pode ser representado em um inteiro binário de 4 *bits*. Portanto, são necessários 4 *bits*.
  b. $2^7 - 1 < 147 < 2^8 - 1$, de modo que são necessários 8 *bits*.
  c. $2^8 - 1 < 384 < 2^9 - 1$, de modo que são necessários 9 *bits*.
  d. $2^{10} - 1 < 1497 < 2^{11} - 1$, de modo que são necessários 11 *bits*.

Faixas de Representações Binárias

2.10 Quais são os maiores e os menores inteiros que podem ser representados com valores de 4, 8 e 16 *bits*, utilizando:
  a. Representação binária sem sinal
  b. Representação binária em sinal e magnitude
  c. Representação em complemento de 2

  E ainda, por que as respostas das letras **b** e **c** são diferentes?

  Solução

  a. Na representação binária sem sinal, 0 é o menor valor que pode ser representado. O maior valor que pode ser representado em um inteiro binário de *n bits* sem sinal é $2^n - 1$, dando uma representação máxima de valores iguais a 15, 255 e 65.535 para inteiros sem sinal de 4, 8 e 16 *bits*.

b. Representações em sinal e magnitude utilizam um *bit* para registrar o sinal de um número, permitindo que eles representem valores de $-(2^{n-1}-1)$ a $2^{n-1}-1$. Isto propicia uma faixa de -7 a $+7$, para valores de 4 *bits*; -127 a $+127$, para valores de 8 *bits*; e -32.767 a $+32.767$, para valores de 16 *bits*.

c. Inteiros de *n* bits em complemento de 2 podem representar valores de $-(2^{n-1})$ a $2^{n-1}-1$. Portanto, inteiros de 4 *bits* em complemento de 2 podem representar valores de -8 a $+7$, números de 8 *bits* podem representar valores de -128 a $+127$ e números de 16 *bits* podem representar valores de -32.768 a $+32.767$.

Representações em sinal e magnitude têm duas representações para 0, enquanto que representações em complemento de 2 têm apenas uma. Isto dá às representações em complemento de 2 a capacidade de representar um valor a mais do que as representações em sinal e magnitude, com o mesmo número de *bits*.

Representação com Sinal de Magnitude

2.11 Converta os seguintes números decimais para a representação em 8 *bits* em sinal e magnitude:
   a. 23
   b. -23
   c. -48
   d. -65

Solução

a. Na representação em sinal e magnitude, inteiros positivos são representados do mesmo modo que eles o são em representação binária sem sinal, exceto que o *bit* mais significativo da representação é reservado para o *bit* de sinal. Portanto, a representação de 23, em 8 *bits* em sinal e magnitude, é 0b00010111.

b. Para obter a representação de -23 em sinal e magnitude, simplesmente ajustamos o *bit* de sinal da representação de $+23$ para 1, produzindo 0b10010111.

c. 0b10110000

d. 0b11000001

Notação em Complemento de 2

2.12 Dê a representação com 8 *bits*, em complemento de 2, dos valores do Problema 2.11.

Solução

a. Da mesma forma que a representação em sinal e magnitude, a representação de um número positivo em complemento de 2 é a mesma que a representação sem sinal daquele número, produzindo 0b00010111 como a representação de 23 com 8 *bits*, em complemento de 2.

b. Para negar um número na representação em complemento de 2, invertemos todos os *bits* da sua representação e somamos 1 ao resultado, produzindo 0b11101001 como a representação de -23 com 8 *bits*, em complemento de 2.

c. 0b11010000

d. 0b10111111

Extensão de Sinal

2.13 Dê a representação em 8 *bits* dos números 12 e -18, nas notações em sinal e magnitude e em complemento de 2, e mostre como estas representações têm o sinal estendido para dar representações de 16 *bits* em cada notação.

Solução

As representações em 8 *bits* em sinal e magnitude de 12 e de -18 são 0b00001100 e 0b10010010, respectivamente. Para fazer a extensão de sinal de um número em sinal e magnitude, o *bit* de sinal é copiado para o *bit* mais significativo da nova representação e o sinal de *bit* da antiga representação é zerado, dando as representações em sinal e magnitude em 16 *bits* de 0b0000000000001100 para 12 e 0b1000000000010010 para -18.

As representações de 12 e -18 com 8 *bits*, em complemento de 2, são 0b00001100 e 0b11101110. Números em complemento de 2 têm o sinal estendido copiando-se o *bit* mais significativo do número para os *bits* adicionais da nova representação, dando representações de 16 *bits* iguais a 0b0000000000001100 e 0b1111111111101110, respectivamente.

Matemática com Inteiros em Complemento de 2

2.14 Utilizando inteiros de 8 *bits* em complemento de 2, execute os seguintes cálculos:

    a. −34 + (−12)
    b. 17 − 15
    c. −22 − 7
    d. 18 − (−5)

Solução

a. Na notação em complemento de 2, −34 = 0b11011110 e −12 = 0b11110100. Somando-os, obtemos 0b11010010 (lembre-se de que o nono *bit* é descartado quando são somados dois números de 8 *bits* em complemento de 2). Isto é igual a −46, a resposta correta.

b. Aqui, podemos tirar proveito do fato de que estamos utilizando notação em complemento de 2 para transformar 17 − 15 em 17 + (− 15), ou 0b00010001 + 0b11110001 = 0b00000010 = 2.

c. Novamente, transformamos a expressão para −22 + (− 7) para obter o resultado 0b11100011 = −2.

d. Como no item c, transformamos a expressão em 18 + 5 = 0b00010111 = 23.

Comparando Representações de Inteiros

2.15 Qual das duas representações de inteiros descritas neste capítulo (sinal e magnitude e complemento de 2) seria a mais adequada para as seguintes situações:
    a. Quando for fundamental que o *hardware* de negação de um número seja o mais simples possível.
    b. Quando a maioria das operações matemáticas executadas será de adições e subtrações.
    c. Quando a maioria das operações matemáticas executadas será de multiplicações e divisões.
    d. Quando for essencial que seja tão fácil quanto possível detectar quando o número é positivo ou negativo.

Solução

a. Neste caso, a representação em sinal e magnitude seria a melhor, porque negar um número exige apenas a inversão do *bit* de sinal.

b. Números em complemento de 2 permitem um *hardware* mais simples para adições e subtrações do que os números em sinal e magnitude. Com números em complemento de 2, não é necessário *hardware* adicional para somar números positivos e negativos – tratar estes números como valores sem sinal e somá-los fornece o resultado correto em complemento de 2. A subtração pode ser implementada negando-se o segundo operando efetuando, então, a adição.

Em contraste, as representações em sinal e magnitude exigem um *hardware* diferente para executar subtrações ou para somar números positivos e negativos, fazendo com que esta representação seja mais onerosa se a maioria dos cálculos a serem executados forem adições e/ou subtrações.

c. A representação em sinal e magnitude é a melhor neste caso, porque a multiplicação e a divisão podem ser implementadas tratando-se as partes de magnitude dos números como inteiros sem sinal e, então, determinando o sinal do resultado examinando-se os *bits* de sinal dos dois valores.

d. Neste caso, as duas representações estão muito próximas. Em geral, o sinal de um número em qualquer uma das representações pode ser determinado examinando-se o *bit* mais significativo do número – se o *bit* mais significativo for 1, o número é negativo. A exceção é quando o número é 0. As representações em sinal e magnitude têm duas representações para zero, uma com o *bit* de sinal igual a 1 e uma com o *bit* de sinal igual a 0, enquanto existe apenas uma representação do zero na notação em complemento de 2.

Resumindo, as duas representações são equivalentes, se não for importante que os valores zero sejam detectados como positivos e negativos. Se for importante determinar se um número é positivo, negativo ou zero, os números em complemento de 2 são ligeiramente melhores.

Arredondamento

2.16 Utilizando o arredondamento para o mais próximo, faça o arredondamento dos seguintes valores decimais para três dígitos significativos:
    a. 1,234
    b. 8.940,999
    c. 179,5
    d. 178,5

Solução

a. 1,23

b. 8.940 (dígitos significativos não precisam estar à direita da vírgula decimal)

c. 180 (arredondado para um número par)

d. 180 (arredondado para um número par)

Representações em Ponto Flutuante (I)

2.17 Converta os seguintes valores para ponto flutuante IEEE de precisão simples:

a. 128

b. −32,75

c. 18,125

d. 0,0625

Solução

a. $128 = 2^7$, produzindo um campo de expoente igual a 134, um *bit* de sinal igual a 0 e um campo de fração igual a 0 (por causa do 1 assumido). Portanto, 128 = 0b0100 0011 0000 0000 0000 0000 0000 0000, em formato de ponto flutuante com precisão simples.

b. $-32,75 = -100000,11_2$ ou $-1,0000011_2 \times 2^5$. A representação de −32,75 em ponto flutuante com precisão simples é 0b1100 0010 0000 0011 0000 0000 0000 0000.

c. $18,125 = 10010,001_2$ ou $1,0010001_2 \times 2^4$, produzindo a representação em ponto flutuante com precisão simples igual a 0b0100 0001 1001 0001 0000 0000 0000 0000.

d. $0,0625 = 0,0001_2$ ou 1×2^{-4}, produzindo a representação em ponto flutuante com precisão simples igual a 0b0011 1101 1000 0000 0000 0000 0000 0000.

Representações em Ponto Flutuante (II)

2.18 Quais valores estão representados pelos seguintes números em ponto flutuante IEEE de precisão simples?

a. 0b1011 1101 0100 0000 0000 0000 0000 0000

b. 0b0101 0101 0110 0000 0000 0000 0000 0000

c. 0b1100 0001 1111 0000 0000 0000 0000 0000

d. 0b0011 1010 1000 0000 0000 0000 0000 0000

Solução

a. Para este número, o *bit* de sinal = 1, o campo de expoente = 122, de modo que o expoente = −5. O campo da fração = 100 0000 0000 0000 0000 0000, então, esta seqüência binária representa $-1,1_2 \times 2^{-5} = -0,046875$.

b. Aqui, temos um *bit* de sinal = 0, o campo de expoente = 170, de modo que o expoente é 43 e o campo da fração = 110 0000 0000 0000 0000 0000, então, o valor deste número é $1,11_2 \times 2^{43} = 1,539 \times 10^{13}$ (para quatro dígitos significativos).

c. $-1,111_2 \times 2^4 = -30$

d. $1,0_2 \times 2^{-10} = 0,0009766$ (para quatro dígitos significativos)

NaNs e Números Não Normalizados

2.19 Para cada valor IEEE de precisão simples abaixo, explique que tipo de número (normalizado, não normalizado, infinito, zero ou NaN) eles representam. Se a quantidade tiver um valor, cite-o.

a. 0b0111 1111 1000 1111 0000 1111 0000 0000

b. 0b0000 0000 0000 0000 0000 0000 0000 0000

c. 0b0100 0010 0100 0000 0000 0000 0000 0000

d. 0b1000 0000 0100 0000 0000 0000 0000 0000

e. 0b1111 1111 1000 0000 0000 0000 0000 0000

Solução

a. O campo de expoente deste número é composto por 1s e o seu campo de fração não é 0, de modo que ele é um NaN.

b. Este número tem um campo de expoente igual a 0, um *bit* de sinal igual a 0 e um campo de fração igual a 0, que é a representação em ponto flutuante IEEE para +0.

c. Este número têm um campo de expoente igual a 132 e um campo de fração igual a 100 0000 0000 0000 0000 0000. Uma vez que o seu campo de expoente não contém apenas 0s nem 1s, ele representa um número normalizado, com o valor de $1,1_2 \times 2^5 = 48$.

d. Este número tem um campo de expoente todo em zero e o seu campo de fração é não zero, de modo que ele é um número não normalizado. O seu valor é $-0,1_2 \times 2^{-126} = -2^{-127} = -5,877 \times 10^{-39}$ (para quatro dígitos significativos).

e. O campo de expoente deste número é todo de 1s, o seu campo de fração é zero e o seu *bit* de sinal é 1, de modo que ele representa $-\infty$.

Aritmética com Números em Ponto Flutuante

2.20 Utilize números em ponto flutuante IEEE de precisão simples para calcular os seguintes valores:
  a. 32×16
  b. $147,5 \times 0,25$
  c. $0,125 \times 8$
  d. $13,25 \times 4,5$

Solução

a. $32 = 2^5$ e $16 = 2^4$, de modo que as representações em ponto flutuante destes números são 0b0100 0010 0000 0000 0000 0000 0000 0000 e 0b0100 0001 1000 0000 0000 0000 0000 0000. Para multiplicá-los, convertemos os seus campos de fração em uma mantissa e multiplicamos, somamos os campos de expoente e subtraimos o excesso da soma. Isto dá como resultado um campo de expoente igual a 10001000 e um campo de fração igual a 000 0000 0000 0000 0000 0000, uma vez que removamos o 1 assumido do produto das mantissas. O número em ponto flutuante resultante é 0b0100 0100 0000 0000 0000 0000 0000 0000 = $2^9 = 512$.

b. $147,5 = 1,00100111_2 \times 2^7 =$ 0b0100 0011 0001 0011 1000 0000 0000 0000. $0,25 = 1,0_2 \times 2^{-2} =$ 0b0011 1110 1000 0000 0000 0000 0000 0000. Deslocando o número com o menor expoente (0,25) para a direita para tornar os expoentes de ambos os números iguais, resulta em $0,25 = 0,000000001_2 \times 2^7$. Somando as mantissas, temos a soma $1,001001111_2 \times 2^7 =$ 0b0100 0011 0001 0011 1100 0000 0000 0000.

c. Convertendo estes números para ponto flutuante, temos as representações 0b0011 1110 0000 0000 0000 0000 0000 0000 para 0,125 e 0b0100 0001 0000 0000 0000 0000 0000 0000 para 8. Multiplicando as mantissas e somando os expoentes temos o resultado de 0b0011 1111 1000 0000 0000 0000 0000 0000 = 1.

d. $13,25 = 1,10101_2 \times 2^3 =$ 0b0100 0001 0101 0100 0000 0000 0000 0000. $4,5 = 1,001_2 \times 2^{-2} =$ 0b0100 0000 1001 0000 0000 0000 0000 0000. Deslocando 4,5 para a direita uma posição para tornar os expoentes de ambos os números iguais, resulta em $4,5 = 0,1001_2 \times 2^3$. Somando as mantissas, temos o resultado $10,00111_2 \times 2^3$, de modo que temos que deslocar isto para baixo uma posição para obtermos $1,000111_2 \times 2^4$. A representação disto em ponto flutuante com precisão simples é 0b0100 0001 1000 1110 0000 0000 0000 0000.

Capítulo 3

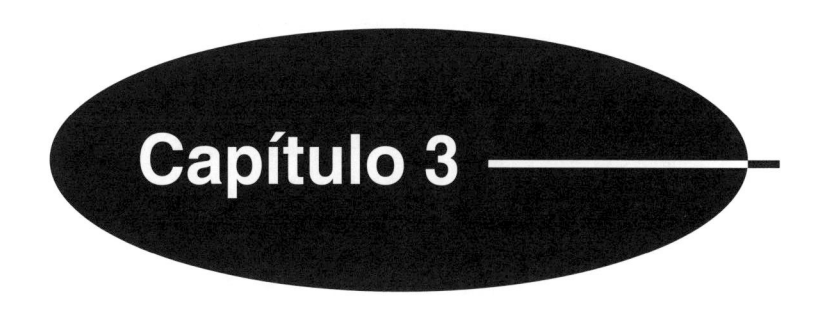

Organização de Computadores

3.1 OBJETIVOS

Os dois últimos capítulos estabeleceram as bases para a nossa discussão de arquitetura de computadores, ao explicar como os projetistas de computadores descrevem e analisam o desempenho e como os computadores representam e manipulam valores do mundo real. Neste capítulo, começamos a cobrir a arquitetura de computadores propriamente dita, descrevendo os blocos construtivos básicos que compõem sistemas de computadores convencionais: processadores, memória e E/S. Também descreveremos, brevemente, como os programas são representados internamente pelos sistemas de computadores, e como os sistemas operacionais organizam os programas que controlam os dispositivos físicos que compõem um computador.

Após completar este capítulo, você deverá:

1. Compreender os conceitos básicos sobre processadores, memória e dispositivos de E/S, e ser capaz de descrever as suas funções.
2. Estar familiarizado com arquiteturas de computadores de programas armazenados em memória.
3. Compreender as funções básicas dos sistemas operacionais.

3.2 INTRODUÇÃO

Como indicado na Fig. 3-1, a maioria dos sistemas de computadores podem ser divididos em três subsistemas: o processador, a memória e o subsistema de entrada e saída (E/S). O processador é responsável pela execução dos programas, a memória fornece espaço de armazenamento para os programas e os dados aos quais eles fazem referência e o subsistema de E/S permite que o computador e a memória controlem os dispositivos que interagem com o mundo externo ou que armazenem dados, como o CD-ROM, discos rígidos e a placa de vídeo/monitor, mostrados na figura.

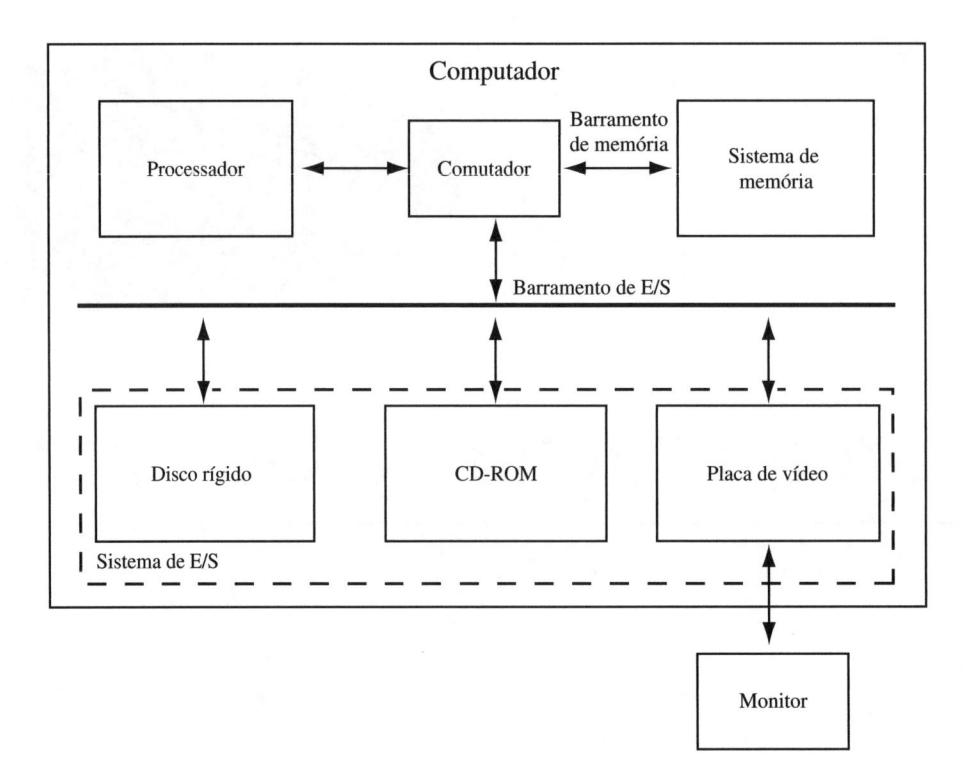

Fig. 3-1   Organização básica de computadores.

Na maioria dos sistemas, o processador tem um único barramento de dados que é conectado ao módulo comutador, tal como a ponte PCI encontrada na maioria dos sistemas PC, embora alguns processadores integrem diretamente o módulo de comutação no mesmo circuito integrado que o processador, de modo a reduzir o número de *chips* necessários para construir um sistema, bem como o seu custo. O comutador comunica-se com a memória através de um *barramento de memória*, um conjunto dedicado de linhas que transfere dados entre estes dois sistemas. Um *barramento de E/S* distinto conecta o comutador com os dispositivos de E/S. Normalmente são utilizados barramentos separados porque o sistema de E/S geralmente é projetado de forma a ser o mais flexível possível para suportar diversos tipos de dispositivos de E/S e o de memória é projetado para fornecer a maior largura de banda possível entre o processador e o sistema de memória.

3.3   PROGRAMAS

Programas são seqüências de instruções que dizem ao computador o que fazer, embora a visão que um computador tem das instruções que compõem um dado programa seja muito diferente da visão de quem o escreveu. Para o computador, um programa é composto de uma seqüência de números que representam operações individuais. Estas operações são conhecidas como *instruções de máquina*, ou apenas *instruções*, e o conjunto de operações que um dado processador pode executar é conhecido como *conjunto de instruções*.

Praticamente todos os computadores em uso atualmente são computadores com *memória de programa* que representam os programas como números que são armazenados no mesmo espaço de endereçamento que os dados.[1] A abstração de programas armazenados (representando instruções como números armazenados na memória) foi um dos principais avanços na arquitetura dos primeiros computadores. Antes disso, muitos computadores eram programados pelo ajuste de interruptores ou refazendo a conexão de placas de circuitos para definir o novo programa, o que exigia uma grande quantidade de tempo, além de ser muito sujeito a erros.

A abstração de programas armazenados em memória fornece duas vantagens principais sobre as abordagens anteriores. Primeiro, ela permite que os programas sejam armazenados e carregados facilmente na máquina. Uma vez que o programa tenha sido desenvolvido e depurado, os números que representam as suas instruções podem ser

---

[1] Computadores de programas armazenados em memória também são chamados de computadores von Neumann, em homenagem a John von Neumann, um dos desenvolvedores deste conceito.

escritos em um dispositivo de armazenamento, permitindo que o programa seja carregado novamente para a memória em algum momento no futuro. Nos primeiros sistemas, os dispositivos de armazenamento mais comuns eram cartões perfurados e fitas de papel. Os sistemas modernos geralmente utilizam meio magnético, como discos rígidos. A capacidade de armazenar programas como se fossem dados elimina os erros quando o programa é recarregado (assumindo que o dispositivo no qual o programa está armazenado seja livre de erros), enquanto que solicitar que um usuário introduza o programa novamente, a cada vez que ele for utilizado, geralmente introduz erros que têm que ser corrigidos antes que o programa possa ser executado corretamente – imagine ter que depurar o seu processador de textos a cada vez que você o executasse!

Segundo, e talvez de modo ainda mais significativo, a abstração de programas armazenados em memória permite que os programas tratem a si mesmos ou a quaisquer outros programas como se fossem dados. Programas que tratam a si mesmos como dados são chamados de *programas automodificáveis*, isto é, algumas das instruções em um programa calculam outras instruções do próprio programa. Tais programas eram comuns nos primeiros computadores, pois freqüentemente eles eram mais rápidos do que programas que não se modificavam e porque os primeiros computadores implementavam um número pequeno de instruções, fazendo com que fosse difícil criar algumas operações sem o código automodificável. De fato, esse tipo de código foi o único modo para implementar um desvio condicional em, pelo menos, um dos primeiros computadores – o conjunto de instruções não fornecia uma operação de desvio condicional, de modo que os programadores implementaram desvios condicionais escrevendo um código automodificável que calculava os endereços de destino de instruções de desvio incondicional à medida que o programa era executado.

O código automodificável tornou-se menos comum nas máquinas mais modernas, porque mudar o programa durante a execução dificulta a depuração dos programas. À medida que os computadores se tornavam mais rápidos, a facilidade de implementação e depuração de programas tornou-se mais importante do que as melhorias de desempenho que podiam ser obtidas por meio de código automodificável, na maioria dos casos. Além disto, sistemas de memória com *caches* (discutidos no Capítulo 9) tornam o código automodificável menos eficiente, diminuindo as melhorias de desempenho que são obtidas utilizando-se esta técnica.

Ferramentas de Desenvolvimento de Programas

Os programas que tratam outros programas como dados são muito comuns, e a maioria das ferramentas de desenvolvimento de programas caem dentro desta categoria. Estas ferramentas incluem os *compiladores* que convertem programas em linguagens de alto nível, como C e FORTRAN, em linguagem de montagem (*assembly*), os *montadores* que convertem as instruções em linguagem de montagem em representações numéricas utilizadas pelo processador e os *ligadores* (*linkers*) que unem diversos programas em linguagem de máquina em um único arquivo executável. Também estão incluídos nessas categorias os *depuradores* (*debuggers*), programas que apresentam o estado de um outro programa à medida que este é executado, de modo a permitir que programadores acompanhem o progresso de um programa e encontrem erros.

Os primeiros computadores de programas armazenados em memória eram programados diretamente em *linguagem de máquina*, a representação numérica das instruções utilizadas internamente pelo processador. Para escrever um programa, o programador determinava a seqüência de instruções de máquinas necessárias para gerar o resultado correto e dava entrada nos números que representavam no computador estas instruções. Este era um processo que consumia muito tempo e resultava em uma grande quantidade de erros de programação.

O primeiro passo para simplificar o desenvolvimento de programas veio quando foram desenvolvidos os montadores, permitindo que os programadores codificassem em *linguagem de montagem*. Na linguagem de montagem, cada instrução de máquina tem uma representação em texto (como ADD, SUB ou LOAD) que representa o que ela faz e os programas eram escritos utilizando estas instruções. Uma vez que o programa tivesse escrito, o programador executava o montador para converter o programa em linguagem de montagem em um programa equivalente em linguagem de máquina, o qual podia ser executado no computador. A Fig. 3-2 mostra um exemplo de uma instrução em linguagem de montagem e a instrução em linguagem de máquina gerada a partir dela.

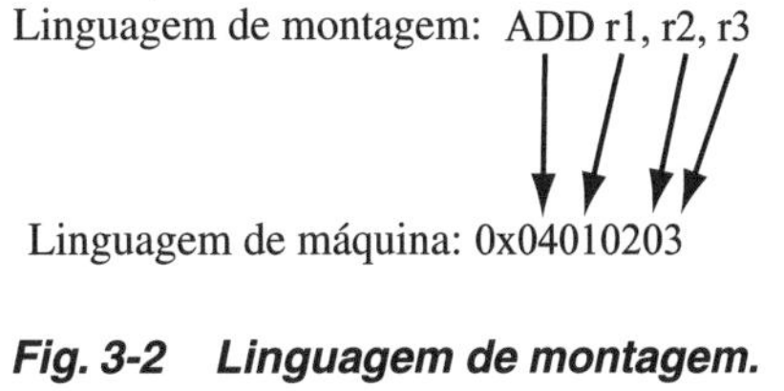

Linguagem de montagem: ADD r1, r2, r3

Linguagem de máquina: 0x04010203

Fig. 3-2 Linguagem de montagem.

Utilizar a linguagem de montagem tornou a tarefa de programação muito mais fácil, ao permitir que os programadores utilizassem um formato de instrução que era mais fácil de ser entendida pelos humanos. A programação ainda era extremamente tediosa porque para executar operações um pouco mais complexas era necessário utilizar várias instruções; além disso, as instruções disponíveis para os programadores diferiam de máquina para máquina. Se um programador quisesse executar um programa em um tipo diferente de computador, o programa tinha que ser completamente reescrito na nova linguagem de montagem desse computador.

As linguagens de alto nível, como FORTRAN, COBOL e C, foram desenvolvidas para resolver estes problemas. Uma instrução em linguagem de alto nível pode especificar muito mais trabalho do que uma instrução em linguagem de montagem. Os estudos têm mostrado que a média do número de instruções escritas e depuradas por dia por um programador é relativamente independente da linguagem utilizada. Uma vez que as linguagens de alto nível permitem que os programas sejam escritos em muito menos instruções do que a linguagem de montagem, o tempo para implementar um programa em linguagem de alto nível é tipicamente muito menor do que o tempo para implementar um programa em linguagem de montagem.

Uma outra vantagem de escrever programas em linguagens de alto nível é que elas são mais portáveis do que programas escritos em linguagens de montagem ou de máquina. Programas escritos em linguagens de alto nível podem ser convertidos para uso em diferentes tipos de computadores pela recompilação do programa, utilizando-se o compilador adequado ao novo computador. Em contraste, programas em linguagem de montagem precisam ser completamente reescritos para novo sistema, o que toma muito mais tempo.

O problema com as linguagens de alto nível é que os computadores não podem executar diretamente instruções em linguagem de alto nível. Assim, um programa chamado *compilador* é utilizado para converter o programa em seu equivalente em linguagem de montagem, que é, então, convertida em linguagem de máquina pelo montador. A Fig. 3-3 ilustra o processo de desenvolvimento e execução de um programa em linguagem de alto nível.

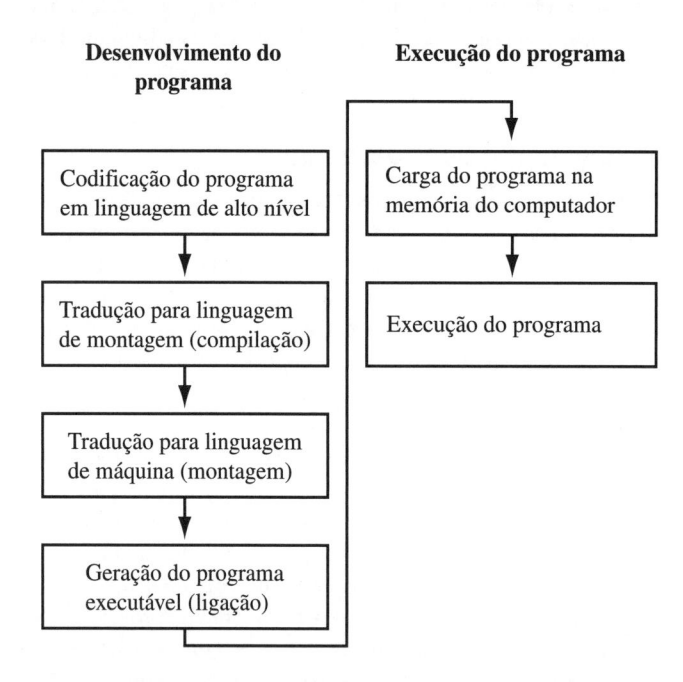

Fig. 3-3 Desenvolvimento de um programa.

Uma alternativa para a compilação de programas é utilizar um *interpretador* para executar a versão do programa em linguagem de alto nível. Os interpretadores são programas que tomam programas em linguagem de alto nível como entradas e executam os passos definidos para cada instrução no programa em linguagem de alto nível, produzindo o mesmo resultado que compilar o programa e então executar a versão compilada. Programas interpretados tendem a ser muito mais lentos do que programas compilados, porque o interpretador tem que examinar cada instrução no programa fonte, à medida que ela ocorre, e então desviar para a rotina que executa a instrução. De muitas maneiras, isto é semelhante à tarefa do compilador de determinar a seqüência de instruções em linguagem de montagem que implementa uma dada instrução em linguagem de alto nível, exceto que o interpretador precisa reinterpretar cada instrução em linguagem de alto nível, cada vez que ela é executada. Se um programa contém um laço que é executado 10.000 vezes, o interpretador precisa interpretar o laço 10.000 vezes, mas o compilador só precisa compilá-lo uma vez.

Dadas as desvantagens de velocidade, os interpretadores são muito menos comuns do que os programas compiladores. Os interpretadores são utilizados principalmente em casos nos quais é importante ser capaz de executar um programa em vários tipos de computadores diferentes, sem a recompilação. Neste caso, utilizar um interpretador permite que cada tipo de computador execute diretamente a versão em linguagem de alto nível do programa.

Compiladores e montadores têm tarefas muito diferentes. Em geral, existe um mapeamento um-para-um entre as instruções em linguagens de montagem e as de máquina, de modo que tudo o que o montador precisa fazer é converter cada instrução de um formato para o outro. Por outro lado, um compilador tem que determinar uma seqüência de instruções em linguagem de montagem que implemente as instruções de um programa em linguagem de alto nível, tão eficientemente quanto possível. Por causa disto, o tempo de execução de um programa escrito em uma linguagem de alto nível depende, em grande parte, de quão bom o compilador é, uma vez que o tempo de execução de um programa depende, exclusivamente, da quantidade de instruções em linguagem de máquina executadas.

3.4 SISTEMAS OPERACIONAIS

Em estações de trabalho, PCs e *mainframes*, o *sistema operacional* é responsável pela administração dos recursos físicos do sistema, pela carga e execução dos programas e pela interface com os usuários. *Sistemas dedicados* – computadores projetados para uma tarefa específica, como controlar um dispositivo – freqüentemente não têm um sistema operacional porque eles executam apenas um programa. O sistema operacional é simplesmente um outro programa que conhece tudo sobre o *hardware* no computador, com uma exceção – ele é executado em modo *privilegiado* (ou supervisor), o que permite que ele tenha acesso aos recursos físicos que os programas de usuário não podem controlar, dando a ele a capacidade de iniciar ou interromper a execução de programas do usuário.

Multiprogramação

A maioria dos sistemas de computador suporta a *multiprogramação* (também chamada execução multitarefa), uma técnica que permite que o sistema apresente a ilusão de que vários programas estão sendo executados simultaneamente no computador, mesmo que o sistema possa ter apenas um processador. Em um sistema multiprogramado, os programas de usuário não precisam saber quais outros programas estão sendo executados no sistema ao mesmo tempo em que eles estão sendo executados, ou mesmo quantos outros programas existem. O sistema operacional e o *hardware* fornecem *proteção* para os programas, evitando que um programa tenha acesso aos dados de outro, a menos que eles declarem, explicitamente, a intenção de compartilhar dados. Muitos computadores multiprogramados também são *multiusuário* e permitem que mais de uma pessoa esteja utilizando o computador ao mesmo tempo. Sistemas multiusuário exigem que o sistema operacional não apenas impeça os programas de acessar os dados um do outro, mas evite que os usuários acessem dados que são privativos a outros usuários.

Um sistema operacional multiprogramado dá a ilusão de que vários programas estão sendo executados simultaneamente, ao comutar muito rapidamente entre programas, como ilustrado na Fig. 3-4. A cada programa é permitida a execução durante uma quantidade fixa de tempo, conhecida como *fatia de tempo*. Quando a fatia de tempo de um programa termina, o sistema operacional interrompe-o ou remove-o do processador, carregando um outro programa no processador. Este processo é conhecido como *comutação de contexto*. Para fazer uma comutação de contexto, o sistema operacional copia o conteúdo dos registradores de máquina do programa que está sendo executado em um dado momento (algumas vezes chamado de *contexto* do programa) para a memória e, então, copia os valores previamente armazenados, associados a outro programa, da memória para esses registradores. Os programas não podem dizer se foi executada uma comutação de contexto – para eles, parece que executam continuamente no processador.

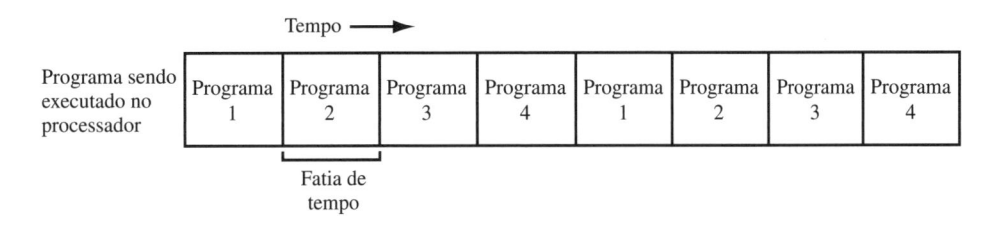

Programa sendo executado no processador	Programa 1	Programa 2	Programa 3	Programa 4	Programa 1	Programa 2	Programa 3	Programa 4

Tempo →

Fatia de tempo

Fig. 3-4 Sistema multiprogramado.

Muitos computadores realizam 60 comutações de contexto por segundo, fazendo com que as fatias de tempo sejam 1/60 de segundo Alguns sistemas mais modernos executam comutações de contexto com uma freqüência maior, o que pode causar problemas a programas que utilizam essa base de tempo (1/60 s) para cronometrar eventos ou estabelecer desempenho.

Ao fazer comutações de contexto 60 ou mais vezes por segundo, um computador pode dar, a cada programa, uma oportunidade de ser executado com freqüência suficiente para que o sistema forneça a ilusão que um certo número de programas esteja sendo executado simultaneamente. Evidentemente, à medida que o número de programas no sistema aumenta, esta ilusão diminui – se o sistema estiver executando 120 programas, cada programa pode obter uma fatia de tempo apenas uma vez a cada 2 segundos, o que é um atraso perceptível aos usuários do sistema. A multiprogramação também pode aumentar o tempo de execução de aplicações, porque os recursos do sistema são compartilhados entre todos programas que estão sendo executados nele.

Proteção

Um dos principais requisitos de um sistema operacional multiprogramado é que ele forneça *proteção* para os programas que estão sendo executados no computador. Essencialmente, isto significa que o resultado de um programa que esteja sendo executado em um computador multiprogramado deve ser o mesmo como se esse programa estivesse sendo o único programa a ser executado no computador. Os programas não devem acessar os dados de outros programas e devem estar seguros de que o seus dados não serão modificados por outros programas. De modo similar, os programas não devem interferir com a utilização que cada um deles faz do subsistema de E/S.

Fornecer proteção em um sistema multiprogramado ou multiusuário exige que o sistema operacional controle os recursos físicos do computador, incluindo o processador, a memória e os dispositivos de E/S. De outro modo, programas de usuário poderiam acessar qualquer parte da memória ou de dispositivos de armazenamento no computador, obtendo acesso a dados que pertencem a outros programas ou usuários. Isto também permite que o sistema operacional evite que mais de um programa acesse um dispositivo de E/S, como uma impressora, ao mesmo tempo.

Uma técnica que os sistemas operacionais utilizam para proteger os dados de um programa é a *memória virtual*, a qual é descrita em detalhes no Capítulo 10. Resumidamente, a memória virtual permite que cada programa opere como se ele fosse o único sendo executado no computador, ao *traduzir* os endereços de memória aos quais o programa faz referência para endereços físicos realmente utilizados pelo sistema de memória. Desde que o sistema de memória virtual garanta que os endereços de dois programas não sejam traduzidos para o mesmo endereço físico de memória, os programas podem ser escritos como se eles fossem o único programa em execução na máquina, uma vez que nenhuma referência de memória, de nenhum programa, fará acesso aos dados de outro programa.

Modo Privilegiado

Para garantir que o sistema operacional seja o único programa que controle os recursos físicos do sistema, ele é executado em *modo privilegiado*, enquanto que os programas de usuário são executados em *modo de usuário* (algumas vezes chamado de modo não privilegiado). Certas tarefas, como acessar um dispositivo de E/S, executar comutações de contexto ou executar alocação de memória, exigem que o programa esteja em modo privilegiado. Se um programa em modo de usuário tentar executar uma dessas tarefas, o *hardware* evita que ele faça isso e sinaliza a ocorrência de um erro. Quando programas em modo de usuário necessitam executar uma operação que exija modo privilegiado, eles enviam uma solicitação ao sistema operacional, conhecida como *chamada de sistema*, que solicita que faça a operação por eles. Se a operação é algo que o programa de usuário tem permissão para fazer, o sistema operacional executa a operação e retorna o resultado para o usuário. Caso contrário, ele sinaliza a ocorrência de um erro.

Por controlar os recursos físicos do computador, o sistema operacional também é responsável por interfacear o usuário com o sistema. Quando um usuário pressiona uma tecla ou envia algum outro tipo de entrada para o computador, o sistema operacional é o responsável por determinar qual programa deve receber a entrada e por enviar o valor da entrada para o programa. Além disso, quando um programa quer apresentar alguma informação para o usuário, como escrever um caractere no monitor, ele executa uma chamada de sistema para solicitar ao sistema operacional a apresentação dos dados.

3.5 ORGANIZAÇÃO DOS COMPUTADORES

A Fig. 3-1 apresentou um diagrama em blocos em alto nível de um sistema de computador típico. Nesta seção, apresentamos uma breve introdução a cada um dos subsistemas principais: processador, memória e E/S. O objetivo desta discussão é dar ao leitor conhecimento de alto nível suficiente sobre cada subsistema, de modo a prepará-lo para os capítulos seguintes que discutem, detalhadamente, cada um desses subsistemas.

O Processador

O processador é responsável pela execução real das instruções que compõe os programas e o sistema operacional. Como ilustrado na Fig. 3-5, os processadores são compostos de vários blocos: unidades de execução, banco de registradores e lógica de controle. As unidades de execução contêm o *hardware* que executa as instruções. Isto inclui o *hardware* que busca e decodifica as instruções, bem como as unidades lógico-aritméticas (ULAs) que executam os cálculos. Muitos processadores contêm unidades de execução diferentes para cálculos com inteiros e em ponto flutuante, porque é necessário um *hardware* muito diferente para tratar estes dois tipos de dados. Além disto, como veremos no Capítulo 7, os processadores modernos, para melhorar o desempenho, freqüentemente utilizam várias unidades de execução para executar instruções em paralelo.

O *banco de registradores* é uma pequena área de armazenamento para os dados que o processador está usando. Os valores armazenados no banco de registradores podem ser acessados mais rapidamente do que os dados armazenados no sistema de memória, sendo que os bancos de registradores geralmente suportam vários acessos simultâneos. Isto permite que uma operação, como uma adição, leia todas as suas entradas do banco de registradores ao mesmo tempo, ao invés de ter que lê-las uma por vez. Como veremos no Capítulo 4, diferentes processadores acessam e usam o seus bancos de registradores de muitos modos diferentes, mas virtualmente todos processadores têm um banco de registradores de algum tipo.

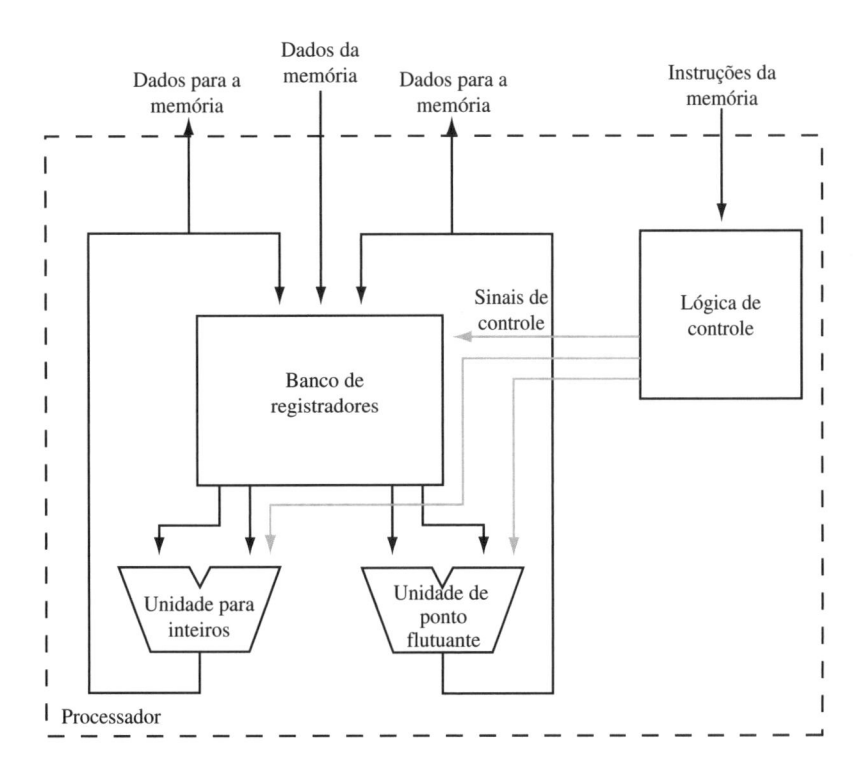

Fig. 3-5   Diagrama em blocos de um processador.

Como pode ser deduzido pelo seu nome, a lógica de controle controla o resto do processador, determinando quando as instruções podem ser executadas e quais operações são necessárias para executar cada instrução. Nos primeiros processadores, ela era uma parte muito pequena do *hardware* do processador, quando comparada com as ULAs e o banco de registradores, mas a quantidade de lógica de controle necessária cresceu significativamente à medida que os processadores tornaram-se mais complexos, fazendo com que seja uma das partes mais difíceis de ser projetada em um processador.

O Sistema de Memória

O sistema de memória age como um receptáculo de armazenamento para os dados e programas utilizados pelo computador. A maioria dos computadores tem dois tipos de memória: *memória apenas de leitura* (*Read Only Memory* – ROM) e *memória de acesso aleatório* (*Random Access Memory* – RAM). Como o seu nome sugere, o conteúdo de uma memória apenas de leitura não pode ser modificado pelo computador, mas pode ser lido. Em geral, a ROM é utilizada para manter um programa que é executado automaticamente pelo computador cada vez que ele é ligado ou reinicializado. Este programa é chamado de *bootstrap* e instrui o computador a carregar o sistema operacional do seu disco rígido ou de outro dispositivo de E/S. O nome deste programa vem da idéia de que o computador está "erguendo-se por sua própria conta", ao executar um programa que diz a ele como carregar o seu próprio sistema operacional.

Por outro lado, a memória de acesso aleatório tanto pode ser lida como escrita, e é utilizada para manter os programas, o sistema operacional e os dados exigidos pelo computador. A RAM é geralmente volátil, o que significa que ela não mantém os dados armazenados nela quando a alimentação do computador é desligada. Quaisquer dados que necessitem permanecer armazenados, enquanto o computador estiver desligado, precisam ser escritos em um dispositivo de armazenamento permanente, como um disco rígido.

A memória (tanto a RAM quanto a ROM) é dividida em um conjunto de posições de armazenamento, cada uma das quais pode manter 1 *byte* (8 *bits*) de dados. As posições de armazenamento são numeradas, e o número de uma posição de armazenamento (chamada de *endereço*) é utilizado para dizer ao sistema de memória a quais posições o processador quer fazer referência. Uma das características importantes de um sistema de computador é a largura dos endereços que ele utiliza, o que limita a quantidade de memória que o computador pode endereçar. A maioria dos computadores atuais utilizam endereços de 32 ou de 64 *bits*, permitindo que eles façam o acesso a 2^{32} ou 2^{64} *bytes* de memória.

Até o Capítulo 9, estaremos utilizando um modelo simples de memória de acesso aleatório, no qual todas as operações de memória duram o mesmo tempo. O nosso sistema de memória suportará duas operações: carga e armazenamento. As operações de armazenamento ocupam dois operandos: um valor a ser armazenado e o endereço onde o valor deve ser armazenado. Elas colocam o valor especificado na posição de memória especificada pelo endereço. Operações de carga têm um operando que especifica um endereço e retornam o conteúdo dessa posição de memória para o seu destino.

Utilizando este modelo, pode-se imaginar a memória como funcionando de modo semelhante a uma grande folha de papel pautado, onde cada linha na página representa um local de armazenamento para um *byte*. Para escrever (armazenar) um valor na memória, conta-se de cima para baixo na página até que se atinja a linha especificada pelo endereço, apaga-se o valor escrito naquela linha e escreve-se o novo valor. Para ler (carregar) um valor, conta-se de cima para baixo na página até que se atinja a linha especificada pelo endereço e lê-se o valor escrito naquela linha. A maioria dos computadores permite que mais de um *byte* de memória seja armazenado ou carregado por vez. Geralmente, uma operação de carga ou armazenamento opera sobre uma quantidade de dados igual à largura de *bits* do sistema, e o endereço enviado ao sistema de memória especifica a posição do *byte* de dados de endereço mais baixo a ser carregado ou armazenado. Por exemplo, um sistema de 32 *bits* carrega ou armazena 32 *bits* (4 *bytes*) de dados em cada operação, nos 4 *bytes* que começam com o endereço da operação, de modo que uma carga a partir da localização 424 retornaria uma quantidade de 32 *bits* contendo os *bytes* das localizações 424, 425, 426 e 427. Para simplificar o projeto do sistema de memória, alguns computadores exigem que as cargas e armazenamentos sejam "alinhados", significando que o endereço de uma referência de memória precisa ser um múltiplo do tamanho do dado que está sendo carregado ou armazenado, de modo que uma carga de 4 *bytes* precisa ter um endereço que seja um múltiplo de 4, um armazenamento de 8 *bytes* precisa ter um endereço que seja um múltiplo de 8, e assim por diante. Outros sistemas permitem cargas e armazenamentos desalinhados, mas demoram mais tempo para completar tais operações do que com cargas alinhadas.

Uma questão adicional com cargas e armazenamentos de vários *bytes* é a ordem na qual eles são escritos na memória. Há dois tipos de esquemas de ordenação diferentes que são utilizados nos computadores modernos: *little endian* e *big endian**. No sistema *little endian*, o *byte* menos significativo (o valor menor) de uma palavra é escrito no *byte* de endereço mais baixo, e os outros *bytes* são escritos na ordem crescente de significância. No sistema *big endian*, a ordem é inversa, com o *byte* mais significativo sendo escrito no *byte* de memória com o endereço mais baixo. Os outros *bytes* são escritos em ordem decrescente de significância. A Fig. 3-6 mostra um exemplo de como os sistemas *little endian* e *big endian* escreveriam uma palavra de dados de 32 *bits* (4 *bytes*) no endereço 0x1000.

Em geral, os programadores não precisam saber a ordem dos *bytes* no sistema com o qual eles estão trabalhando, exceto quando a mesma posição de memória é acessada utilizando-se cargas e armazenamentos de comprimentos diferentes. Por exemplo, se um armazenamento de um *byte* igual a 0, na localização 0x1000, fosse executado nos sistemas apresentados na Fig. 3-6, uma carga subseqüente de 32 *bits* a partir de 0x1000, retornaria 0x90abcd00 no sistema *little endian* e 0x00abcdef no sistema *big endian*. No entanto, a ordem dos *bytes* freqüentemente é um problema quando se transmite dados entre sistemas de computadores diferentes, pois eles interpretarão a mesma seqüência de *bytes* como palavras diferentes de dados nos sistemas *little* ou *big endian*. Para suplantar este problema, os dados precisam ser processados para convertê-los para a ordem dos *bytes* do computador que vai lê-los.

O projeto de sistemas de memória tem um impacto enorme sobre o desempenho de sistemas de computadores e é freqüentemente o fator limitante para a rapidez de execução de uma aplicação. Tanto a largura de banda (quantos dados podem ser carregados ou armazenados em um dado período de tempo) quanto a latência (quanto tempo uma operação de memória em especial demora para ser completada) são importantes para o desempenho da aplicação. Outras questões importantes no projeto de sistemas de memória incluem a proteção (evitar que diferentes programas acessem dados uns dos outros) e como o sistema de memória interage com o sistema de E/S.

	0x1000	0x1001	0x1002	0x1003
Little endian	ef	cd	ab	90
Big endian	90	ab	cd	ef

Palavra = 0x90abcdef
Endereço = 0x1000

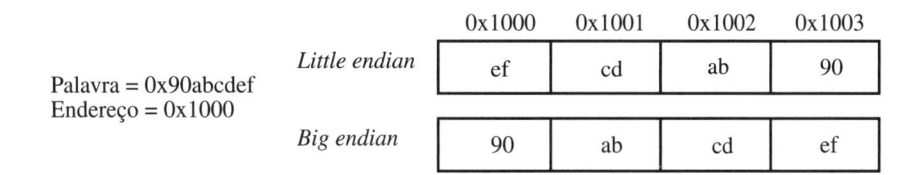

Fig. 3-6 **Little endian versus big endian.**

O Subsistema de E/S

O subsistema de E/S contém os dispositivos que o computador utiliza para comunicar-se com o mundo externo e para armazenar dados, incluindo discos rígidos, monitores de vídeo, impressoras e acionadores de fita. Os sistemas de E/S são cobertos em detalhes no Capítulo 11. Como indicado na Fig. 3-1, tais dispositivos comunicam-se com o processador por meio de um barramento de E/S, o qual é separado do barramento de memória que o processador utiliza para comunicar-se com o sistema de memória.

Utilizar um barramento de E/S permite que um computador faça a interface com uma ampla gama de dispositivos de E/S, sem ter que implementar uma interface específica para cada um. Esse tipo de barramento também pode suportar um número variável de dispositivos, permitindo que os usuários acrescentem outros posteriormente. Os dispositivos de E/S podem ser projetados para fazer a interface com o barramento, permitindo que eles sejam compatíveis com qualquer computador que utilize o mesmo tipo de barramento de E/S. Por exemplo, a maioria dos PCs e muitas estações de trabalho utilizam o barramento padrão PCI. Todos esses sistemas podem interfacear com dispositivos projetados de acordo com o padrão PCI. Nesse caso, é necessário apenas um *acionador de dispositivo* (*device driver*) – um programa que permite que o sistema operacional controle o dispositivo de E/S. O lado negativo de utilizar um barramento de E/S para fazer a interface com dispositivos de E/S é que todos esses dispositivos compartilham esse barramento o que o torna mais lento do que se houvesse conexões dedicadas entre o processador e um dispositivo de E/S, pois são projetados para compatibilidade e flexibilidade máximas.

---

* N de R. T. O termo *endian* tem sua origem no livro *As Viagens de Gulliver* e refere-se à questão de qual lado os ovos devem ser quebrados.

Sistemas de E/S era um dos aspectos menos estudados em arquitetura de computadores, ainda que o seu desempenho fosse fundamental para muitas aplicações. Nos últimos anos, o desempenho desses sistemas tornou-se ainda mais crucial com a escalada de importância dos sistemas de bancos de dados e processamento de transações, pois dependem pesadamente dos subsistemas de E/S dos computadores nos quais são executados. Isto fez com que sistemas de E/S se tornassem uma área de pesquisa ativa, especialmente considerando-se os altos investimentos que as empresas realizam para aperfeiçoar e melhorar o desempenho dos sistemas de bancos de dados e processamento de transações.

3.6 RESUMO

O objetivo deste capítulo foi estabelecer as bases para os próximos capítulos, ao apresentar uma introdução para os principais blocos construtivos do *hardware* de sistemas de computadores e os componentes de *software* que interagem com eles. Discutimos como os sistemas de computadores são divididos em processadores, sistemas de memória e E/S, e fornecemos uma introdução para cada um destes tópicos. Este capítulo também cobriu os diferentes níveis nos quais os programas são implementados, variando de linguagens de máquina, que os processadores executam, às linguagens de alto nível que os usuários tipicamente utilizam para programar os computadores.

Os próximos capítulos estarão concentrados na arquitetura de processadores, a partir dos modelos de programação até as técnicas para melhorar o desempenho, como *pipelining* e paralelismo ao nível da instrução. Após isso, examinaremos o sistema de memória, discutindo memória virtual, hierarquias de memória e memórias *cache*. Finalmente, concluiremos com uma discussão dos sistemas de E/S e uma introdução ao multiprocessamento.

Problemas Resolvidos

Computadores com Memória de Programa

3.1 O programa para emacs (um editor de textos UNIX) tem 2.878.448 *bytes* de tamanho no computador que está sendo utilizado para escrever este livro. Se um ser humano pudesse dar entrada em um *byte* do programa por segundo, por meio de interruptores utilizados para programar um computador sem programas armazenados em memória (o que parece ser otimista), quanto tempo demoraria para que o programa emacs estivesse pronto para ser executado? Se o humano tivesse uma taxa de erros de 0,001% na entrada de dados, quantos erros seriam feitos quando fosse feita a entrada do programa?

Solução

A 1 *byte*/s, o programa demandaria 2.878.448 s, o que é, aproximadamente, 47.974 minutos, ou 800 horas, ou 33,3 dias. Obviamente, um editor de textos não seria de muita utilidade se ele demorasse um mês para colocá-lo em execução. Uma taxa de erros de 0,001% é um erro em cada 100.000 *bytes*, o que seria extremamente bom para um ser humano. Mesmo assim, ele cometeria, aproximadamente, 29 erros ao dar entrada no programa, cada um dos quais teria que ser depurado e corrigido antes que o programa pudesse ser executado corretamente.

Linguagem de Máquina versus *Linguagem de Montagem* (Assembly)

3.2 a. Qual é diferença entre linguagem de máquina e linguagem de montagem?
b. Por que a linguagem de montagem é considerada mais fácil para seres humanos programarem do que a linguagem de máquina?

Solução

a. Instruções em linguagem de máquina são padrões de *bits* utilizados para representar as operações dentro do computador. A linguagem de montagem é uma versão da linguagem de máquina, mais legível por seres humanos, na qual cada instrução é representada por uma cadeia de texto que descreve o que a instrução faz.

b. Na programação em linguagem de montagem, o montador, não o ser humano, é o responsável pela conversão das instruções em linguagem de montagem para a linguagem de máquina. Os seres humanos geralmente acham mais fácil entender cadeias de texto que representem instruções de linguagem de montagem do que os números que codificam as instruções em linguagem de máquina. Além disso, confiar no montador para traduzir as instruções em linguagem de montagem para instruções em linguagem de máquina elimina a possibilidade de erros na geração da representação de cada instrução em linguagem de máquina.

Programas Automodificáveis

3.3 Por que os programas automodificáveis são menos comuns hoje em dia do que eles eram nos primeiros computadores?

Solução

Há duas razões principais. A primeira é que código automodificável é mais difícil de depurar do que código que não seja automodificável, porque o programa que é executado é diferente daquele que foi escrito. À medida que os computadores tornaram-se mais rápidos, as vantagens de desempenho do código automodificável tornaram-se menos significativas do que a dificuldade crescente de depuração.

Em segundo lugar, os aperfeiçoamentos nos projetos de sistemas de memória reduziram as melhorias de desempenho que podiam ser obtidas através de código automodificável.

Compiladores versus Montadores

3.4 Explique brevemente por que a qualidade de um compilador tem mais impacto sobre o tempo de execução de um programa desenvolvido utilizando o compilador do que a qualidade que um montador tem sobre programas desenvolvidos utilizando o montador.

Solução

Em geral, existe um mapeamento um-para-um entre as instruções em linguagem de montagem e as instruções em linguagem de máquina. O trabalho de um montador é traduzir cada instrução em linguagem de montagem para a sua representação em linguagem de máquina. Assumindo que o montador faça esta tradução corretamente, as instruções no programa resultante em linguagem de máquina são exatamente as mesmas que àquelas do programa fonte em linguagem de montagem, apenas com uma codificação diferente. Como o montador não modifica o conjunto de instruções em um programa, ele não tem impacto sobre o tempo de execução sobre o mesmo.

Em contraste, o trabalho de um compilador é determinar uma seqüência de instruções em linguagem de montagem que execute a tarefa especificada por um programa em linguagem de alto nível. Uma vez que o compilador está, ele mesmo, criando a seqüência de instruções em linguagem de montagem para o programa, a qualidade do compilador tem um grande impacto sobre quanto tempo o programa resultante demora para ser executado. Maus compiladores criam programas que fazem muito trabalho desnecessário e, portanto, são executados vagarosamente, enquanto que bons compiladores eliminam este trabalho desnecessário, o que oferece um desempenho melhor.

Multiprogramação (I)

3.5 Como um sistema multiprogramado apresenta a ilusão de que vários programas estão sendo executados simultaneamente na máquina? Quais os fatores que fazem com que esta ilusão seja prejudicada?

Solução

Sistemas multiprogramados percorrem freqüentemente todos os programas que estão sendo executados neles – 60 ou mais vezes por segundo. Desde que o número de programas que está sendo executado no sistema seja relativamente pequeno, cada programa terá uma oportunidade de ser executado com freqüência suficiente para que o sistema dê a impressão de que está executando todos os programas ao mesmo tempo, no sentido de que eles parecem estar progredindo simultaneamente.

Se o número de programas que está sendo executado no sistema torna-se muito grande – por exemplo, aproximando-se do número de comutações de contexto executadas por segundo – os usuários serão capazes de perceber os intervalos de tempo em que um dado programa está progredindo e essa ilusão terá sido prejudicada. Mesmo com um pequeno número de programas sendo executado na máquina, freqüentemente é possível saber quando a máquina está compartilhando o seu processador entre os programas, porque a taxa de progresso de cada programa será menor do que se ele tivesse a máquina só para si.

Multiprogramação (II)

3.6 Se um computador de 800 MHz faz 60 comutações de contexto por segundo, quantos ciclos existem em cada fatia de tempo?

Solução

800 MHz = 800.000.000 de ciclos/s. 800.000.000/60 = 13.333.333 ciclos/fatia de tempo

Multiprogramação (III)

3.7 Suponha que um dado computador faça 60 comutações de contexto por segundo. Se um ser humano interagindo com o computador perceber, em qualquer instante, que uma dada operação demora mais do que 0,5 s para responder a uma entrada, quantos programas podem estar sendo executados no computador sem que o usuário perceba atrasos? (Assuma que o sistema faça comutações entre programas de modo seqüencial e circular, que um programa possa sempre responder a uma entrada durante a primeira fatia de tempo na qual ele é executado após a ocorrência da entrada e que os programas sempre são executados durante uma fatia de tempo completa quando eles são selecionados para execução.) Quantos programas podem estar em execução antes que um usuário perceba o atraso em pelo menos a metade do tempo?

Solução

Se o computador faz 60 comutações de contexto por segundo, há 30 comutações de contexto em 0,5 segundos. Portanto, o computador pode executar até 30 programas e garantir que cada programa obtenha uma fatia de tempo dentro de 0,5 segundos, a partir de qualquer entrada de usuário. Uma vez que está garantido que cada programa pode responder às entradas do usuário durante a primeira fatia de tempo depois que a entrada ocorre, isto garantirá que o usuário nunca notará um atraso.

Para que um usuário sinta um atraso apenas metade do tempo, tem que haver uma probabilidade de 50% de que o programa ao qual uma entrada foi direcionada obtenha uma fatia de tempo dentro dos 0,5 segundos seguintes à ocorrência da entrada. Uma vez que os programas são executados de modo seqüencial e circular, isto significa que metade dos programas tem que ser executados dentro dos 0,5 segundos seguintes à entrada. Uma vez que 30 programas são executados em 0,5 segundos, pode haver até 60 programas sendo executados no computador antes que um usuário note um atraso em mais da metade do tempo.

Sistemas Operacionais (I)

3.8 Cite dois exemplos de problemas que poderiam ocorrer se um computador permitisse que programas de usuário fizessem acesso diretamente a dispositivos de E/S, ao invés de exigir que eles passassem pelo sistema operacional.

Solução

Os dois exemplos descritos neste capítulo são:

1. Violações de proteção – se programas de usuário pudessem acessar diretamente dispositivos de armazenamento de dados, então eles poderiam ler ou escrever dados que pertencem a outros programas e aos quais eles não deveriam ter acesso.
2. Violação de acesso seqüencial – um programa pode não ter terminado de utilizar um dispositivo de E/S quando a sua fatia de tempo termina. Se um outro programa tentasse utilizar o mesmo dispositivo antes que o programa tivesse obtido uma outra fatia de tempo, as operações de E/S dos dois programas poderiam ficar intercaladas. Isto poderia resultar em erros incomuns, como a saída dos dois programas ser intercalada num monitor do computador.

Sistemas Operacionais (II)

3.9 Por que é necessário que um computador forneça um modo privilegiado e um modo de usuário para os programas?

Solução

O modo privilegiado é o mecanismo que os computadores utilizam para evitar que programas de usuário executem tarefas que são limitadas ao sistema operacional. Sem um modo de execução privilegiado, o *hardware* não seria capaz de saber se um programa que está tentando fazer uma operação é um programa de usuário ou o sistema operacional, impedindo que ele saiba se pode ou não permitir que o programa execute a operação. Alguns sistemas fornecem mais do que dois níveis de execução para permitir que diferentes programas tenham acesso a diferentes recursos, mas dois níveis são suficientes para a maioria dos sistemas operacionais.

Banco de Registradores

3.10 Por que aumentar a quantidade de dados que pode ser armazenada no banco de registradores de um processador geralmente melhora o seu desempenho?

Solução

Os dados no banco de registradores podem ser acessados mais rapidamente do que os dados no sistema de memória. Portanto, ser capaz de manter mais dados em banco de registradores permite que mais dados sejam acessados a uma velocidade maior, melhorando o desempenho.

Sistemas de Memória (I)

3.11 Qual é diferença entre RAM e ROM?

Solução

Memórias apenas de leitura (ROM) mantêm dados que o processador pode apenas ler, não modificar. Elas são utilizadas para tarefas como o programa de inicialização que o sistema executa quando a alimentação é ligada. Memórias de acesso aleatório (RAM) podem tanto ser lidas como escritas. Elas são utilizadas para manter programas e dados durante a operação do computador.

Sistemas de Memória (II)

3.12 Suponha que o sistema de memória de um computador não tivesse a propriedade de acesso aleatório – isto é, que as referências à memória demorassem tempos diferentes para serem completadas, dependendo de qual endereço fosse feita a referência. Como isto complicaria o processo de desenvolvimento de programas?

Solução

Uma memória que não fosse de acesso aleatório exigiria que os programadores mantivessem o controle de onde os dados de um programa seriam armazenados na memória, de modo a maximizar o desempenho. Os programadores almejariam armazenar as variáveis acessadas freqüentemente em posições que tivessem tempos de acesso menores, para reduzir a quantidade de tempo total gasto no acesso à memória. Com memória de acesso aleatório, a localização de uma variável na memória é irrelevante para o seu tempo de acesso, não importando onde os dados estão colocados.

Endereçamento Big Endian versus Little Endian

3.13 O valor de 32 *bits* 0x30a79847 é armazenado na localização 0x1000. Qual é o valor do *byte* no endereço 0x1002 no sistema *big endian*? E no *little endian*?

Solução

Em um sistema *big endian*, o *byte* mais significativo da palavra é armazenado no endereço especificado pela operação de armazenamento, com os *bytes* de ordem mais baixa sendo sucessivamente armazenados nas localizações seguintes. Portanto, na localização 0x1002 estará armazenado o *byte* 0x98.

Em um sistema *little endian*, o *byte* de ordem mais baixa é armazenado na localização da operação e os *bytes* de ordem mais alta são armazenados em localizações sucessivas. Neste sistema, o valor que está na localização 0x1002 será 0xa7, depois que a operação for completada.

Sistemas de E/S

3.14 Quais são as vantagens e as desvantagens envolvidas em utilizar um único barramento de E/S para todos dispositivos conectados a um dado sistema?

Solução

Isto é principalmente um comprometimento entre largura de banda *versus* versatilidade. Utilizar um único barramento significa que todos os dispositivos anexados ao processador têm que compartilhar a largura de banda do barramento, limitando o desempenho. No entanto, utilizar um único barramento permite que muitos dispositivos interfaceiem com um único sistema, sem a necessidade de que os projetistas do sistema forneçam interfaces diferentes para cada possível dispositivo. Os dispositivos podem ser projetados obedecendo um padrão de interface de barramento, permitindo que o computador faça a interface com uma ampla variedade de dispositivos, mesmo aqueles que não existiam quando o computador estava sendo projetado.

Capítulo 4

Modelos de Programação

4.1 OBJETIVOS

Este capítulo descreve os modelos de programação utilizados em dois tipos de processadores: arquiteturas baseadas em pilha e arquiteturas baseadas em registradores de uso geral. Começamos com uma discussão sobre os tipos de operações fornecidas pela maioria dos processadores. Em seguida, uma descrição das arquiteturas baseadas em pilha e em registradores de uso geral. Cada descrição de uma arquitetura inclui um conjunto de instruções de exemplo, para aquele tipo de processador, os quais irão formar a base para os exemplos e os exercícios por todo o resto deste livro. O capítulo conclui com uma comparação entre os dois modelos de programação e uma discussão de como as pilhas são utilizadas para implementar chamadas de procedimento, mesmo nas arquiteturas baseadas em registradores de uso geral.

Após completar este capítulo, você deverá:

1. Estar familiarizado com os tipos diferentes de operações fornecidas na maioria dos processadores.
2. Compreender as arquiteturas baseadas em pilha e ser capaz de escrever pequenos programas em linguagem de montagem, com os conjuntos de instruções descritos neste capítulo.
3. Compreender as arquiteturas baseadas em registradores de uso geral e ser capaz de escrever pequenos programas na linguagem de montagem para estas arquiteturas.
4. Ser capaz de comparar as arquiteturas baseadas em registradores de uso geral e em pilha, e descrever as situações nas quais cada estilo seria mais adequado.
5. Compreender as chamadas de procedimento e como elas são implementadas.

4.2 INTRODUÇÃO

No último capítulo, descrevemos os programas como um conjunto de instruções de máquina, sem fornecer muitos detalhes a respeito do que são instruções e como elas são implementadas. Neste capítulo, cobriremos dois modelos de programação para processadores: as arquiteturas baseadas em pilha e as arquiteturas baseadas em registradores de uso geral (RUG). Um *modelo de programação* de um processador define como as instruções acessam os seus operandos e como as instruções são descritas na linguagem de montagem do processador, mas não o conjunto de operações que são fornecidas pelo processador. Como veremos, processadores com diferentes modelos de programação podem fornecer conjuntos muito semelhantes de operações, mas podem exigir abordagens muito diferentes para a programação.

A Fig. 4-1 dá uma visão de alto nível de como as instruções que serão utilizadas nesse capítulo são executadas. Capítulos posteriores darão explicações mais detalhadas sobre a execução das instruções. Primeiro, o processador busca (lê) a instrução na memória. O endereço da próxima instrução a ser executada é armazenado em um registrador especial conhecido como *contador de programa* (CP), que algumas vezes é chamado de *apontador de instruções*, de modo que o processador possa facilmente determinar onde ele deve procurar a próxima instrução na memória.

Uma vez que o sistema de memória tenha entregue a instrução para o processador, este examina a instrução para verificar o que tem que fazer para realizá-la, executa a operação especificada pela instrução e escreve o resultado da instrução em um registrador ou na memória. Então, o processador atualiza o contador de programa que contém o endereço da próxima instrução a ser executada e repete o procedimento.

O restante deste capítulo começa com uma discussão sobre os diferentes tipos de instruções que são fornecidos pela maioria dos processadores. Então, damos uma introdução às arquiteturas baseadas em pilha e apresentamos um conjunto de instruções exemplo para uma arquitetura baseada em pilha. Segue-se uma discussão de arquiteturas baseadas em registradores de uso geral, incluindo um conjunto exemplo de instruções para estas arquiteturas. O capítulo conclui com uma discussão sobre como as pilhas são utilizadas para implementar chamadas de procedimento, tanto na arquitetura baseada em pilha como na baseada em registradores de uso geral.

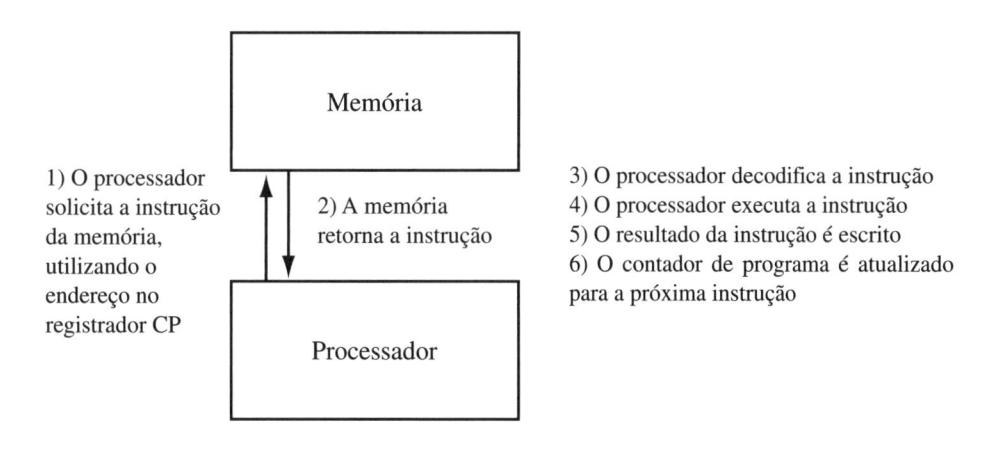

Fig. 4-1   Ciclo básico de execução de instruções.

4.3 TIPOS DE INSTRUÇÕES

Um dos fatores que diferenciam os processadores uns dos outros são os seus conjuntos de instruções – os conjuntos de operações básicas que cada processador fornece. Os primeiros processadores tinham conjuntos de instruções muito diferentes, e o projeto do conjunto de instruções era uma das principais tarefas dos projetistas de computadores. À medida que o campo progrediu, o conjunto de operações fornecido pelos processadores convergiu e agora, praticamente, todos os processadores fornecem conjuntos de instruções muito semelhantes, independentemente de utilizarem modelos de programação baseados em pilha ou em registradores de uso geral. As operações básicas podem ser divididas em quatro categorias: operações de memória, operações aritméticas, comparações e operações de controle (desvios).

Operações Aritméticas

As operações aritméticas executam cálculos básicos, como adições, multiplicações, operações lógicas (E, OU) e cópia de dados. Geralmente, elas utilizam um ou dois dados como entrada e geram uma saída. Em geral, as operações aritméticas lêem suas entradas e escrevem suas saídas no banco de registradores, embora algumas arquiteturas CISC (computador com conjunto de instruções complexas) permitam que as operações aritméticas façam referência à memória. As arquiteturas CISC são cobertas com mais detalhes no próximo capítulo.

A Fig. 4-2 mostra o conjunto de operações aritméticas que utilizaremos neste livro e que são representativas das operações aritméticas fornecidas pela maioria dos processadores modernos. A maioria dos processadores fornece um conjunto maior destas operações, freqüentemente tendo diversas instruções que fornecem variações de uma única operação básica. As operações apresentadas aqui foram escolhidas como um compromisso entre a complexidade e ser o mais completo possível, com o objetivo de fornecer um conjunto de instruções rico o suficiente para implementar a maioria dos programas, mas sem sobrecarregar o leitor com complexidade. Note que muitas das instruções tem versões para inteiros e para ponto flutuante. Isto permite que o *hardware* determine se ele deve tratar as entradas das instruções como valores inteiros ou em ponto flutuante e determine qual banco de registradores deve ser utilizado em arquiteturas que tem registradores separados para inteiros e para ponto flutuante.

A maioria das operações apresentadas na Fig. 4-2 é relativamente auto-explicativa, embora duas delas (ASH e LSH) precisem de uma explicação adicional. Estas operações são exemplos de operações de deslocamento (*shift*), operações que mudam a posição dos *bits* de um de seus operandos. As operações de deslocamento tomam os *bits* de seu primeiro operando e os deslocam para a esquerda por um número de posições de *bit* igual ao valor de seu segundo operando (valores negativos no segundo operando indicam que os *bits* são deslocados para a direita). As diferenças entre estas operações repousam sobre quais valores elas inserem nas posições de *bit* que são tornadas vagas pelo deslocamento de um *bit* para fora delas, mas nenhum bit estava disponível para ser deslocado para dentro delas (por exemplo, qual valor vai no *bit* menos significativo de uma palavra que é deslocada uma posição para a esquerda).

As operações de deslocamento lógico (LSH – *logical shift*) são as mais simples das duas operações de deslocamento. Os *bits* que são deslocados para fora da palavra são descartados e são deslocados zeros para dentro das posições de *bit* vazias.

Operação	Função
ADD	Soma os seus dois operandos inteiros
FADD	Soma os seus dois operandos em ponto flutuante
SUB	Subtrai o seu segundo operando do primeiro, em modo inteiro
FSUB	Subtrai o seu segundo operando do primeiro, em ponto flutuante
MUL	Multiplica os seus dois operandos inteiros
FMUL	Multiplica os seus dois operandos em ponto flutuante
DIV	Divide o primeiro operando pelo segundo, em modo inteiro
FDIV	Divide o primeiro operando pelo segundo, em ponto flutuante
MOV	Copia a sua entrada (de qualquer tipo) para a sua saída, as quais podem ser ambas de qualquer tipo
OR	Executa uma operação lógica OU sobre seus dois operandos, os quais podem ser de qualquer tipo
AND	Executa uma operação lógica E sobre seus dois operandos, os quais podem ser de qualquer tipo
NOT	Executa uma negação lógica sobre seu operando, o qual pode ser de qualquer tipo
ASH	Faz o deslocamento (aritmético) do seu primeiro operando pelo número de posições especificado pelo segundo operando
LSH	Faz o deslocamento (lógico) do seu primeiro operando pelo número de posições especificado pelo segundo operando

Fig. 4-2   Operações aritméticas.

Exemplo   Em um sistema com palavras de dados de 8 *bits*, qual é o resultado de se fazer uma operação LSH, cuja primeira entrada é 25 e a segunda é 2?

Solução

A representação inteira em 8 *bits* de 25 é 0b 0001 1001. Deslocando para a esquerda duas posições de *bit*, temos 0b0110 01xx, onde "x" indica *bits* vazios. A operação LSH especifica que sejam deslocados zeros para dentro das posições de *bit* vazias, de modo que o resultado final é 0b 0110 0100, que é a representação binária em 8 *bits* de 100 em base 10.

Deve-se observar que deslocar para a esquerda um valor binário inteiro sem sinal, ou positivo, tem o efeito de multiplicá-lo por 2^n, onde n é o número de posições de *bit* pelo qual o valor é deslocado. De modo semelhante, deslocar um valor binário inteiro sem sinal, ou positivo, n posições para a direita, implica em dividi-lo por 2^n, com quaisquer *bits* de resto da divisão sendo descartados. As operações de deslocamento são freqüentemente mais rápidas do que multiplicações e divisões, de modo que muitos compiladores e programadores preferem utilizá-las, em vez de operações de multiplicação, quando estão multiplicando ou dividindo por uma potência de 2.

No entanto, a operação LSH não gera o resultado correto para a divisão de um inteiro negativo por uma potência de 2 quando são utilizados inteiros em complemento de 2 ou com sinal e magnitude. Por exemplo, a representação em 8 *bits*, com complemento de 2, de –16, é 0b1111 0000. Utilizando LSH para deslocar esta quantidade um *bit* para a direita (um deslocamento de –1 posição) obtém-se 0b0111 1000, o que fornece a representação em complemento de 2 de 120, pois inserir um 0 na posição mais significativa em um inteiro com complemento de 2 faz com que o resultado seja um valor positivo.

Em sistemas que utilizam inteiros em complemento de 2, a operação ASH (*arithmetic shift*) mantém o sinal do valor deslocado ao copiar o *bit* mais significativo da palavra para todos *bits* que são tornados vazios por um deslocamento à direita. Quando se faz um deslocamento para a esquerda, são copiados zeros para dentro dos *bits* vazios, de modo a gerar o resultado correto da multiplicação por 2. Assim, a ASH pode ser utilizada para multiplicar e dividir números em complemento de 2, por potências de 2, com a ressalva de que utilizar ASH para dividir números negativos por potências de 2 faz o arredondamento para o próximo inteiro mais negativo, ao invés de descartar o resto. Por exemplo, utilizar a ASH para dividir –31 por 2 no sistema de complemento de 2, levará a um resultado igual a –16.

Exemplo Qual é o resultado de executar uma operação ASH, cujo primeiro operando é –15 e o segundo é 3, quando executada em um sistema que utiliza inteiros de 8 *bits* em complemento de 2? E se o segundo operando for –3?

Solução

A representação inteira em 8 *bits*, em complemento de 2, de –15 é 0b1111 0001. Deslocando três posições para a esquerda, obtemos 0b1000 1000, porque quando é feito tal deslocamento, a ASH coloca zeros nas posições de *bit* vazias. O valor resultante é a representação em 8 *bits* de –120, em complemento de 2, o resultado da multiplicação de 15 por 2^3.

Deslocar –15 por –3 posições é um deslocamento de três posições à direita, levando ao resultado 0b1111 1110, porque, quando é feito um deslocamento à direita, a operação ASH copia o *bit* mais alto do número que está sendo deslocado para dentro das posições de *bit* vazias. O valor resultante é a representação em 8 *bits* de –2, em complemento de 2, o resultado correto da divisão de 15 por 2^3, se fizermos o arredondamento para o próximo inteiro mais negativo.

A ASH, ao manter o valor do *bit* de sinal igual ao que ele era na palavra de entrada e executando um deslocamento lógico na parte de magnitude da palavra, pode ser implementada em sistemas que utilizem números com sinal e magnitude. Assim, as operações de divisão, tanto em inteiros positivos como em negativos, têm os seus resultados arredondados, pois descarta-se o resto da divisão.

Operações de Memória

As operações de memória transferem dados entre o processador e a memória. Como será discutido no Capítulo 5, uma das grandes diferenças entre as arquiteturas RISC (computadores com conjuntos de instruções reduzidas) e CISC é se a memória pode ser acessada somente por operações de memória ou se por outras também. Neste livro, assumiremos que os processadores têm duas operações de memória: carga (LD – *load*) e armazenamento (ST – *store*).

Elas operam sobre dados que são equivalentes ao tamanho da palavra da máquina. Uma operação LD lê uma palavra de dados a partir do endereço que começa no endereço especificado pelo seu operando e a ST escreve uma palavra de dados, para a memória, a partir do endereço especificado por um de seus operandos. Muitos processadores fornecem um variado conjunto de operações de carga e armazenamento que operam sobre diferentes quantidades de dados, mas, por simplicidade, nos manteremos nestes dois. Veja a Fig. 4-3.

Operação	Função
LD	Cópia (carrega) o conteúdo do endereço especificado no operando para o seu destino
ST	Armazena o valor contido no seu segundo operando, no endereço especificado pelo seu primeiro operando

Fig. 4-3 Operações de memória.

Comparações

Como o seu nome sugere, as operações de comparação comparam dois valores a fim de que o programa possa tomar decisões. Existe uma grande variação, entre os diferentes processadores, no modo como eles tratam o resultado das operações de comparação. Alguns processadores os escrevem em um registrador do banco de registrador. Outros fornecem um registrador especial que mantém o resultado das operações de comparação mais recentes. As arquiteturas que utilizam o registrador especial têm se tornado menos comuns, uma vez que ter um único local para colocar os resultados de comparações torna impossível executar várias comparações em paralelo. A Fig. 4-4 mostra um conjunto comum de operações de comparação. A maioria dos processadores também fornece um conjunto equivalente de operações de comparação para ponto flutuante.

As operações de comparação são utilizadas em conjunto com operações de controle para criar um *desvio condicional* que executa um segmento de um programa ou outro, dependendo do resultado da comparação. Este uso é tão comum que a maioria dos processadores fornece operações de desvio condicional que combinam em uma instrução a comparação e o desvio. Por simplicidade, os conjuntos de instruções apresentados mais adiante neste capítulo para as arquiteturas baseadas em pilha e em registradores de uso geral omitirão as instruções de comparação e fornecerão apenas instruções de desvio, uma vez que os desvios condicionais são o uso mais comum das comparações.

Operação	Função
EQ	Testa dois operandos inteiros para verificar se eles são iguais
NEQ	Testa dois operandos inteiros para verificar se eles são diferentes
GT	Determina se o primeiro operando inteiro é maior do que o segundo
LT	Determina se o primeiro operando inteiro é menor do que o segundo
GEQ	Determina se o primeiro operando inteiro é maior ou igual ao segundo
LEQ	Determina se o primeiro operando inteiro é menor ou igual ao segundo

Fig. 4-4   Operações de comparação.

Operações de Controle

Operações de controle (desvios) afetam o fluxo do programa ao mudar o CP do processador. Quando é executada uma operação que não seja uma operação de controle, o *hardware* incrementa o contador de programas pelo tamanho da instrução, de modo que ele aponte para a próxima instrução no programa. Por exemplo, em uma arquitetura na qual as instruções têm 32 *bits* de comprimento, soma-se 4 ao CP após a execução de instrução, pois 32 *bites* são 4 *bytes*.

Quando a operação de controle é executada, o contador de programas é ajustado para o valor da entrada[1] da instrução de controle, fazendo com que a execução salte para um ponto diferente do programa. Operações de controle, que são freqüentemente chamadas de desvios, podem ser divididas em duas categorias: *incondicionais* e *condicionais*. Quando são executados, os desvios incondicionais, também chamados de saltos, sempre ajustam o CP para o valor da sua entrada. Desvios condicionais ajustam o CP para que fique igual à sua entrada, se alguma condição, como o resultado de uma comparação, for verdadeira. Dependendo da arquitetura, a comparação pode ser executada como parte da operação de desvio ou pode ter sido executada anteriormente por uma instrução diferente no programa. A Fig. 4-5 mostra um conjunto comum de operações de controle que assumiremos para os nossos processadores.

Normalmente, quando programadores escrevem programas em linguagem de máquina, eles não especificam um valor numérico como endereço de destino da instrução de desvio. Em vez disso, as instruções são rotuladas com valores em texto e as instruções de desvio fazem referência a esses valores. Os compiladores também agem dessa forma, ao traduzirem um programa em uma linguagem de alto nível para o equivalente em linguagem de montagem.

---

[1] Muitos processadores fornecem diferentes modos de endereçamento para as instruções de desvio, os quais fazem com que a instrução de desvio execute o cálculo e ajuste o CP ao resultado do cálculo, em vez de apenas ajustar o CP ao valor da sua entrada. Os modos de endereçamento são descritos em mais detalhes no próximo capítulo.

Operação	Função
BR ou JMP	Ajusta o CP para o valor operando de entrada, de forma que a próxima instrução a ser executada seja a instrução associada ao endereço correspondente a esse valor
BEQ	Ajusta o CP para o valor do primeiro operando, se os seus dois outros operandos forem iguais
BNE	Ajusta o CP para o valor do primeiro operando, se os seus dois outros operandos forem diferentes
BLT	Ajusta o CP para o valor do primeiro operando, se o segundo operando for menor do que o terceiro
BGT	Ajusta o CP para o valor do primeiro operando, se o segundo operando for maior do que o terceiro
BLE	Ajusta o CP para o valor do primeiro operando, se o segundo operando for menor ou igual ao terceiro
BGE	Ajusta o CP para o valor do primeiro operando, se o segundo operando for maior ou igual ao terceiro

Fig. 4-5   Operações de controle.

Por exemplo, no laço (infinito) mostrado na Fig. 4-6, o rótulo "início_do_laço" está associado à instrução imediatamente seguinte a ele. A instrução de desvio no final do laço utiliza o rótulo "início_do_laço" como o seu alvo, indicando que o programa deve desviar para a instrução seguinte ao rótulo. Uma das tarefas do montador é calcular os endereços correspondentes a cada rótulo e inserir aquele endereço em qualquer instrução de desvio que faça referência a esse rótulo. Como discutiremos em mais detalhes no próximo capítulo, esses endereços são expressos como deslocamentos do desvio até o seu destino, em vez de ser um endereço de destino na memória.

Utilizar rótulos, em vez de endereços numéricos, proporciona duas vantagens. Primeiro, é muito mais fácil para o programador compreender. Olhando para o código-exemplo na Fig. 4-6, fica claro onde está o alvo da instrução de desvio, mesmo que você nada saiba a respeito da arquitetura do processador. Se o alvo fosse especificado como um endereço, você teria que saber quanto espaço cada instrução ocupa para ser capaz de descobrir o destino de cada desvio, e mesmo isso daria algum trabalho. A segunda vantagem é que o endereço correspondente ao rótulo pode mudar se as instruções antes do rótulo mudarem. Se fossem utilizados endereços fixos, o destino de cada desvio teria que ser modificado cada vez que mudasse o número de instruções antes do desvio. Assim, o programador, ou o compilador, utiliza rótulos para especificar o destino de cada desvio e, quando o programa é montado, o montador calcula o endereço de cada rótulo.

```
início_do_laço:
        (instrução)
        (instrução)
        (instrução)
        BR início_do_laço;
```

Fig. 4-6   Exemplo de rótulo.

4.4 ARQUITETURAS BASEADAS EM PILHA

Em uma arquitetura baseada em pilha, o banco de registradores é invisível para o programa. As instruções lêem os seus operandos e escrevem os seus resultados em uma *pilha*, uma estrutura de dados do tipo último-a-entrar-primeiro-a-sair (LIFO – *Last In First Out*).

A Pilha

Como ilustrado na Fig. 4-7, a pilha é uma estrutura de dados do tipo LIFO. O nome *pilha* deve-se ao fato de a estrutura de dados atuar como uma pilha de pratos – um novo prato sempre é colocado em cima de uma pilha de pratos, e é o primeiro a ser removido quando alguém tira um prato da pilha. Uma pilha consiste de um conjunto de posições em memória, cada uma das quais pode reter uma palavra de dados. Quando um valor é acrescentado à pilha, ele é colocado na posição *superior* e todos os dados que atualmente estão na pilha descem uma posição. Os dados só podem ser removidos do topo da pilha. Quando isto é feito, todos os outros dados sobem uma posição. Em geral, os dados não podem ser lidos da pilha sem que isto a altere; porém, alguns processadores podem ter operações especiais que permitam que isso ocorra.

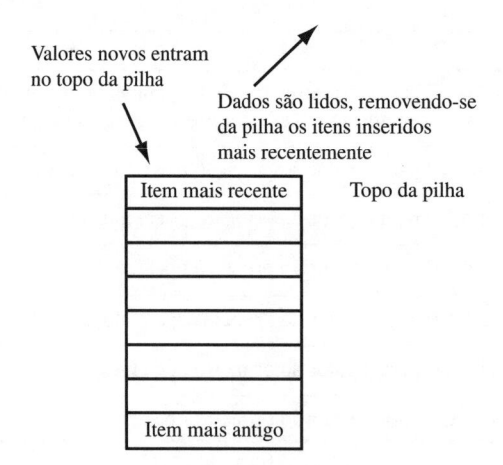

Fig. 4-7   Funcionamento de uma pilha.

As pilhas suportam duas operações básicas: PUSH e POP. A operação PUSH tem um operando e o coloca no topo da pilha, empurrando todos os dados anteriores uma posição para baixo. A operação POP remove um valor do topo da pilha e disponibiliza-o como entrada para uma outra instrução. A Fig. 4-8 mostra como um conjunto de operações PUSH e POP afeta uma pilha.

Inicialmente, a pilha está vazia. A primeira operação PUSH coloca o valor 4 no topo da pilha. A segunda operação PUSH coloca o valor 5 no topo da pilha, deslocando o 4 para baixo, para a próxima posição. Então é executada a operação POP, a qual remove o 5 do topo da pilha. Então, o 4 é deslocado para o topo da pilha. Finalmente, uma operação PUSH 7 é executada, deixando 7 no topo da pilha e o 4 na próxima posição abaixo.

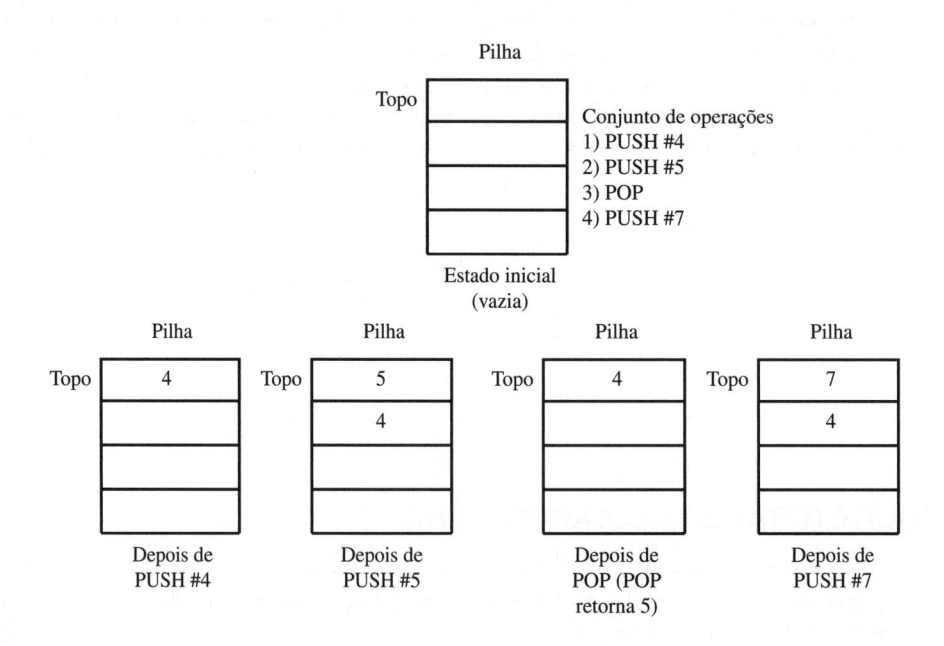

Fig. 4-8   Exemplo de pilha.

Implementando Pilhas

Como as pilhas são uma estrutura de dados abstrata, assume-se que elas tenham profundidade infinita, significando que o programa pode colocar uma quantidade arbitrária de dados na pilha. Na prática, as pilhas são implementadas utilizando-se *buffers* na memória, os quais são de tamanho finito. Se a quantidade de dados da pilha excede o espaço alocado para a pilha, ocorre um erro de *estouro de pilha (transbordo)*.

A Fig. 4-9 mostra como uma pilha é implementada na memória de um computador. Uma localização fixa define a base e um apontador dá a localização do topo (a localização do último valor colocado na pilha). Quando um valor é colocado na pilha, o apontador de topo é incrementado pelo tamanho da palavra da máquina, e o valor que está sendo empilhado é armazenado na memória, no endereço apontado pelo novo valor do apontador de topo da pilha. Para retirar um valor da pilha, o valor é lido na posição apontada pelo topo da pilha e o apontador de topo é decrementado pelo tamanho da palavra da máquina. Quando esse apontador e o apontador da base da pilha são os mesmos, a pilha está vazia e uma tentativa de retirar dados da pilha resulta em erro. São possíveis diversas variações desta abordagem, incluindo aquelas nas quais o apontador da base da pilha aponta para o maior endereço do *buffer* da pilha e a pilha cresce em direção aos endereços mais baixos.

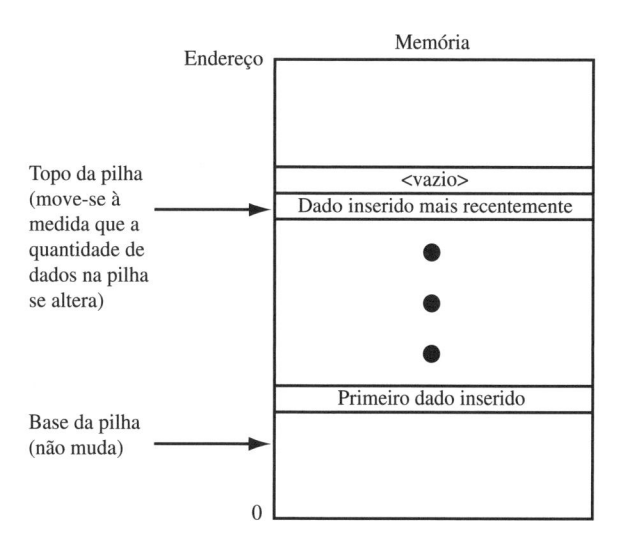

Fig. 4-9 Implementação de pilha na memória.

Esta abordagem resulta em uma pilha totalmente funcional, mas acessá-la tende a ser relativamente lento, devido à latência do sistema de memória. Se a pilha fosse mantida completamente em memória, executar uma instrução aritmética típica, como uma ADD, exigiria quatro operações: uma para buscar a instrução, duas para buscar os operandos na pilha e uma para escrever o resultado de volta na pilha. Para acelerar os processos de empilhamento, processadores baseados em pilha podem incorporar um banco de registradores no processador e manter os N valores do topo da pilha (onde N é o tamanho do banco de registradores) no próprio banco de registradores.

A Fig. 4-10 ilustra como isso funciona. Essencialmente, o banco de registradores é tratado como se fosse uma àrea de memória a parte com seu próprio apontador de topo da pilha. Como existe um número fixo predeterminado de posições de armazenamento, o próprio valor do apontador de topo pode servir para contabilizar a quantidade de dados na pilha, tornando desnecessário a existência de um apontador para a base da pilha. Para inserir um valor na pilha, o apontador de topo é incrementado de uma unidade e o valor é copiado para o registrador apontado pelo topo da pilha. Quando esgotar a capacidade do banco de registradores, o seu conteúdo é copiado para uma área de memória que implementa a pilha. O apontador de topo da pilha, tanto na memória como no banco de registradores, é ajustado para refletir que o banco de registradores agora está vazio e que o *buffer* de memória contém mais dados. As operações POP utilizam uma abordagem semelhante, com o banco de registradores sendo preenchido a partir da pilha em memória quando ele fica vazio.

Quando o banco de registradores está praticamente cheio, ou praticamente vazio, e operações PUSH e POP alternam-se. Esta abordagem pode levar a muitos acessos à memória porque o banco de registradores está sendo continuamente copiado de ou para a memória. Para reduzir este efeito, pode-se optar por esvaziar ou encher apenas a metade do banco de registradores.

Instruções em uma Arquitetura Baseada em Pilha

Como visto anteriormente, as instruções em uma arquitetura baseada em pilha buscam os seus operandos e escrevem os seus resultados na pilha. Quando uma instrução é executada, ela retira seus operandos da pilha, executa o cálculo exigido e coloca o resultado no topo da pilha. A Fig. 4-11 mostra um exemplo da execução de uma instrução ADD em uma arquitetura baseada em pilha.

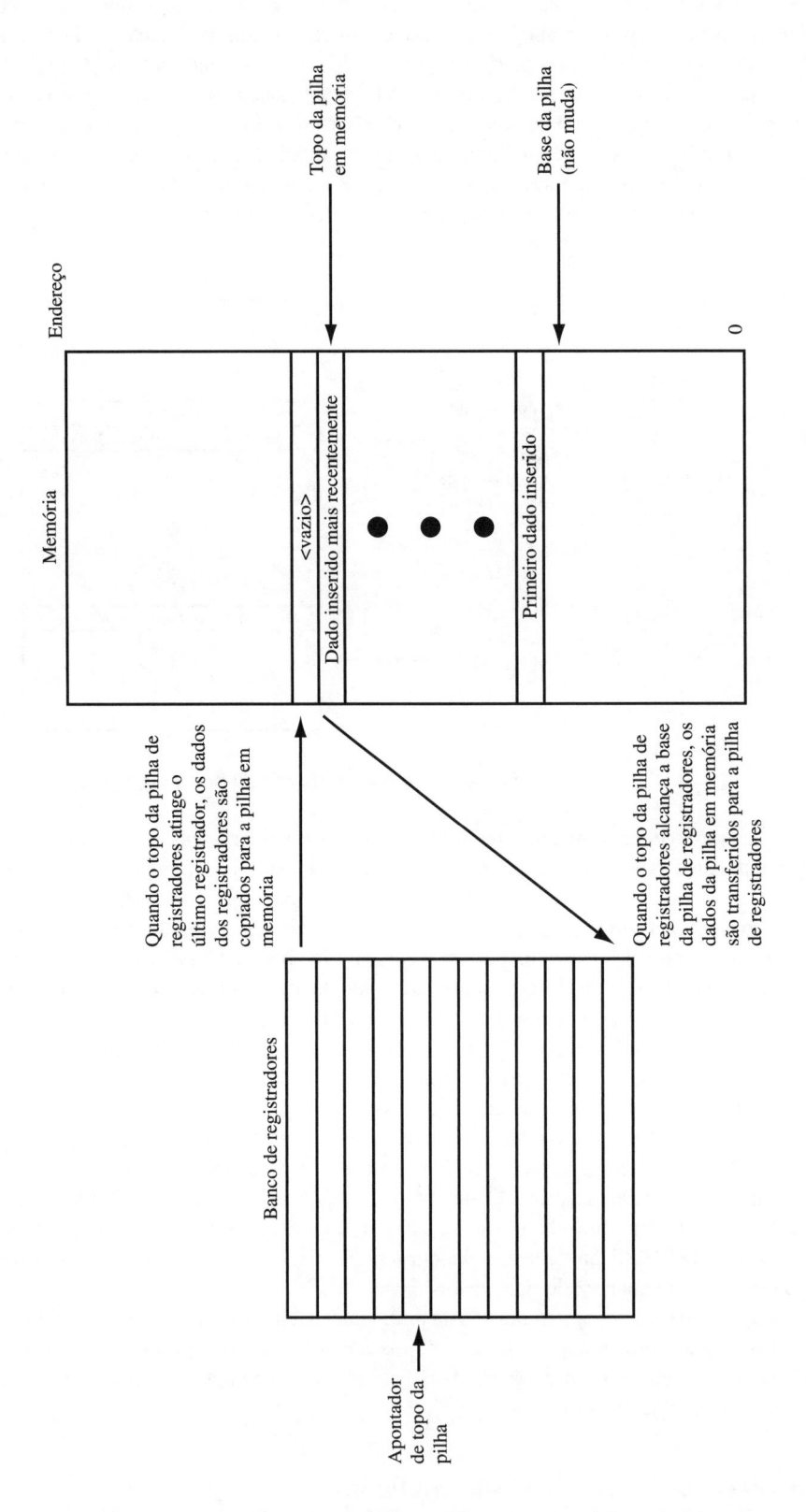

Fig. 4-10   Implementação de pilha, utilizando memória e registradores.

Uma das vantagens mais significativas das arquiteturas baseadas em pilha é que os programas ocupam pouca memória e porque não é necessário especificar onde a fonte e o destino da operação estão localizados. Assim, uma instrução para um processador baseado em pilha pode ser representada em apenas 1 *byte*, embora isto possa variar, dependendo de quantas operações o processador suporta. A exceção para isto são as instruções PUSH, cujo operando é uma constante especificada na própria instrução. Dependendo do tamanho da constante permitida na instrução, as instruções PUSH podem, por exemplo, ocupar 24 *bits* (8 *bits* para especificar a operação e 16 *bits* para a constante).

Execução da instrução ADD

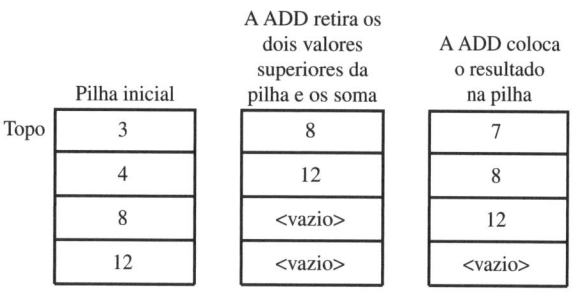

	Pilha inicial	A ADD retira os dois valores superiores da pilha e os soma	A ADD coloca o resultado na pilha
Topo	3	8	7
	4	12	8
	8	\<vazio\>	12
	12	\<vazio\>	\<vazio\>

Fig. 4-11   Execução de uma instrução baseada em pilha.

Conjunto de Instruções para Arquitetura Baseada em Pilha

Esta seção apresenta um conjunto-exemplo de instruções para um processador baseado em pilha, o qual utilizaremos nos exercícios de programação deste capítulo. Ao descrever este conjunto de instruções e o conjunto de instruções RUG (Registradores de Uso Geral) apresentado posteriormente, utilizaremos a seguinte notação, freqüentemente utilizada na descrição das instruções:

" a <– b":   o valor de *b* é colocado em *a*.
(a):   o conteúdo da posição de memória cujo endereço é fornecido por *a*.
#X :   a constante de valor X.
CP :   o contador de programas. Só fazemos referência ao CP quando descrevemos instruções de desvio. Para instruções que não são de desvio, assumiremos que o CP é incrementado de modo a apontar para a próxima instrução, sem especificar isto na descrição da instrução. Isto é feito para simplificar as descrições das instruções e porque o incremento do CP varia, dependendo de como as instruções são codificadas em valores binários, o que não estamos especificando aqui.

Variáveis como *a*, *b* e *c* são utilizadas para atribuir nomes temporários aos dados recuperados da pilha e não correspondem, necessariamente, às atuais posições de armazenamento no processador. Esta notação não será necessária ao descrever o conjunto de instruções RUG, mas será utilizada aqui para tornar a ordem dos operandos mais clara nas operações onde a ordem dos operandos afeta o resultado, como nas subtrações.

Utilizaremos a variável PILHA para indicar uma referência à pilha. Quando PILHA for utilizada como uma entrada, o valor associado ao topo da pilha é recuperado e PILHA é decrementado. Quando PILHA for utilizada como destino, o valor fornecido é inserido na pilha. Assim, a operação ADD pode ser descrita pela seguinte seqüência:

```
a <- PILHA
b <- PILHA
PILHA <- a + b
```

Por simplicidade, assumiremos que o processador implementa operações de desvio condicional, ao invés de comparações e desvios separados. Para operações onde a ordem das operações importa, a ordem foi escolhida para ir ao encontro da ordem utilizada nas calculadoras de notação pós-fixada reversa (NPR), de modo que a seqüência PUSH #4, PUSH #3, SUB, calcula 4 – 3.

O nosso processador-exemplo executará as seguintes instruções:

PUSH #X	PILHA <- X
POP	a <- PILHA (o valor retirado é descartado)
LD	a <- PILHA PILHA <- (a)
ST	a <- PILHA (a) <- PILHA
ADD	a <- PILHA b <- PILHA PILHA <- a + b (cálculo com inteiros)
FADD	a <- PILHA b <- PILHA PILHA <- a + b (cálculo em ponto flutuante)
SUB	a <- PILHA b <- PILHA PILHA <- b - a (cálculo com inteiros)
FSUB	a <- PILHA b <- PILHA PILHA <- b - a (cálculo em ponto flutuante)
MUL	a <- PILHA b <- PILHA PILHA <- a × b (cálculo com inteiros)
FMUL	a <- PILHA b <- PILHA PILHA <- a × b (cálculo em ponto flutuante)
DIV	a <- PILHA b <- PILHA PILHA <- b / a (cálculo com inteiros)
FDIV	a <- PILHA b <- PILHA PILHA <- b / a (cálculo em ponto flutuante)
AND	a <- PILHA b <- PILHA PILHA <- a & b (cálculo orientado a bits)
OR	a <- PILHA b <- PILHA PILHA <- a | b (cálculo orientado a bits)
NOT	a <- PILHA PILHA <- !a (negação orientada a bits)
ASH	a <- PILHA b <- PILHA PILHA <- a deslocado de b posições (deslocamento aritmético)
LSH	a <- PILHA b <- PILHA PILHA <- a deslocado de b posições (deslocamento lógico)
BR	PC <- PILHA
BEQ	a <- PILHA b <- PILHA c <- PILHA PC <- c se b é igual a

BNE	a <- PILHA b <- PILHA c <- PILHA PC <- c se b é diferente de a
BLT	a <- PILHA b <- PILHA c <- PILHA PC <- c se b é menor do que a
BGT	a <- PILHA b <- PILHA c <- PILHA PC <- c se b é maior do que a
BLE	a <- PILHA b <- PILHA c <- PILHA PC <- c se b é menor ou igual a
BGE	a <- PILHA b <- PILHA c <- PILHA PC <- c se b é maior ou igual a

Programação em Arquiteturas Baseadas em Pilha

Programas baseados em pilha são simplesmente seqüências de instruções que são executadas uma após a outra. Dado um programa baseado em pilha e uma configuração inicial da pilha, o resultado do programa pode ser calculado aplicando-se a primeira instrução do programa, determinando-se o estado da pilha e da memória depois que a primeira instrução for completada. Repete-se esse procedimento para as instruções subseqüentes.

Escrever programas para processadores baseados em pilha pode ser um pouco mais difícil, já que processadores baseados em pilha são mais adequados para a notação pós-fixada (NPR) do que para a notação infixada tradicional. A notação infixada é o modo tradicional de representar expressões matemáticas, na qual a operação é colocada entre os operandos. Na notação pós-fixada, a operação é colocada após os operandos. Por exemplo, a expressão infixada "2 + 3" torna-se "2 3 +" na notação pós-fixada. Uma vez que uma expressão tenha sido codificada na notação pós-fixada, convertê-la para um programa baseado em pilha é uma operação simples. Começando pela esquerda, cada constante é substituída por uma operação PUSH para colocar a constante na pilha, e os operadores são recolocados junto com a instrução apropriada para a execução da operação.

Exemplo Crie um programa baseado em pilha que execute o seguinte cálculo:

$$2 + (7 \times 3)$$

Solução

Primeiro, precisamos converter a expressão para a notação pós-fixada. Isto é feito convertendo iterativamente cada subexpressão na sua expressão pós-fixada, de modo que 2 + (7 × 3) torna-se 2 + (7 3 ×) e então, 2 (7 3 ×) +. Então, convertemos a expressão pós-fixada em uma série de instruções como descrito acima, resultando em

```
PUSH #2
PUSH #7
PUSH #3
MUL
ADD
```

Para verificar se este programa está correto, simulamos a sua execução à mão. Depois de três declarações PUSH, a pilha contém os valores 3, 7, 2 (começando do topo da pilha). A instrução MUL retira o 3 e o 7 da pilha e os multiplica, e coloca o resultado (21) na pilha, fazendo com que a pilha contenha 21 e 2. A instrução ADD retira estes dois valores da pilha e os soma, colocando o resultado (23) na pilha, que é o resultado do cálculo. Isto é igual ao resultado da expressão original, de modo que o programa está correto.

4.5 ARQUITETURAS BASEADAS EM REGISTRADORES DE USO GERAL

Em uma arquitetura baseada em registradores de uso geral (RUG), as instruções lêem os operandos e escrevem os seus resultados em um banco de registradores de acesso aleatório, semelhante àquele ilustrado na Fig. 4-12. O banco de registradores de uso geral permite que uma instrução faça acesso aos registradores em qualquer ordem, ao especificar o número (também chamado de ID) do registrador a ser acessado, de modo muito semelhante ao do sistema de memória que permite que os endereços na memória sejam acessados em qualquer ordem. Uma outra diferença significativa entre um banco de registradores de uso geral e uma pilha é que ler o conteúdo de um registrador de uso geral não o modifica, diferentemente ao retirar um valor de uma pilha. Leituras sucessivas de um registrador de uso geral, sem escritas entre elas, retornará sempre o mesmo resultado, enquanto que retiradas sucessivas da pilha irão retornar o conteúdo da pilha em uma ordem LIFO.

Para tornar a programação mais fácil, muitas arquiteturas RUG designam significados especiais a alguns dos registradores do banco. Por exemplo, alguns processadores fazem a conexão física do registrador 0 (r0) com o valor 0, para tornar mais fácil gerar esta constante comum, e outros fazem com que o contador de programas seja disponível como um dos registradores. Estes significados são atribuídos por *hardware* e não podem ser modificados pelos programas.

	Banco de registradores
Registrador 0	<dado>
Registrador 1	<dado>
Registrador 2	<dado>
Registrador 3	<dado>
Registrador 4	<dado>
Registrador 5	<dado>
Registrador 6	<dado>
Registrador 7	<dado>

Fig. 4-12 Banco de registradores de uso geral.

Instruções em uma Arquitetura RUG

As instruções de um processador RUG precisam especificar os registradores que detêm os seus operandos de entrada e o registrador onde o seu resultado será escrito. O formato mais comum para isto é uma instrução com três operandos, como mostrado na Fig. 4-13. Para a maioria das instruções aritméticas, o argumento mais à esquerda especifica o registrador de destino da instrução, enquanto que os outros argumentos especificam os registradores fonte[2]. Assim, a instrução ADD r1, r2, r3 instrui o processador para ler os conteúdos dos registradores r2 e r3, somá-los e escrever o resultado em r1. Os formatos para instruções que têm apenas um operando também são mostrados na figura.

Este formato de instrução é chamado "três operandos" – apesar do fato de que algumas operações têm apenas dois argumentos – para distinguí-lo dos formatos de instruções de dois operandos, no qual um dos registradores de operando, como o mais a esquerda, também é o registrador de destino. Por exemplo, a instrução ADD r1, r2 em um formato de instrução de dois operandos, diz ao processador para somar os conteúdos de r1 e r2 e colocar o resultado em r1.

[2] A codificação das instruções varia de processador para processador. Em especial, alguns processadores utilizam o operando mais à direita como o seu registrador de destino, com os outros operandos sendo as entradas para a instrução. Utilizamos a convenção de que o argumento mais à esquerda é o destino, porque este é o formato mais utilizado em textos sobre arquitetura de computadores.

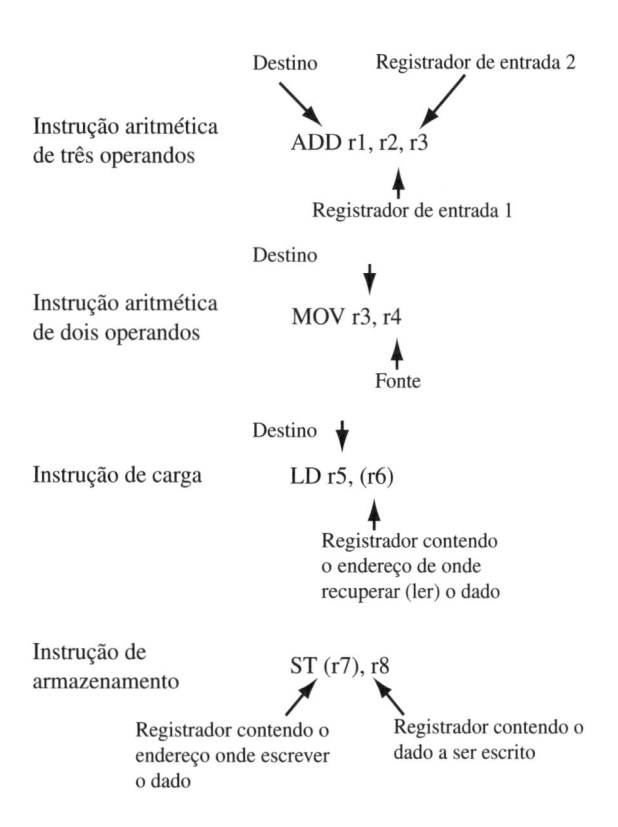

```
                         Destino    Registrador de entrada 2
                             ↘        ↙
Instrução aritmética
de três operandos        ADD r1, r2, r3
                                ↑
                         Registrador de entrada 1

                         Destino ↓
Instrução aritmética
de dois operandos        MOV r3, r4
                                ↑
                              Fonte

                         Destino ↓
Instrução de carga       LD r5, (r6)
                                ↑
                         Registrador contendo
                         o endereço de onde
                         recuperar (ler) o dado

Instrução de             ST (r7), r8
armazenamento               ↗    ↖
              Registrador contendo o     Registrador contendo o
              endereço onde escrever     dado a ser escrito
              o dado
```

Fig. 4-13 Formatos de instrução de três operandos.

Os formatos de instruções de três operandos são mais flexíveis do que os formatos de dois operandos, na medida em que eles permitem que os registradores de entrada e de saída de uma instrução sejam escolhidos de forma independente, mas exigem mais *bits* para serem codificados. Muitas arquiteturas atuais tem 32 ou mais registradores, exigindo pelo menos 5 *bits* para codificar o ID de cada registrador referido pela instrução. Em arquiteturas de 16 *bits*, ou menores, isto faz com que seja difícil codificar uma instrução de três operandos em uma única palavra de dados, tornando as instruções de dois operandos mais atrativas. Em arquiteturas mais modernas, de 32 e de 64 *bits*, isto não é um grande problema e virtualmente todas estas arquiteturas utilizam codificações de instruções com três operandos. Como elas têm se tornado dominantes, este livro assumirá codificações de três operandos para as instruções RUG, a menos que especificado de forma diferente.

Uma diferença significativa entre as arquiteturas baseadas em pilha e as arquiteturas RUG é o fato de que em uma arquitetura RUG o programa pode escolher, a qualquer tempo, quais valores devem ser armazenados no banco de registradores, permitindo que o programa mantenha no banco de registradores os seus dados mais acessados. Em contraste, as restrições de acesso LIFO em uma pilha limitam a capacidade do programa de escolher quais dados estarão no banco de registradores a qualquer tempo. Nos primeiros computadores, pensava-se que esta era uma vantagem das arquiteturas de pilha, uma vez que elas tenderiam automaticamente a manter os dados mais referenciados no banco de registradores formado pelo topo da pilha. À medida que a tecnologia de compiladores avançou, técnicas de *alocação de registradores*, que selecionam os valores que devem ser mantidos no banco de registradores, foram aperfeiçoadas a um ponto no qual as arquiteturas RUG geralmente podem fazer um uso melhor dos seus banco de registradores do que as arquiteturas baseadas em pilha, fazendo com que as arquiteturas RUG tenham um desempenho melhor do que as arquiteturas baseadas em pilha.

Um Conjunto de Instruções para Arquiteturas RUG

Esta seção apresenta o conjunto-exemplo de instruções para um processador RUG que será utilizado para o resto dos exemplos neste livro. Esta arquitetura será descrita utilizando-se a mesma notação utilizada na seção Conjunto de Instruções para Arquitetura Baseada em Pilha (p. 65), mas estendendo a notação com "rX", para referenciar o registrador X para armazenamento de valores inteiros, e "FY" para indicar o registrador Y para valores em ponto flutuante. Esta notação é utilizada porque muitos processadores utilizam bancos de registradores separados para dados inteiros ou em ponto flutuante.

Nosso conjunto de instruções RUG implementará as mesmas operações do conjunto de instruções baseadas em pilha apresentado anteriormente, exceto que o conjunto de instruções RUG não contém as operações PUSH e POP, uma vez que estas operações são utilizadas apenas para manipular a pilha. No entanto, o conjunto de instruções RUG contém uma operação MOV para copiar dados de um registrador para outro. Neste livro, utilizaremos o formato de instrução de três operandos e assumiremos que um dos operandos fonte, mas não ambos, em qualquer instrução, pode ser uma constante, em vez de um registrador, utilizando a notação #X para denotar constantes. O nosso conjunto de instruções RUG contém as seguintes operações:

LD ra, (rb)[3]	ra <- (rb) (ra pode ser um registro de ponto flutuante)
ST (ra), rb	(ra) <- rb (rb pode ser um registro de ponto flutuante)
MOV ra, rb	ra <- rb (ra e/ou rb podem ser registros de ponto flutuante)
ADD ra, rb, rc	ra <- rb + rc (cálculo inteiro)
FADD fa, fb, fc	fa <- fb + fc (cálculo em ponto flutuante)
SUB ra, rb, rc	ra <- rb - rc (cálculo inteiro)
FSUB fa, fb, fc	fa <- fb - fc (cálculo em ponto flutuante)
MUL ra, rb, rc	ra <- rb rc (cálculo inteiro)
FMUL fa, fb, fc	fa <- fb fc (cálculo em ponto flutuante)
DIV ra, rb, rc	ra <- rb / rc (cálculo inteiro)
FDIV fa, fb, fc	fa <- fb / fc (cálculo em ponto flutuante)
AND ra, rb, rc	ra <- rb & rc (cálculo orientado a bit)
OR ra, rb, rc	ra <- rb | rc (cálculo orientado a bit)
NOT ra, rb	ra <- !rb (negação orientada a bit)
ASH ra, rb, rc	ra <- rb deslocado por rc posições (deslocamento aritmético)
LSH ra, rb, rc	ra <- rb deslocado por rc posições (deslocamento lógico)
BR ra	PC <- ra
BR label	PC <- label
BEQ ra, rb, rc	PC <- ra se rb é igual a rc
BEQ label, rb, rc	PC <- label se rb é igual a rc
BNE ra, rb, rc	PC <- ra se rb não é igual a /é diferente de rc
BNE label, rb, rc	PC <- label se rb não é igual a /é diferente de rc
BLT ra, rb, rc	PC <- ra se rb é menor que rc
BLT label, rb, rc	PC <- label se rb é menor que rc
BGT ra, rb, rc	PC <- ra if se rb é maior que rc
BGT label, rb, rc	PC <- label se rb é maior que rc
BLE ra, rb, rc	PC <- ra se rb é menor ou igual a rc
BLE label, rb, rc	PC <- label se rb é menor ou igual a rc
BGE ra, rb, rc	PC <- ra se rb é maior ou igual a rc
BGE label, rb, rc	PC <- label se rb é maior ou igual a rc

---

[3] Note que as operações de memória na nossa arquitetura RUG utilizam parênteses ao redor do nome do registrador que especifica o endereço ao qual elas fazem referência. Esta notação é utilizada para manter a coerência com os modos de endereçamento apresentados no próximo capítulo.

Programação em uma Arquitetura RUG

Assim como os programas para arquiteturas baseadas em pilha, os programas para arquiteturas RUG são simplesmente uma seqüência de instruções individuais. Para descobrir o que uma seqüência de instruções faz, executa-se uma a uma na ordem fornecida pela seqüência, atualizando o conteúdo do banco de registradores após cada instrução. A programação de um processador RUG é menos estruturada do que a programação de uma arquitetura baseada em pilha, uma vez que há menos restrições na ordem pela qual as operações devem ser executadas.

Em um processador baseado em pilha, as operações precisam ser executadas em uma ordem tal que elas deixem os operandos para a próxima instrução no topo da pilha. Em um processador RUG, é válida qualquer ordem que coloque no banco de registradores os operandos para a instrução seguinte, antes que esta instrução seja executada; operações que fazem referência a diferentes registradores podem ser arbitrariamente reordenadas sem fazer com que o programa fique incorreto. Como veremos nos capítulos seguintes, muitos dos processadores modernos tiram proveito disso para reordenar as instruções em tempo de execução, de modo a melhorar o desempenho.

> ***Exemplo*** Escreva um programa RUG que calcule a função $2 + (7 \times 3)$. Assuma que a arquitetura tem 16 registradores, r0 a r15, e que no início do programa todos os registradores contenham 0. O resultado do cálculo pode ser armazenado em qualquer registrador.
>
> **Solução**
>
> Um programa que faz isto é
>
> ```
> MOV  r1,  #7
> MOV  r2,  #3
> MUL  r3,  r1,  r2
> MOV  r4,  #2
> ADD  r4,  r3,  r4
> ```
>
> As primeiras duas instruções MOV colocam os valores 7 e 3 em r1 e r2, respectivamente. A instrução MUL os multiplica e coloca o resultado em r3. A instrução MOV seguinte coloca 2 em r4 e a instrução final ADD soma esta constante com o resultado da MUL, para gerar o resultado final.
>
> Há duas coisas a serem observadas a respeito desta solução. Primeiro, a escolha de registradores foi arbitrária – qualquer escolha que não sobrescrevesse o valor de um registrador antes que ele fosse usado, funcionaria. Segundo, a instrução final sobrescreve um dos seus operandos. Uma vez que não precisamos utilizar novamente o valor em r4, isto está certo e foi feito para ilustrar que isso era possível.

4.6 COMPARANDO ARQUITETURAS BASEADAS EM PILHA E EM REGISTRADORES DE USO GERAL

As arquiteturas baseadas em pilha e em registradores de uso geral diferem principalmente nas suas interfaces com os seus bancos de registradores. Em arquiteturas baseadas em pilha, os dados são armazenados em uma pilha na memória. O banco de registradores do processador pode ser utilizado para implementar a parte superior da pilha, de modo a permitir um acesso mais rápido.

Em arquiteturas RUG, o banco de registradores é um dispositivo de acesso aleatório, onde cada registrador pode ser lido ou escrito de modo independente pelo processador. Nestas arquiteturas, o banco de registradores e a memória são completamente independentes, e os programas são responsáveis por mover os dados entre estes dois tipos de armazenamento, conforme necessário.

As arquiteturas baseadas em pilha foram utilizadas em alguns dos primeiros sistemas de computador por dois motivos. Primeiro, porque os operandos e o destino de uma instrução em uma arquitetura baseada em pilha são implícitos e as instruções utilizam menos *bits* para serem codificadas do que necessitam em arquiteturas baseadas em registradores de uso geral. Isso reduzia a quantidade de memória ocupada pelos programas, o que era uma questão significativa nas primeiras máquinas. Em segundo, as arquiteturas baseadas em pilha gerenciam automaticamente os registradores, liberando os programadores da necessidade de decidir quais dados devem ser mantidos no banco de registradores.

Uma outra vantagem das arquiteturas baseadas em pilha é que o conjunto de instruções não muda se o tamanho do banco de registradores mudar. Isto significa que programas escritos para um processador baseado em pilha podem ser executados em futuras versões do processador que tenham mais registradores. O impacto desse aumento será no desempenho da execução do programa, pois um número maior de informações da pilha poderá ser armazenada em registradores. Também é muito fácil fazer a compilação em arquiteturas baseadas em pilha – tão fácil que alguns compiladores geram versões de um programa baseadas em pilha como parte do processo de compilação, mesmo quando estão fazendo a compilação para um processador RUG.

Arquiteturas com registradores de uso geral tornaram-se dominantes nos últimos anos devido aos aperfeiçoamentos na tecnologia e à popularização das linguagens de alto nível. À medida que a capacidade das memórias aumentou e o seu preço diminuiu, o espaço ocupado por um programa tornou-se menos importante, tornando a vantagem do tamanho das instruções das arquiteturas baseadas em pilha igualmente menos importante. Outro ponto importante é que compiladores para arquiteturas RUG podem, em relação a arquiteturas baseadas em pilha, explorar a existência de vários registradores para disponibilizar, de forma mais adequada, valores de entrada para instruções. Isso representa uma melhoria de desempenho.

Por causa das suas vantagens de desempenho e da importância decrescente do tamanho do código, praticamente todos processadores das estações de trabalho mais recentes têm arquiteturas RUG. As arquiteturas baseadas em pilha são mais atrativas em sistemas dedicados, nos quais as necessidades de baixo custo e de baixo consumo de energia freqüentemente limitam a quantidade de memória que pode ser incluída em um sistema, fazendo com que o tamanho do código seja uma preocupação.

4.7 UTILIZANDO PILHAS PARA IMPLEMENTAR CHAMADAS DE PROCEDIMENTOS

Chamadas de procedimento são uma parte importante de todas as linguagens de computador. Elas permitem que funções utilizadas comumente sejam escritas uma vez e utilizadas quando necessárias, além de prover uma abstração, o que facilita que várias pessoas colaborem para escrever um programa. No entanto, diversas dificuldades estão envolvidas na implementação de chamadas de procedimentos:

1. Os programas precisam de um modo de passar dados para os procedimentos que eles chamam e receber resultados de volta.
2. Os procedimentos devem ser capazes de alocar espaço na memória para as variáveis locais, sem sobrescrever quaisquer dados utilizados pelo programa que fez a chamada.
3. Uma vez que os procedimentos podem ser chamados a partir de diferentes pontos dentro de um programa e freqüentemente são compilados separadamente do programa que os chama, geralmente é impossível determinar quais registradores podem ser utilizados sem problemas por um procedimento e quais contém dados que serão necessários depois que o procedimento for completado.
4. Os procedimentos precisam um modo de descobrir de que ponto eles foram chamados, a fim de que a execução possa retornar ao programa que faz a chamada, assim que o procedimento for completado.

Para resolver estes problemas, a maioria dos sistemas utiliza uma estrutura de dados em pilha. Em arquiteturas RUG, a pilha é implementada na memória, como ilustrado na Fig. 4-9, enquanto que as arquiteturas baseadas em pilha podem fazer uso da pilha principal do processador. Quando um procedimento é chamado, um bloco de memória chamado *célula de pilha* (*stack frame*) é alocado na pilha, incrementando-se o apontador de topo de pilha pelo número de posições na célula de pilha. Como ilustrado na Fig. 4-14, a célula de pilha de um procedimento contém espaço para o conteúdo do banco de registradores do programa que fez a chamada, um valor para a localização para a qual o procedimento deve desviar quando ele for completado (o seu endereço de retorno), os argumentos de entrada para o procedimento e as variáveis locais do procedimento.

Quando um procedimento é chamado, o conteúdo do banco de registradores do programa que fez a chamada é copiado para dentro da célula de pilha, junto com a sua localização de retorno e os dados de entrada para o procedimento. Então, o procedimento utiliza o resto da célula de pilha para manter suas variáveis locais. Uma vez que o número de argumentos de entrada e variáveis locais varia de procedimento para procedimento, diferentes procedimentos terão células de pilha de diferentes tamanhos. A organização dos dados dentro da célula de pilha também varia entre diferentes processadores.

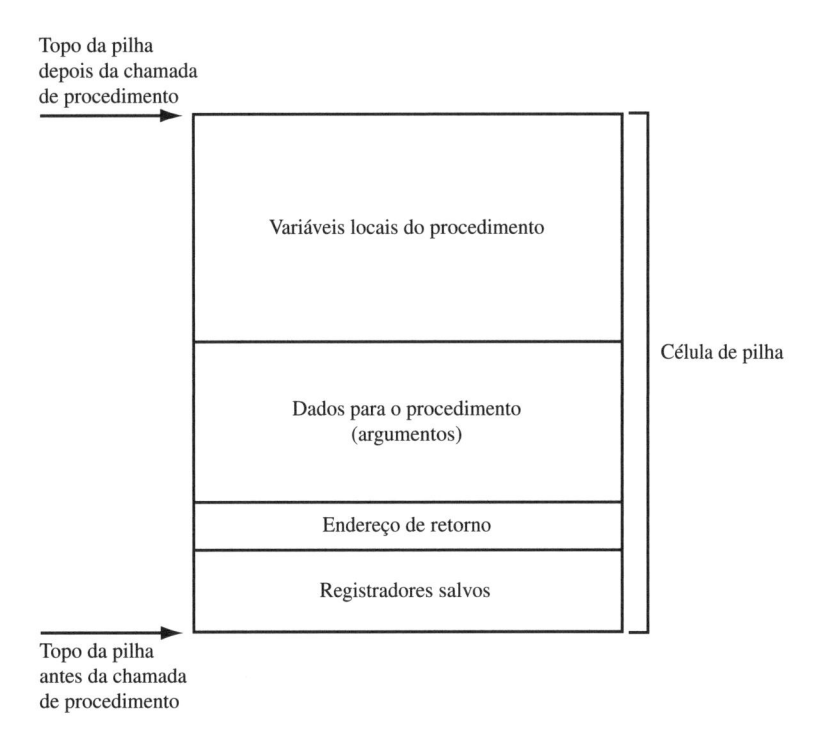

Fig. 4-14 Célula de pilha.

Quando um procedimento termina, ele salta para o endereço de retorno contido na célula de pilha, e a execução do programa que fez a chamada é retomada. O programa que fez a chamada lê o conteúdo do seu banco de registradores, o qual foi salvo na célula de pilha, e trata o resultado do procedimento que pode ser passado, ou por meio de um registrador específico, ou através da pilha. Finalmente, o apontador de topo da pilha é restaurado para a sua posição anterior à chamada do procedimento, retirando, da pilha, a célula de pilha.

Quando um programa faz chamadas de procedimento aninhadas (procedimentos que chamam outros procedimentos), cada procedimento aninhado aloca a sua célula de pilha sobre àquelas já existentes na pilha. Por exemplo, a Fig. 4-15 mostra o conteúdo da pilha durante a execução do procedimento h(), que foi chamado de dentro do procedimento g(). O procedimento g() foi chamado de dentro de f(), o qual foi chamado pelo programa principal. Desde que não haja um estouro (transbordo) da pilha, as chamadas de procedimento podem ser aninhadas em tantos níveis quanto necessário, e cada célula de pilha será retirada da pilha quando a execução retornar ao programa que fez a sua chamada.

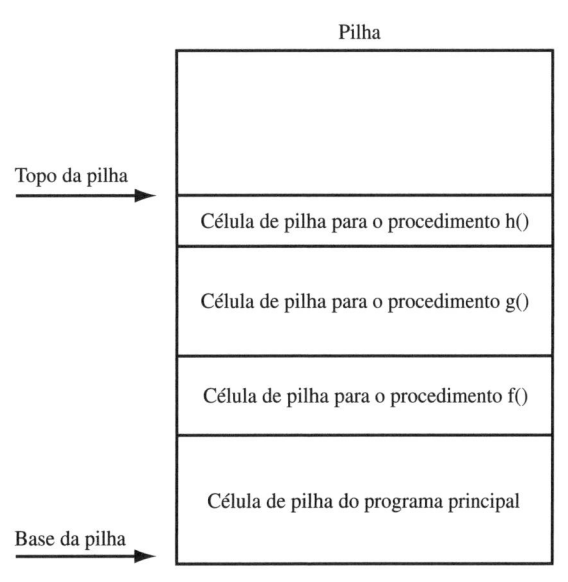

Fig. 4-15 Células de pilha aninhadas.

Convenções de Chamadas

Os vários sistemas de programação podem organizar, de diferentes modos, os dados em uma célula de pilha e podem exigir que os passos envolvidos na chamada de um procedimento sejam executados em ordens diferentes. As exigências de um sistema de programação com relação a como o procedimento é chamado e como os dados são passados entre um programa que faz uma chamada e os seus procedimentos são denominadas *convenções de chamada*.

Muitos sistemas de programação utilizam convenções de chamada para reduzir a quantidade de dados que precisa ser copiada de ou para a pilha durante uma chamada de procedimento. Por exemplo, uma convenção de chamada pode especificar um conjunto de registradores para passar os valores de entrada e de saída entre o programa que faz a chamada e o procedimento. Se esses valores cabem nestes registradores, então não será necessário colocá-los na pilha, reduzindo o número de referências à memória. Sistemas de programação geralmente também tentam reduzir o número de registradores que precisam ser salvos e restaurados durante uma chamada de procedimento ao identificar, no programa que faz a chamada, os registradores cujos valores, ou não serão necessários depois da chamada de procedimento, ou não serão sobrescritos pelo procedimento. Estes registradores não precisam ser salvos e restaurados, reduzindo o ônus da chamada de procedimento.

4.8 RESUMO

Este capítulo cobriu as arquiteturas baseadas em pilha e em registradores de uso geral, dois modelos de programação comuns em processadores. Os processadores baseados em pilha utilizam uma pilha do tipo LIFO, para manter os argumentos e os resultados das suas operações, enquanto que as arquiteturas RUG utilizam um banco de registradores de acesso aleatório. Os dois tipos de processadores geralmente fornecem o mesmo tipo de instrução, com umas poucas exceções, como as instruções PUSH e POP de uma arquitetura baseada em pilha.

As arquiteturas baseadas em pilha foram utilizadas em alguns dos primeiros computadores porque elas tinham codificações de instruções muito compactas. A maioria das instruções precisa apenas especificar a operação a ser executada, uma vez que a pilha é a fonte dos seus operandos e o destino dos seus resultados. Poucas operações, como PUSH, utilizam operadores constantes, os quais aumentam o número de *bits* necessários para codificar a operação. É muito fácil, também, fazer a compilação em arquiteturas baseadas em pilha e elas permitem a compatibilidade entre processadores com diferentes números de registradores, porque o banco de registradores é parte da pilha e é invisível ao programa.

Arquiteturas com registradores de uso geral permitem que o programa escolha quais valores são mantidos no banco de registradores de acesso aleatório. Combinado com o fato de que, diferentemente de retirar um valor de uma pilha, ler um valor de um registrador não remove o seu valor, isto geralmente permite que os programas de arquiteturas RUG atinjam um desempenho melhor do que programas baseados em pilha, porque eles exigem menos instruções para executar um cálculo. À medida que o preço das memórias diminuiu, tornando menos significativa a concisão dos programas baseados em pilha, este desempenho melhorado fez com que as arquiteturas baseadas em registradores de uso geral fossem o modelo de programação dominante.

O restante deste livro assumirá um modelo de processador RUG, uma vez que isto vai ao encontro da maioria dos processadores atuais. No próximo capítulo, discutiremos alguns dos detalhes do projeto de processadores, incluindo o debate RISC *versus* CISC e o projeto de banco de registradores.

Problemas Resolvidos

Operações de Deslocamento

4.1 Qual é o resultado das seguintes operações, quando executadas em um processador de 8 *bits* que utiliza complemento de 2 para a representação de números inteiros negativos?
  a. LSH 14, 3
  b. ASH 17, 5
  c. LSH –23, –2
  d. ASH –23, –2

Solução

a. A representação de inteiros de 8 *bits*, em complemento de 2, para 14 é 0b0000 1110. Fazendo o deslocamento à esquerda por três posições produz 0b0111 0000, que é a representação inteira de 112. Constata-se então que o resultado está correto, já que $112 = 14 \times 2^3$.

b. A representação de inteiros de 8 *bits*, em complemento de 2, para 17 é 0b0001 0001. Fazendo deslocamento à esquerda por cinco posições produz 0b0010 0000, a representação inteira de 32. Aqui, o resultado do deslocamento não é igual a 17×2^5 porque 544 não pode ser representado como um inteiro de 8 *bits* em complemento de 2.

c. A representação de inteiros de 8 *bits*, em complemento de 2, para −23 é 0b1110 1001. Deslocar por −2 posições é o mesmo que um deslocamento à direita de duas posições. Fazer isto com a operação de deslocamento lógico dá o resultado de 0b0011 1010, a representação inteira de 58, ilustrando que a LSH não implementa a divisão por uma potência de 2 em números negativos.

d. Aqui, a única diferença da última parte é que estamos usando uma operação de deslocamento aritmético, a qual copia o *bit* mais alto do valor deslocado para dentro dos *bits* vagos, quando é feito um deslocamento à direita. Isso dá o resultado 0b1111 1010, que é a representação de −6. Assim, a ASH implementa a divisão por potência de 2 quando faz o deslocamento à direita em inteiros negativos, embora arredondando para o próximo inteiro mais negativo, ao desconsiderar a parte fracionária.

Rótulos

4.2 Por que utilizar rótulos é geralmente mais conveniente do que utilizar o endereço real para especificar o destino das instruções de desvio?

Solução

Rótulos têm duas vantagens. Primeiro, eles permitem que o programador especifique o destino de um desvio, de modo que não mude quando o programa muda. Se o destino de um desvio fosse especificado, ou como a distância a partir do início do programa até o seu destino, ou como a distância da instrução de desvio até o seu destino, o programador teria que trocar o destino de cada desvio no programa, cada vez que o número de instruções do programa mudasse. Segundo, rótulos facilitam, para os programadores, a leitura dos programas em linguagem de montagem. Um programador pode encontrar o destino de um desvio, cujo destino é especificado, simplesmente olhando o rótulo no programa.

Arquiteturas Baseadas em Pilha (I)

4.3 Explique brevemente como as instruções acessam os seus operandos em arquiteturas baseadas em pilha.

Solução

Em uma arquitetura baseada em pilha, as instruções lêem os seus operandos e escrevem os seus resultados em uma pilha. Os operandos são retirados da pilha em uma ordem LIFO e os resultados das instruções são colocadas no topo da pilha.

Arquiteturas Baseadas em Pilha (II)

4.4 Qual é o número máximo de valores na pilha, durante a execução da seguinte seqüência de operações PUSH e POP, e qual é o conteúdo da pilha depois que a seqüência for completada?

```
PUSH #1
PUSH #2
PUSH #3
POP
PUSH #4
POP
POP
```

Solução

O número máximo de valores na pilha é 3, que ocorre após PUSH #3 e novamente após PUSH #4. Ao final da seqüência, apenas o valor 1 permanece na pilha.

Implementação da Pilha

4.5 Por que seria uma má idéia implementar uma pilha utilizando apenas o banco de registradores do processador?

Solução

Um dos benefícios de uma pilha é que ela apresenta ao programador a ilusão de um espaço de armazenamento infinitamente grande. Bancos de registradores contêm apenas um pequeno número de posições de armazenamento, de modo que um sistema que utilizasse apenas o banco de registradores para implementar a sua pilha poderia ser capaz de colocar apenas uma pequena quantidade de dados nela. Os programadores que utilizassem tal sistema teriam que fazer um acompanhamento cuidadoso da quantidade de dados presentes na pilha a qualquer tempo, de modo a evitar seu estouro, o que tornaria o sistema muito mais difícil de programar. Sistemas que permitem que a pilha se expanda para a memória, quando ela ultrapassa o tamanho do banco de registradores, são capazes de fornecer uma aproximação muito melhor da pilha ideal de profundidade infinita.

Programação em Arquiteturas Baseadas em Pilha (I)

4.6 Qual valor permanece na pilha depois da seguinte seqüência de instruções?

```
PUSH #4
PUSH #7
PUSH #8
ADD
PUSH #10
SUB
MUL
```

Solução

Depois das três operações PUSH, a pilha contém 8, 7, 4 (começando no topo). A instrução ADD retira o 8 e o 7, então coloca 15 na pilha, fazendo com que seu conteúdo seja 15, 4. A instrução PUSH 10 faz com que a pilha seja 10, 15, 4. A operação SUB retira 10 e 15 da pilha, subtrai 10 de 15 e coloca 5 de volta na pilha. (Lembre-se que a SUB subtrai o valor de cima na pilha do próximo valor abaixo, de modo que PUSH x, PUSH y, SUB gera x–y.) Finalmente, a MUL retira 5 e 4 da pilha e coloca 20, deixando 20 na pilha.

Programação em Arquiteturas Baseadas em Pilha (II)

4.7 Escreva um programa baseado em pilha que calcule a seguinte função: $5 + (3 \times 7) - 8$, assumindo que inicialmente a pilha está vazia.

Solução

Primeiro, convertemos esta expressão para NPR, produzindo (5 (3 7 ×) +) 8 –). Note que na NPR os parênteses são completamente desnecessários para gerar o resultado correto. Eles foram incluídos apenas para que o leitor pudesse analisar a expressão NPR com mais facilidade.

Então, a expressão é traduzida em instruções:

```
PUSH #5
PUSH #3
PUSH #7
MUL
ADD
PUSH #8
SUB
```

Programação em Arquiteturas Baseadas em Pilha (III)

4.8 Assumindo que a pilha esteja vazia, escreva um programa baseado em pilha que calcule $((10 \times 8) + (4 - 7))^2$.

Solução

Como o nosso processador não fornece uma instrução para calcular o quadrado de um valor, precisamos calcular (10 × 8) + (4 –7) duas vezes, de modo que a pilha contenha duas cópias deste resultado, multiplicando-os. (Também seria possível armazenar o resultado na memória e carregá-lo duas vezes na pilha.) Como veremos no Problema 4.13, uma arquitetura RUG pode calcular isto de modo muito mais eficiente, ao utilizar o mesmo registrador como ambas entradas de uma operação MUL.

Transformar o cálculo em formato NPR e depois em instruções, produz o seguinte programa:

```
PUSH 10
PUSH 8
MUL
PUSH 4
PUSH 7
SUB
ADD [ Neste ponto, a pilha contém apenas o primeiro resultado de
(10 × 8) + (4 - 7)]
PUSH 10
PUSH 8
MUL
PUSH 4
PUSH 7
SUB
ADD [ Neste ponto, a pilha contém duas cópias de
(10 × 8) + (4 - 7)]
MUL
```

Arquiteturas RUG (I)

4.9 Explique brevemente como as instruções acessam os seus operandos em uma arquitetura RUG.

Solução

Em uma arquitetura RUG, as instruções lêem os seus operandos e escrevem os seus resultados em um banco de registradores de acesso aleatório. Cada instrução especifica tanto os registradores que contêm os operandos como o registrador onde o resultado deve ser escrito.

Arquiteturas RUG (II)

4.10 Explique brevemente a diferença entre os formatos de instrução com dois e três operandos.

Solução

Em um formato de instrução com dois operandos, um dos registradores de entrada para a instrução também é o registrador de saída. Em um formato de instrução com três entradas, cada um dos registradores de entrada e saída da instrução são especificados separadamente. Instruções com três operandos são mais flexíveis que as instruções com dois operandos, mas elas exigem mais *bits* para serem codificadas.

Programação RUG (I)

4.11 Assumindo que todos os registradores começam contendo 0, qual é o valor de r7 depois que a seguinte seqüência de instruções for executada?

```
MOV r7, #4
MOV r8, #3
ADD r9, r7, r7
SUB r7, r9, r8
MUL r9, r7, r7
```

Solução

As duas instruções MOV colocam os valores 4 e 3 em r7 e r8, respectivamente. A instrução ADD soma 4 (o valor em r7) a 4 (o valor em r7), obtendo 8, e coloca isto em r9. A instrução SUB subtrai 3 de 8, obtendo 5 e coloca isto em r7. Finalmente, a instrução MUL multiplica 5 e 5 para obter 25 e coloca este valor em r9. Portanto, o valor em r7 ao final da seqüência de instruções é 5.

Programação RUG (II)

4.12 Escreva um programa em linguagem de montagem RUG que execute o seguinte cálculo, assumindo que todos registradores começam contendo 0. O resultado final pode ser colocado em qualquer registrador.

$$5 + (3 \times 7) - 8$$

Solução

Aqui está um programa, mas existem muitas variações aceitáveis:

```
MOV r1, #5
MOV r2, #3
MOV r3, #7
MOV r4, #8
MUL r5, r2, r3
ADD r6, r1, r5
SUB r7, r6, r4
```

Programação RUG (III)

4.13 Assumindo que todos os registradores comecem contendo 0, escreva um programa RUG que calcule $((10 \times 8) + (4 - 7))^2$. O resultado final pode ser colocado em qualquer registrador.

Solução

Novamente, aqui está um de muitos programas que calculam esta função:

```
MOV r1, #10
MOV r2, #8
MOV r3, #4
MOV r4, #7
MUL r5, r1, r2
SUB r6, r3, r4
ADD r7, r5, r6
MUL r8, r7, r7
```

Comparando Arquiteturas Baseadas em Pilha e RUG (I)

4.14 Cite duas vantagens das arquiteturas baseadas em pilha sobre as RUG.

Solução

Este capítulo discutiu três vantagens das arquiteturas baseadas em pilha:

1. As instruções em uma arquitetura baseada em pilha ocupam menos memória do que as instruções das arquiteturas RUG, já que instruções de uma arquitetura baseada em pilha não tem que especificar os registradores que contêm as suas fontes ou o registrador onde os seus resultados devem ser escritos.

2. O banco de registradores em uma arquitetura baseada em pilha é invisível para o programador, sendo a parte superior da pilha. Como resultado, futuras implementações de uma arquitetura baseada em pilha podem conter diferentes números de registradores e, ainda assim, executarão os programas escritos para o processador antigo. Em contraste, o número de registradores em uma arquitetura RUG é codificado no conjunto de instruções por meio do número de *bits* alocados para cada nome de registrador, impedindo que programas escritos para um processador RUG seja executado em um processador RUG com um número diferente de registradores.

3. A pilha fornece a ilusão de uma área de armazenamento infinita, de modo que os programas não tem que se preocupar com um estouro/transbordo do volume de armazenamento no banco de registradores.

Relacionar quaisquer duas destas vantagens é uma resposta correta para o problema.

Comparando Arquiteturas Baseadas em Pilha e RUG (II)

4.15 Cite duas vantagens das arquiteturas RUG sobre as baseadas em pilha.

Solução

As duas principais vantagens das arquiteturas RUG sobre as baseadas em pilha são:

1. Ler um registrador em uma arquitetura RUG não afeta o seu conteúdo, enquanto que ler um valor do topo de uma pilha remove o valor da pilha. Quando um dado valor é utilizado mais de uma vez em um programa, a arquitetura RUG pode alocar aquele valor para um registrador e lê-lo repetidamente quando for necessário. Em contraste, as arquiteturas baseadas em pilha precisam, ou utilizar instruções para duplicar o valor na pilha a cada vez que ele é utilizado como uma entrada para uma instrução, ou armazenar o valor na memória e recarregá-lo cada vez que ele for usado.

2. Programas RUG podem escolher quais valores manter no banco de registradores, enquanto que as arquiteturas baseadas em pilha são limitadas pela natureza LIFO da pilha. Técnicas de alocação de registradores nos compiladores modernos são boas o suficiente para manter, no banco de registradores, os valores aos quais é feita referência com mais freqüência no programa, de modo que são necessárias menos referências à memória para completar um dado programa em uma arquitetura RUG do que em pilha, melhorando o desempenho.

Comparando Arquiteturas Baseadas em Pilha e RUG (III)

4.16 Por que as arquiteturas RUG tornaram-se dominantes sobre as arquiteturas baseadas em pilha?

Solução

As vantagens-chave das arquiteturas baseadas em pilha são o tamanho menor dos seus programas e a ausência da necessidade de alocação de registradores, enquanto que arquiteturas RUG são capazes de atingir um desempenho melhor quando o programador/compilador faz um bom trabalho na alocação de valores aos registradores. Nos primeiros computadores, a memória era muito cara, de modo que reduzir o tamanho do programa era importante. Também, muitas das técnicas de alocação de registradores utilizadas atualmente não haviam sido desenvolvidas.

À medida que a tecnologia avançou e a memória ficou mais barata, fazer programas de tamanho reduzido nas arquiteturas baseadas em pilha tornou-se menos importante. Além disso, a maior parte da programação agora é feita em linguagens de alto nível, e os compiladores contêm algoritmos sofisticados para a alocação de registradores que fazem bom uso dos banco de registradores em uma arquitetura RUG. Por causa disso, as vantagens de desempenho das arquiteturas RUG tornaram-se mais significativas do que a vantagem de tamanho de código das arquiteturas baseadas em pilha, o que tornou as arquiteturas RUG a melhor opção para a maioria dos projetos de processadores.

Células de Pilha

4.17 Um programa está sendo executado em uma arquitetura com 32 registradores, cada um deles com 32 *bits* de largura. Os endereços neste sistema também tem 32 *bits*. O programa chama um procedimento que ocupa quatro argumentos de 32 *bits* e aloca oito variáveis internas de 32 *bits*. Qual é o tamanho da célula de pilha do procedimento? (Assuma que todos os registradores do programa que faz a chamada precisam ser salvos.)

Solução

A célula de pilha tem que ser grande o suficiente para manter o conteúdo do banco de registradores do chamador, o endereço de retorno, as entradas do procedimento e as suas variáveis locais. Isto é $(32 + 1 + 4 + 8) = 45$ valores de 32 *bits* para este procedimento, ou 180 *bytes*.

Capítulo 5

Projeto de Processadores

5.1 OBJETIVOS

Este capítulo fornece uma introdução ao projeto de processadores, analisando algumas das abstrações que usamos em capítulos anteriores e preparando para os próximos dois capítulos, os quais discutem técnicas para melhorar o desempenho de processadores. Depois de completar este capítulo, você deverá:

1. Compreender a diferença entre arquitetura de conjunto de instruções e microarquitetura de processadores.
2. Estar familiarizado com a diferença entre os conjuntos de instruções RISC e CISC e ser capaz de converter fragmentos de programas escritos para um estilo, para execução no outro.
3. Compreender modos de endereçamento e qual o seu impacto no desempenho.
4. Compreender os conceitos básicos do projeto do banco de registradores e ser capaz de discutir como as diferenças na organização de registradores afetam o custo de implementação.

5.2 INTRODUÇÃO

Aqui inicia uma seqüência de três capítulos a respeito do projeto de processadores, cobrindo a arquitetura do conjunto de instruções e os conceitos básicos de microarquitetura de processadores. Ao discutir o *pipelining*, o próximo capítulo acrescenta uma técnica que melhora o desempenho ao sobrepor a execução de várias instruções. O Capítulo 7 completa nossa cobertura da arquitetura de processadores ao discutir o paralelismo no nível da instrução.

O projeto de processadores foi dividido em duas subcategorias: a arquitetura do conjunto de instruções e a microarquitetura do processador. A arquitetura do conjunto de instruções refere-se ao projeto do conjunto de operações que o processador executa e inclui a escolha do modelo de programação, o número de registradores e decisões sobre como os dados são acessados. A microarquitetura do processador descreve como as instruções são implementadas e inclui fatores como quanto tempo ele demora para executar as instruções, quantas instruções podem ser executadas ao mesmo tempo e como são projetados módulos do processador, como conjunto de registradores. Estas definições são vagas e existe muita sobreposição entre as duas áreas, de modo que freqüentemente é difícil decidir se um dado aspecto da arquitetura do processador conta como arquitetura do conjunto de instruções ou como microarquitetura. Uma maneira pragmática é considerar como parte da arquitetura do conjunto de instruções todos os detalhes do processador necessários para sua programação *assembly*, enquanto que aspectos relacionados apenas ao desempenho fazem parte da microarquitetura.

5.3 ARQUITETURA DO CONJUNTO DE INSTRUÇÕES

Quando a maior parte da programação de computadores era feita em linguagem *assembly*, a arquitetura do conjunto de instruções era considerada a parte mais importante da arquitetura dos computadores, porque ela definia quão difícil seria para obter um desempenho ótimo do sistema. Ao longo dos anos, a arquitetura do conjunto de instruções tornou-se menos significativa por diversos motivos. Primeiro, a maior parte da programação é atualmente feita com linguagens de alto nível. Em segundo lugar, e o mais significativo, os consumidores passaram a esperar *compatibilidade* entre as diferentes gerações de um sistema de computadores, o que significa que eles esperam que os programas que eram executados no seu sistema antigo sejam executados sem modificações no seu novo sistema. Como resultado, o conjunto de instruções de um novo processador freqüentemente precisa ter o mesmo conjunto de instruções de um processador anterior, eventualmente com algumas instruções adicionais, o que significa que a maior parte do esforço de projeto de um processador vai para o aperfeiçoamento da microarquitetura, de modo a melhorar o desempenho.

No capítulo anterior, cobrimos uma das mais significativas decisões envolvidas no projeto da arquitetura do conjunto de instruções de um processador (ACI) – a escolha de um modelo de programação. Como foi discutido naquele capítulo, o modelo de programação baseado em registradores de uso genérico tornou-se dominante e será assumido pelo restante deste livro. Neste capítulo, cobriremos quatro questões remanescentes na arquitetura do conjunto de instruções: o debate RISC *versus* CISC, a escolha dos modos de endereçamento, a utilização de codificações de instruções de comprimento fixo ou variável e instruções vetoriais multimídia.

RISC *versus* CISC

Antes da década de 1980, havia um grande foco na redução do "intervalo semântico" entre as linguagens utilizadas para programar computadores e as linguagens de máquina. Acreditava-se que tornar as linguagens de máquina mais parecidas às linguagens de programação de alto nível resultaria em melhor desempenho, pela redução do número de instruções exigidas para implementar um programa e tornaria mais fácil compilar programas em linguagens de alto nível para a linguagem de máquina. O resultado final disto foi o projeto de conjuntos de instruções que continham instruções muito complexas.

À medida que a tecnologia de compiladores era aperfeiçoada, os pesquisadores começaram a questionar se estes sistemas com instruções complexas, conhecidos como computadores com conjuntos de instruções complexas (CISC), forneciam um desempenho melhor do que sistemas baseados em conjuntos de instruções mais simples. Esta segunda classe de sistemas tornou-se conhecida como computadores de conjuntos de instruções reduzidas (RISC).

O argumento principal a favor dos computadores CISC é que esses geralmente exigem menos instruções que os computadores RISC para executar uma dada operação, de modo que um computador CISC teria um desempenho melhor que um computador RISC que executasse instruções à mesma taxa. Além disto, programas escritos para arquiteturas CISC tendem a tomar menos espaço na memória que o mesmo programa escrito para a arquitetura RISC. O principal argumento a favor de computadores RISC é que os seus conjuntos de instruções mais simples freqüentemente permitem que eles sejam implementados com freqüências de relógio mais altas, permitindo executar mais instruções na mesma quantidade de tempo. Com uma freqüência de relógio maior, um processador RISC permite que ele execute programas em menos tempo do que um processador CISC levaria para executar os seus programas (os quais exigem menos instruções). O processador RISC terá um desempenho melhor.

Durante a década de 80, e no início dos anos 90, houve muita controvérsia na comunidade de arquitetura de computadores com relação a qual das duas abordagens era a melhor, e, dependendo do ponto de vista, qualquer uma das duas pode ser considerada vencedora. A grande maioria dos conjuntos de instruções introduzidas desde a década de 80 tem sido de arquiteturas RISC, com o argumento de que é superior. Por outro lado, a arquitetura Intel x86 (IA-32), que utiliza um conjunto de instruções CISC, é a arquitetura dominante para PCs/estações de trabalho; em termos de número de processadores vendidos, as arquiteturas CISC foram as vencedoras.

Ao longo dos últimos 20 anos, tem havido uma certa convergência entre as arquiteturas, tornando difícil determinar se uma arquitetura é RISC ou CISC. As arquiteturas RISC incorporaram algumas das instruções complexas mais úteis das arquiteturas CISC, confiando na sua microarquitetura para implementar estas instruções com pouco impacto no ciclo de relógio, e as arquiteturas CISC abandonaram instruções complexas que não eram utilizadas com freqüência suficiente para justificar a sua implementação.

Uma delineação clara entre as duas é que as arquiteturas RISC são *arquiteturas de carga-armazenamento*, o que significa que apenas instruções de carga e armazenamento podem acessar a memória do sistema. A arquitetura com registradores de uso genérico, descrita no Capítulo 4, é uma arquitetura de carga-armazenamento.

Em muitas arquiteturas CISC, instruções aritméticas e outras podem ler as suas entradas ou escrever as suas saídas diretamente na memória, em vez de fazê-lo sobre registradores. Por exemplo, uma arquitetura CISC pode permitir uma operação ADD, na forma ADD (r1), (r2), (r3), onde os parênteses em volta do nome do registro indicam que o registro contém o endereço de memória onde um operando pode ser encontrado ou o resultado pode ser escrito. Ao utilizar esta notação, a instrução ADD (r1), (r2), (r3) instrui o processador para somar o valor contido na localização de memória, cujo endereço está armazenado em r2; ao valor contido na localização de memória, cujo endereço está armazenado r3, e armazenar o resultado na memória, no endereço contido em r1.

Esta diferença entre as arquiteturas de carga-armazenamento e as arquiteturas que podem unir referências de memória com outras operações é um excelente exemplo das diferenças entre as arquiteturas RISC e CISC. Já que as arquiteturas RISC são implementadas utilizando o modelo carga-armazenamento, um processador RISC exigiria várias instruções para implementar a única operação ADD CISC descrita acima. No entanto, o *hardware* necessário para implementar o processador CISC seria mais complexo, uma vez que ele teria que ser capaz de buscar os operandos da instrução na memória, de modo que o processador CISC provavelmente teria uma duração de ciclo mais longa que o processador RISC (ou exigiria mais ciclos para executar cada instrução).

> *Exemplo* Na nossa arquitetura de carga-armazenamento com registradores de uso genérico, quantas instruções são necessárias para implementar a mesma função que a operação ADD CISC descrita acima?
> Assuma que os endereços de memória adequados estão presentes em r1, r2 e r3, no início da execução da instrução.
>
> **Solução**
>
> São necessárias quatro instruções:
>
> ```
> LD  r4, (r2)
> LD  r5, (r3)
> ADD r6, r4, r5
> ST  (r1), r6
> ```

Este exemplo mostra que uma arquitetura RISC pode exigir muito mais operações para implementar uma função do que uma arquitetura CISC, se bem que este é um exemplo extremo. Ele também mostra que arquiteturas RISC geralmente exigem mais registradores para implementar uma função do que as CISC, uma vez que todas as entradas de uma instrução precisam ser carregadas em um banco de registradores antes que a instrução possa ser executada. No entanto, processadores RISC têm a vantagem de "dividir" uma operação CISC complexa em várias operações RISC, permitindo ao compilador organizar as operações RISC para um desempenho melhor. Por exemplo, se as referências à memória ocupam vários ciclos para serem executadas (como geralmente elas fazem), um compilador para uma arquitetura RISC pode colocar outras instruções entre as instruções LD e a ADD do exemplo. Isto dá tempo para que as instruções LD sejam completadas, antes que os seus resultados sejam solicitados pela ADD, evitando que a ADD tenha que esperar por suas entradas. Em contraste, a instrução CISC não tem escolha, a não ser esperar que suas entradas sejam recuperadas da memória do sistema, potencialmente atrasando outras instruções.

Modos de Endereçamento

Como já discutimos, uma das principais diferenças entre as arquiteturas RISC e CISC é o conjunto de instruções que pode acessar a memória. Uma questão relacionada a isto que afeta tanto a arquitetura RISC quanto a CISC é a escolha de quais *modos de endereçamento* a arquitetura suporta. Os modos de endereçamento de uma arquitetura são o conjunto de sintaxes e métodos que as instruções utilizam para especificar um endereço de memória, seja como o endereço-alvo de uma referência de memória ou como o endereço para o qual uma instrução de desvio irá. Dependendo da arquitetura, alguns dos modos de endereçamento podem estar disponíveis apenas para algumas das instruções que fazem referência à memória. Arquiteturas que permitem que qualquer instrução que faça referência à memória utilize qualquer modo de endereçamento são descritas como *ortogonais,* porque a escolha do modo de endereçamento é independente da escolha da instrução.

Até aqui, utilizamos apenas dois modos de endereçamento: endereçamento de registrador para carga de instruções, armazenamento de instruções e instruções CISC que fazem referência à memória; e o endereçamento de rótulos para instruções de desvio. No endereçamento de registrador, uma instrução lê o valor de um registrador e utiliza aquilo como o endereço da referência de memória ou do desvio-alvo. Utilizamos a sintaxe (rx) para indicar que o modo de endereçamento de registrador está sendo utilizado. Um conjunto de instruções que fornecesse apenas endereçamento de registrador poderia ser possível, uma vez que qualquer endereço poderia ser calculado, utilizando-se instruções aritméticas, e ser armazenado em um registrador. Processadores fornecem outros modos de endereçamento porque estes reduzem o número de instruções exigidas para calcular endereços, desta forma melhorando o desempenho. O segundo modo de endereçamento que vimos até agora é o endereçamento de rótulos, no qual uma instrução de desvio especifica o seu destino como um rótulo (*label*) a ser colocado em uma instrução em outro local do programa. Como foi discutido no último capítulo, esses rótulos de texto não aparecem na versão do programa em linguagem de máquina. De fato, a maioria das instruções de desvio não contém explicitamente os seus endereços de destino. É o montador/ligador que traduz o rótulo em um *deslocamento* (que pode ser positivo ou negativo), a partir da localização da instrução de desvio para a localização do seu alvo. Na verdade, a instrução de desvio diz ao processador a distância que ele está da instrução-alvo, em vez de indicar exatamente onde a instrução-alvo está localizada. O processador acrescenta o deslocamento ao apontador da instrução (registrador contador de programa – CP) da instrução de desvio para obter o endereço destino do desvio.

Utilizar um deslocamento em vez de endereços explícitos para o endereçamento de rótulos tem duas vantagens. Primeiro, ele reduz o número de *bits* necessários para codificar a instrução. A maioria dos desvios tem alvos que são relativamente próximos ao desvio, de modo que um número menor de *bits* pode ser utilizado para codificar o deslocamento. Quando um desvio tem um alvo que está longe, o endereço-alvo pode ser calculado por outras instruções, e um modo de endereçamento de registrador, ou similar, pode ser usado. Em segundo lugar, utilizar deslocamentos em vez de endereços explícitos em instruções de desvio permite que o carregador coloque o programa em localizações diferentes na memória, sem ter que modificar o programa. Se fossem usados endereços explícitos, os endereços destino de cada desvio teriam que ser recalculados cada vez que o programa fosse carregado. Esse recurso é particularmente útil para bibliotecas dinâmicas, que são vinculadas ao programa em tempo de execução não possuindo conhecimento prévio dos endereços onde serão carregados.

> ***Exemplo*** Uma instrução em linguagem *assembly* "BR label1" é ligada e vinculada como parte de um programa maior. O ligador calcula o deslocamento da instrução de desvio para label1 como 0x437 *bytes*. Se a instrução de desvio for carregada no endereço 0x4000, qual é o endereço destino do desvio? E se a instrução for carregada no endereço 0x4400?
>
> **Solução**
>
> O endereço-alvo do desvio é a soma do endereço do desvio (o CP quando o desvio é executado) e o deslocamento. Quando o desvio é carregado no endereço 0x4000, o endereço-alvo é 0x4437 (0x4000 + 0x437). Quando o desvio é carregado no endereço 0x4400, o endereço-alvo é 0x4837.

Um outro modo de endereçamento fornecido por muitos processadores é o *endereçamento registrador mais imediato*. Neste modo, que é expresso como imm(rx), o valor do registrador especificado é somado ao valor imediato (constante) especificado na instrução para gerar um endereço de memória.

> ***Exemplo*** Se o valor de r4 for 0x13000, qual será o endereço ao qual a instrução LD –0x80(r4) faz referência?
>
> **Solução**
>
> Modo de endereçamento rótulo mais imediato soma o valor imediato ao valor do registrador para obter o endereço destino. Acrescentar –0x080 a 0x13000 dá 0x12f80, o endereço referido pela carga.

O modo registrador mais imediato é extremamente útil para acessar estruturas de dados, que tendem a ter campos que são localizados em deslocamentos fixos a partir do início da estrutura de dados. Ao utilizar este modo de endereçamento, um programa que precise fazer referência a diferentes campos de uma estrutura de dados pode simplesmente carregar o endereço de início da estrutura de dados em um registrador e, então, usar o modo registrador mais imediato para acessar os diferentes campos da estrutura de dados, reduzindo o número de instruções necessárias para executar os cálculos de endereço e o número de registros exigidos para armazenar endereços.

Muitos outros modos de endereçamento foram implementados ao longo dos anos. Em geral, eles são variações do modo registrador mais imediato. Por exemplo, alguns conjuntos de instruções permitem que se some um deslocamento de rótulo a um imediato, ou um deslocamento de rótulo a um valor de registrador mais um imediato.

Um problema com todos os modos de endereçamento que calculam o seu endereço é que eles aumentam o tempo de execução das instruções que os utilizam, uma vez que o processador precisa executar um cálculo antes que o endereço possa ser enviado ao sistema de memória. Para fornecer flexibilidade de endereçamento, sem aumentar a latência de memória, algumas arquiteturas fornecem modos de endereçamento de *pós-incremento*, em vez dos modos de endereçamento no estilo registrador mais imediato. Esses modos de endereçamento, para os quais utilizaremos a sintaxe imm[rx][1], lêem o seu endereço de um registrador especificado, enviam aquele endereço para o sistema de memória e, então, somam o imediato especificado ao valor do registrador. Este resultado, então, é escrito de volta ao conjunto de registradores. Visto que o endereço é enviado diretamente do conjunto de registradores para o sistema de memória, estas instruções são executadas mais rapidamente do que as instruções com modo de endereçamento registrador mais imediato, mas elas ainda reduzem o número de instruções exigidas para implementar um programa, quando comparadas aos conjuntos de instruções que fornecem apenas endereçamento de registrador.

Efetivamente, a execução de uma intrução com modo de endereçamento de pós-incremento já calcula o valor de um registrador para a próxima instrução. Portanto, uma seqüência de referências em modo endereçamento registrador mais imediato pode ser facilmente transformada em uma seqüência de referências em modo de endereçamento de pós-incremento. O modo de endereçamento de pós-incremento também é útil quando se está acessando uma matriz de estruturas de dados de mesmo tamanho, na medida em que a última referência a cada endereço pode incrementar o registrador que contém o endereço, de modo a apontar para a próxima estrutura de dados.

Exemplo Converta a seguinte seqüência de instruções escrita para um conjunto de instruções que permita o modo de endereçamento de registrador mais incremento, para ser executada em um conjunto de instruções que tem apenas os modos de endereçamento de pós-incremento e de registrador. (*Dica*: é necessária exatamente uma instrução adicional.)

```
LD r4, 8(r1)
LD r5, 12(r1)
ST 16(r1), r8
```

Solução

O que deve ser lembrado aqui é que as instruções em modo de endereçamento de pós-incremento mudam o valor do seu registrador de endereços. O modo de endereçamento de registrador apenas calcula o endereço a ser enviado ao sistema de memória, deixando igual o valor no registrador de endereço. Portanto, cada instrução de pós-incremento precisa ser incrementada pelo deslocamento, a partir do endereço ao qual ela faz referência, para o endereço ao qual foi feita a referência pela próxima instrução, a qual, geralmente, será diferente do que o imediato somado ao registrador de endereço no modo registrador mais imediato. Isto dá a seguinte seqüência de código:

```
ADD r1, r1, #8 /* incrementar o registro de endereço original pelo deslocamento para o endereço utilizado pela primeira LD. */
 LD r4, 4[r1] /* a segunda LD tem um deslocamento de 12 bytes a partir do valor original de r1 como em r1 já foi feito um deslocamento de 8 bytes é necessário somar apenas mais 4. */
 LD r5, 4[r1] /* apenas é necessário somar mais quatro bytes para chegar, a partir do endereço ao qual foi feita referência por esta carga, àqueles referidos pela armazenamento. */
 ST (r1), r8  /* não é necessário pós-incrementar. */
```

Instruções Vetoriais Multimídia

Muitas famílias de processadores têm acrescentado, recentemente, instruções vetoriais multimídia aos seus conjuntos de intruções. Estas instruções, que incluem extensões MMX ao conjunto de instruções x86, têm o objetivo de melhorar o desempenho em aplicações multimídia, como decompressão de vídeo e reprodução de áudio. Estas aplicações têm diversas peculiaridades que tornam possível melhorar, significativamente, o seu desempenho com um pequeno número de novas instruções. Primeiro, elas executam a mesma seqüência de operações em um grande número de objetos de dados independentes, como blocos 8 × 8 de *pixels* comprimidos. Esta peculiaridade é freqüentemente descrita como *paralelismo de dados,* porque vários objetos de dados podem ser processados ao mesmo tempo. A segunda peculiaridade importante destas aplicações é que elas operam em dados que são muito menores do que as palavras de dados de 32 ou 64 *bits* encontradas na maioria dos processadores modernos. *Pixels* de vídeo, que são freqüentemente descritos por valores vermelho, verde e azul, em 8 *bits*, são exemplos disto. Cada um destes valores de cor é geralmente calculado independentemente, significando que 24 *bits* de uma ULA de 32 *bits* estão ociosos durante o cálculo.

---

[1] Diferentemente das outras sintaxes que utilizamos para modos de endereçamento, esta não é padrão para a indústria. Arquiteturas diferentes utilizam sintaxes diferentes para descrever endereçamento de pós-incremento.

Instruções vetoriais multimídia tratam as palavras de dados do processador como uma coleção de tipo objetos de dados menores, como indicado na Fig. 5-1, que mostra como uma instrução vetorial multimídia pode processar uma palavra de dados de 32 *bits*. Em vez de operar sobre 32 *bits*, a palavra de dados é tratada como um conjunto de quatro quantidades de 8 *bits* ou duas quantidades de 16 *bits*. A maioria dos conjuntos de instruções vetoriais multimídia pode operar sobre tipos de dados mais longos, como quantidades de 64 ou 128 *bits*, permitindo que mais operações sejam executadas em paralelo.

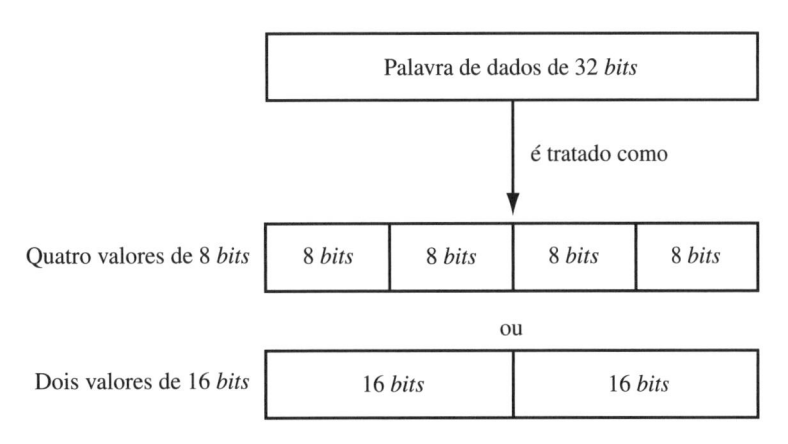

Fig. 5-1 Tipos de dados vetoriais multimídia.

Muitas instruções vetoriais multimídia permitem a opção de operar em *modo aritmético de saturação*. Em aritmética de saturação, os cálculos que excedem o número de *bits* na sua representação retornam o valor máximo que a representação pode apresentar, e cálculos que produzem um *underflow* retornam zero. Por exemplo, somar 0xaa com 0xbc em aritmética de saturação de 8 *bits* dá o resultado de 0xff, ao invés de 0x66. A aritmética de saturação é útil quando é desejável ter um cálculo que seja limitado ao seu valor máximo. Por exemplo, aumentar a quantidade de vermelho em um *pixel* que já está extremamente vermelho deveria resultar em um *pixel* que tem a quantidade máxima permitida de vermelho, ao invés de um *pixel* que tem muito pouco vermelho porque o cálculo produziu um valor pequeno.

Quando uma instrução vetorial multimídia é executada, ela executa os seus cálculos em paralelo, em cada um dos objetos menores dentro da sua palavra de entrada, como indicado na Fig. 5-2, que ilustra uma soma de um vetor de 32 *bits*, tratando a palavra de 32 *bits* como quatro quantidades de 8 *bits* sem sinal. A aritmética de saturação não é utilizada neste exemplo. Cada uma das quatro adições paralelas é executada em paralelo e os resultados de uma adição não afeta as outras. Em especial, observe que os transportes propagam-se normalmente dentro de cada cálculo de 8 *bits*, mas não se propagam entre diferentes cálculos.

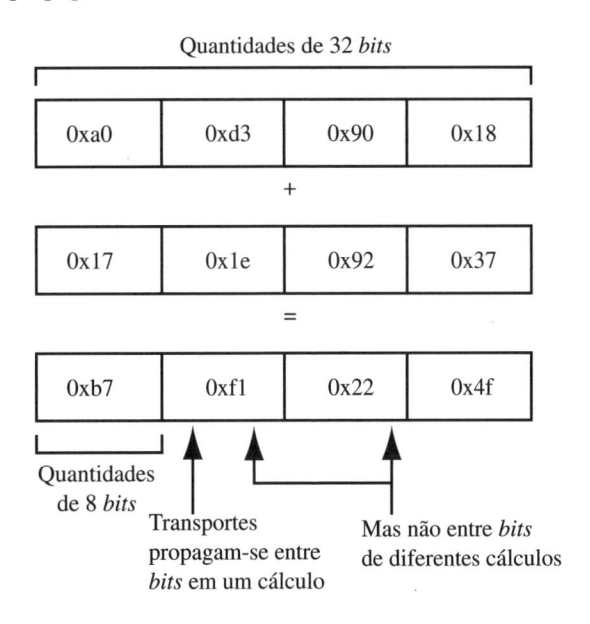

Fig. 5-2 Soma vetorial multimídia.

Instruções vetoriais multimídia podem melhorar significativamente o desempenho de um processador em aplicações paralelas de dados que operam sobre tipos de dados pequenos, ao permitir que vários cálculos sejam executados em paralelo. Por exemplo, operações vetoriais multimídia de 32 *bits* podem ser utilizados para calcular, simultaneamente, os valores da cor vermelha em quatro *pixels* diferentes, potencialmente melhorando o desempenho por um fator de até 4. Tipicamente, o *hardware* necessário para implementar operações vetoriais multimídia é razoavelmente pequeno, na medida em que a maior parte do *hardware* necessário para implementar as operações não vetoriais de um processador podem ser reutilizadas, tornando estas operações atrativas para projetistas de computador que esperam que os seus processadores sejam utilizados para aplicações paralelas de dados.

Codificações de Instruções de Comprimento Fixo *versus* Comprimento Variável

Uma vez que o conjunto de instruções que o processador irá suportar tenha sido selecionado, o projetista de computadores precisa escolher uma codificação, isto é, o conjunto de *bits* para representar as instruções na memória do computador. Em geral, os projetistas buscam uma codificação que seja compacta e que precise de pouca lógica para ser decodificada, significando que será simples para o processador descobrir qual é a instrução que está representada por um certo padrão de *bits* no programa. Infelizmente, estes dois objetivos são conflitantes.

Codificações de conjuntos de instruções de *comprimento fixo* utilizam o mesmo número de *bits* para codificar cada instrução. Codificações de comprimento fixo têm a vantagem por serem simples de decodificar, reduzindo a quantidade de lógica e latência da lógica de decodificação. Além disto, um processador que utilize codificação de comprimento fixo para o seu conjunto de instruções pode facilmente prever a localização da próxima instrução a ser executada (assumindo que a instrução atual não é um desvio). Isto faz com que seja mais fácil para o processador utilizar *pipelining*, o assunto do próximo capítulo, para melhorar o desempenho ao sobrepor a execução de várias instruções.

Codificações de conjuntos de instruções de *comprimento variável* utilizam diferentes números de *bits* para codificar as instruções, dependendo da quantidade de entradas da instrução, dos modos de endereçamento utilizados e de outros fatores. Ao utilizar a codificação de comprimento variável, cada instrução toma apenas o espaço de memória que é necessário, se bem que muitos sistemas exijam que todas as codificações de instruções tenham um número inteiro de *bytes* de comprimento. Utilizar um conjunto de instruções de comprimento variável pode reduzir a quantidade de espaço ocupado por um programa, mas aumenta enormemente a complexidade da lógica necessária para decodificar as instruções, uma vez que partes da instrução, como operandos de entrada, podem ser armazenadas em diferentes posições de *bit*, em diferentes instruções. Além disto, o *hardware* não pode predizer a localização da próxima instrução até que a instrução atual tenha sido decodificada o suficiente para que ele possa saber o comprimento da instrução atual.

Dados os prós e os contras das codificações de instruções de comprimento fixo e variável, as codificações de comprimento fixo são mais comuns nas arquiteturas recentes. As codificações de comprimento variável são utilizadas principalmente em arquiteturas onde é muito grande a diferença entre a quantidade de espaço necessária para a instrução mais longa e a instrução média. Exemplos disso incluem arquiteturas baseadas em pilhas, porque muitas operações não precisam especificar suas entradas, além das arquiteturas CISC, que freqüentemente tem poucas instruções que possam tomar um número grande de entradas.

Isto encerra nossa discussão sobre a arquitetura do conjunto de instruções. Cobrimos o debate RISC *versus* CISC, uma das controvérsias mais famosas em arquitetura de computadores, o impacto dos modos de endereçamento no conjunto de instruções de um processador e os prós e os contras de codificações de instruções com comprimento fixo e variável. Também fizemos uma breve introdução às instruções vetoriais multimídia, uma extensão recente nos conjuntos de instruções de processadores e que melhoram o desempenho em aplicações paralelas de dados.

O resto deste capítulo irá iniciar nossa discussão sobre a microarquitetura de processadores, que continuará pelos próximos dois capítulos. Iremos começar com uma discussão mais profunda sobre como os processadores executam as instruções que foram apresentadas até agora, e continuaremos a discussão do projeto conjunto de registradores. Por simplicidade, pelo resto da nossa discussão sobre arquitetura de processadores, iremos assumir um processador em estilo RISC, se bem que os conceitos que iremos cobrir são geralmente aplicáveis também nas arquiteturas CISC.

5.4 MICROARQUITETURA DE PROCESSADORES

Como descrito anteriormente, a microarquitetura de processadores inclui todos os detalhes a respeito de como um processador é implementado. O conjunto de instruções especifica como o processador é programado e a microarquitetura especifica como ele é construído. Obviamente, o conjunto de instruções tem um grande impacto na microarquitetura. Um conjunto de instruções que contenha apenas operações simples pode ser implementada com uma microarquitetura simples e direta, mas um conjunto de instruções que contenha operações complexas geralmente exige também uma microarquitetura complexa para ser implementada.

No Capítulo 3, apresentamos o diagrama em blocos de um processador que é reproduzido na Fig. 5-3. Este diagrama apresenta o processador em três subsistemas principais: as unidades de execução, o banco de registradores e a lógica de controle. Juntos, as unidades de execução e o banco de registradores são freqüentemente descritos como o *caminho dos dados* do processador, porque dados e instruções fluem através deles de modo regular. A lógica de controle é mais irregular e muito específica com relação ao processador.

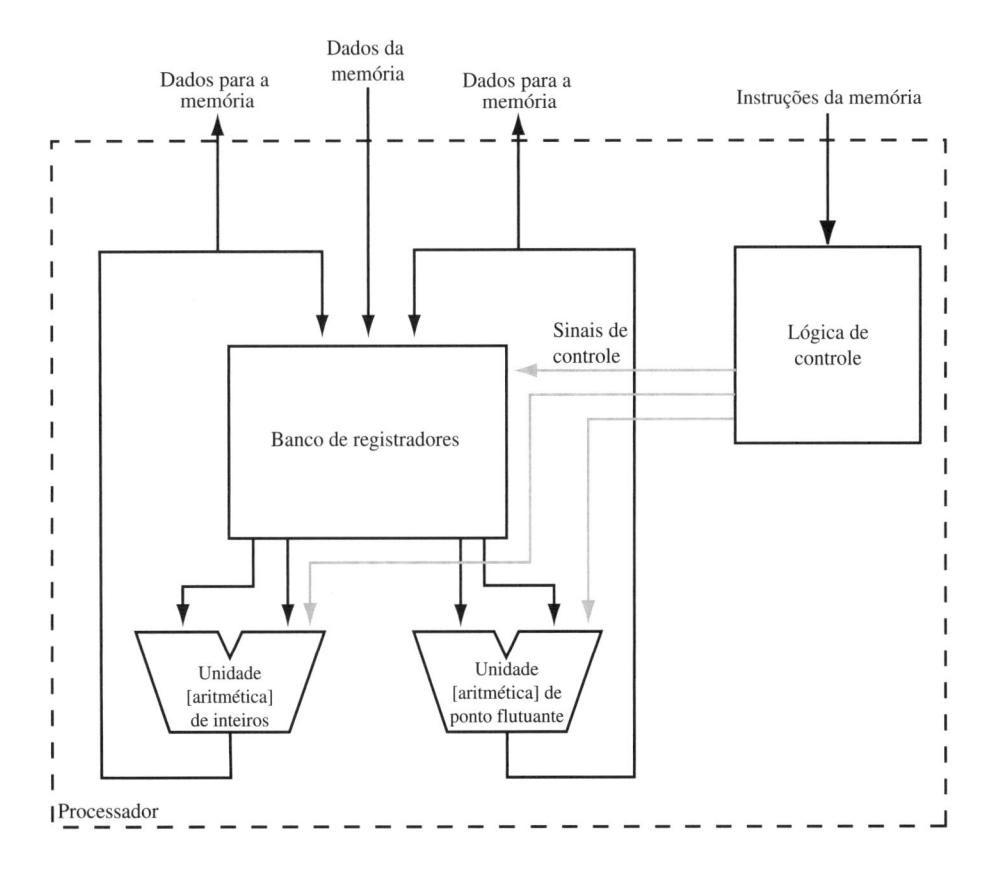

Fig. 5-3   Diagrama em blocos de um processador.

Unidades de Execução

A Fig. 5-4 mostra os passos envolvidos na execução de uma instrução e como os diferentes módulos do processador interagem durante a execução da mesma. Primeiro, o processador busca a instrução na memória. Então, a instrução é *decodificada* para determinar qual instrução ela é e quais são os seus registradores de entrada e de saída. A instrução decodificada é representada como um conjunto de padrões de *bits* que dizem ao *hardware* como executar a instrução. Estes padrões de *bits* são enviados para próxima sessão da unidade de execução, a qual lê as entradas da instrução a partir dos registradores. A instrução decodificada e os valores dos registradores de entrada são encaminhados para o *hardware*, que calcula o resultado da instrução, e o resultado é escrito de volta no banco de registradores.

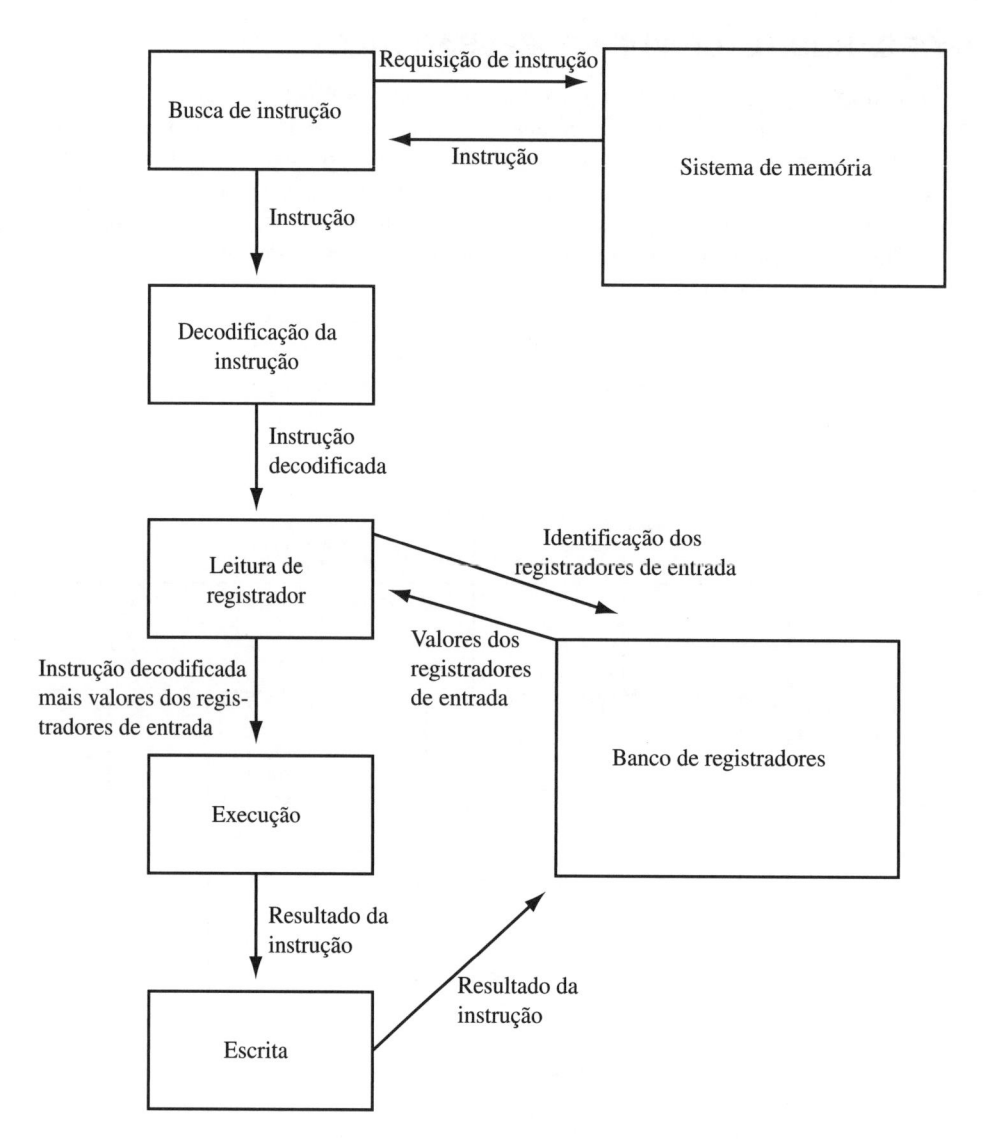

Fig. 5-4 Execução de instruções.

As instruções que acessam o sistema de memória têm um fluxo de execução semelhante, exceto que a saída da unidade de execução é enviada ao sistema de memória por ser, ou o endereço de uma operação de leitura, ou o endereço e o dado de uma operação de escrita. No caso de uma operação de leitura, o valor lido é armazenado no banco de registradores.

Muitas unidades de execução são implementadas utilizando uma estrutura física semelhante àquela mostrada na Figura 5.4. Os módulos que implementam os diferentes passos na execução da instrução são fisicamente dispostos próximos um ao outro interconectados através de linhas de barramento. À medida que a instrução é executada, os dados fluem pelo barramento, de um módulo para o seguinte, com cada módulo executando o seu trabalho em uma seqüência.

Microprogramação

Em um processador *microprogramado*, o *hardware* não precisa executar diretamente as instruções do conjunto de instruções. Ao invés disso, o *hardware* executa microoperações muito simples, e cada instrução determina uma seqüência de microoperações que são utilizadas para implementar a instrução. Essencialmente, cada instrução do conjunto de instruções é traduzida pelo *hardware* em um pequeno programa de microinstruções, de modo semelhante ao modo como um compilador traduz cada instrução de um programa em linguagem de alto nível para uma seqüência de instruções em linguagem *assembly*. Por exemplo, um processador microprogramado pode traduzir a instrução ADD r1, r2, r3 em seis microoperações: uma que lê o valor de r2 e o envia para uma entrada do somador; uma que lê o valor de r3 e o envia para a outra entrada do somador, uma que executa a adição, uma que escreve o resultado da adição em r1, uma que incrementa o valor do contador de programa para que ele aponte para a próxima instrução e uma que busque a próxima instrução da memória. Cada microoperação geralmente demanda um ciclo do processador para ser executada, de modo que, em tal sistema, uma instrução ADD exigiria seis ciclos para ser completada.

Processadores microprogramados contêm uma pequena memória que mantém a seqüência de microinstruções utilizadas para implementar cada instrução do conjunto de instruções. Para executar uma instrução, um processador microprogramado acessa esta memória para localizar o conjunto de microinstruções necessárias para implementar a instrução e, então, executa as microinstruções em seqüência.

A microprogramação tornou-se popular porque as tecnologias utilizadas para implementar os computadores mais antigos (válvulas, transistores discretos e circuitos integrados de pequena escala) limitavam a quantidade de *hardware* que poderia ser construído dentro do processador, e os projetistas de computadores desejavam definir conjuntos de instruções com instruções complexas, de modo a reduzir o número de instruções necessárias para implementar um programa. Ao utilizar a microprogramação, os projetistas podiam construir um *hardware* simples, microprogramando-o para executar as instruções complexas.

Processadores modernos tendem a não utilizar a microprogramação por dois motivos. Primeiramente porque agora tornou-se prático implementar a maior parte das instruções dos processadores diretamente no *hardware*, por causa dos avanços na tecnologia VLSI, o que torna o microcódigo desnecessário. Em segundo lugar, processadores microprogramados tendem a ter um desempenho pior do que os processadores não microprogramados, por causa do tempo adicional envolvido na busca de cada microinstrução na memória de microinstruções.

Projeto do Banco de Registradores

Até aqui, tratamos o banco de registradores como um único dispositivo que contém dados em ponto flutuante e inteiros. A maioria dos processadores não implementam seus registradores desta forma; implementam bancos ou conjuntos de registradores separados para dados inteiros e para ponto flutuante. O banco de registradores para inteiros são referidos utilizando-se a sintaxe "rx", que temos utilizado até aqui para nomes de registradores, e os registradores de ponto flutuante são referidos como "fx". Utilizar esta sintaxe torna mais claro qual é o arquivo de registros que está sendo referido pelas instruções, como cargas e armazenamentos, e que possam precisar fazer referência a um dos bancos de registradores. Instruções aritméticas geralmente são restringidas ao acesso ao banco de registradores apropriado para o tipo de cálculo que elas executam, se bem que algumas instruções aritméticas possam transferir dados entre bancos de registradores.

Os processadores implementam o banco de registradores separados por dois motivos. Primeiro, isto permite que sejam colocados fisicamente próximos às unidades de execução que os utilizam: o banco de registradores para inteiros pode ser colocado próximo às unidades que executam operações inteiras e o de ponto flutuante, próximo às unidades de execução de ponto flutuante. Isso reduz o comprimento da fiação que liga os bancos de registradores às unidades de execução e, portanto, o tempo necessário para enviar dados de um para outro.

O segundo motivo é que bancos de registradores separados ocupam menos espaço nos processadores que executam mais de uma instrução por ciclo. Os detalhes disto estão além do escopo deste livro, mas o tamanho de um banco de registradores cresce aproximadamente com o quadrado do número de leituras e escritas simultâneas que o banco permite. Para executar uma instrução por ciclo, um banco de registradores precisa permitir duas leituras e uma escrita por ciclo, uma vez que algumas operações aritméticas lêem dois registros e escrevem em um registrador. Cada operação adicional que o processador queira executar em um ciclo aumenta o número de leituras e escritas simultâneas (chamadas portas) por um fator de 3. Essa divisão em banco de registradores para inteiros e para ponto flutuante reduz o número de portas necessárias para cada um. Uma vez que a área de um banco de registradores cresce mais rápida do que linearmente com o número de portas, dois bancos ocupam uma área menor do que um que forneça o mesmo número de portas.

5.5 RESUMO

O objetivo deste capítulo foi fornecer uma introdução ao projeto de processadores, como uma preparação para os próximos dois capítulos, que fornecem discussões mais profundas sobre duas técnicas que são amplamente utilizadas para melhorar o desempenho de processadores: *pipelining* e paralelismo no nível de instruções. O capítulo começou com uma discussão sobre a diferença entre a arquitetura do conjunto de instruções e a microarquitetura do processador. A arquitetura do conjunto de instruções é o projeto das instruções que um processador fornece, incluindo o modelo de programação, o conjunto de operações fornecidas, os modos de endereçamento que o processador suporta e a seleção de quais instruções podem acessar a memória. A microarquitetura de processadores cobre os detalhes de como o processador é implementado. Em geral, a arquitetura do conjunto de instruções refere-se a qualquer aspecto da arquitetura que é visível para um programador em linguagem *assembly*, enquanto que a microarquitetura do processador cobre os detalhes que afetam a rapidez com que um programa é executado. Existe um sobreposição substancial entre essas duas categorias. Por exemplo, uma arquitetura de conjunto de instruções que forneça um certo número de instruções complexas pode exigir uma microarquitetura de processador com um desempenho pior do que a microarquitetura que implemente apenas instruções mais simples.

Dentro da arquitetura do conjunto de instruções, discutimos a diferença entre instruções RISC e CISC, cujo elemento central é a exigência de que arquiteturas RISC sejam arquiteturas de carga-armazenamento, enquanto que a maior parte das arquiteturas CISC permite que outras operações também façam referência à memória. Foi discutido o impacto dos modos de endereçamento e das codificações dos conjuntos de instruções sobre o tamanho dos programas, o desempenho e a complexidade do *hardware* necessário para implementar o processador. Finalmente, foi dada uma introdução às instruções vetoriais multimídia, um acréscimo relativamente novo a muitos conjuntos de instruções.

Nossa introdução à microarquitetura de processadores incluiu um diagrama em blocos do fluxo de dados através de um processador, com a discussão da função de cada elemento no fluxo. Então, discutimos brevemente a microprogramação, uma técnica comumente utilizada para implementar processadores no passado, mas que atualmente é pouco utilizada por causa do seu impacto sobre o desempenho. A nossa discussão sobre a microarquitetura de processadores foi concluída com a cobertura das vantagens e desvantagens envolvidas no projeto do banco de registradores.

No próximo capítulo, discutiremos *pipelining*, uma técnica que melhora o desempenho de processadores ao sobrepor a execução de várias instruções. Isso permite freqüências de relógio mais altas e melhora a taxa pela qual as instruções são executadas. *Pipelining* é freqüentemente combinado com paralelismo no nível das instruções, o objeto do Capítulo 7, para produzir processadores que suprem várias instruções em cada ciclo e sobrepõem a execução de instruções para aumentar o número de ciclos de relógio por segundo.

Problemas Resolvidos

Arquitetura do Conjunto de Instruções

5.1 O que é uma arquitetura de carga-armazenamento e quais são os prós e os contras de tal arquitetura, quando comparada com outras arquiteturas registradores de uso genérico (RUG)?

Solução

Uma arquitetura de carga-armazenamento é aquela na qual apenas instruções de carga e armazenamento podem acessar o sistema de memória. Em outras arquiteturas RUG, algumas, ou todas as outras instruções, podem ler os seus operandos a partir do sistema de memória ou escrever os seus resultados nele. A vantagem principal de arquiteturas que não são de carga-armazenamento é o número reduzido de instruções necessárias para implementar um programa e a menor utilização do conjunto de registradores. A vantagem de arquiteturas de carga-armazenamento é que limitar o conjunto de instruções que podem acessar o sistema de memória torna a microarquitetura mais simples, o que freqüentemente permite a implementação de um relógio com freqüência maior. Dependendo do que for mais significativo – a freqüência do relógio aumentar ou o número de instruções diminuir –, qualquer uma das abordagens pode resultar em um desempenho melhor.

RISC versus CISC (I)

5.2 Reescreva o seguinte fragmento de um programa em estilo CISC de modo que ele seja executado corretamente em um processador RISC (carga-armazenamento) que executa o conjunto de instruções RUG delineada no capítulo anterior. Assuma que o conjunto de instruções forneça apenas um modo de endereçamento de registrador e que não haja registradores suficientes no processador para manter os valores temporários que você precisa gerar.

```
ADD r3, (r1), (r2)
SUB r4, r3, (r5)
MUL (r6), r7, r4
```

Solução

Este fragmento de programa faz quatro referências à memória como parte de operações aritméticas. Para executar o fragmento, precisamos substituir cada uma destas com uma carga ou armazenamento explícitos. Aqui está um fragmento de código que faz isto:

```
LD  r10, (r1)
LD  r11, (r2)
ADD r3, r10, r11
LD  r12, (r5)
SUB r4, r3, r12
MUL r13, r7, r4
ST  (r6), r13
```

RISC versus CISC (II)

5.3 Reescreva o seguinte fragmento de programa que foi escrito utilizando um conjunto de instruções RUG para execução em um processador CISC, que fornece o mesmo conjunto de instruções que o processador RUG, mas permite que o modo de endereçamento de registrador seja utilizado nos operandos de entrada ou de destino de qualquer instrução. (Sim, como foi escrito, o fragmento de código será executado corretamente em tal processador. O seu objetivo deve ser o de reduzir, o máximo possível, o número de instruções.) Assuma que o programa termina depois da última instrução no fragmento, de modo que, ao seu final, o único objetivo do programa deve ser escrever um valor correto na memória.

```
LD  r1, (r2)
LD  r3, (r4)
LD  r5, (r6)
LD  r7, (r8)
DIV r9, r1, r3
ADD r10, r9, r5
SUB r11, r7, r10
ST  (r12), r11
```

Solução

Aqui, a abordagem geral é substituir todas as instruções de carga e armazenamento com referências à memória, nas instruções aritméticas. O programa que faz isto é o seguinte:

```
DIV r9, (r2), (r4)
ADD r10, r9, (r6)
SUB (r12),(r8), r10
```

Modos de Endereçamento (I)

5.4 Por que acrescentar modos de endereçamento, assim como registrador mais imediato, a um conjunto de instruções tende a melhorar o desempenho?

Solução

Acrescentar modos de endereçamento adicionais a um conjunto de instruções tende a melhorar o desempenho pela redução do número de instruções necessárias para calcular endereços. Por exemplo, se uma estrutura de dados contém quatro palavras de dados, o endereçamento registrador mais imediato pode ser utilizado para acessar a todas, sendo necessário apenas um cálculo de endereço para mudar o ponteiro para a localização da próxima estrutura de dados. Se uma arquitetura fornecesse apenas o modo de endereçamento de registrador, seria necessária uma instrução ADD para calcular o endereço de cada elemento na estrutura de dados.

Modos de Endereçamento (II)

5.5 Por que modos de endereçamento de pós-incremento são freqüentemente encontrados em processadores que precisam ter uma duração de ciclo muito curta?

Solução

Os modos de endereçamento de pós-incremento permitem que diferentes elementos de uma estrutura de dados sejam acessados sem instruções explícitas para calcular endereços. Porém, não exigem que o processador execute uma adição antes de enviar o endereço para o sistema de memória, porque eles somam o deslocamento imediato ao conteúdo do registrador depois que o endereço é enviado. Isto diminui a latência de acesso a uma posição de memória já que uma instrução de referência à memória já calcula os endereços a serem utilizados pelas instruções subseqüentes.

Modos de Endereçamento (III)

5.6 Reescreva o seguinte fragmento de programa para tirar proveito do modo de endereçamento registrador mais imediato. Assuma que nenhum valor de registrador é utilizado fora do fragmento de programa e que o fragmento de código será executado em um processador de carga-armazenamento.

```
ADD r2, r3, #8
LD  r4, (r2)
ADD r1, r4, r8
ADD r5, r3, #16
LD  r6, (r5)
MUL r7, r1, r6
ADD r9, r3, #24
ST  (r9), r7
```

Solução

Todas as operações ADD que tomam r3 como uma entrada podem ser embutidas nas operações LD ou ST que as seguem, utilizando o modo de endereçamento registrador mais imediato, para gerar o seguinte programa:

```
LD  r4, 8(r3)
ADD r1, r4, r8
LD  r6, 16(r3)
MUL r7, r1, r6
ST  24(r3), r7
```

Modos de Endereçamento (IV)

5.7 Reescreva o programa do Problema 5.6 para tirar proveito do modo de endereçamento de pós-incremento. Ao final do programa, o valor em r3 pode ser diferente do valor no início. Você não precisa utilizar o modo de endereçamento registrador mais imediato em nenhum local do programa, mas você precisa utilizar o modo de endereçamento de registrador.

Solução

A primeira operação ADD ainda é necessária para calcular o endereço utilizado pela primeira LD. As operações LD podem então calcular o endereço da próxima operação em memória. Lembre-se de que o valor do incremento para cada operação deve ser a diferença entre o endereço referido pela operação seguinte e aquele referido pela operação atual, não o deslocamento a partir do valor original no registrador que contém o endereço.

```
ADD r3, r3, #8
LD  r4, 8[r3]
ADD r1, r4, r8
LD  r6, 8[r3]
MUL r7, r1, r6
ST  (r3), r7
```

Instruções Vetoriais Multimídia (I)

5.8 Se um programa opera sobre tipos de dados de 8 *bits* e as instruções vetoriais multimídia de um processador operam sobre palavras de dados de 64 *bits*, qual é o aumento máximo de velocidade que pode ser atingido ao se utilizar instruções vetoriais multimídia? Assuma que todas as instruções demoram o mesmo tempo para serem executadas.

Solução

Oito valores de 8 *bits* podem ser colocados em uma palavra de 64 *bits*. Portanto, o processador pode executar oito operações de 8 *bits* em paralelo, utilizando instruções vetoriais multimídia. Se todas as instruções no programa fossem substituídas por instruções vetoriais multimídia, o programa exigiria 1/8 do número de instruções que o programa original, para aumento máximo de velocidade de 8 vezes.

Instruções Vetoriais Multimídia (II)

5.9 Se dois registros contêm os valores 0xab0890c2 e 0x4598ee50, qual é o resultado da adição deles, utilizando-se:
  a. Operações vetoriais multimídia que operam sobre dados de 8 *bits*?
  b. Operações vetoriais multimídia que operam sobre dados de 16 *bits*?
  Assuma que a aritmética de saturação não está sendo usada.

Solução

Para encontrar o resultado utilizando operações vetoriais multimídia, simplesmente dividimos as palavras de dados de entrada em pedaços de tamanho apropriado e os somamos. Isto resulta nas seguintes adições e resultados finais diferentes (todos os números estão em hexadecimal):
  a. (ab + 45), (08 + 98), (90 + ee), (c2 + 50) → 0xf0a07e12
  b. (ab08 + 4598), (90c2 + ee50) → 0xf0a07f12

Codificações de Comprimento Fixo versus Comprimento Variável (I)

5.10 Quais são os prós e os contras de codificações de instruções de comprimento fixo e variável?

Solução

Codificações de instruções de comprimento variável reduzem a quantidade de memória que os programas ocupam, uma vez que cada instrução ocupa apenas o espaço que ela precisa. Instruções em um esquema de codificação de comprimento fixo ocupam todas o mesmo espaço de armazenamento que a instrução mais longa do conjunto de instruções, o que significa que existe algum número de *bits* desperdiçados na codificação de instruções que utilizam poucos operandos, não permitem entradas de constantes e assim por diante.

No entanto, conjuntos de instruções de comprimento variável exigem uma lógica de decodificação das instruções mais complexa que os conjuntos de instruções de comprimento fixo, tornando mais difícil calcular o endereço da próxima instrução na memória. Assim, processadores com conjuntos de instruções de comprimento fixo freqüentemente podem ser implementados a freqüências de relógio mais altas do que os processadores com conjuntos de instruções de comprimento variável.

Codificações de Comprimento Fixo versus Comprimento Variável (II)

5.11 Um processador possui 32 registradores, utiliza valores imediatos de 16 *bits* e tem 142 instruções no seu conjunto de instruções. Em um dado programa, 20% das instruções ocupam um registrador de entrada e tem um registrador de saída; 30% têm dois registradores de entrada e um registrador de saída; 25% têm um registrador de entrada, um registrador de saída e também ocupam uma entrada imediata; os 25% restantes têm uma entrada imediata e um registrador de saída.
  a. Quantos *bits* são necessários para cada um dos quatro tipos de instruções? Assuma que o conjunto de intruções exige que o comprimento de todas seja um múltiplo de 8 *bits*.
  b. Quanta memória a menos o programa ocupará se for utilizada a codificação de um conjunto de instruções com comprimento variável, ao contrário de uma com comprimento fixo?

Solução

a. Com 142 instruções, são necessários 8 *bits* para determinar qual instrução é qual (128 < 142 < 256). Para codificar a identificação de 32 registradores são necessários 5 *bits*; sabemos que são necessários 16 *bits* para cada imediato. Assim, é apenas uma questão de somar os campos necessários para cada tipo de instrução.

Um registrador de entrada, um registrador de saída: 8 + 5 + 5 *bits* = 18 *bits*, que é arredondado para 24.

Dois registradores de entrada, um registrador de saída: 8 + 5 + 5 + 5 = 23 *bits*, que é arredondado para 24.

Um registrador de entrada, um registrador de saída e um imediato: 8 + 5 + 5 + 16 *bits* = 34 *bits*, que é arredondado para 40 *bits*.

Um imediato de entrada, um registrador de saída: 8 + 16 + 5 *bits* = 29 *bits*, que é arredondado para 32 *bits*.

b. Uma vez que o maior tipo de instrução exige instruções de 40 *bits*, a codificação de comprimento fixo terá 40 *bits* por instrução. Cada tipo de instrução na codificação variável utilizará o número de bits dados na Parte a. Para encontrar o número médio de *bits* por instrução na codificação de comprimento variável, tomamos o número de *bits* para cada tipo de instrução e multiplicamos pela freqüência daquele tipo e somamos os resultados. Isto dá (20% × 24 *bits*) + (30% × 24 *bits*) + (25% × 40 *bits*) + (25% × 32 *bits*) = 4,8 + 7,2 + 10 + 8 = 30 *bits* em média. Portanto, a codificação de comprimento variável exige 25% menos espaço do que a codificação de comprimento fixo, para este programa.

Projeto do Caminho dos Dados

5.12 Se ler uma instrução da memória demora 5 ns, para decodificar a instrução 2 ns, 3 ns para ler o banco de registradores, 4 ns para executar o cálculo exigido pela instrução e 2 ns para escrever o resultado no banco de registradores, qual é a freqüência máxima do relógio do processador?

Solução

O tempo para uma instrução passar através do processador tem de ser maior do que a duração do ciclo de relógio do mesmo. O tempo total para executar uma instrução é apenas a soma dos tempos para executar cada passo, ou seja, 16 ns. A freqüência máxima de relógio é 1/duração do ciclo, ou 62,5 MHz.

Microprogramação

5.13 a. Por que a microprogramação foi utilizada em tantos processadores antigos?
b. Por que os processadores atuais abandonaram esta técnica?

Solução

a. A microprogramação permitiu que instruções relativamente complexas fossem utilizadas ocupando pouco *hardware*.

b. A microprogramação tornou-se menos comum porque o *hardware* disponível para os projetistas de computadores aumentou e os conjuntos de instruções menos complexas utilizadas nos processadores atuais permitem que as instruções sejam implementadas diretamente no *hardware*. Geralmente, isto dá um desempenho melhor que a microprogramação, de modo que os projetistas optam pela implementação direta das instruções, ao invés de microprogramá-las.

Projeto do Banco de Registradores

5.14 a. Por que processadores implementam bancos de registradores separados para inteiros e para ponto flutuante?
b. Cite duas maneiras nas quais utilizar um banco de registradores para inteiros e para ponto flutuante pode ser melhor do que utilizar bancos separados.

Solução

a. Existem dois argumentos para utilizar bancos de registradores separados. Primeiro, em processadores que executam várias instruções em um ciclo, tal arranjo reduz a área total exigida para o banco de registradores, visto que eles crescem com o quadrado do número de acessos simultâneos que suportam (portas). Em segundo lugar, isso permite que cada banco seja localizado mais próximo às unidades de execução que o acessam, reduzindo o atraso ocasionado pela fiação. Uma vez que valores em ponto flutuante e valores inteiros são independentes na maioria das vezes – poucos valores são operados por instruções para inteiros e para ponto flutuante – os bancos de registradores separados é a opção para a maioria dos processadores.

b. Um motivo é que ter um banco de registradores único para dados inteiros e de ponto flutuante permite que o número de registradores utilizados para cada um varie dependendo das necessidades do programa. Com bancos separados, o número de registradores disponível para cada tipo de dado é fixo – se um programa faz referência a uma grande quantidade de valores inteiros, mas poucos em ponto flutuante, ele não pode, com facilidade, utilizar os registradores de ponto flutuante para armazenar valores inteiros que não caibam no banco de registradores para inteiros. Se o processador tivesse um banco de registradores combinado, o programa poderia utilizá-lo para manter quaisquer combinações de dados inteiros e de ponto flutuante que tivesse o melhor desempenho.

Um segundo motivo é que enquanto valores inteiros e de ponto flutuante são, na sua maioria, independentes, existem alguns casos nos quais instruções inteiras e de ponto flutuante operam sobre um mesmo valor. Neste caso, operações explícitas são necessárias para mover o valor entre os dois bancos de registradores, se o processador tiver bancos de registradores diferentes para inteiros e para ponto flutuante. Se o processador implementou um único banco combinado, ambos os tipos de instruções poderiam acessar o valor a partir dele.

Capítulo 6

Utilização de *Pipelines*

6.1 OBJETIVOS

Este capítulo cobre a utilização de *pipelines**, uma técnica desenvolvida para melhorar o desempenho de processadores. O *pipelining* permite que um processador sobreponha a execução de diversas instruções de modo que mais instruções possam ser executadas no mesmo período de tempo.

Após completar este capítulo, você será capaz de:

1. Descrever o *pipelining* e o seu funcionamento.
2. Calcular a duração do ciclo de um processador com diferentes graus de *pipelining*.
3. Determinar quanto tempo demora (tanto em ciclos de processador como em tempo) para executar pequenos segmentos de código em processadores com *pipelining*.
4. Descrever a progressão dos resultados e como ela afeta o tempo de execução.
5. Calcular o tempo de execução de pequenos segmentos de código em processadores com *pipelining* e a progressão dos resultados.

6.2 INTRODUÇÃO

Os computadores mais antigos executavam instruções de modo muito direto: o processador buscava uma instrução da memória, a decodificava para determinar qual instrução era, lia as entradas das instruções a partir do banco de registradores, executava os cálculos exigidos pela instrução e escrevia os resultados de volta no banco de registradores. O problema com esta abordagem é que o *hardware* necessário para executar cada um destes passos (busca de instruções, decodificação de instruções, leitura de registradores, execução da instrução e escrita em registradores) é diferente, de modo que a maior parte dele está ocioso em um dado momento, esperando que as outras partes do processador completem a sua parte de execução da instrução.

---

* N. de T. O conceito de *pipelines* em computação, tanto em processadores quanto em sistemas de tratamento de dados, segue as idéias contidas nas definições de dicionário para o uso coloquial da palavra em inglês, a saber:
 a) *pipe*: tubo; *line*: linha ou seqüência;
 b) *pipeline*: um duto tubular, freqüentemente sob o solo, utilizado para transportar óleo cru, gás natural, etc., especialmente por grandes distâncias;
 c) uma rota, canal ou processo, ao longo do qual algo passa ou é fornecido a uma taxa contínua; meio, sistema ou fluxo de fornecimento;
 d) um canal de informações, especialmente um que seja direto, privilegiado ou convencional;
 e) *in the pipeline*: em processo de desenvolvimento, fornecimento ou de ser completado; em execução; em andamento;
 f) *to pipeline* (verbo transitivo): transportar por ou como se fosse por um *pipeline*.

De várias maneiras, isto é semelhante a assar diversos pães fazendo a massa para um pão, deixar a massa crescer, assá-lo e então repetir todo o processo. Enquanto cada um dos passos de assar um pão precisa ser feito em seqüência e toma um certo tempo, uma pessoa poderia assar diversos pães muito mais rapidamente, fazendo a massa para o segundo pão, enquanto a massa para o primeiro está crescendo; fazendo a massa para um terceiro pão, enquanto o segundo pão está crescendo e o primeiro pão está assando; e continuando este processo com cada pão, de modo que houvesse três pães sendo preparados a cada momento. Cada pão demoraria o mesmo tempo para ser feito, mas o número de pães feitos em um dado período de tempo aumentaria.

Pipelining é a técnica de sobrepor a execução de diversas instruções para reduzir o tempo de execução de um conjunto de instruções. De modo semelhante à analogia de assar pães, cada instrução demora um determinado período para ser executada em um processador com *pipelining*, da mesma forma que ela demoraria em um processador que não tivesse *pipelining* (demoraria mais, na verdade, porque o *pipelining* acrescenta *hardware* ao processador), mas a taxa pela qual as instruções seriam executadas é aumentada pela execução sobreposta de instruções.

Quando discutimos *pipelining* e o desempenho de computadores em geral, dois termos são freqüentemente utilizados: latência e taxa de rendimento (*throughput**). A *latência* é a quantidade de tempo que uma única operação demora para ser executada. A *taxa de rendimento* é a taxa na qual as operações são executadas (geralmente expressas como operações/segundo ou operações/ciclo). Em um processador que não tenha *pipelining*, a taxa de rendimento é igual ao inverso da latência (1/latência), uma vez que cada operação é executada por si só. Em um processador com *pipelining*, a taxa de rendimento é maior que o inverso da latência, uma vez que a execução da instrução é sobreposta. No entanto, a latência de um processador com *pipelining* ainda é importante, na medida em que ela determina com que freqüência instruções dependentes podem ser executadas.

6.3 *PIPELINING*

Para implementar o *pipelining*, os projetistas dividem o caminho de dados de um processador em seções e colocam *latches*** entre cada seção, como mostrado na Fig. 6-1. No início de cada ciclo, os *latches* lêem as suas entradas e as copiam para suas saídas, as quais permanecerão constantes por todo o resto do ciclo. Isto divide o caminho de dados em diversas seções, cada uma das quais têm a latência de um ciclo de relógio, uma vez que uma instrução não pode passar através de um *latch* até que o próximo ciclo seja iniciado.

A parcela do caminho de dados que um sinal atravessa em um ciclo é chamada de *estágio* do *pipeline*, e os projetistas freqüentemente descrevem um *pipeline* que tenha n ciclos como um *pipeline* de n estágios. Na Fig. 6-1, o *pipeline* tem cinco estágios. O estágio 1 é o bloco de busca de instruções e o seu *latch* associado, o estágio 2 é o bloco de decodificação de instruções e o seu *latch* e os estágios 3, 4 e 5 são os blocos subseqüentes do *pipeline*. Os projetistas de computadores diferem sobre se um *latch* é a última parte de um estágio ou a primeira parte do próximo estágio, de modo que uma divisão alternativa do *pipeline* em estágios seria contar o bloco de busca de instruções como estágio 1, o primeiro *latch* e o bloco de decodificação de instruções como estágio 2, e assim por diante.

A Fig. 6-2 mostra como as instruções fluem através do *pipeline* da Fig. 6-1. No ciclo 1, a primeira instrução entra no estágio de busca de instruções (BI) do *pipeline* e pára no *latch* entre os estágios de busca de instruções e decodificação de instruções (DI) do *pipeline*. No ciclo 2, a segunda instrução entra no estágio de busca de instruções, enquanto a instrução 1 progride para o estágio de decodificação de instruções. No terceiro ciclo, a instrução 1 entra no estágio de leitura de registrador (LR), a instrução 2 está no estágio de decodificação de instruções e a instrução 3 entra no estágio de busca de instruções.

As instruções progridem através do *pipeline*, um estágio por ciclo, até que elas atinjam o estágio de escrita em registrador (ER), onde a execução da instrução está completa. Assim, no ciclo 6 do exemplo, as instruções 2 a 6 estão no *pipeline*, e a instrução 1 já está completa e não está mais no *pipeline*. O processador com *pipelining* ainda está executando as instruções a uma taxa (*throughput*) de uma instrução por ciclo, mas a latência de cada instrução agora é de 5 ciclos em vez de 1.

---

* N. de R. T. O termo original é *thoughput*. Em inglês, esse termo é utilizado em diferentes contextos com significados ligeiramente distintos. Por isso, encontramos traduções diferentes como vazão, taxa de rendimento ou taxa de transferência. Neste contexto, considera-se mais adequado o emprego de taxa de rendimento.

** N. de T. *Latch* é, tecnicamente, um registrador como qualquer outro, cujo objetivo é armazenar dados. No entanto, para evitar confusão com outros tipos de registradores, preferimos manter o nome original.

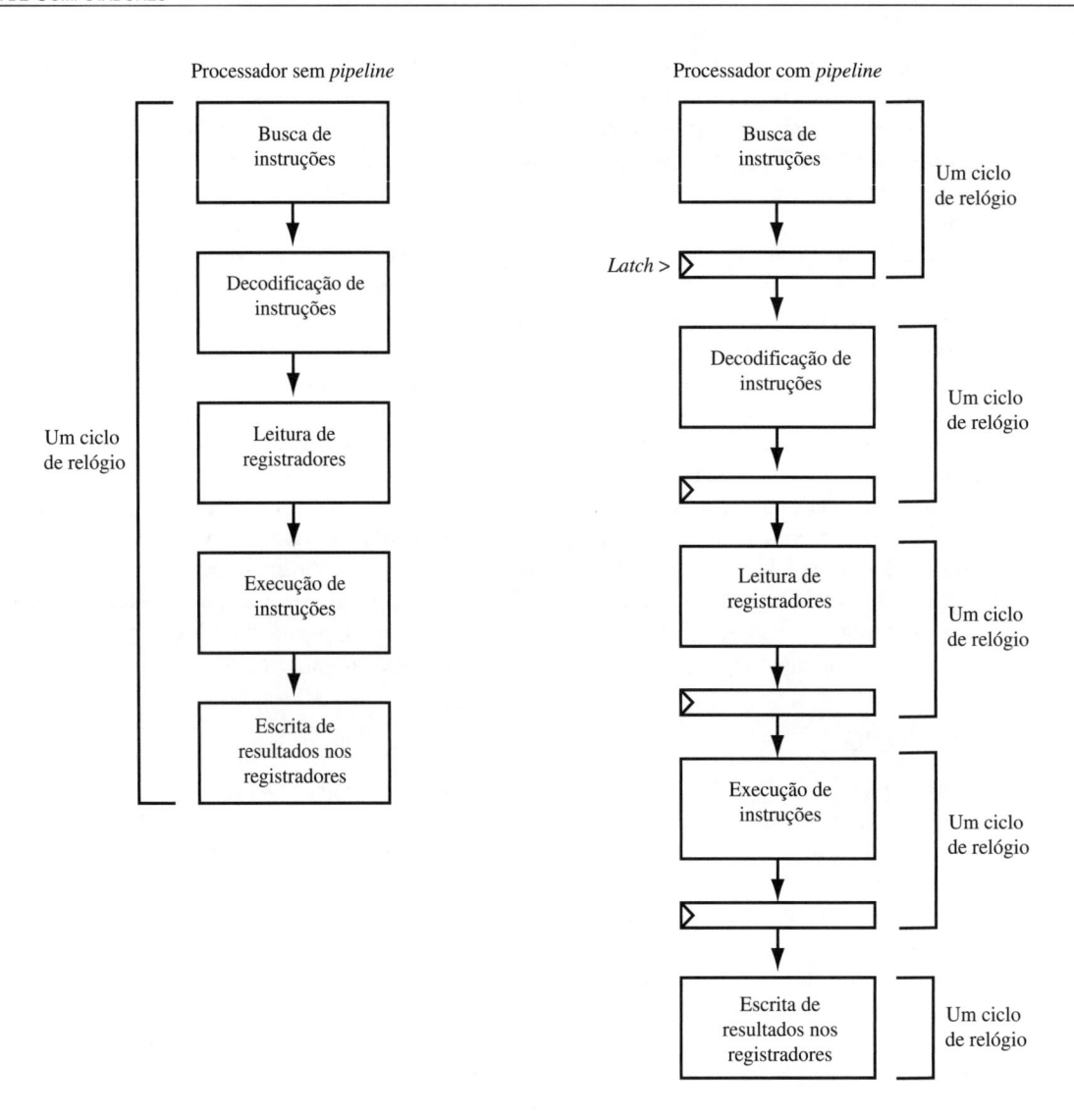

Fig. 6-1 Processador com pipeline versus sem pipeline.

		Ciclo						
		1	2	3	4	5	6	7
	BI	Instrução 1	Instrução 2	Instrução 3	Instrução 4	Instrução 5	Instrução 6	Instrução 7
	DI		Instrução 1	Instrução 2	Instrução 3	Instrução 4	Instrução 5	Instrução 6
Estágio do *pipeline*	LR			Instrução 1	Instrução 2	Instrução 3	Instrução 4	Instrução 5
	EI				Instrução 1	Instrução 2	Instrução 3	Instrução 4
	ER					Instrução 1	Instrução 2	Instrução 3

Fig. 6-2 Fluxo das instruções em um processador com pipeline.

Duração de Ciclos em Processadores com *Pipeline*

Se for considerado apenas o número de ciclos necessários para executar um dado conjunto de instruções, pode parecer que o *pipelining* não melhora o desempenho de um processador. De fato, como veremos adiante, projetar um *pipeline* para um processador geralmente aumenta o número de ciclos de relógio que são necessários para executar um programa, porque algumas instruções ficam presas no *pipeline* esperando que as instruções que geram as suas entradas sejam executadas. O benefício de desempenho do *pipeline* vem do fato de que, em um estágio (ciclo), menos lógica necessita ser executada sobre os dados, o que possibilita processadores com *pipelining* ter ciclos de tempo reduzidos (mais ciclos por segundo) do que implementações sem *pipelining* do mesmo processador. Uma vez que um processador com *pipeline* tem uma taxa de rendimento de uma instrução por ciclo, o número total de instruções executadas por unidade de tempo é maior em um processador com *pipelining* que, assim, dão um desempenho melhor.

A duração do ciclo em um processador com *pipelines* é dependente de quatro fatores: a duração do ciclo da parte do processador que não tem *pipeline*, o número de estágios do *pipeline*, a homogeneidade com que a lógica do caminho de dados é dividida entre os estágios e a latência dos *latches*. Se a lógica pode ser dividida homogeneamente entre os estágios do *pipeline*, o período de relógio de um processador com *pipelining* é[1]

$$\text{duração do ciclo}_{com\_pipeline} = \frac{\text{duração do ciclo}_{com\_pipeline}}{\text{número de estágios de } pipeline} + \text{latência do } latch$$

uma vez que cada estágio contém a mesma fração da lógica original, mais um *latch*. À medida que o número de estágios de aumenta, a latência do *latch* torna-se uma parte cada vez maior da duração do ciclo, limitando o benefício de dividir um processador em um número muito grande de estágios de *pipeline*.

> **Exemplo** Um processador sem *pipeline* tem uma duração de ciclo de 25 ns. Qual é a duração do ciclo de uma versão deste processador com *pipeline* de 5 estágios divididos homogeneamente, se cada *latch* tem uma latência de 1 ns? E se o processador foi dividido em 50 estágios de *pipeline*?
>
> **Solução**
>
> Aplicando a equação acima, a duração do ciclo para o *pipeline* de 5 estágios = (25 ns/5) + 1 ns = 6 ns. Para o *pipeline* de 50 estágios, a duração do ciclo = (25 ns/50) + 1 ns = 1,5 ns. No *pipeline* de 5 estágios, a latência do *latch* é apenas 1/6 da duração global do ciclo, enquanto que a latência do *latch* é 2/3 da duração total do ciclo no *pipeline* de 50 estágios. Uma outra maneira de ver isto é que o *pipeline* de 50 estágios tem uma duração de ciclo que é um quarto daquela do *pipeline* de 5 estágios, a um custo de 10 vezes mais *latches*.

Com freqüência, a lógica do caminho de dados não pode ser facilmente dividida em estágios de *pipeline* com latência igual. Por exemplo, acessar o banco de registradores em um processador pode demorar 3 ns, enquanto que decodificar uma instrução pode demorar 4 ns. Quando estão decidindo a forma de dividir o caminho de dados em estágios de *pipeline*, os projetistas devem equilibrar o seu desejo de que cada estágio tenha a mesma latência, com a dificuldade de dividir o caminho de dados em estágios de *pipeline* em diferentes locais, e a quantidade de dados que precisa ser armazenada no *latch*, o que determina a quantidade de espaço que o *latch* ocupa dentro do *chip*. Algumas partes do caminho de dados, como a lógica de decodificação de instruções, são irregulares, fazendo com que seja difícil dividi-las em estágios. Outras partes geram uma grande quantidade de valores de dados intermediários que teriam que ser armazenados no *latch*. Para estas seções, com freqüência é mais eficiente colocar o *latch* em um ponto onde haja menos resultados intermediários e, assim, menos *bits* que precisam ser armazenados no *latch*, ao invés de colocá-lo em um ponto que divida o caminho de dados em seções mais homogêneas. Quando um processador não pode ser dividido em estágios de *pipeline* com latência igual, a duração do ciclo de relógio do processador é igual à latência do estágio de *pipeline* mais longo, mais o atraso do *latch*, uma vez que a duração do ciclo tem que ser longa o suficiente para que o estágio de *pipeline* mais longo possa completar e armazenar os seus resultados no *latch* que está entre ele e o próximo estágio.

---

[1] Pode ser obtida uma taxa de relógio ligeiramente mais alta, tirando-se proveito do fato de que um *pipeline* com n estágios exige apenas n – 1 *latches*, designando-se lógica adicional suficiente qual o último estágio do *pipelining*, para fazer com que a sua latência total seja igual àquela dos outros estágios de *pipeline*, incluindo os seus *latches*. Para um exemplo disto, veja o Exercício 6.5.

Exemplo Suponha que um processador sem *pipeline*, com uma duração de ciclo de 25 ns, esteja dividido em 5 estágios de *pipeline* com latências de 5, 7, 3, 6 e 4 ns. Se a latência do *latch* for de 1 ns, qual é a duração do ciclo do processador resultante?

Solução

O estágio de *pipeline* mais longo demora 7 ns. Somando o atraso de *latch* de 1 ns a este estágio, resulta em uma latência total de 8 ns, que é a duração do ciclo.

Latência do *Pipeline*

Enquanto o *pipelining* pode reduzir a duração do ciclo de um processador, aumentando, assim, a taxa de rendimento das instruções, ele aumenta a latência do processador em, pelo menos, a soma de todas as latências dos *latches*. A latência de um *pipeline* é a soma do tempo que uma única instrução demora para passar através do *pipeline*, o que é o produto do número de estágios pela duração do ciclo de relógio.

Exemplo Se um processador sem *pipeline* com uma duração de ciclo de 25 ns for dividido homogeneamente em 5 estágios de *pipeline*, utilizando-se *latches* com uma latência de 1 ns, qual a latência total do *pipeline*? E se o processador foi dividido em 50 estágios?

Solução

Este é o mesmo *pipeline* do exemplo da página anterior, no qual determinamos que a duração do ciclo do *pipeline* de 5 estágios era de 6 ns e a duração do ciclo de 50 estágios era de 1,5 ns. Dado isto, podemos calcular a latência de cada *pipeline* multiplicando a duração do ciclo pelo número de estágios. Isto resulta em uma latência de 30 ns para o *pipeline* de 5 estágios e outra de 75 ns para o de 50 estágios.

Este exemplo mostra o impacto que o *pipelining* pode ter sobre a latência, especialmente à medida que o número de estágios cresce. O *pipeline* de 5 estágios tem uma latência de 30 ns, 20% mais demorado que o processador sem *pipeline*, cuja duração de ciclo é de 25 ns, enquanto que o *pipeline* de 50 estágios tem uma latência de 75 ns, três vezes a do processador original!

Pipelines com estágios não uniformes utilizam a mesma fórmula, embora tenham um aumento ainda maior na latência, porque a duração do ciclo precisa ser longa o suficiente para acomodar o estágio mais longo do *pipeline*, mesmo se os outros estágios forem muito mais curtos.

Exemplo Suponha que processador sem *pipeline*, com uma duração de ciclo de 25 ns, está dividido em 5 estágios de *pipeline* com latências de 5, 7, 3, 6 e 4 ns. Se a latência do *latch* for de 1 ns, qual é a latência do *pipeline* resultante?

Solução

Este é o mesmo *pipeline* do exemplo no topo desta página e tem uma duração de ciclo de 8 ns. Uma vez que existem 5 estágios no *pipeline*, a latência total é de 40 ns.

6.4 RISCOS DE DEPENDÊNCIAS ENTRE INSTRUÇÕES E O SEU IMPACTO SOBRE A TAXA DE RENDIMENTO

Como descrito acima, o *pipelining* melhora o desempenho de um processador ao aumentar a taxa de rendimento das instruções. Devido à divisão de instruções em estágio e sua sobreposição no *pipeline*, a duração do ciclo pode ser reduzida, aumentando a taxa pela qual as instruções são executadas. Em um caso ideal, a taxa de rendimento de um *pipeline* é simplesmente 1/(duração do ciclo), de modo que um *pipeline* de 5 estágios, com uma duração de ciclo de 6 ns e uma duração de ciclo sem *pipeline* de 25 ns, teria uma taxa de rendimento ideal de 1/6 ns = $1,67 \times 10^8$ instruções/s, uma melhoria de mais de 4× a taxa de rendimento de 4×10^7 instruções/s do processador sem *pipeline*.

No entanto, existe uma certa quantidade de fatores que limita a capacidade de um *pipeline* de executar instruções na sua taxa de pico, incluindo dependências entre instruções, desvios e o tempo necessário para acessar a memória. Neste capítulo, discutiremos como as dependências entre instruções e os desvios afetam o tempo de execução dos programas em processadores com *pipeline*. Capítulos posteriores cobrirão as técnicas para aperfeiçoar o desempenho do sistema de memória.

Os riscos de dependências entre instruções* ocorrem quando elas lêem ou escrevem registradores que estão sendo utilizados por outras instruções. Eles são divididos em quatro categorias, dependendo se duas instruções envolvidas lêem ou escrevem nos registradores umas das outras. Riscos de leitura após leitura (LAL), como indicado na Fig. 6-3, ocorrem quando duas instruções lêem do mesmo registrador. Riscos LAL não causam um problema para o processador por que a leitura de um registrador não modifica seu valor. Portanto, duas instruções que têm um risco LAL podem ser executadas em ciclos sucessivos (ou no mesmo ciclo, em processadores que executam mais de uma instrução/ciclo).

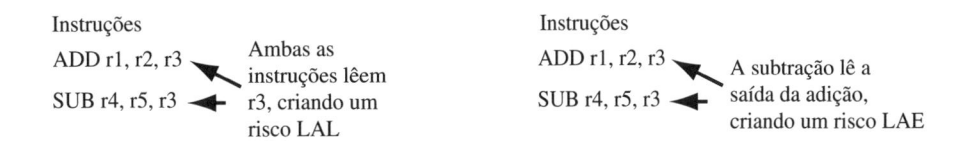

```
Instruções                                    Instruções
ADD r1, r2, r3   ⬋  Ambas as                  ADD r1, r2, r3  ⬋  A subtração lê a
                    instruções lêem                              saída da adição,
SUB r4, r5, r3   ⬉  r3, criando um            SUB r4, r5, r3  ⬉  criando um risco LAE
                    risco LAL
```

Fig. 6-3 Risco LAL.   *Fig. 6-4 Risco LAE.*

Riscos de leitura após escrita (LAE) ocorrem quando uma instrução lê um registrador que foi escrito por uma instrução anterior, como indicado na Fig. 6-4. Riscos LAE também são conhecidos como *dependências de dados* ou *dependências reais*, porque eles ocorrem quando uma instrução precisa utilizar os resultados de outra instrução.

Quando um risco LAE ocorre, a instrução que está fazendo a leitura não pode progredir além do estágio de leitura de registrador do *pipeline* até que a instrução que está executando a escrita tenha passado através do estágio de escrita nos registradores, porque os dados para a instrução que está fazendo a leitura não estarão disponíveis até então. Isto é chamado de *adiamento* ou *bolha de pipeline*. Note que a instrução de leitura pode progredir através dos estágios de busca de instrução e decodificação da instrução do *pipeline*, antes que a instrução de escrita tenha sido completada, porque a instrução de leitura não precisa dos valores produzidos pela instrução que está escrevendo até que ela atinja o estágio de leitura de registradores.

A Fig. 6-5 mostra como as instruções na Fig. 6-4 fluiriam através do exemplo de *pipeline* de cinco estágios que estamos utilizando. Durante os ciclos 1 a 4, ambas as instruções fluem através do *pipeline*, um estágio por ciclo. No ciclo 4, a instrução de subtração tenta ler r5 e r1, seus registradores de entrada, e determina que r1 não pode ser lido por que a ADD ainda não escreveu o seu resultado em r1. (O *hardware* que a subtração utiliza para determinar isto será discutido posteriormente neste capítulo.)

No ciclo 5, a subtração normalmente entraria no estágio de execução, mas é impedida de fazê-lo porque ela não foi capaz de ler r1 no ciclo 4. Em vez disto, o *hardware* insere uma instrução especial de não operação (NOP), conhecida como bolha, no estágio de execução do *pipeline*, e a subtração tenta ler os seus registradores de entrada novamente no ciclo 5. O resultado da ADD ainda não está disponível no ciclo 5 porque a ADD ainda não completou o estágio de escrita, de modo que a subtração não pode entrar no estágio de execução no ciclo 6. No ciclo 6, a SUB é capaz de ler r1 e, então, progride para o estágio de execução no ciclo 7. Assim, a dependência LAE entre estas duas instruções causou um atraso de dois ciclos no *pipeline*.

---

* N. de T. Em inglês, *instruction hazards*. Na língua inglesa, *hazard* tem a conotação de *potencialidade inevitável* de perigos ou riscos de danos. Como verbo, significa expor a riscos ou perigos. Como não tem um equivalente adequado em português, optamos por traduzi-la por risco, mas sem perder de vista sua conotação de potencialidade.

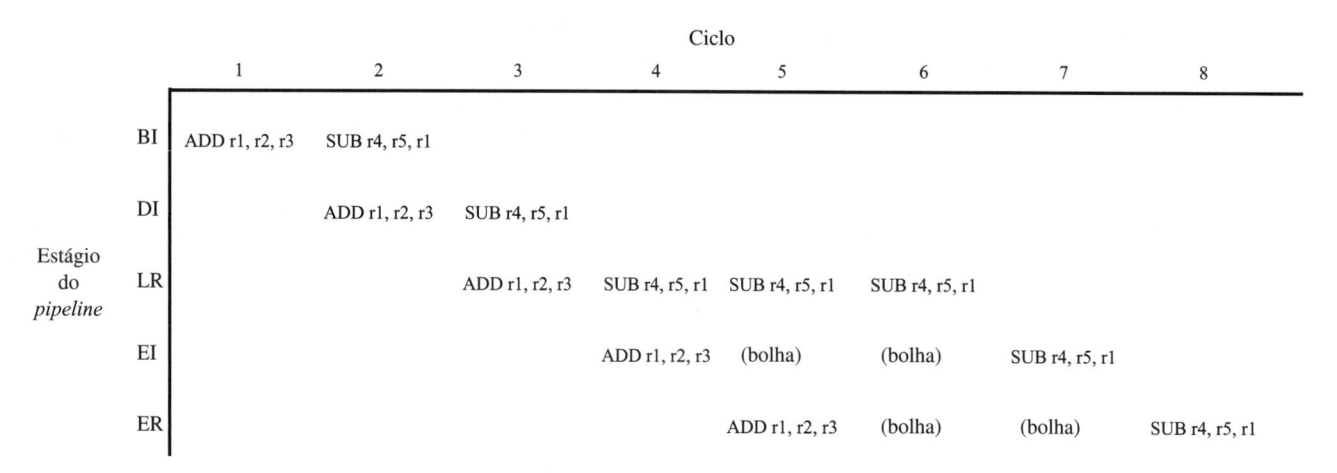

Estágio do *pipeline*		Ciclo							
		1	2	3	4	5	6	7	8
	BI	ADD r1, r2, r3	SUB r4, r5, r1						
	DI		ADD r1, r2, r3	SUB r4, r5, r1					
	LR			ADD r1, r2, r3	SUB r4, r5, r1	SUB r4, r5, r1	SUB r4, r5, r1		
	EI				ADD r1, r2, r3	(bolha)	(bolha)	SUB r4, r5, r1	
	ER					ADD r1, r2, r3	(bolha)	(bolha)	SUB r4, r5, r1

Fig. 6-5   Execução em pipeline, com adiamento.

Riscos de escrita após leitura (EAL), mostrados na Fig. 6-6, e riscos de escrita após escrita (EAE), na Fig. 6-7, ocorrem quando o registrador de saída de uma instrução foi escrito ou lido por uma instrução anterior. Estes riscos algumas vezes são chamados de *dependências de nome*, pois eles ocorrem porque o processador tem um número finito de registradores. Se o processador tivesse um número infinito de registradores, ele poderia usar um registrador diferente para a saída de cada instrução e os riscos EAL e EAE nunca ocorreriam.

Se um processador executa instruções na ordem em que elas aparecem no programa e utiliza o mesmo *pipeline* para todas as instruções, riscos EAL e EAE não causam atrasos por causa do modo como as instruções fluem através do *pipeline*. Uma vez que o registrador de saída de uma instrução é escrito no estágio de escrita do *pipeline*, instruções com riscos EAE entram no estágio de escrita na ordem em que elas aparecem no programa e escrevem os seus resultados no registrador, na ordem correta. Existem ainda menos problemas com instruções que têm riscos EAL, porque o estágio de leitura de registradores do *pipeline* ocorre antes do estágio de escrita. No momento em que uma instrução entra no estágio de escrita do *pipelining*, todas as instruções anteriores do programa já passaram através do estágio de leitura de registradores e leram os seus valores de entrada. Portanto, a instrução de escrita pode ir à frente e escrever nos seus registradores de destino, sem causar quaisquer problemas.

Se as instruções de um processador não têm todas a mesma latência, riscos EAE e EAL podem causar problemas, pois é possível que uma instrução de baixa latência seja completada antes de uma instrução de maior latência que tenha aparecido anteriormente no programa. Estes processadores precisam acompanhar as dependências de nome entre instruções e, para resolver estes riscos, fazer um adiamento no *pipeline*, quando necessário. Riscos EAL e EAE também são importantes em processadores "fora-de-ordem", os quais permitem que, para melhorar o desempenho, as instruções sejam executadas em ordens diferentes daquela do programa original. Estes processadores serão discutidos em mais detalhes no próximo capítulo, junto com a renomeação de registros, uma técnica de *hardware* que reduz o impacto das dependências de nome sobre o desempenho.

Instruções

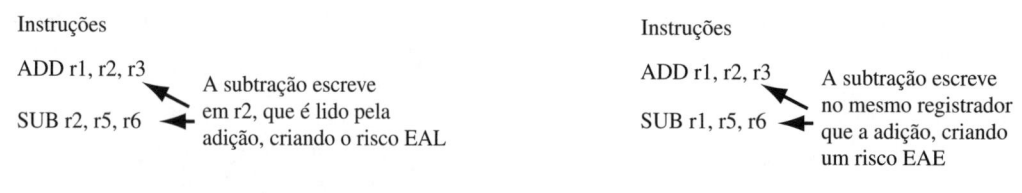

ADD r1, r2, r3
SUB r2, r5, r6 ← A subtração escreve em r2, que é lido pela adição, criando o risco EAL

Fig. 6-6   Risco EAL.

Instruções

ADD r1, r2, r3
SUB r1, r5, r6 ← A subtração escreve no mesmo registrador que a adição, criando um risco EAE

Fig. 6-7   Risco EAE.

Desvios

Instruções de desvio também podem causar atrasos em processadores com *pipelines*, porque o processador não pode determinar qual instrução deve ser buscada até que o desvio tenha sido executado. Efetivamente, instruções de desvio, em especial desvios condicionais, criam dependências de dados entre a instrução de desvio e o estágio de busca de instruções do *pipeline*, uma vez que a instrução de desvio calcula o endereço da próxima instrução que o estágio de busca de instruções deve acessar. A Fig. 6-8 mostra como uma instrução de desvio seria executada no nosso *pipeline* de 5 estágios. O contador de programa (CP) é atualizado ao final do ciclo no qual a instrução de desvio está no estágio de execução, permitindo que a próxima instrução seja buscada no ciclo seguinte.

O atraso entre os momentos de entrada de uma instrução de desvio e da próxima instrução no *pipeline* é chamado de *atraso de desvio*. Algumas vezes, é chamado também de *risco de controle,* porque o atraso é devido ao fluxo de controle do programa. O *pipeline* mostrado na Fig. 6-8 tem um atraso de desvio de quatro ciclos.

Atrasos de desvio têm um impacto significativo no desempenho dos processadores modernos e um certo número de técnicas foi desenvolvida para tratar deles. Uma técnica é acrescentar *hardware* para permitir que o resultado de uma instrução de desvio seja calculado mais cedo no *pipeline*. Por exemplo, se o nosso *pipeline* calculasse o novo valor do CP no estágio de leitura de registradores, em vez de no estágio de execução, o atraso de desvio poderia ser reduzido a três ciclos. Outra técnica é acrescentar *hardware* que preveja o endereço-destino de cada desvio antes que este seja completado, permitindo que o processador comece a procurar mais cedo no *pipeline* instruções a partir daquele endereço. Estas técnicas de *previsão de desvio* estão além do escopo deste livro, mas elas melhoram significativamente o desempenho dos processadores modernos.

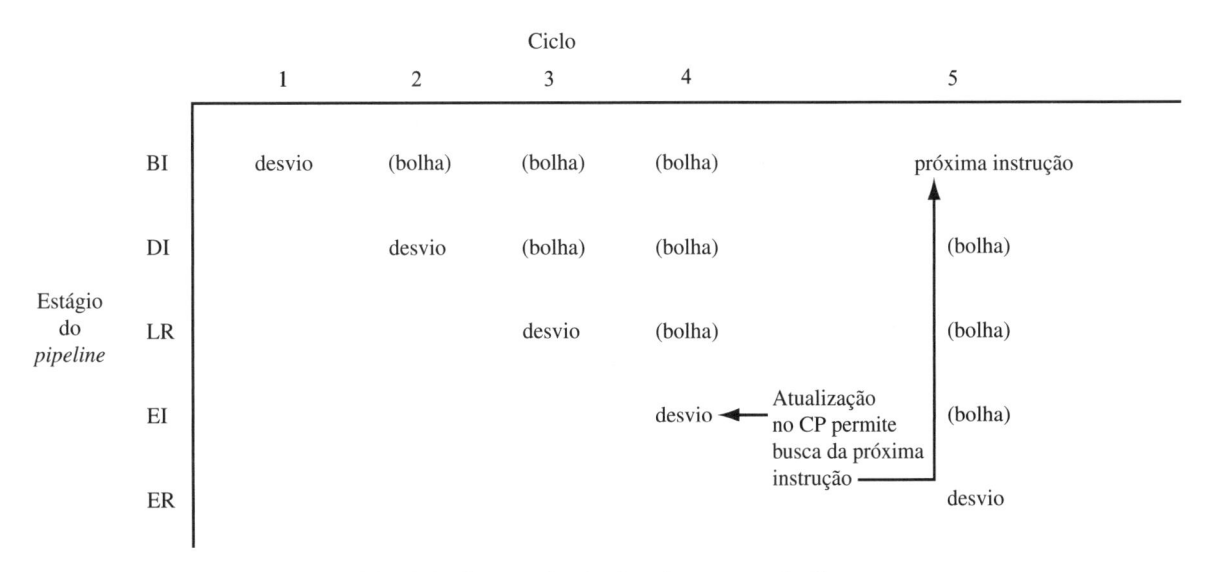

Fig. 6-8   Instrução de desvio em um pipeline.

Riscos Estruturais

Uma causa final de adiamentos em processadores com *pipelines* são os *riscos estruturais*. Riscos estruturais ocorrem quando o *hardware* do processador não é capaz de executar, simultaneamente, todas as instruções que estão no *pipeline*. Por exemplo, se o banco de registradores não permite que uma instrução no estágio ER escreva seu resultado simultaneamente a sua leitura de outra instrução no estágio LR, pode ser necessário adiar a execução desta última. (Escolher o adiamento da instrução que está no estágio ER, de modo a permitir que a instrução no estágio LR progrida, seria uma má opção, na medida em que o adiamento do estágio ER não permitiria que as instruções no estágio EI avançassem.)

Riscos estruturais dentro de um único *pipeline* são relativamente raros em processadores modernos porque o seu *hardware* e o seu conjunto de instruções foram projetados para suportar *pipelining*. No entanto, processadores que executam mais de uma instrução em um ciclo, o que é coberto no próximo capítulo, freqüentemente têm restrições com relação ao tipo de instruções que o *hardware* pode executar simultaneamente. Por exemplo, um processador pode ser capaz de executar duas instruções em um ciclo, mas apenas se uma das instruções for uma operação de inteiro e a outra, um cálculo em ponto flutuante.

Marcação de Registradores (*Scoreboarding*)

Processadores com *pipelines* precisam saber quais registradores serão escritos pelas instruções que já estão no *pipeline*, de modo que instruções subseqüentes possam determinar se os seus registradores de entrada estarão disponíveis quando elas atingirem o estágio de leitura de registradores. Para fazer isso, a maioria dos processadores utiliza uma técnica chamada *marcação de registradores (scoreboarding)*. Para fazer a marcação de registradores, um *bit*, conhecido como *bit* de *presença*, é acrescentado a cada registrador no banco de registradores, como mostrado na Fig. 6-9. O *bit* de presença indica se o registrador está disponível para leitura (cheio) ou esperando por uma instrução para escrever o seu valor de saída (vazio).

Quando uma instrução entra no estágio de leitura de registradores, o *hardware* faz uma verificação para ver se todos os seus registradores de entrada estão cheios. Se for assim, ele lê os valores de todos os registradores de entrada, marca os registradores de saída da instrução como vazios e permite que a instrução progrida para o estágio de execução no próximo ciclo. Caso contrário, o *hardware* retém a instrução no estágio de leitura de registradores até que os seus valores de entrada se tornem cheios, inserindo bolhas no estágio de execução em cada ciclo até que isto aconteça. Quando uma instrução atinge o estágio de escrita e escreve o seu resultado nos seus registradores de destino, aquele registrador é marcado como cheio, permitindo que operações que lêem aquele registrador progridam.

Bit de presença	Registrador

Fig. 6-9 Marcação de registradores.

6.5 PREVENDO O TEMPO DE EXECUÇÃO EM PROCESSADORES COM *PIPELINE*

Um processador sem *pipeline* precisa completar a execução de cada instrução antes que ele comece a execução da próxima. Isto significa que as dependências entre instruções geralmente não afetam o tempo de execução de um programa em um processador sem *pipeline*, porque o resultado de cada instrução já foi totalmente calculado antes que qualquer instrução posterior no programa comece a ser executada. Assim, em um processador sem *pipeline*, o tempo de execução de um programa pode ser calculado simplesmente somando os tempos de execução de todas as instruções que o processador realiza ao executar um programa.

Em um processador com *pipeline*, calcular o tempo de execução de um programa é mais complicado, porque as dependências entre as instruções afetam o tempo de execução de um programa. Em um caso ideal, não ocorrem adiamentos do *pipeline* e, em cada ciclo, uma instrução passa do estágio de leitura de registradores para o estágio de execução. Neste caso, o tempo de execução (em ciclos) de um programa é igual à profundidade do *pipeline* mais o número de instruções do programa menos 1, porque a primeira instrução passa através do *pipeline* em um número de ciclos igual à sua profundidade e as outras instruções progridem através do *pipeline*, uma instrução por ciclo. Multiplicar o tempo de execução em ciclos pela duração do ciclo de relógio fornece o tempo de execução de um programa em segundos. No entanto, quando um programa contém dependências que causam adiamentos do *pipeline*, precisamos ser capazes de determinar quantos adiamentos ocorrem, de modo a prever o tempo de execução de um programa.

Um modo de calcular o tempo de execução de um programa em um processador com *pipeline* é desenhar um diagrama do *pipeline* para o programa, de modo semelhante à Fig. 6-5. No entanto, isto se torna impraticável para programas grandes. Em vez disso, uma abordagem melhor é separar o tempo de execução de um programa em duas partes: a latência do *pipeline* e o tempo necessário para colocar todas as instruções do programa *em circulação*. Uma instrução é considerada como estando em circulação quando ela passa do estágio de leitura de registradores para o estágio de execução, porque o estágio de leitura de registradores é geralmente o último local no *pipeline* onde uma instrução pode se adiada. Uma vez que a instrução entre no estágio de execução, a sua progressão está garantida através do *pipeline*, um estágio por ciclo, até que ela atinja o último estágio e seja completada. O tempo para colocar todas as instruções em circulação começa no ciclo em que a primeira instrução é posta em circulação, termina no ciclo em que a última instrução é posta em circulação e inclui todos ciclos durante os quais os adiamentos do *pipeline* causam bolhas que são postas em circulação no estágio de execução.

Neste modelo, o tempo de execução (em ciclos) de um programa é igual à latência do *pipeline* mais o tempo para colocar em circulação todas as instruções menos uma (devido à primeira instrução atravessar o *pipeline* em um número de ciclos igual à profundidade do *pipeline*). No caso ideal, o número de ciclos necessários para colocar todas as instruções de um programa em circulação é igual ao número de instruções do programa, porque a cada ciclo uma instrução é posta em circulação. No entanto, em praticamente todos os casos, as dependências causam adiamentos durante a execução de um programa, o que aumenta o número de ciclos necessários para colocar em circulação todas as instruções.

Para ajudar a calcular o tempo necessário para colocar todas as instruções de um programa em circulação, os projetistas definem a *latência da instrução* para cada tipo de instrução em um *pipeline* como sendo o tempo entre o momento em que uma instrução daquele tipo é colocada em circulação e o momento no qual uma instrução dependente pode ser posta em circulação. Por exemplo, o *pipeline* na Fig. 6-5 tem uma latência de instrução de 3 ciclos para instruções que não são de desvio, porque uma instrução dependente pode entrar no estágio de execução 3 ciclos depois da instrução que gerou os seus dados. Instruções de desvio têm latência de instrução de 4 ciclos, como indicado na Fig. 6-8. (Imagine a instrução que é executada depois de um desvio como sendo dependente deste resultado.)

Em um processador com *pipeline*, cada instrução será posta em circulação ou no ciclo seguinte, quando a instrução anterior a ela foi posta em circulação, ou no ciclo seguinte àquele em que as latências de todas as instruções das quais ela é dependente sejam completadas, o que acontecer por último. Assim, o número de ciclos necessários para colocar todas as instruções de um programa em circulação pode ser calculado progredindo-se seqüencialmente através do programa, para determinar quando cada instrução será posta em circulação.

> **Exemplo** No *pipeline* de exemplo que temos utilizado, que tem latência de instrução de 3 ciclos para instruções que não são de desvio e 4 ciclos para instruções de desvio, qual é o tempo de execução para a seguinte seqüência de instruções?
>
> ```
> ADD  r1,  r2,  r3
> SUB  r4,  r5,  r6
> MUL  r8,  r2,  r1
> ASH  r5,  r2,  r1
> OR   r10, r11, r4
> ```
>
> **Solução**
>
> O nosso *pipeline* exemplo tem 5 estágios, de modo que sua latência é de 5 ciclos. Para calcular o tempo que a seqüência de instruções demora para ser posta em circulação, assuma que a ADD é posta em circulação no ciclo n. A SUB é independente da ADD, de modo que ela pode ser posta em circulação no ciclo $n + 1$, o ciclo seguinte, no qual a instrução anterior foi posta em circulação. A MUL depende da ADD, de modo que ela não pode ser posta em circulação até o ciclo $n + 3$, porque a ADD tem uma latência de 3 ciclos. A ASH também é dependente da ADD, mas ela não pode ser posta em circulação até o ciclo $n + 4$, porque a MUL é posta em circulação no ciclo $n + 3$. A OR é independente das instruções anteriores, de modo que ela é posta em circulação no ciclo $n + 5$. Portanto, demora seis ciclos para colocar todas as instruções do programa em circulação. Utilizando a fórmula, o tempo de execução do programa é de 5 ciclos (latência do *pipeline*) + 6 ciclos (tempo necessário para colocar todas as instruções do programa em circulação) – 1 = 10 ciclos. A Fig. 6-10 mostra o diagrama do *pipeline* para a execução deste conjunto de instruções, confirmando o tempo de execução de dez ciclos.

Este exemplo também ilustra um fator importante para atingir um bom desempenho em processadores com *pipeline* – organizar as instruções de modo a evitar adiamentos no *pipeline*. Visto que a instrução SUB não utilizou o resultado da ADD, foi possível executá-la no ciclo imediatamente seguinte à ADD. Se as instruções SUB e MUL tivessem sido invertidas, a instrução MUL ainda teria que esperar por três ciclos depois que a ADD tivesse sido executada para que os seus dados de entrada estivessem prontos, e a SUB não poderia ser posta em circulação até quatro ciclos depois da ADD. Compiladores para processadores com *pipeline* devem compreender seus detalhes para serem capazes de colocar as instruções em uma ordem que maximize o desempenho.

Exemplo Qual é o tempo de execução da seqüência abaixo em um *pipeline* de 7 estágios, com uma latência de instrução de 2 ciclos para instruções que não são de desvio, mas uma latência de instrução de 5 ciclos para instruções de desvio? Assuma que o desvio não é feito, de modo que a DIV é a próxima instrução a ser executada depois dele.

```
BNE r4, #0, r5
DIV r2, r1, r7
ADD r8, r9, r10
SUB r5, r2, r9
MUL r10, r5, r8
```

Solução

O *pipeline* tem 7 estágios, de modo que a latência do *pipeline* é de 7 ciclos. Para calcular o número de ciclos necessários para colocar o programa em circulação, assuma que a BNE é executada no ciclo n. O *pipeline* tem uma latência de 5 ciclos para desvios, de modo que a DIV é executada no ciclo $n + 5$. A ADD não tem dependência de dados com a DIV, de modo que ela é executada no ciclo $n + 6$. A SUB tem uma dependência de dados com a DIV, de modo que ela não pode ser executada antes do ciclo $n + 7$, que é o primeiro ciclo no qual é possível executar a SUB, porque a ADD foi posta em circulação no ciclo $n + 6$.

A MUL tem dependência de dados tanto com a SUB quanto com a ADD. A ADD é posta em circulação no ciclo $n + 6$, de modo que uma instrução que dependa apenas dela poderia ser posta em circulação no ciclo $n + 8$. No entanto, a SUB foi posta em circulação no ciclo $n + 7$, de modo que as instruções que dependem dela não podem ser postas em circulação até o ciclo $n + 9$. Portanto, a MUL é posta em circulação no ciclo $n + 9$, e para pôr em circulação todas as instruções do programa, a demora total é de 10 ciclos. Portanto, o tempo total de execução deste programa é de 7 ciclos (latência do *pipeline*) + 10 ciclos (tempo para colocar em circulação) – 1 = 16 ciclos.

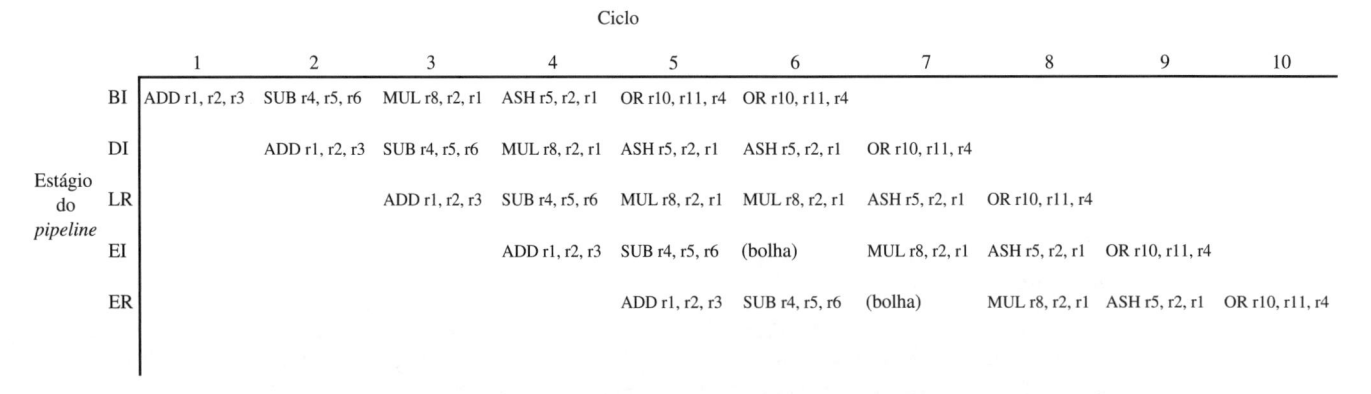

						Ciclo					
		1	2	3	4	5	6	7	8	9	10
Estágio do *pipeline*	BI	ADD r1, r2, r3	SUB r4, r5, r6	MUL r8, r2, r1	ASH r5, r2, r1	OR r10, r11, r4	OR r10, r11, r4				
	DI		ADD r1, r2, r3	SUB r4, r5, r6	MUL r8, r2, r1	ASH r5, r2, r1	ASH r5, r2, r1	OR r10, r11, r4			
	LR			ADD r1, r2, r3	SUB r4, r5, r6	MUL r8, r2, r1	MUL r8, r2, r1	ASH r5, r2, r1	OR r10, r11, r4		
	EI				ADD r1, r2, r3	SUB r4, r5, r6	(bolha)	MUL r8, r2, r1	ASH r5, r2, r1	OR r10, r11, r4	
	ER					ADD r1, r2, r3	SUB r4, r5, r6	(bolha)	MUL r8, r2, r1	ASH r5, r2, r1	OR r10, r11, r4

Fig. 6-10 Exemplo de execução em pipeline.

6.6 TRANSMISSÃO DE RESULTADOS (*BYPASSING*)

Como ilustrado na Fig. 6-11, muito do atraso causado pelas dependências de dados é devido ao tempo necessário para escrever os resultados de uma instrução no banco de registradores e, então, lê-lo como entrada de outra instrução. O resultado da instrução ADD é calculado no estágio de execução do *pipeline*, no ciclo 4, mas a instrução SUB não é capaz de entrar em circulação até o ciclo 7 porque o resultado da ADD não está escrito no banco de registradores até o ciclo 5, permitindo que a subtração leia dele no ciclo 6. Se o resultado da ADD pudesse ser enviado diretamente para a instrução de subtração, sem passar pelo banco de registradores, a subtração poderia entrar em circulação no ciclo 5, sem quaisquer adiamentos do *pipeline*.

Virtualmente, todos os processadores com *pipeline* incorporam uma técnica conhecida como transmissão de resultados, ou *estabelecimento de vias secundárias*, que transmite os resultados do estágio de execução diretamente para as instruções nos estágios anteriores do *pipeline*, permitindo que essas instruções progridam sem esperar que os resultados sejam escritos no banco de registradores. Em um *pipeline* com vias secundárias, a latência de instruções que não são de desvio é, em geral, igual ao número de estágios de execução do *pipeline*, porque a saída de uma instrução não é calculada até que ela tenha completado o último estágio de execução, mas as entradas de uma instrução são necessárias quando ela entra no primeiro estágio de execução. Normalmente a utilização de vias secundárias não melhora a latência de operações de desvio, porque seus resultados não são escritos no banco de registradores.

A Fig. 6-12 mostra como a utilização de vias secundárias seria implementada no nosso *pipeline* de 5 estágios. Adicionalmente ao caminho de escrita convencional, são acrescentadas conexões que enviam a saída do estágio de execução diretamente para a entrada do estágio de execução e para o estágio de leitura de registradores. Se a instrução que está no estágio de leitura de registradores depende da saída da instrução que está no estágio de execução, ela obtém suas entradas a partir do caminho secundário no início do ciclo seguinte, quando ela entrar no estágio de execução. De modo similar, uma instrução no estágio de decodificação de instruções, que dependa da instrução que está no estágio de execução, obtém a suas entradas a partir do caminho secundário no próximo ciclo, quando ela estiver no estágio de leitura de registradores, ao invés de ter que esperar até que as suas entradas possam ser lidas a partir do banco de registradores. Não existe a necessidade de transmitir o resultado de uma instrução para o estágio de decodificação, porque o resultado de uma instrução que está no estágio de execução já terá escrito no arquivo de registradores, no momento em que instrução que está no estágio de busca de instruções atingir o estágio de leitura de registradores.

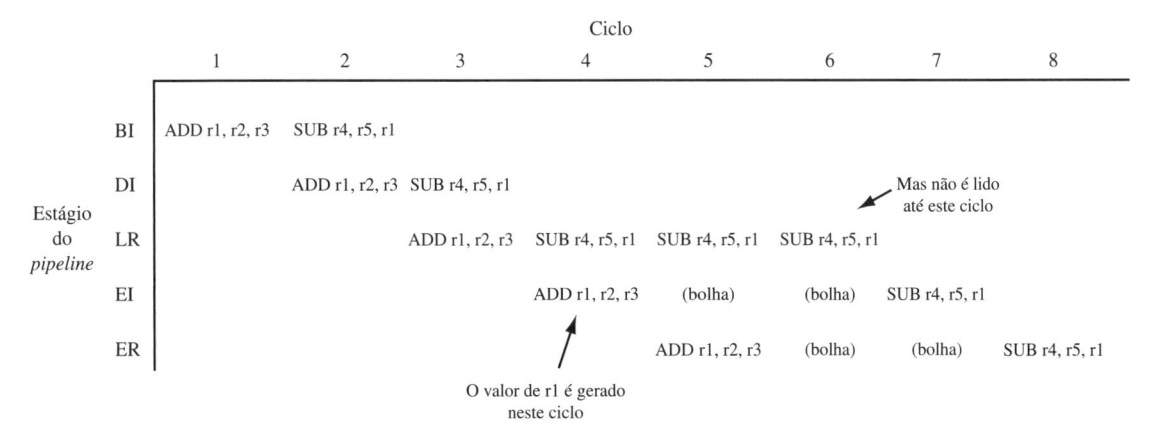

Estágio do *pipeline*	Ciclo	1	2	3	4	5	6	7	8
	BI	ADD r1, r2, r3	SUB r4, r5, r1						
	DI		ADD r1, r2, r3	SUB r4, r5, r1				Mas não é lido até este ciclo	
	LR			ADD r1, r2, r3	SUB r4, r5, r1	SUB r4, r5, r1	SUB r4, r5, r1		
	EI				ADD r1, r2, r3	(bolha)	(bolha)	SUB r4, r5, r1	
	ER					ADD r1, r2, r3	(bolha)	(bolha)	SUB r4, r5, r1

O valor de r1 é gerado neste ciclo

Fig. 6-11 Atraso dos dados.

```
                    Processador com
                        pipeline
                    ┌──────────────┐
                    │   Busca de   │
                    │  instruções  │
                    └──────┬───────┘
                           ▼
        Latch >   ▷ ═══════════════
                           ▼
                    ┌──────────────┐
                    │ Decodificação de │
                    │   instruções   │
                    └──────┬───────┘
                           ▼
                  ▷ ═══════════════
                           ▼
                    ┌──────────────┐
         ┌────────▶│   Leitura de  │◀────────┐
         │         │  registradores │         │
         │         └──────┬───────┘         │
         │                ▼                  │
         │       ▷ ═══════════════◀──────────┤
         │                ▼                  │
      Caminho      ┌──────────────┐      Caminho
      normal de    │  Execução de │   de transmissão de
       escrita     │  instruções  │    resultados (via
         │         └──────┬───────┘     secundária)
         │                ▼                  │
         │       ▷ ═══════════════───────────┘
         │                ▼
         │         ┌──────────────┐
         └─────────│ Escrita de resultados │
                   │  nos registradores   │
                   └──────────────┘
```

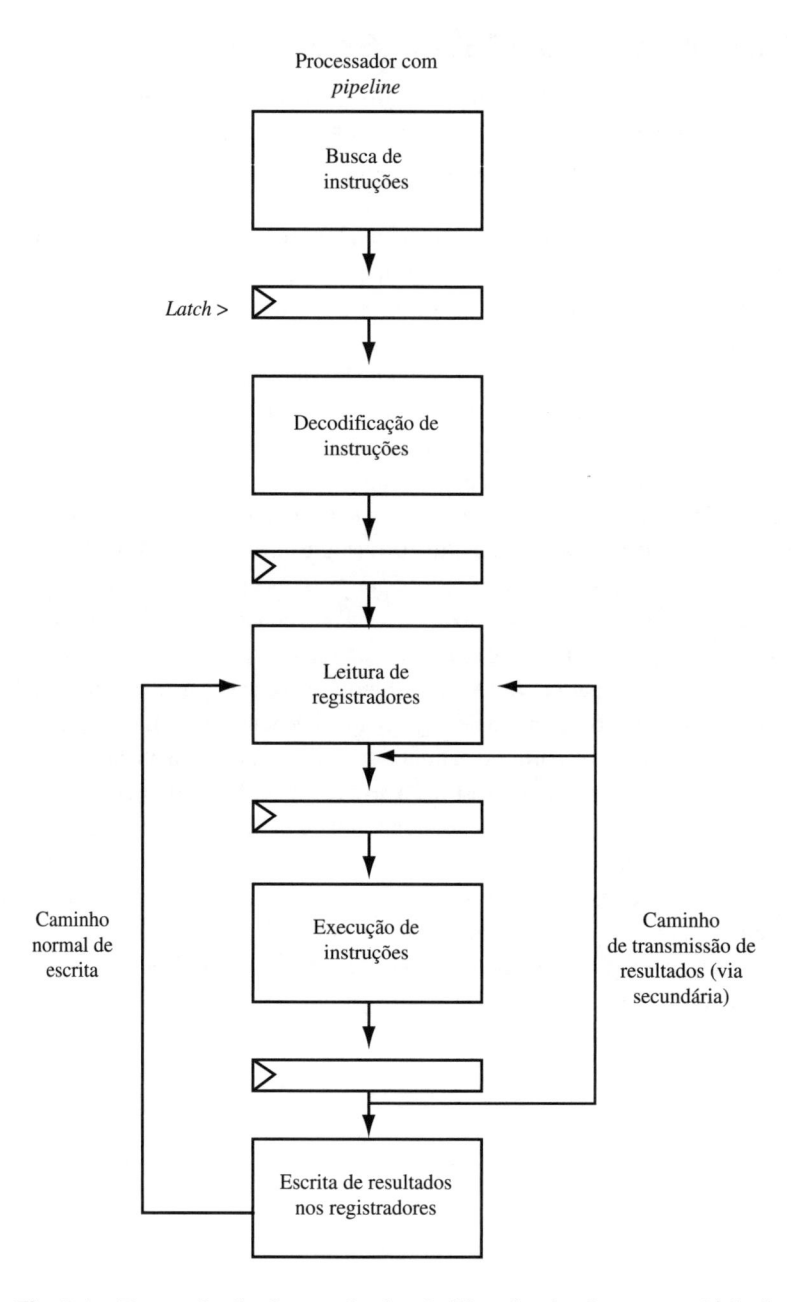

Fig. 6-1   Transmissão de resultados (utilização de vias secundárias).

Processadores diferentes implementam vias secundárias de modos distintos, ainda que a idéia básica permaneça a mesma. Por exemplo, alguns processadores eliminam a necessidade do caminho secundário que liga a saída do estágio de execução ao estágio de leitura de registradores, ao utilizar banco de registradores que são escritos na primeira metade de um ciclo de relógio e lidos na segunda. Se este tipo de banco de registradores for utilizado, uma instrução que está no estágio de escrita de registradores escreve os seus resultados durante a primeira metade do ciclo de relógio, permitindo que a instrução no estágio de leitura de registradores leia-o durante a segunda metade do ciclo de relógio. Esta otimização, por si só, reduziria a latência de instruções que não são de desvio no nosso *pipeline* de exemplo para 2 ciclos e acrescentar o caminho secundário da saída do estágio de execução para a entrada do estágio de execução reduziria a latência de instruções que não são de desvio para 1 ciclo.

Exemplo   Qual é o tempo de execução (em ciclos) do fragmento de código da Fig. 6-5, se a transmissão de resultados for acrescentada ao nosso *pipeline* de 5 estágios?

Solução

A transmissão de resultados reduz a latência de instruções que não são de desvio para um ciclo, porque nosso *pipeline* de 5 estágios tem apenas um estágio de execução. Isto reduz o tempo de circulação do fragmento de código a dois ciclos. O tempo total de execução resulta em 5 ciclos (latência do *pipeline*) + 2 ciclos (tempo para colocar em circulação) − 1 = 6 ciclos.

6.7 RESUMO

A utilização de *pipelines* melhora o desempenho de processadores ao sobrepor a execução de várias instruções. Enquanto uma instrução está sendo executada, a próxima instrução está lendo os seus registradores de entrada, outra instrução está sendo decodificada e assim por diante. Uma vez que cada estágio na execução da instrução exige um *hardware* diferente, a utilização de *pipelines* pode melhorar substancialmente o desempenho, a um custo de *hardware* relativamente baixo.

O pico de desempenho de um sistema com *pipelines* é determinado pela quantidade de estágios, por quão homogênea é a divisão da execução entre os estágios e pelo atraso introduzido a cada estágio pelos registradores do *pipeline*. Se a divisão do processador em estágios de *pipeline* é desigual, a taxa de relógio é limitada pela latência do estágio mais longo. Mesmo se o processador pudesse ser dividido em estágios uniformes de *pipeline*, o impacto da utilização de *pipelines* diminui à medida que o número de estágios de *pipeline* aumenta, porque o atraso acrescentado pelo uso de *latches* se torna uma parte significativa da duração do ciclo.

O desempenho real de um sistema com *pipelines* é geralmente limitado pelas dependências de dados dentro do programa. Discutimos três tipos de dependências de dados: leitura após escrita (LAE), escrita após leitura (EAL) e escrita após escrita (EAE). As dependências EAL e EAE também são conhecidas como dependências de nome, pois ela ocorre por que o processador tem uma quantidade limitada de registradores para armazenar resultados, os quais precisam ser reutilizadas durante o curso da execução de um programa. Desvios também limitam o desempenho de um *pipeline*, porque o processador precisa ser interrompido até que um desvio tenha a sua execução completada.

A transmissão de resultados, ou utilização de vias secundárias, é empregada para reduzir o atraso causado por dependências LAE. Além de escrever os resultados de uma instrução no banco de registradores, ao utilizar vias secundárias, os resultados de uma instrução são enviados diretamente para instruções que estejam precisando deles no *pipeline*, reduzindo a latência de instruções que não são de desvio.

No próximo capítulo, discutiremos o paralelismo no nível da instrução, o que melhora ainda mais o desempenho de um processador, ao permitir que instruções independentes sejam executadas simultaneamente. *Pipelines* e o paralelismo no nível de instruções se complementam, oferecendo uma excelente combinação, e a maioria dos processadores modernos empregam ambas as técnicas para melhorar o desempenho.

Problemas Resolvidos

Pipelines *(I)*

6.1 Por que os *pipelines* melhoram o desempenho?

Solução

Em um processador sem *pipeline*, cada instrução é completamente executada antes que a execução da próxima instrução comece. Em um processador com *pipeline*, a execução da instrução é dividida em estágios, e a execução da próxima instrução começa assim que a instrução atual tenha completado o seu primeiro estágio. Isso melhora a taxa pela qual as instruções são executadas, melhorando o desempenho.

Um outro modo de descrever isto é que o *pipeline* divide o caminho de dados do processador em estágios que são separados por *latches*. Em um processador sem *pipeline*, uma instrução deve poder percorrer todo o caminho de dados em um único ciclo de relógio. Em um processador com *pipeline*, uma instrução só precisa ser capaz de percorrer um estágio do *pipeline* em cada ciclo, permitindo que o ciclo de relógio seja bem mais curto que em um processador sem *pipeline*. Uma vez que um processador com *pipeline* ainda pode começar a execução de uma instrução durante cada ciclo de relógio, reduzir o ciclo de relógio aumenta a taxa pela qual as instruções podem ser executadas, melhorando o desempenho.

Pipelines *(II)*

6.2 Que fatores limitam o aumento do desempenho de um processador ao utilizar a técnica de *pipelining*?

Solução

Existem duas limitações principais. A primeira é que, à medida em que o número de estágios de *pipeline* aumenta, a parte da latência de cada estágio que é devida ao *latch* aumenta. Em um caso extremo, o *pipeline* não consegue reduzir a duração do ciclo de relógio abaixo da latência do *latch* necessário para cada estágio.

A segunda limitação vem de dependências de dados e de atrasos por desvio. Instruções que dependem dos resultados de outras instruções precisam esperar para que estas sejam completadas, criando adiamentos no *pipeline* (bolhas) e instruções que estão após desvios têm que esperar para que o desvio seja completado, de modo que o processador saiba qual é a próxima instrução a ser executada. Isto significa que o *pipeline* executará, em média, menos de uma instrução por ciclo. À medida que o *pipeline* fica mais profundo, a diferença de tempo entre instruções dependentes ficará mais longa, significando que mais e mais tempo do processador será gasto esperando por adiamentos do *pipeline*. A utilização de vias secundárias pode reduzir parcialmente este problema, mas não consegue eliminá-lo completamente, uma vez que *pipelines* muito profundos terão que ter mais de um estágio de execução, significando que a diferença de tempo entre a execução de instruções dependentes será maior do que um ciclo.

Pipelines *Homogêneos*

6.3 Dado um processador sem *pipeline*, com uma duração de ciclo de 10 ns e *latches* com 0,5 ns de latência, quais são as durações de ciclo das versões do processador com *pipeline* de 2, 4, 8 e 16 estágios, se a lógica do caminho de dados está distribuída homogeneamente entre os estágios de *pipeline*? Qual é a latência de cada uma das versões do processador com *pipeline*?

Solução

$$\text{duração do ciclo}_{com\_pipeline} = \frac{\text{duração do ciclo}_{sem\_pipeline}}{\text{número de estágios de } pipeline} + \text{latência do } latch$$

Aplicando esta fórmula, obtemos as durações de 5,5; 3; 1,75 e 1,125 ns, o que mostra a diminuição das vantagens de utilizar *pipeline*, à medida que a latência dos *latches* se torna uma parte significativa da duração global do ciclo. Para calcular a latência de cada processador, simplesmente multiplicamos a duração do ciclo pelo número de estágios no *pipeline*, obtendo as latências de 11, 12, 14 e 18 ns.

Pipeline *para Atingir uma Freqüência de Relógio*

6.4 Para o processador do último exercício, quantos estágios de *pipeline* são necessários para obtermos uma duração de ciclo de 2 ns? E de 1 ns?

Solução

Aqui, queremos descobrir o número de estágios do *pipeline*, de modo que reescrevemos a fórmula da duração do ciclo da seguinte forma:

$$\text{duração do ciclo} = \frac{\text{duração do ciclo}_{sem\_pipeline}}{\text{duração do ciclo}_{com\_pipeline} - \text{latência do } latch}$$

Aplicando esta fórmula, obtemos 6,67 estágios de *pipeline* necessários para atingir uma duração de ciclo de 2 ns. Uma vez que não podemos ter um número de estágios fracionário, este é arredondado para 7. A fórmula dá 20 como sendo o número de estágios de *pipeline* necessários para obtermos uma freqüência de relógio de 1 ns.

Duração Mínima de Ciclo

6.5 Para as latência de processador e de *latches* no Problema 6.3, qual é a duração mínima de ciclo que se pode atingir com um *pipeline* de 4 estágios, se for acrescentada lógica adicional ao estágio final para equilibrar a latência adicional dos *latches* em outros estágios?

Solução

Neste *pipeline*, a latência total de cada estágio será a mesma, mesmo que alguns estágios contenham *latches* e outros não. Uma maneira simples de calcular a duração de ciclo neste caso é encontrar a latência total do caminho de dados original mais os *latches* e, então, dividir pelo número de estágios. A latência do caminho de dados original é de 10 ns. O *pipeline* de 4 estágios exige 3 *latches*. Cada *latch* tem uma latência de 0,5 ns, de modo que os *latches* acrescentam

1,5 ns à latência do caminho de dados, dando uma latência total de 11,5 ns. Dividindo isto pelo número de estágios (4), obtemos 2,875 ns como a duração de relógio do processador de *pipeline* com este projeto.

Pipelines *Não Homogêneos*

6.6 Suponha que um processador sem *pipeline* tenha uma duração de ciclo de 25 ns e que o seu caminho de dados é composto por módulos com latências de 2, 3, 4, 7, 3, 2 e 4 ns (nesta ordem). Ao projetar um *pipeline* para este processador, não foi possível rearranjar a ordem dos módulos (por exemplo, colocando estágio de leitura de registradores antes do estágio de decodificação de instruções) ou dividir o módulo em vários estágios de *pipeline* (por motivos de complexidade). Considerando que os *latches* introduzem uma latência de 1ns:

a. Qual é a duração mínima de ciclo que pode ser obtida ao se utilizar pipelines neste processador?

b. Se o processador for dividido no menor número possível de estágios de *pipeline* que permitam que ele atinja a latência mínima da parte 1, qual é a latência do *pipeline*?

c. Se você estiver limitado a um *pipeline* de 2 estágios, qual a duração mínima do ciclo?

d. Qual é a latência dos *pipelines* da parte 3?

Solução

a. Se não houver limites para o número de estágios de *pipeline*, a duração mínima de ciclo é determinada pela latência do módulo mais longo no caminho de dados mais a duração do *latch*. Isso dá uma duração de ciclo de 7 ns + 1 ns = 8 ns.

b. Para responder a isto, precisamos saber quantos estágios de *pipeline* o processador exige para operar em uma duração de ciclo de 8 ns. Podemos agrupar quaisquer conjuntos de módulos adjacentes com latências totais de 7 ns ou menos, em um único estágio. Ao fazer isto, obtemos 5 estágios de *pipeline*. 5 estágios × 8 ns de duração de ciclo = latência de 40 ns.

c. Para uma duração mínima de ciclo, precisamos dividir os módulos em estágios com latências mais homogêneas possíveis. Para 2 estágios, isto dá latências de estágio de 16 ns e 9 ns (ou a ordem inversa). Uma vez que precisamos apenas de um *latch* entre os dois estágios, podemos dividir a lógica em um primeiro estágio de 9 ns e um segundo estágio de 16 ns. Acrescentar o *latch* ao primeiro estágio nos dá uma taxa de relógio de 16 ns.

d. 16 ns × 2 estágios = latência de 32 ns

Riscos de Instruções (I)

6.7 a. Identifique todos os riscos LAE nesta seqüência de instruções:

```
DIV r2, r5, r8
SUB r9, r2, r7
ASH r5, r14, r6
MUL r11, r9, r5
BEQ r10, #0, r12
OR r8, r15, r2
```

b. Identifique todos os riscos EAL na seqüência de instruções acima.

c. Identifique todos os riscos EAE na seqüência de instruções acima.

d. Identifique todos os riscos de controle na seqüência de instruções acima.

Solução

a. Existem riscos LAE entre a instrução DIV e a instrução SUB, entre a ASH e a MUL, entre a SUB e a MUL e entre a DIV e a OR.

b. Existem riscos EAL entre as instruções DIV e ASH e entre as instruções DIV e OR.

c. Não existem riscos EAE nesta seqüência de instruções.

d. Existe um único risco de controle nesta seqüência, entre a instrução BEQ e a instrução OR.

Riscos de Instruções (II)

6.8 Quando reorganizamos instruções para melhorar o desempenho, quais os tipos de riscos de instrução representam restrições de reordenamento que precisam ser mantidas. Por quê?

Solução

Riscos de controle, LAE, EAE e EAL representam restrições de ordenamento. Riscos de LAE indicam que a instrução que está fazendo a leitura utiliza o resultado da instrução que fez a escrita. Mover a instrução de leitura para antes da instrução que escreve fará com que a instrução que está lendo recupere o valor errado no registrador de saída da instrução que fez a escrita. Riscos EAE ocorrem quando várias instruções escrevem no mesmo registrador. Modificar a ordem de duas instruções com riscos EAE fará com que uma instrução diferente escreva por último no registrador de saída, deixando um valor diferente no registrador para leituras subsequentes. Riscos EAL ocorrem quando um registrador é reutilizado. Mover a instrução que escreve para antes da instrução que lê fará com que instrução que lê recupere o novo valor no registrador de saída, ao invés do valor antigo, que era o valor que se deveria recuperar.

Riscos de desvio (controle) resultam de instruções de desvio que calculam o endereço da próxima busca de instrução e criam restrições de ordenamento. Mover uma instrução que estava acima de um desvio para abaixo dele, faz com que instrução só seja executada se o desvio não for feito, ao passo que mover a instrução que estava abaixo de um desvio para acima dele tem o efeito inverso, fazendo com que uma instrução que só deveria ser executada quando o desvio não fosse tomado seja executada cada vez que a seqüência de instruções é executada.

Riscos LAE não representam restrições de ordenação. Ler um registrador não modifica o seu valor, de modo que várias leituras podem ser feitas, em qualquer ordem. Riscos estruturais são oriundos das limitações do processador e não por causa de dependências entre instruções, de modo que, geralmente, eles não impõe restrições à ordenação de instruções em um programa.

Execução em Pipelines

6.9 Assumindo o *pipeline* exemplo de 5 estágios da Seção 6.3 e que não existe transmissão de resultados, desenhe um diagrama de execução em *pipeline*, semelhante à Fig. 6-2, para o seguinte fragmento de código:

```
ADD r1, r2, r3
SUB r4, r5, r6
MUL r8, r9, r10
DIV r12, r13, r14
```

Solução

Não há riscos de instruções neste fragmento de código, de modo que as instruções progridem através do *pipeline*, um estágio por ciclo.

		Ciclo 1	2	3	4	5	6	7	8
Estágio do *pipeline*	BI	ADD r1,r2,r3	SUB r4,r5,r6	MUL r8,r9,r10	DIV r12,r13,r14				
	DI		ADD r1,r2,r3	SUB r4,r5,r6	MUL r8,r9,r10	DIV r12,r13,r14			
	LR			ADD r1,r2,r3	SUB r4,r5,r6	MUL r8,r9,r10	DIV r12,r13,r14		
	EI				ADD r1,r2,r3	SUB r4,r5,r6	MUL r8,r9,r10	DIV r12,r13,r14	
	ER					ADD r1,r2,r3	SUB r4,r5,r6	MUL r8,r9,r10	DIV r12,r13,r14

Execução em Pipelines com Riscos (I)

6.10 Assumindo o *pipeline* exemplo de 5 estágios da Seção 6.3 e que não existe transmissão de resultados, desenhe um diagrama de execução em *pipeline*, semelhante à Fig. 6-2, para o seguinte fragmento de código:

```
ADD r1, r2, r3
SUB r4, r5, r6
MUL r8, r9, r4
DIV r12, r13, r14
```

Solução

Aqui, existe um risco LAE entre a instrução SUB, que escreve em r4, e a instrução MUL, que lê de r4. Portanto, a instrução MUL não será capaz de ler os seus registradores de entrada até que a instrução SUB tenha completado o estágio ER, criando, assim, um adiamento no *pipeline*.

		Ciclo								
	1	2	3	4	5	6	7	8	9	10
BI	ADD r1,r2,r3	SUB r4,r5, r6	MUL r8,r9,r4	DIV r12,r13,r14						
DI		ADD r1, r2, r3	SUB r4,r5,r6	MUL r8,r9,r4	DIV r12,r13,r14	DIV r12,r13,r14	DIV r12,r13,r14			
LR			ADD r1, r2, r3	SUB r4,r5,r6	MUL r8,r9, r4	MUL r8,r9,r4	MUL r8,r9,r4	DIV r12,r13,r14		
EI				ADD r1,r2,r3	SUB r4,r5,r6	(bolha)	(bolha)	MUL r8,r9,r4	DIV r12,r13,r14	
ER					ADD r1,r2,r3	SUB r4,r5,r6	(bolha)	(bolha)	MUL r8,r9,r4	DIV r12,r13,r14

Estágio do *pipeline*

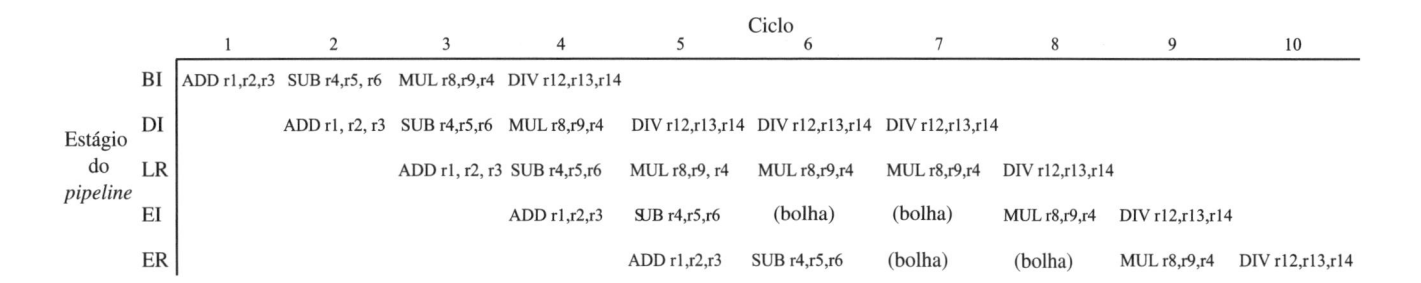

Execução em Pipelines com Riscos (II)

6.11 Assumindo o *pipeline* exemplo de 5 estágios da Seção 6.3 e que não existe transmissão de resultados, desenhe um diagrama de execução em *pipeline*, semelhante à Fig. 6-2, para o seguinte fragmento de código. Assuma que desvio representado pela instrução BEQ não é tomado.

```
ADD r1, r2, r3
SUB r4, r5, r6
BEQ r8, #0, r9
DIV r12, r13, r14
```

Solução

Aqui, o adiamento ocorre porque instrução BEQ deve completar o estágio de execução antes que o estágio de busca de instruções saiba qual é o endereço da próxima a ser recuperada, causando um adiamento. Em geral, os processadores têm um caminho direto da unidade de execução para o estágio de busca de instruções, permitindo que eles busquem a próxima instrução no ciclo seguinte àquele no qual um desvio alcança o estágio de execução.

		Ciclo									
	1	2	3	4	5	6	7	8	9	10	11
BI	ADD r1,r2,r3	SUB r4,r5,r6	BEQ r2, #0, r9	(bolha)	(bolha)	(bolha)	DIV r12,r13,r14				
DI		ADD r1, r2, r3	SUB r4,r5,r6	BEQ r2, #0, r9	(bolha)	(bolha)	(bolha)	DIV r12,r13, r14			
LR			ADD r1, r2, r3	SUB r4,r5,r6	BEQ r2, #0, r9	(bolha)	(bolha)	(bolha)	DIV r12,r13,r14		
EI				ADD r1,r2,r3	SUB r4,r5,r6	BEQ r2, #0, r9	(bolha)	(bolha)	(bolha)	DIV r12,r13,r14	
ER					ADD r1,r2,r3	SUB r4,r5,r6	BEQ r2, #0, r9	(bolha)	(bolha)	(bolha)	DIV r12,r13,r14

Estágio do *pipeline*

Tempo de Execução em Pipelines

6.12 Qual é o tempo de execução (em ciclos) da seguinte seqüência de instruções, no nosso *pipeline* exemplo de 5 estágios (sem vias secundárias)? Assuma que o desvio não é tomado. Se um processador tiver um ciclo de relógio de 2 ns, qual é o tempo de execução em ns?

```
ADD r1, r4, r7
BEQ r2, #0, r1
SUB r8, r10, r11
MUL r12, r13, r14
```

Solução

O *pipeline* tem uma profundidade de 5 estágios, dando uma latência de *pipeline* de 5 ciclos. A instrução BEQ depende do resultado da ADD, de modo que ela é posta em circulação no ciclo $n + 3$, assumindo que a ADD tenha sido posta em circulação no ciclo n. A SUB tem que esperar pelo atraso de desvio de quatro ciclos da BEQ, de modo que ela pode ser posta em circulação no ciclo $n + 7$, e a MUL é posta em circulação no ciclo $n + 8$, resultando em 9 ciclos como o tempo para colocar este programa em circulação. O tempo total de execução é de $5 + 9 - 1 = 13$ ciclos.

A 2 ns/ciclo, isto resulta em 26 ns.

Ordenamento de Instruções

6.13 a. Qual é o tempo de execução (em ciclos) da seguinte seqüência de instruções, no nosso *pipeline* de 5 estágios (sem vias secundárias)?

```
ADD r3, r4, r5
SUB r7, r3, r9
MUL r8, r9, r10
ASH r4, r8, r12
```

b. O tempo de execução da seqüência de instruções pode ser melhorado pela reordenação das instruções, sem modificar o resultado do cálculo? Se sim, mostre a seqüência de instruções que tenha o menor tempo de execução e dê o seu tempo de execução.

Solução

a. O *pipeline* de 5 estágios tem uma latência de 5 ciclos. Assumindo que a ADD tenha sido posta em circulação no ciclo n, a SUB pode ser posta em circulação no ciclo $n + 3$, porque ela depende da ADD, que tem uma latência de instrução de 3 ciclos. A MUL é independente da ADD e da SUB, de modo que ela é posta em circulação no ciclo $n + 4$, e a ASH no ciclo $n + 7$, porque ela depende da MUL. Portanto, demora 8 ciclos para colocar todas as instruções do programa em circulação, e o tempo de execução é de $5 + 8 - 1 = 12$ ciclos.

b. Sim, existe uma ordem melhor. A ordem com o menor tempo de execução é a seguinte:

```
ADD r3, r4, r5
MUL r8, r9, r10
SUB r7, r3, r9
ASH r4, r8, r12
```

Nesta seqüência, o único adiamento de *pipeline* ocorre entre as instruções MUL e SUB, porque a SUB não pode ser executada até 3 ciclos depois que a ADD tenha sido executada. A dependência entre a MUL e ASH não causa adiamentos, porque a MUL é completada antes do ciclo após o qual a SUB entra no estágio de execução, que é a primeira oportunidade para a ASH entrar no estágio de execução. Portanto, demora 5 ciclos para colocar todas as instruções da seqüência em circulação. O tempo de execução desta seqüência é $5 + 5 - 1 = 9$ ciclos.

Ordenamento de Instruções (II)

6.14 Calcule o tempo de execução da seguinte seqüência de instruções no nosso *pipeline* de 5 estágios, sem vias secundárias. Então, descubra a ordem de instruções que forneça o menor tempo de execução e calcule o tempo de execução.

```
MUL r10, r11, r12
SUB r8, r10, r15
ADD r13, r14, r0
ASH r15, r2, r3
OR  r7, r5, r6
```

Solução

O tempo de execução da seqüência original é de 11 ciclos. A reordenação que propicia o menor tempo de execução é a seguinte:

```
MUL r10, r11, r12
ADD r13, r14, r0
OR  r7, r5, r6
SUB r8, r10, r15
ASH r15, r2, r3
```

O tempo de execução desta ordenação é de 9 ciclos, porque não ocorrem adiamentos no *pipeline*. Note que não é possível mover a instrução ASH para antes da instrução SUB, por causa do risco EAL entre estas instruções.

Estabelecendo Vias Secundárias (I)

6.15 Por que a utilização de vias secundárias normalmente elimina ou reduz os adiamentos devido a dependências de dados, mas não tem efeito sobre adiamentos devido a riscos de controle?

Solução

A criação de vias secundárias em *pipelines* elimina o tempo necessário para escrever e ler resultados no banco de registradores. Como isso é uma parte significativa da latência das instruções para dependências de dados, a utilização de vias secundárias melhora o desempenho. A utilização dessas vias não melhora o desempenho de instruções de desvio porque a transmissão do endereço resultante de uma instrução de desvio para o estágio de busca de instruções não passa pelo banco de registradores. Um outro modo de ver isto é que o *pipeline* básico já tem um caminho secundário da unidade de execução para o estágio de busca de instruções, de modo que nenhuma melhoria é obtida ao se acrescentar outros caminhos secundários.

Estabelecendo Vias Secundárias (II)

6.16 Qual é o tempo de execução da seqüência de código do Problema 6.12, se for acrescentada uma via secundária ao nosso *pipeline* básico?

Solução

O tempo de execução seria de 11 ciclos. Uma vez que o nosso *pipeline* básico tem apenas um estágio de execução, utilizar vias secundárias reduz a latência de instruções que não são de desvio a 1 ciclo. Isto elimina os dois ciclos de atraso entre a ADD e o desvio, mas não o atraso do desvio.

Um Exemplo Abrangente

6.17 Este exercício considera o *pipeline* de sete estágios mostrado na Fig. 6-13.

a. Se o período de relógio deste *pipeline* é de 4 ns, qual é a latência do *pipeline* em ciclos e em ns?

b. Desenhe o diagrama de execução para este *pipeline*, indicando como cada uma das seguintes seqüências de instruções fluem através dele. Assuma que o *pipeline* não implementa vias secundárias.

Seqüência 1:

```
ADD  r1, r2, r3
SUB  r4, r1, r5
```

Seqüência 2: (assuma que o desvio não é feito)

```
BNE  r9, #3, r8
OR   r12, r14, r15
```

c. Baseado nestes diagramas, quais são as latências deste *pipeline* para instruções de desvio e para instruções que não são de desvio?

d. Dadas as latências deste *pipeline* para instruções de desvio e para instruções que não são de desvio, qual o tempo de execução da seqüência de código do Problema 6.12?

e. Se a transmissão de resultados fosse implementada neste *pipeline*, quais seriam as latências para instruções de desvio e para instruções que não são de desvio?

f. Qual seria o tempo de execução da seqüência de código do Problema 6.12 neste *pipeline*, com transmissão de resultados?

Solução

a. O *pipeline* tem sete estágios. Portanto, a latência do *pipeline* é de sete ciclos. A 4 ns/ciclo, o resultado é 28 ns.

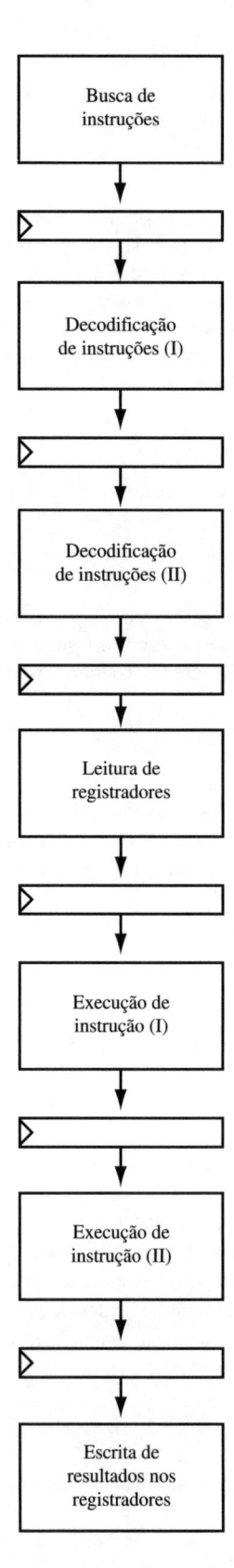

Fig. 6-13   Pipeline de sete estágios.

b. *Seqüência 1:*

Estágio do pipeline	Ciclo 1	Ciclo 2	Ciclo 3	Ciclo 4	Ciclo 5	Ciclo 6	Ciclo 7	Ciclo 8	Ciclo 9	Ciclo 10	Ciclo 11
BI	ADD r1, r2, r3	SUB r4, r1, r5									
DI (I)		ADD r1, r2, r3	SUB r4, r1, r5								
DI (II)			ADD r1, r2, r3	SUB r4, r1, r5							
LR				ADD r1, r2, r3	SUB r4, r1, r5	SUB r4, r1, r5	SUB r4, r1, r5	SUB r4, r1, r5			
EI (I)					ADD r1, r2, r3	(bolha)	(bolha)	(bolha)	SUB r4, r1, r5		
EI (II)						ADD r1, r2, r3	(bolha)	(bolha)	(bolha)	SUB r4, r1, r5	
ER							ADD r1, r2, r3	(bolha)	(bolha)	(bolha)	SUB r4, r1, r5

Seqüência 2:

Estágio do pipeline	Ciclo 1	Ciclo 2	Ciclo 3	Ciclo 4	Ciclo 5	Ciclo 6	Ciclo 7	Ciclo 8	Ciclo 9	Ciclo 10	Ciclo 11	Ciclo 12	Ciclo 13
BI	BNE r9, #3, r8	(bolha)	(bolha)	(bolha)	(bolha)	(bolha)	OR r12, r14, r15						
DI (I)		BNE r9, #3, r8	(bolha)	(bolha)	(bolha)	(bolha)	(bolha)	OR r12, r14, r15					
DI (II)			BNE r9, #3, r8	(bolha)	(bolha)	(bolha)	(bolha)	(bolha)	OR r12, r14, r15				
LR				BNE r9, #3, r8	(bolha)	(bolha)	(bolha)	(bolha)	(bolha)	OR r12, r14, r15			
EI (I)					BNE r9, #3, r8	(bolha)	(bolha)	(bolha)	(bolha)	(bolha)	OR r12, r14, r15		
EI (II)						BNE r9, #3, r8	(bolha)	(bolha)	(bolha)	(bolha)	(bolha)	OR r12, r14, r15	
ER							BNE r9, #3, r8	(bolha)	(bolha)	(bolha)	(bolha)	(bolha)	OR r12, r14, r15

c. Latência de instruções que não são de desvio: 4 ciclos. Latência de instruções de desvio: 6 ciclos.

d. O tempo de execução seria de 18 ciclos.

e. A latência de instruções que não são de desvio ficaria em 2 ciclos, por causa dos dois estágios de execução. A latência de instruções de desvio permaneceria em 6 ciclos porque a transmissão de resultados não melhora a latência de desvios.

f. 16 ciclos.

Capítulo 7

Paralelismo no Nível da Instrução

7.1 OBJETIVOS

Este capítulo cobre um certo número de técnicas para explorar *paralelismo no nível da instrução* (PNI), que é a execução de instruções independentes, ao mesmo tempo. Depois de completar este capítulo, você deverá:

1. Compreender os conceitos que estão por trás do paralelismo no nível da instrução e por que ele é utilizado.
2. Compreender e ser capaz de discutir as diferenças entre processadores superescalares e PIML (palavra de instrução muito longa).
3. Ser capaz de prever o tempo de execução de seqüências curtas de instruções em processadores que exploram o paralelismo no nível da instrução.
4. Ser capaz de prever o impacto de execução "fora-de-ordem" nos tempos de execução de programas.
5. Estar familiarizado com a técnica de desfazer laços e *pipelining* de *software*, duas técnicas de compilação que melhoram o desempenho de programas em processadores PNI.

7.2 INTRODUÇÃO

No último capítulo, discutimos o *pipelining*, uma técnica importante que aumenta o desempenho de computadores, ao sobrepor a execução de várias instruções. Isso permite que as instruções sejam executadas a uma taxa mais alta do que seria possível se cada instrução tivesse que esperar que a instrução anterior tivesse sido completada, para que ela pudesse começar a ser executada. Neste capítulo, vamos explorar técnicas de paralelismo no nível da instrução, que é a execução de várias instruções simultaneamente, melhorando ainda mais o desempenho. Em geral, os processadores modernos empregam ambos, *pipelining* e técnicas que exploram paralelismo no nível da instrução, e assumiremos que todos os processadores PNI discutidos neste capítulo tem *pipelines*, a menos que especificado em contrário.

O *pipelining* melhora o desempenho, ao aumentar a taxa pela qual as instruções podem ser executadas. No entanto, como vimos no último capítulo, existem limites para quanto um *pipeline* pode melhorar o desempenho. À medida que mais e mais estágios de *pipeline* são acrescentados ao processador, o atraso nos registros de *pipeline* necessários em cada estágio torna-se uma parte significativa da duração do ciclo, reduzindo o benefício de aumentar a profundidade do *pipeline*. De modo mais significativo, aumentar a profundidade do *pipeline* aumenta o atraso de desvios e a latência de instruções, aumentando o número de ciclos de adiamento que ocorrem entre instruções dependentes.

Uma vez que a combinação de restrições tecnológicas e do retorno decrescente de *pipelining* adicional limita a taxa máxima de relógio de um processador, em um dado processo de fabricação, os projetistas voltaram-se para o paralelismo, de modo a melhorar o desempenho pela execução de várias tarefas ao mesmo tempo. Sistemas de computadores em paralelo tendem a ter uma de duas formas: vários processadores e processadores com paralelismo no nível da instrução, os quais variam com relação ao tamanho das tarefas que são executadas em paralelo. Em sistemas com vários processadores, que é coberto no Capítulo 12, tarefas relativamente grandes, como procedimentos ou iterações em laços, são executadas em paralelo. Em contraste, processadores com paralelismo no nível da instrução executam instruções individuais em paralelo.

Em estações de trabalho/PCs de uso geral, os processadores que exploram o paralelismo no nível da instrução têm tido muito mais sucesso do que a utilização de vários processadores, devido às características de execução dos programas convencionais. Em especial, processadores superescalares podem obter aumentos de velocidade, ao executar programas que foram compilados para execução em processadores seqüenciais (não PNI), sem exigir uma nova compilação. A outra arquitetura que será coberta neste capítulo, processadores PIML, exige que os programas sejam recompilados para a nova arquitetura, mas atingem um desempenho muito bom em programas escritos em linguagens seqüenciais, como C ou FORTRAN.

Na Fig. 7-1 é mostrado um diagrama em blocos de nível alto, de um processador com paralelismo no nível da instrução. O processador contém várias unidades de execução para executar as instruções, cada uma das quais lê os seus operandos e escreve os seus resultados em um único conjunto de registradores centralizado. Quando uma operação escreve o seu resultado no conjunto de registradores, aquele resultado se torna visível para todas as unidades de execução no próximo ciclo, permitindo que operações sejam executadas em diferentes unidades a partir das operações que geraram as suas entradas. Processadores com paralelismo no nível da instrução freqüentemente tem um *hardware* complexo de vias secundárias, que transmite os resultados de cada instrução para todas as unidades de execução, de modo a reduzir o atraso entre instruções dependentes.

As instruções que compõem o programa são manuseadas pela lógica que coloca as instruções em circulação e as distribui para as unidades, em paralelo. Isto permite que mudanças no fluxo de controle, como desvios, ocorram simultaneamente em todas as unidades, tornando muito mais fácil escrever e compilar programas para processadores com paralelismo no nível da instrução.

Na Fig. 7-1, todas as unidades de execução foram desenhadas como módulos idênticos. Na maioria dos processadores reais, algumas ou todas as unidades de execução são capazes de executar apenas um subconjunto das instruções do processador. A divisão mais comum é entre operações de inteiros e de ponto flutuante, porque estas operações exigem um *hardware* muito diferente. Implementar esses dois conjuntos de *hardware* como unidades de execução separadas aumenta o número de instruções que podem ser executadas simultaneamente, sem aumentar, significativamente, a quantidade de *hardware* exigido. Em outros processadores, algumas das unidades de execução de inteiros podem ser construídas para executar apenas algumas das operações de inteiros do processador, normalmente as operações mais comumente executadas. Isso reduz o tamanho dessas unidades de execução, se bem que isto signifique que algumas combinações de instruções independentes de inteiros não possam ser executadas em paralelo.

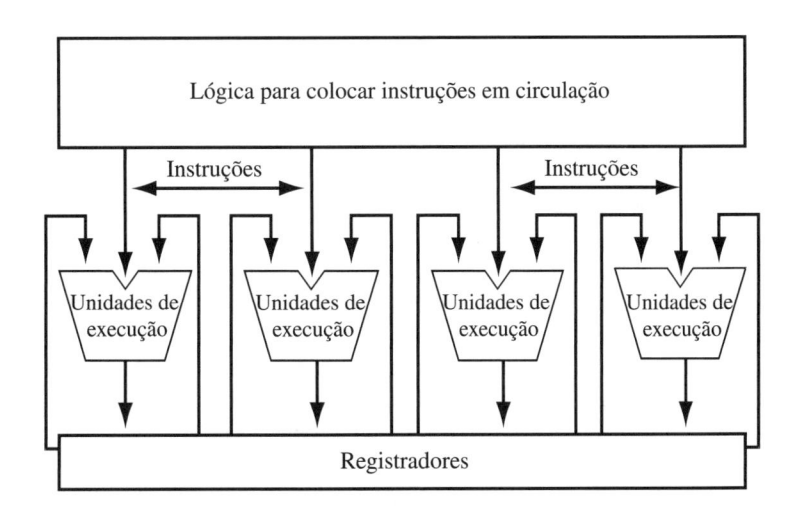

Fig. 7-1 Processador com paralelismo no nível da instrução.

7.3 O QUE É PARALELISMO NO NÍVEL DA INSTRUÇÃO?

Processadores com paralelismo no nível da instrução exploram o fato de que muitas das instruções em um programa seqüencial não dependem das instruções que as precedem imediatamente no programa. Por exemplo, considere o fragmento de programa no lado esquerdo da Fig. 7-2. As instruções 1, 3 e 5 são dependentes umas das outras porque a instrução 1 gera valores de dados que são utilizados pela instrução 3, a qual gera um resultado que é utilizado pela instrução 5. As instruções 2 e 4 não utilizam os resultados de quaisquer outras instruções no fragmento e não geram quaisquer resultados que sejam utilizados por instruções no fragmento. Estas dependências exigem que as instruções 1, 3 e 5 sejam executadas em ordem para gerar o resultado correto, mas as instruções 2 e 4 podem ser executadas antes, depois ou em paralelo com quaisquer outras instruções, sem modificar os resultados do fragmento de programa.

Em um processador que executa uma instrução por vez, o tempo de execução deste programa seria de, pelo menos, cinco ciclos, mesmo em um processador sem *pipeline*, com uma latência de instrução de um ciclo. Em contraste, um processador sem *pipeline* que seja capaz de executar duas instruções simultaneamente poderia executar o fragmento de programa em três ciclos, se cada instrução tivesse uma latência de um ciclo, como indicado na metade direita da figura. Visto que as instruções 1, 3 e 5 são dependentes, não é possível reduzir o tempo de execução do fragmento além disso, através de um aumento do número de instruções que o processador possa executar simultaneamente.

Este exemplo ilustra tanto os pontos favoráveis quanto os desfavoráveis do paralelismo no nível da instrução. Processadores PNI podem, ao executar instruções em paralelo, atingir aumentos de velocidade significativos em uma ampla variedade de programas, mas a melhora máxima do seu desempenho está limitada pelas dependências de instruções. Em geral, à medida que mais unidades de execução são acrescentadas ao processador, decresce o incremento da melhora do desempenho que resulta do acréscimo de acrescentar cada nova unidade de execução. Aumentar de uma unidade de execução para duas propicia reduções substanciais no tempo de execução. No entanto, à medida que o número de unidades de execução é aumentada para 4, 8 ou mais, as unidades de execução adicionais passam a maior parte do tempo ociosas, especialmente se o programa não foi compilado para tirar vantagem das unidades de execução adicionais.

```
1: LD r1, (r2)
2: ADD r5, r6, r7          Ciclo 1:   LD r1, (r2)      ADD r5, r6, r7
3: SUB r4, r1, r4    ──▶   Ciclo 2:   SUB r4, r1, r4   MUL r8, r9, r10
4: MUL r8, r9, r10         Ciclo 3:   ST (r11), r4
5: ST (r11), r4
```

Fig. 7-2 Exemplo de paralelismo no nível da instrução.

7.4 LIMITAÇÕES DO PARALELISMO NO NÍVEL DA INSTRUÇÃO

O desempenho de processadores PNI está limitado pela quantidade de paralelismo no nível da instrução que o compilador e o *hardware* podem localizar no programa. O paralelismo no nível da instrução é limitado por diversos fatores: dependências de dados, dependências de nomes (riscos EAL e EAE) e desvios. Além disso, uma determinada capacidade do processador para explorar o paralelismo no nível da instrução pode ser limitada pelo número e pelo tipo de unidades de execução que estão presentes e por restrições aos tipos de instruções do programa que podem ser examinados de modo a localizar operações que passam ser executadas em paralelo.

As dependências LAE limitam o desempenho ao exigir que instruções sejam executadas em seqüência para gerar os resultados corretos e representam uma limitação fundamental para a quantidade de paralelismo no nível da instrução disponível nos programas. Instruções com dependências EAE também precisam ser postas em circulação seqüencialmente para assegurar que a instrução correta escreva em seu registrador de destino por último. Instruções com dependências EAL podem ser postas em circulação no mesmo ciclo, mas não fora de ordem, porque as instruções lêem as suas entradas do banco de registradores antes que sejam postas em circulação. Desse modo, uma instrução que lê um registrador pode ser posta em circulação no mesmo ciclo que uma que escreve no registrador e aparece mais tarde no programa, porque a instrução que está fazendo a leitura lerá seus registradores de entrada antes que a instrução que faz a escrita gere o novo valor no seu registrador de destino. Posteriormente neste capítulo, discutiremos a *renomeação de registradores*, uma técnica de *hardware* que permite que instruções com dependências EAL e EAE sejam executadas fora de ordem, sem modificar os resultados do programa.

Desvios limitam o paralelismo no nível da instrução porque o processador não sabe quais instruções serão executadas depois de um desvio, até que ele seja completado. Isso exige que o processador espere a conclusão do desvio antes que outras instruções sejam executadas. Como mencionado no último capítulo, muitos processadores incorporam *hardware* para a previsão de desvios, o que reduz o impacto dos desvios no tempo de execução ao prever o endereço destino de um desvio antes que o mesmo seja executado.

Exemplo Considere o seguinte fragmento de programa:

```
ADD r1, r2, r3
LD r4, (r5)
SUB r7, r1, r9
MUL r5, r4, r4
SUB r1, r12, r10
ST (r13), r14
OR r15, r14, r12
```

Quanto tempo este programa demoraria para ser posto em circulação em um processador que permitisse que duas instruções sejam executadas simultaneamente? Como seria isto em um processador que permitisse quatro instruções sendo executadas simultaneamente? Assuma que o processador pode executar instruções em qualquer ordem que não viole dependências de dados, que todas as instruções tem latências de um ciclo e que todas as unidades de execução do processador podem executar todas instruções no fragmento.

Solução

Em um processador que permita que duas instruções sejam executadas simultaneamente, este programa demoraria quatro ciclos para ser posto em circulação. Um exemplo de seqüência é mostrado abaixo, mas há diversas seqüências que demorariam o mesmo número de ciclos.

```
Ciclo 1: ADD r1, r2, r3      LD r4, (r5)
Ciclo 2: SUB r7, r1, r9      MUL r5, r4, r4
Ciclo 3: SUB r1, r12, r10    ST (r13), r14
Ciclo 4: OR r15, r14, r12
```

Se um processador puder executar quatro instruções simultaneamente, o programa pode ser posto em circulação em dois ciclos, como segue:

```
Ciclo 1: ADD r1, r2, r3  LD r4, (r5)  ST (r13), r14  OR r15, r14, r12
Ciclo 2: SUB r7, r1, r9  MUL r5, r4, r4  SUB r1, r12, r10
```

Note que, independentemente do número de instruções que o processador possa executar simultaneamente, não é possível colocar este fragmento de programa em circulação em apenas um ciclo, por causa das dependências LAE entre as instruções ADD r1, r2, r3 e SUB r7, r1, r9 e entre as instruções LD r4, (r5) e a MUL r5, r4, r4. Note também que as instruções SUB r7, r1, r9 e SUB r1, r12, r10, que têm uma dependência EAL, são colocadas em circulação no mesmo ciclo.

7.5 PROCESSADORES SUPERESCALARES

Processadores superescalares baseiam-se no *hardware* para extrair paralelismo no nível da instrução de programas seqüenciais. Durante cada ciclo, a lógica de circulação de instruções de um processador superescalar examina as instruções em um programa seqüencial para determinar quais instruções podem ser postas em circulação naquele ciclo. Se existir suficiente paralelismo no nível da instrução dentro de um programa, um processador superescalar pode executar uma instrução por unidade de execução por ciclo, mesmo se o programa foi compilado originalmente para um processador que executa apenas uma instrução por ciclo.

Esta capacidade é uma das maiores vantagens de processadores superescalares e é o motivo pelo qual virtualmente todas as CPUs de PCs e de estações de trabalho são processadores superescalares. Processadores superescalares podem executar programas que foram compilados originalmente para processadores puramente seqüenciais e podem atingir um desempenho melhor nestes programas do que processadores que não são capazes de explorar o paralelismo no nível da instrução. Assim, usuários que compram sistemas contendo CPUs superescalares podem instalar os seus programas antigos naqueles sistemas e obter um desempenho melhor do que era possível nos seus sistemas antigos. A capacidade que processadores superescalares tem de explorar o paralelismo no nível da instrução em programas seqüenciais não significa que os compiladores sejam irrelevantes para sistemas construídos com processadores superescalares. De fato, bons compiladores são ainda mais críticos para o desempenho de sistemas superescalares do que eles são em processadores puramente seqüenciais. Processadores superescalares podem examinar em um dado momento apenas uma pequena *janela* de instruções de um programa para determinar quais instruções podem ser executadas em paralelo. Se um compilador for capaz de organizar as instruções de um programa de modo que grandes quantidades de instruções independentes ocorram dentro desta janela, um processador superescalar será capaz de atingir um bom desempenho no programa. Se a maioria das instruções dentro da janela, em qualquer instante, são dependentes umas das outras, um processador superescalar não será capaz de executar um programa muito mais rapidamente do que um processador seqüencial faria. Na Seção 7.9, discutiremos técnicas que o compilador pode utilizar para melhorar o desempenho de programas em processadores superescalares.

7.6 EXECUÇÃO EM-ORDEM *VERSUS* FORA-DE-ORDEM

Uma das diferenças significativas de complexidade/desempenho no projeto de um processador superescalar é se o processador executa as instruções na ordem em que elas aparecem no programa (execução em-ordem) ou se ele as executa em qualquer ordem, desde que não mude o resultado do programa (execução fora-de-ordem). A execução fora-de-ordem pode fornecer um desempenho muito melhor que a execução em-ordem, mas exige um *hardware* muito mais complexo para ser implementada.

Prevendo Tempos de Execução em Processadores Em-Ordem

No capítulo anterior, dividimos o tempo de execução de programas em processadores com *pipeline*, no tempo para colocar em circulação todas as instruções do programa, e na latência do *pipeline* do processador, fornecendo

tempo de execução (em ciclos) = latência do *pipeline* + tempo de circulação – 1

Em processadores PNI com *pipeline*, podemos usar a mesma expressão para o tempo de execução de um programa, mas calcular o tempo para colocar em circulação torna-se algo mais complexo, porque o processador pode colocar em circulação mais de uma instrução em um ciclo. Uma vez que a latência do *pipeline* de um processador não varia de programa para programa, a maioria dos exercícios neste capítulo estará focalizado na determinação do tempo para colocar programas em circulação em processadores PNI. Em processadores superescalares em-ordem, o tempo para colocar um programa em circulação pode ser determinado ao se percorrer seqüencialmente o código para determinar quando cada instrução pode ser posta em circulação, de modo semelhante à técnica utilizada para processadores com *pipeline* que executam apenas uma instrução por ciclo. A diferença-chave entre processadores superescalares em-ordem e processadores com *pipeline* que não são superescalares é que um processador superescalar pode colocar uma instrução em circulação no mesmo ciclo que a instrução anterior no programa, se as dependências de dados permitirem, desde que o número de instruções que seja colocado em circulação no ciclo não exceda o número de instruções que o processador pode executar simultaneamente. Em processadores nos quais algumas ou todas as unidades de execução podem executar apenas algumas instruções, o conjunto de instruções que é posto em circulação em um dado ciclo deve ir ao encontro das limitações das unidades de execução.

Exemplo Quanto tempo a seguinte seqüência de instruções demoraria para ser executada em um processador em-ordem, com duas unidades de execução, cada uma das quais podendo executar qualquer instrução? As operações de carga têm uma latência de dois ciclos e as demais operações têm uma latência de um ciclo. Assuma que a profundidade do *pipeline* é de 5 estágios.

```
LD   r1, (r2)
ADD  r3, r1, r4
SUB  r5, r6, r7
MUL  r8, r9, r10
```

Solução

A latência do *pipeline* deste processador é de cinco ciclos. Assumindo que a instrução LD é posta em circulação no ciclo n, a ADD não pode ser posta em circulação até o ciclo $n + 2$, porque ela é dependente da LD. A SUB é independente da ADD e da LD, de modo que ela também pode ser posta em circulação no ciclo $n + 2$. (Ela não pode ser posta em circulação no ciclo *n* ou *n* + 1 porque o processador deve colocar as instruções em circulação, em ordem.) A MUL também é independente de todas as instruções anteriores, mas precisa esperar até o ciclo *n* + 3 para ser posta em circulação, porque o processador só pode colocar duas instruções em circulação, por ciclo. Portanto, demora quatro ciclos para que todas as instruções do programa sejam postas em circulação, e o tempo de execução é de 5 + 4 − 1 = 8 ciclos.

Prevendo Tempos de Execução em Processadores Fora-de-Ordem

Determinar o tempo de circulação de uma seqüência de instruções em um processador fora-de-ordem é mais difícil que determinar o tempo de circulação da mesma seqüência em um processador em-ordem porque há muitas possibilidades de ordens nas quais as instruções poderiam ser executadas. Geralmente, a melhor abordagem é começar pelo exame da seqüência de instruções para localizar as dependências entre as instruções. Uma vez que as dependências entre as instruções sejam entendidas, elas podem ser designadas para ciclos de circulação de modo a minimizar o atraso entre a execução da primeira e da última instrução na seqüência.

O esforço exigido para encontrar a melhor ordem possível de um conjunto de instruções cresce exponencialmente com o número de instruções no conjunto, uma vez que todas as ordens possíveis devem ser potencialmente consideradas. Assim, assumiremos que a lógica de instruções em um processador superescalar estabelece algumas restrições sobre a ordem na qual as instruções circulam, de modo a simplificar a lógica de circulação de instruções. A suposição que faremos é que o processador tentará executar (pôr em circulação) uma instrução tão logo as dependências de um programa permitam[1]. Se existirem mais instruções que unidades de execução disponíveis, o processador privilegiará as instruções que ocorrem primeiro em um programa, mesmo que, eventualmente, houvesse uma ordem que implicasse em um menor tempo de execução. Essa abordagem é denominada de voraz. Quando o compilador é capaz de manipular a ordem de instruções, como nos processadores PIML, que serão discutidos na Seção 7.8, todas as possibilidades de ordenamento são consideradas e seleciona-se a que oferece o menor tempo de execução. Tal decisão é baseada no fato que o processo de compilação é mais elaborado que a lógica em *hardware* do procedimento de circulação.

Com esta suposição para a circulação de instruções, torna-se muito mais fácil encontrar o tempo de circulação de uma seqüência de instruções em um processador fora-de-ordem. Iniciando com a primeira instrução de uma seqüência, seguimos instrução por instrução, atribuindo cada uma ao primeiro ciclo no qual suas entradas já estão disponíveis. Deve-se respeitar as limitações de que o número de instruções que circulam não seja maior que o número máximo de instruções simultâneas que o processador suporta e que não ultrapasse o número de unidades de execução.

Exemplo Quanto tempo a seguinte seqüência de instruções demoraria para ser posta em circulação, em um processador fora-de-ordem, com duas unidades de execução, cada uma das quais podendo executar qualquer instrução? As operações de carga têm uma latência de 2 ciclos e as demais operações têm uma latência de 1 ciclo. (Esta é a mesma seqüência do exemplo que foi utilizado para ilustrar a circulação de instruções em-ordem.)

```
LD  r1, (r2)
ADD r3, r1, r4
SUB r5, r6, r7
MUL r8, r9, r10
```

Solução

A única dependência nesta seqüência é entre as instruções LD e ADD (uma dependência LAE). Por causa dessa dependência, a instrução ADD precisa entrar em circulação pelo menos dois ciclos antes da LD. A SUB e a MUL poderiam ser ambas postas em circulação no mesmo ciclo que a LD. Utilizando nosso premissa de voracidade, a SUB e a LD são postas em circulação no ciclo *n*, a MUL é posta em circulação no ciclo *n* + 1 e ADD posta em circulação no ciclo *n* + 2, dando um tempo de circulação de três ciclos para este programa.

---

[1] Esta é uma suposição simplificada, que pode ou não ser verdadeira, para um determinado processador fora-de-ordem. A ordem na qual as instruções circulam em um processador fora-de-ordem é fortemente dependente dos detalhes da lógica de circulação de instruções do processador, e diferentes processadores podem apresentar diferentes esquemas.

Questões de Implementação para Processadores Fora-de-Ordem

Em processadores em-ordem, a *janela de instruções* (o número de instruções que o processador examina para escolher as instruções a serem postas em circulação em cada ciclo) pode ser relativamente pequena, uma vez que o processador não pode colocar uma instrução em circulação até que todas as instruções que apareçam antes dela no programa tenham sido postas em circulação. Em um processador com n unidades de execução, apenas as próximas n instruções no programa podem ser postas em circulação em um dado ciclo, de modo que uma janela de instruções com comprimento de n instruções é geralmente suficiente.

Processadores fora-de-ordem exigem janelas de instruções muito maiores que processadores em-ordem, de modo a dar-lhes tanta oportunidade quanto possível de encontrar instruções que possam ser postas em circulação em um dado ciclo. No entanto, o tamanho da lógica de instruções cresce com o quadrado do número de instruções da janela de instruções, uma vez que cada instrução na janela precisa ser comparada a todas as outras instruções para determinar as dependências entre elas. Isso faz com que janelas de instruções grandes sejam, em termos da quantidade de *hardware* necessário, caras de implementar.

O procedimento apresentado anteriormente para determinar o tempo de execução de uma seqüência de instruções em um processador fora-de-ordem assumiu que a janela de instruções do processador era grande o suficiente para permitir que ele examinasse simultaneamente todas as instruções na seqüência. Se não for este caso, prever o tempo de execução torna-se muito mais difícil, na medida em que se torna necessário fazer o acompanhamento de quais instruções estão contidas dentro da janela de instruções em um dado ciclo e selecionar apenas as instruções a serem postas em circulação a partir desse conjunto.

O tratamento de interrupções e exceções é outra questão de difícil implementação em processadores fora-de-ordem. Se as instruções podem ser executadas fora de ordem, torna-se muito difícil determinar exatamente quais instruções têm que ser executadas quando uma instrução provoca uma exceção, ou quando ocorre uma interrupção. Isso torna difícil para o programador determinar a causa de uma exceção, e torna difícil para o sistema retornar à execução do programa original quando o tratamento de uma interrupção estiver completada.

Para combater isso, todos processadores fora-de-ordem utilizam uma técnica chamada *retirada em-ordem*. Quando uma instrução gera os seus resultados, eles só serão escritos no banco de registradores se todas as instruções anteriores do programa tiverem sido completadas. De outro modo, o resultado é salvo até que as instruções anteriores tenham sido completadas e, então, escritas no banco de registradores. Uma vez que os resultados são escritos no banco de registradores em ordem, o *hardware* pode simplesmente descartar todos os resultados que estão esperando para ser escritos no banco de registradores quando ocorre uma exceção ou uma interrupção. Isso dá a ilusão de que as instruções estão sendo executadas em ordem, permitindo que os programadores façam uma depuração de erros de modo relativamente fácil e tornando possível retomar a execução do programa na instrução seguinte, quando o tratamento de uma interrupção for completada. Processadores que utilizam esta técnica geralmente utilizam lógica de vias secundárias, ou outras técnicas, para transmitir os resultados de uma instrução a instruções dependentes, antes que os resultados sejam escritos no banco de registradores. Isto permite que instruções dependentes sejam postas em circulação assim que uma instrução gere os seus resultados, ao invés de tê-las esperando até que os resultados das instruções sejam escritos no banco de registradores.

7.7 RENOMEAÇÃO DE REGISTRADORES

Dependências EAL e EAE são algumas vezes chamadas de "dependências de nome" porque elas são geradas pela reutilização dos registradores pelos programas devido ao tamanho do banco de registradores ser limitado. Essas dependências podem limitar o paralelismo no nível da instrução em processadores superescalares, porque é preciso assegurar que todas as instruções que leiam um registrador completem o estágio de leitura de registradores do *pipeline*, antes que qualquer outra instrução escreva sobre aquele registrador.

Renomear registradores é uma técnica que reduz o impacto de dependências EAL e EAE sobre o paralelismo, ao atribuir dinamicamente cada valor produzido por um programa a um novo registrador, deste modo eliminando as dependências EAL e EAE. A Fig. 7-3 ilustra a renomeação de registradores. Cada conjunto de instruções possui um *grupo de registradores (banco) arquitetural*, que é o conjunto de registradores que aquele conjunto de instruções utiliza. Todas as instruções especificam as suas entradas e saídas no banco de registradores arquitetural. No processador é implementado um banco de registradores maior, conhecido como o *arquivo de registradores de hardware*, em vez do banco de registradores arquitetural. A lógica de renomeação mantém o controle dos mapeamentos entre os registradores dos bancos de registradores arquitetual e de *hardware*.

Em qualquer situação em que uma instrução lê um registrador do banco de registradores arquitetural, a identificação do registrador é enviada através da lógica de renomeação, de modo a determinar qual registrador deve ser acessado no banco de registradores de *hardware*. Quando uma instrução escreve em um registrador do banco de registradores arquitetural, a lógica de renomeação cria um novo mapeamento entre o registrador arquitetural que foi escrito e o registrador no banco de registradores de *hardware*. Instruções subseqüentes que leiam o registrador arquitetural acessam o novo registrador de *hardware* e vêem o resultado da instrução.

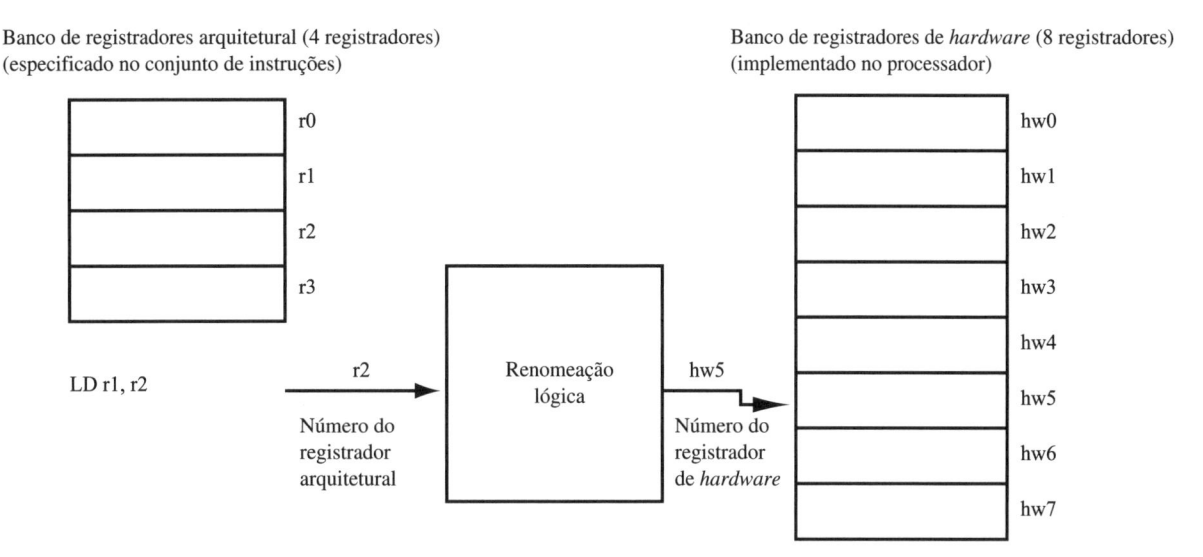

Fig. 7-3   Renomeação de registradores.

A Fig. 7-4 ilustra como a renomeação de registradores pode melhorar o desempenho. No programa original (antes da renomeação), existe a dependência EAL entre as instruções LD r7, (r3) e a SUB r3, r12, r11. A combinação de dependências LAE e EAL no programa faz com que ele demore pelo menos três ciclos para ser posto em circulação, pois a LD tem que ser posta em circulação depois da ADD, a SUB não pode ser posta em circulação antes da LD e a ST não pode ser posta em circulação até depois da SUB.

```
Antes da renomeação        Depois da renomeação
ADD r3, r4, r5             ADD hw3, hw4, hw5
LD r7, (r3)                LD hw7, (hw3)
SUB r3, r12, r11           SUB hw20, hw12, hw11
ST (r15), r3               ST (hw15), hw20
```

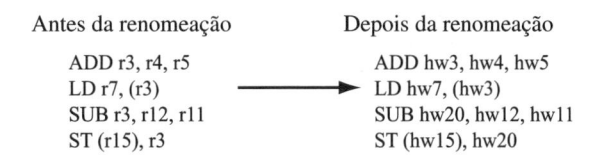

Fig. 7-4   Exemplo de renomeação de registradores.

Com a renomeação de registradores, a primeira escrita em r3 mapeia o registrador de *hardware* hw3, enquanto que a segunda mapeia o hw20 (estes são apenas exemplos arbitrários). Este remapeamento converte a cadeia de dependências original de quatro instruções em 2 cadeias de instruções, as quais podem então ser executadas em paralelo se o processador permitir execução fora-de-ordem. Em geral, a renomeação de registradores traz mais benefícios em processadores fora-de-ordem do que em processadores em-ordem, porque processadores fora-de-ordem podem reorganizar as instruções, assim que a renomeação de registradores tenha eliminado as dependências de nome.

Exemplo   Em um processador superescalar fora-de-ordem com 8 unidades de execução, qual é o tempo de execução da seqüência de instruções abaixo, com e sem renomeação de registradores, se qualquer unidade de execução pode executar qualquer instrução e a latência de todas as instruções é de um ciclo? Assuma que o banco de registradores de *hardware* contém registradores suficientes para remapear cada registrador de destino para um registrador de *hardware* diferente e que a profundidade do *pipeline* é de 5 estágios.

```
LD  r7, (r8)
MUL r1, r7, r2
SUB r7, r4, r5
```

```
ADD r9, r7, r8
LD r8, (r12)
DIV r10, r8, r10
```

Solução

Neste exemplo, as dependências EAL são uma limitação significativa sobre o paralelismo, fazendo com que a instrução DIV seja posta em circulação 3 ciclos depois da primeira LD, para um tempo total de execução de 8 ciclos (a MUL e a SUB podem ser executadas em paralelo, da mesma maneira que a ADD e a segunda LD). Após a renomeação de registradores, o programa torna-se:

```
LD hw7, (hw8)
MUL hw1, hw7, hw2
SUB hw17, hw4, hw5
ADD hw9, hw17, hw8
LD hw18, (hw12)
DIV hw10, hw18, hw10
```

(Mais uma vez, todas as opções de renomeação de registradores são arbitrárias.)

Com a renomeação de registradores, o programa foi dividido em três conjuntos de duas instruções dependentes (LD e MUL, SUB e ADD, LD e DIV). Agora, a SUB e a segunda instrução LD podem ser postas em circulação no mesmo ciclo que a primeira LD. As instruções MUL, ADD e DIV podem todas ser postas em circulação no ciclo seguinte, para um tempo total de execução de 6 ciclos.

Acrescentar a renomeação de registradores a um processador geralmente fornece menos melhorias que mudar a arquitetura do conjunto de instruções para tornar os novos registradores parte dos registradores arquiteturais, porque o compilador não pode usar os novos registradores para armazenar valores temporários. No entanto, a renomeação de registradores permite que os novos processadores permaneçam compatíveis com programas compilados para versões mais antigas do processador, porque ele não exige a mudança do conjunto de instruções. Além disso, aumentar o número de registradores arquiteturais em um processador aumenta o número de *bits* necessários para cada instrução, na medida em que um maior número de *bits* é exigido para codificar os operandos e os registradores de destino.

7.8 PROCESSADORES PIML

Os processadores superescalares mencionados neste capítulo utilizam *hardware* para explorar o PNI, ao localizar instruções que podem ser executadas em paralelo, a partir de programas seqüenciais. A sua capacidade de atingir melhorias no desempenho de programas antigos, mantendo a compatibilidade entre gerações de uma família de processadores, fez com que eles se tornassem muito bem-sucedidos comercialmente, mas atingir um bom desempenho em processadores superescalares exige uma grande quantidade de *hardware*. Processadores com palavras de instrução muito longas (PIML) têm uma abordagem diferente para explorar o paralelismo no nível da instrução, baseando-se no compilador para determinar quais instruções podem ser executadas em paralelo e fornecer esta informação para o *hardware*.

| Operação 1 | Operação 2 | Operação 3 | Operação 4 |

Fig. 7-5   Instrução PIML.

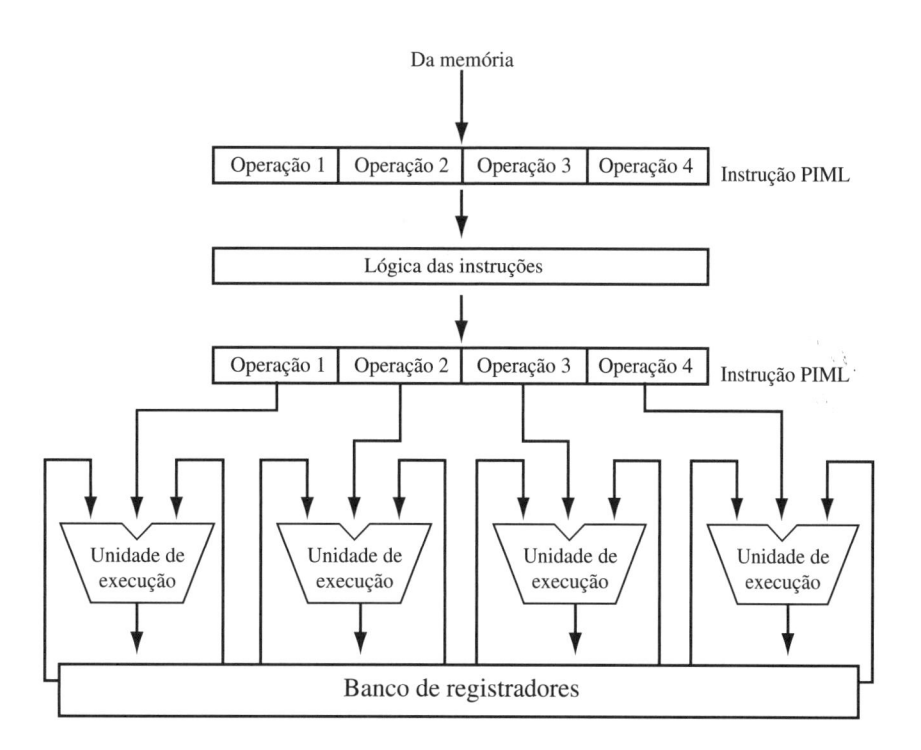

Fig. 7-6 Processador PIML.

Em um processador PIML, cada instrução especifica diversas operações independentes que são executadas em paralelo pelo *hardware*, como mostrado nas Figs. 7-5 e 7-6. Cada operação em uma instrução PIML é equivalente a uma instrução em um processador superescalar ou puramente seqüencial. O número de operações em uma instrução PIML é igual ao número de unidades de execução do processador, e cada operação especifica a instrução que será executada na correspondente unidade de execução, no ciclo na qual a instrução PIML é posta em circulação. Não é necessário que o *hardware* examine o fluxo da instrução para determinar quais instruções podem ser executadas em paralelo, na medida em que o compilador é o responsável por assegurar que todas as operações em uma instrução possam ser executadas simultaneamente. Por causa disso, a lógica de circulação de instruções em um processador PIML é muito mais simples do que a lógica de circulação de instruções em um processador superescalar com o mesmo número de unidades de execução.

A maioria dos processadores PIML não tem marcação de registradores no seu banco de registradores. O compilador é o responsável por assegurar que uma operação não seja posta em circulação antes que os seus operandos estejam prontos. A cada ciclo, a lógica de instruções busca uma instrução PIML da memória, colocando-a em circulação nas unidades de execução para que seja executada. Assim, o compilador pode prever exatamente quantos ciclos decorrerão entre a execução de duas operações, ao contar o número de instruções PIML entre elas. Além disto, o compilador pode programar instruções com uma dependência EAL fora de ordem, desde que a instrução que faz a leitura do registrador seja posta em circulação antes que a instrução que escreve no registrador seja completada, porque o valor antigo no registrador não é sobrescrito até que a instrução que está escrevendo seja completada. Por exemplo, em um processador PIML com uma latência de carga de dois ciclos, a seqüência ADD r1, r2, r3, LD r2, (r4) poderia ser programada de modo que a operação ADD aparecesse na instrução após a carga, uma vez que a mesma não sobrescreverá r2 até que tenham se passados dois ciclos.

Prós e Contras do PIML

As principais vantagens de arquiteturas PIML são que a sua lógica mais simples de instruções freqüentemente permite que ela seja implementada com ciclos de relógio mais curtos do que os processadores superescalares e que o compilador tem controle completo sobre quando as operações são executadas. Geralmente, o compilador tem uma visão do programa em uma escala maior do que a lógica de instruções em um processador superescalar e, portanto, é geralmente melhor do que a lógica de circulação para encontrar instruções a serem executadas em paralelo. A lógica mais simples de circulação de instruções também permite freqüentemente que os processadores PIML coloquem mais unidades de execução em um dado espaço de circuito integrado do que os processadores superescalares.

A desvantagem mais significativa de processadores PIML é que programas PIML só funcionam corretamente quando executados em um processador com um mesmo número de unidades de execução e as mesmas latências de instrução que o processador no qual eles foram compilados, o que torna virtualmente impossível manter compatibilidade entre gerações de uma família de processadores. Se o número de unidades de execução em um processador aumentar entre gerações, o novo processador tentará combinar operações a partir de várias instruções em cada ciclo, potencialmente fazendo com que instruções dependentes sejam executadas no mesmo ciclo. Mudar as latências de instruções entre gerações de uma família de processadores pode fazer com que operações sejam executadas antes que as suas entradas estejam prontas ou depois que as suas entradas já tenham sido sobrescritas, resultando em comportamento incorreto. Além disso, se o compilador não puder encontrar operações paralelas suficientes para preencher todos os espaços em uma instrução, ele tem que colocar instruções NOP (nenhuma operação) explícitas nos correspondentes espaços da operação. Isso faz com que programas PIML ocupem mais memória do que os programas equivalentes para processadores superescalares.

Por causa das suas vantagens e desvantagens, os processadores PIML são freqüentemente utilizados em aplicações de processamento digital de sinais (*digital signal processing* – DSP), nas quais alto desempenho e baixo custo são fundamentais. Esses processadores têm tido menos sucesso em computadores de propósito geral, como estações de trabalho e PCs, porque o mercado exige uma compatibilidade de *software* entre gerações de um processador.

Exemplo Mostre como um compilador poderia organizar a seqüência de operações abaixo para execução em um processador PIML com três unidades de execução. Assuma que todas as operações têm uma latência de dois ciclos e que qualquer unidade de execução pode executar qualquer operação.

```
ADD  r1,  r2,  r3
SUB  r16, r14, r7
LD   r2,  (r4)
LD   r14, (r15)
MUL  r5,  r1,  r9
ADD  r9,  r10, r11
SUB  r12, r2,  r14
```

Solução

A Fig. 7-7 mostra como estas operações poderiam ser organizadas. Note que a LD r14, (r15) é programada na instrução anterior à SUB r16, r14, r7, apesar do fato de que a instrução SUB aparece antes no programa original e lê o registrador de destino da LD. Visto que as operações PIML não sobrescrevem os valores de registradores até que elas tenham sido completadas, o valor anterior de r14 permanece disponível por 2 ciclos depois que a instrução que contém a LD é posta em circulação, permitindo que a SUB veja o valor antigo de r14 e gere o resultado correto. Programar estas operações fora-de-ordem desta maneira permite que o programa seja organizado com menos instruções do que seria possível de outro modo. De modo semelhante, a operação ADD r9, r10, r11 é programada para depois da operação MUL r5, r1, r9, se bem que estas operações poderiam ter sido colocadas na mesma instrução sem aumentar o número de instruções exigidas pelo programa.

Instrução 1	ADD r1, r2, r3	LD r2, (r4)	LD r14, (r15)
Instrução 2	SUB r16, r14, r7	ADD r9, r10, r11	NOP
Instrução 3	MUL r5, r1, r9	SUB r12, r2, r14	NOP

Fig. 7-7   Exemplo de organização PIML.

7.9 TÉCNICAS DE COMPILAÇÃO PARA PARALELISMO NO NÍVEL DA INSTRUÇÃO

Os compiladores utilizam uma ampla variedade de técnicas para melhorar o desempenho de programas, incluindo propagação de constantes, otimização de código e alocação de registradores. Uma discussão geral sobre otimizações de compiladores está além do escopo deste livro, mas esta seção cobrirá em detalhes como desfazer laços, uma otimização que aumenta significativamente o paralelismo no nível das instruções, e descreverá brevemente o *pipelining* de *software*, outra técnica de compilação utilizada para melhorar o desempenho.

Desfazendo Laços

Iterações de laços individuais tendem a ter um paralelismo no nível da instrução relativamente baixo porque freqüentemente eles contêm cadeias de instruções dependentes e um número limitado de instruções entre os desvios de controle do laço. Desfazer laços trata dessas limitações ao transformar um laço com N iterações em um laço com N/M iterações, na qual cada interação do novo laço faz o trabalho de M interações do laço antigo. Isso aumenta o número de instruções entre os desvios de controle, dando ao compilador e ao *hardware* mais oportunidades para encontrar paralelismo no nível da instrução. Além disso, se as interações do laço original são independentes ou contêm apenas uns poucos cálculos dependentes, desfazer o laço pode criar várias cadeias de instruções dependentes, onde existia apenas uma cadeia antes que o laço fosse desfeito, aumentando também a capacidade do sistema de explorar o paralelismo no nível das instruções.

A Fig. 7-8 mostra um exemplo de como desfazer um laço em linguagem C. O laço original iterage através das matrizes-fonte, um elemento por vez, calculando a soma dos elementos correspondentes nas matrizes-fonte e armazenando o resultado na matriz-destino. O laço desfeito progride através das matrizes, dois elementos por iteração, fazendo o trabalho de duas interações do laço original em cada interação do laço desfeito. Neste exemplo, o laço foi desfeito duas vezes.[2] O laço original poderia ter sido desfeito quatro vezes acrescentando-se 4 ao índice i de controle de laço e em cada iteração, executando o trabalho de quatro iterações originais.

```
Laço original                    Laço desfeito

for (i = 0; i < 100; i++){       for (i = 0; i < 100; i += 2) {
    a[i] = b[i] + c[i];              a[i] = b[i] + c[i];
}                                    a[i + 1] = b[i + 1] + c[i + 1];
                                 }
```

Fig. 7-8   Exemplo de laço desfeito, em linguagem C.

Este exemplo também ilustra uma outra vantagem de desfazer laços: a redução do custo computacional do laço. Ao desfazer o laço original duas vezes, reduzimos o número de iterações do laço de 100 para 50. Isto corta pela metade o número de instruções de desvio condicional que tem que ser executado ao final das iterações do laço, o que reduz o número total de instruções que o sistema precisa executar durante um laço, além de gerar mais paralelismo no nível da instrução. Assim, desfazer um laço pode trazer benefícios mesmo em processadores puramente seqüenciais, embora os benefícios sejam mais significativos em processadores PNI.

A Fig. 7-9 mostra como o laço da Fig. 7-8 pode ser implementado em linguagem *assembly* e como um compilador pode desfazer o laço e organizá-lo para uma execução mais rápida em um processador superescalar que utiliza dados em 32 *bits*. Mesmo no laço original, o compilador organizou o código de forma a explorar o máximo possível o paralelismo no nível de instrução. Isso foi feito realizando as operações de carga em registradores e incrementando os registradores que controlam os índices antes de efetuar a instrução ADD que implementa $a[i] = b[i] + c[i]$. Organizar instruções de modo que as instruções independentes estejam mais próximas umas das outras em um programa facilita, para o *hardware* de um processador superescalar, localizar paralelismo no nível da instrução; colocar os incrementos de ponteiros entre as cargas e os cálculos de *a[i]* aumenta o número de operações entre as cargas e a utilização dos seus resultados. Isso torna mais provável que as cargas sejam completadas antes que seus resultados sejam necessários.

O laço desfeito começa com três somas para gerar os ponteiros para *a[i+1]*, *b[i+1]* e *c[i+1]*. Manter esses ponteiros em registradores diferentes dos ponteiros para *a[i]*, *b[i]* e *c[i]* permite que as cargas e os armazenamentos para os elementos *i* e *i + 1* de cada matriz sejam feitos em paralelo, em vez de incrementar cada ponteiro entre referências à memória. Esse bloco inicial de instruções de ajuste para o laço desfeito é chamado de *preâmbulo* do laço. No corpo do laço, o compilador colocou todas as cargas em um bloco, seguidas por todos os incrementos de ponteiros, os cálculos de *a[i]* e *a[i + 1]* e, finalmente, os armazenamentos e desvio de retorno do laço. Isso maximiza tanto o paralelismo quanto o tempo para que as cargas sejam completadas.

No exemplo que estudamos até aqui, o número de iterações do laço original é divisível uniformemente pelo grau em que o laço podia ser desfeito, fazendo com que fosse fácil desfazer o laço. No entanto, em muitos casos, o número de iterações do laço não é divisível pelo grau em que ele pode ser desfeito ou isto não é conhecido em tem-

---

[2] Diz-se que um laço é desfeito n vezes se cada iteração do laço desfeito executar o trabalho de n iterações do laço original.

po de compilação, tornando mais difícil desfazer o laço. Por exemplo, o compilador deseja desfazer o laço da Fig. 7-8 em oito vezes, ou o número de iterações ser uma variável do programa.

Para a primeira situação, o compilador gera dois laços. O primeiro laço é uma versão desfeita do laço original executada até que o número de iterações remanescentes seja menor que o grau em que o laço pode ser desfeito. Então, o segundo laço executa as iterações remanescentes, uma por vez. Em laços onde o número de iterações não é conhecido no início do laço, como um laço que interage através de uma *string* procurando pelo caracter de final de *string*, é muito mais difícil desfazer o laço e são necessárias técnicas muito mais sofisticadas.

A Fig. 7-10 mostra como o laço da Fig. 7-8 seria desfeito oito vezes. O primeiro laço progride através das iterações, oito por vez, até que existam menos de oito iterações remanescentes (detectadas quando $i + 8 >= 100$). O segundo laço começa na próxima iteração e progride através das iterações remanescentes, uma por vez. Como i é uma variável inteira, o cálculo $i = ((100 / 8) \times 8)$ não ajusta i para 100. O cálculo inteiro 100/8 gera apenas a parte inteira do quociente (desprezando o resto). Ao multiplicar este resultado por 8, obtém-se o maior múltiplo de 8 que é menor do que 100 (96). Este é o ponto onde o segundo laço deve começar suas iterações.

Laço original

```
        MOV r31, #0          /* inicializa i */
loop:   LD r1,( r2);         /* r2 contém o ponteiro para b[i] */
        LD r3, (r4);         /* r4 contém o ponteiro para c[i] */
        ADD r2, #4, r2;      /* Incrementa para b[i + 1] */
        ADD r4, #4, r4;      /* Incrementa para c[i + 1] */
        ADD r6, r1, r3;
        ST (r7), r6;         /* r7 contém o ponteiro para a[i] */
        ADD r7, #4, r7;      /* Incrementa para a[i + 1] */
        ADD r31, #1, r31;    /* Incrementa i */
        BNE loop, r31, #100; /* Vai para a próxima iteração a ser feita */
```

Laço desfeito

```
        MOV r31, #0
        ADD r8, #4, r2;      /* r8 contém o ponteiro para b[i+1] */
        ADD r10, #4, r4;     /* r10 contém o ponteiro para c[i+1] */
        ADD r13, #4, r6;     /* r13 contém o ponteiro para a[i+1] */
loop:   LD r1, (r2);
        LD r9, (r8);
        LD r3, (r4);
        LD r11, (r10);
        ADD r2, #8, r2;      /* Nota: incrementa por 2 × 32 bits */
        ADD r4, #8, r4;
        ADD r8, #8, r8;
        ADD r10, #8, r10;
        ADD r6, r1, r3;
        ADD r12, r9, r11;
        ST (r7), r6;
        ST (r13), r12;
        ADD r7, #8, r7;
        ADD r13, #8, r13;
        ADD r31, #2, r31;    /* r31 é incrementado por 2, ao invés de por 1 */
        BNE loop, r31, #100;
```

Fig. 7-9 Exemplo de como desfazer um laço em linguagem assembly.

Laço original

```
for (i = 0; i < 100; i++){
    a[i] = b[i] + c[i];
}
```

Laço desfeito

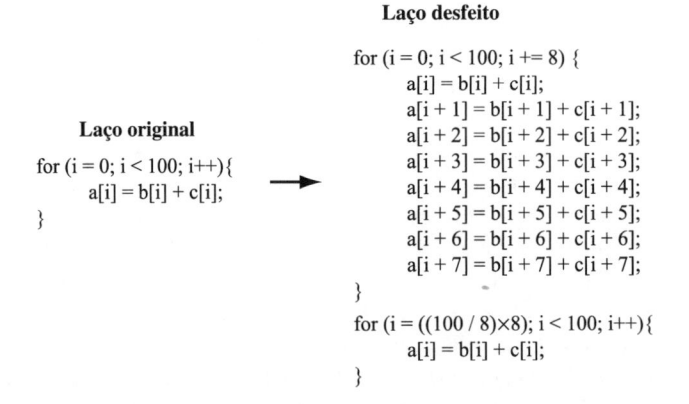

```
for (i = 0; i < 100; i += 8) {
    a[i] = b[i] + c[i];
    a[i + 1] = b[i + 1] + c[i + 1];
    a[i + 2] = b[i + 2] + c[i + 2];
    a[i + 3] = b[i + 3] + c[i + 3];
    a[i + 4] = b[i + 4] + c[i + 4];
    a[i + 5] = b[i + 5] + c[i + 5];
    a[i + 6] = b[i + 6] + c[i + 6];
    a[i + 7] = b[i + 7] + c[i + 7];
}
for (i = ((100 / 8)×8); i < 100; i++){
    a[i] = b[i] + c[i];
}
```

Fig. 7-10 Desfazendo um laço não-uniforme.

Pipelining de Software

Desfazer laços melhora o desempenho ao aumentar o número de operações independentes dentro de uma iteração do laço. Uma outra otimização, o *pipelining de software*, melhora o desempenho ao reorganizar o trabalho efetuado em uma iteração para uma nova seqüência, de modo que cada interação do novo laço executa parte do trabalho de várias iterações do laço original. Por exemplo, um laço que recupera *b[i]* e *c[i]* da memória, soma-os para gerar *a[i]* e escreve *a[i]* de volta na memória pode ser transformado de modo que cada iteração escreva primeiro *a[i – 1]* de volta na memória, então calcule *a[i]* baseado nos valores *b[i]* de *c[i]*, recuperados na última iteração, e, finalmente, busque *b[i + 1]* e *c[i + 1]* na memória para se preparar para a próxima iteração. Assim, o trabalho de calcular um dado elemento da matriz *a[ ]* é distribuído através de três iterações do novo laço.

Intercalar partes de iterações de laços diferentes desta maneira aumenta o nível de paralelismo das instruções, de modo muito parecido como desfazer laços. Isto também aumenta o número de instruções entre o cálculo de um valor e o seu uso, fazendo com que seja mais provável que o valor esteja disponível antes que ele seja necessário. Muitos compiladores combinam *pipelining* de *software* e as técnicas de desfazer de laços para aumentar o paralelismo no nível das instruções para além daquilo que é possível pela aplicação individual de qualquer um dos métodos de otimização.

7.10 RESUMO

Explorar o paralelismo no nível das instruções pode melhorar em muito o desempenho de um processador, ao permitir que instruções independentes sejam executadas ao mesmo tempo. O desempenho de um processador PNI, em um dado programa, é limitado por diversos fatores. O número de unidades de execução no processador determina o número máximo de instruções que o processador pode executar simultaneamente. Dependências de instruções limitam a quantidade de paralelismo no nível da instrução que é disponível no programa. Esta limitação é especialmente significativa para processadores superescalares em-ordem, porque um par de instruções dependentes pode causar atraso em todas as instruções remanescentes no programa. Finalmente, o paralelismo no nível de instruções pode ser limitado por restrições na janela de instruções que o sistema pode examinar para encontrar as instruções que podem ser executadas em paralelo.

Neste capítulo, cobrimos as duas arquiteturas mais comuns para o paralelismo no nível de instruções: processadores superescalares e processadores com instruções muito longas. Processadores PIML baseiam-se no compilador para organizar instruções para execução em paralelo, colocando várias instruções em uma única palavra longa de instruções. Todas as operações em uma instrução PIML são executadas no mesmo ciclo, permitindo que o compilador controle quais instruções serão executadas em um dado ciclo. Processadores PIML podem ser relativamente simples, permitindo que eles sejam implementados em velocidades de relógio mais altas. Entretanto, processadores PIML são incapazes de manter compatibilidade entre gerações porque quaisquer mudanças na implementação do processador exige que os programas sejam recompilados para que eles sejam executados corretamente.

Ao contrário, processadores superescalares contém um *hardware* que examina um programa seqüencial de modo a localizar instruções que possam ser executadas em paralelo. Isto permite que eles mantenham compatibilidade entre gerações e produzam aumentos de velocidade em programas que foram compilados para processadores seqüenciais. A desvantagem nesse caso é a janela de instruções limitada que o *hardware* examina para escolher instruções que possam ser executadas em paralelo, o que pode reduzir o seu desempenho.

Foram discutidas duas técnicas de *hardware* para melhorar o desempenho de processadores superescalares. A execução fora-de-ordem permite que um processador execute instruções em qualquer ordem que não modifique o resultado do programa. Isto melhora o desempenho ao evitar que instruções dependentes impeçam a execução de instruções dependentes posteriores. A renomeação de registradores elimina os riscos EAE e EAL ao mapear o conjunto de registradores arquiteturais do processador sobre um conjunto de registradores de *hardware* maior, permitindo que mais instruções sejam executadas em paralelo.

Finalmente, foram discutidas brevemente técnicas de compilação para processadores PNI. Em especial, foi discutida em detalhes a otimização ao desfazer laços, a qual funde diversas iterações de um laço original em uma iteração para melhorar o paralelismo no nível das instruções. Bons compiladores são essenciais para o desempenho tanto de processadores superescalares quanto de processadores PIML.

O paralelismo no nível das instruções continuará a ser, no futuro, uma técnica importante para melhorar o desempenho. À medida que as tecnologias de fabricação avançam, a quantidade de tempo necessária para que cada unidade de execução se comunique com o banco de registradores do processador e com a lógica de circulação de instruções pode limitar o desempenho, exigindo, assim, arquiteturas mais avançadas que distribuam estes recursos em diversos módulos menores e que estejam localizados perto das unidades de execução individuais. Este estilo de arquitetura de processadores é uma área de pesquisa ativa, e a próxima década deverá ver mudanças substanciais no modo como são construídos os processadores no nível da instrução.

Problemas Resolvidos

Paralelismo no Nível da Instrução

7.1 O que é paralelismo no nível da instrução? Como os processadores o exploram para melhorar o desempenho?

Solução

Paralelismo no nível da instrução refere-se ao fato de que muitas das instruções em um programa seqüencial são independentes, significando que não é necessário que elas sejam executadas na ordem que elas aparecem no programa para produzir o resultado correto. Os processadores exploram isto ao executar estas instruções em paralelo, ao invés de seqüencialmente, reduzindo o tempo de execução dos programas.

Operações Dependentes

7.2 Qual é a cadeia mais longa de operações dependentes (inclusive dependências de nome) no seguinte fragmento de programa?

```
LD   r7,  (r8)
SUB  r10, r11, r12
MUL  r13, r7,  r11
ST   (r9), r13
ADD  r13, r2,  r1
LD   r5,  (r6)
SUB  r3,  r4,  r5
```

Solução

A cadeia de dependências mais longa tem quatro instruções de comprimento.

```
LD   r7,  (r8)
MUL  r13, r7,  r11
ST   (r9), r13
ADD  r13, r2,  r1
```

Note que a dependência entre as instruções ST e ADD é uma dependência EAL.

Limites do Paralelismo

7.3 Se o fragmento de código do Problema 7.2 fosse executado em um processador superescalar com um número infinito de unidades de execução e latências de um ciclo para todas as operações, quanto tempo demoraria para que ele fosse colocado em circulação? (Em outras palavras, quais as limitações que as dependências deste fragmento de programa impõe sobre o tempo de circulação?)

Solução

Com um número infinito de unidades de execução, a capacidade do processador para colocar instruções em circulação em paralelo é limitada apenas pela profundidade das cadeias de instruções dependentes no programa. A cadeia mais longa de instruções dependentes foi identificada no exercício anterior e a segunda cadeia mais longa tem apenas duas instruções.

Se todas as dependências na cadeia mais longa fossem dependências LAE, as instruções na cadeia seriam postas em circulação em seqüência, fazendo com que o tempo de circulação fosse de quatro ciclos. No entanto, uma das dependências é uma dependência EAL, podendo ser posta em circulação no mesmo ciclo. Isto permite que as instruções ST (r9), r13 e ADD r13, r2, r1 sejam postas em circulação no mesmo ciclo, reduzindo o tempo de circulação para 3 ciclos.

Execução Em-Ordem (I)

7.4 Quanto tempo demora para que o seguinte fragmento de código seja posto em circulação em um processador superescalar em-ordem, com duas unidades de execução, onde todas as instruções tem latências de 1 ciclo e qualquer unidade de execução pode executar todas as instruções?

```
LD   r1, (r2)
SUB  r4, r5, r6
ADD  r3, r1, r7
```

```
MUL r8, r3, r3
ST (r11), r4
ST (r12), r8
ADD r15, r14, r13
SUB r10, r15, r10
ST (r9), r10
```

Solução

Este fragmento de código demora 6 ciclos para ser posto em circulação, como mostrado abaixo. Note que existem diversas instruções no fragmento cujas dependências de dados permitiriam que elas fossem executadas mais cedo, mas o processador não pode fazer isto por causa da exigência de execução em-ordem.

```
Ciclo 1:   LD r1, (r2)      SUB r4, r5, r6
Ciclo 2:   ADD r3, r1, r7
Ciclo 3:   MUL r8, r3, r3   ST (r11), r4
Ciclo 4:   ST (r12), r8     ADD r15, r14, r13
Ciclo 5:   SUB r10, r15, r10
Ciclo 6:   ST (r9), r10
```

Execução Em-Ordem (II)

7.5 Quanto tempo demora para que a seguinte seqüência de código seja posta em circulação em um processador superescalar em-ordem, com 4 unidades de execução, onde qualquer unidade de execução pode executar todas as instruções, as operações de carga têm latências de 2 ciclos e todas as outras operações tem latências de 1 ciclo?

```
ADD r1, r2, r3
SUB r5, r4, r5
LD r4, (r7)
MUL r4, r4, r4
ST (r7), r4
LD r9, (r10)
LD r11, (r12)
ADD r11, r11, r12
MUL r11, r11, r11
ST (r12), r11
```

Solução

Esta seqüência de código demora 8 ciclos para ser posta em circulação, como mostrado abaixo.

```
Ciclo 1:   ADD r1, r2, r3   SUB r5, r4, r5      LD r4, (r7)
Ciclo 2:   (nada)
Ciclo 3:   MUL r4, r4, r4
Ciclo 4:   ST (r7), r4      LD r9, (r10)    LD r11, (r12)
Ciclo 5:   (nada)
Ciclo 6:   ADD r11, r11, r12
Ciclo 7:   MUL r11, r11, r11
Ciclo 8:   ST (r12), r11
```

Execução Em-Ordem (III)

7.6 Quanto tempo demora para que as seguintes instruções sejam executadas em um processador superescalar em-ordem, com duas unidades de execução, onde qualquer unidade de execução pode executar todas as instruções, as operações de carga têm latências de 3 ciclos e todas as outras operações têm latências de 2 ciclos? Assuma que o processador tem um *pipeline* de 6 estágios.

```
LD r4, (r5)
LD r7, (r8)
ADD r9, r4, r7
LD r10, (r11)
```

```
MUL  r12, r13, r14
SUB  r2, r3, r1
ST   (r2), r15
MUL  r21, r4, r7
ST   (r22), r23
ST   (r24), r21
```

Solução

A latência do *pipeline* é de 6 ciclos e demora 9 ciclos para colocar todas as instruções em circulação, como mostrado abaixo:

```
Ciclo 1:   LD  r4, (r5)          LD  r7, (r8)
Ciclo 2:   (nada)
Ciclo 3:   (nada)
Ciclo 4:   ADD r9, r4, r7        LD  r10, (r11)
Ciclo 5:   MUL r12, r13, r14     SUB r2, r3, r1
Ciclo 6:   (nada)
Ciclo 7:   ST  (r2), r15         MUL r21, r4, r7
Ciclo 8:   ST  (r22), r23
Ciclo 9:   ST  (r24), r21
```

Portanto, o tempo total de execução é 6 + 9 − 1 = 14 ciclos.

Unidades de Execução Restrita

7.7 Quanto tempo o programa do Problema 7.6 demoraria para ser posto em circulação se o processador fosse limitado para que no máximo uma instrução em um ciclo pudesse ser uma operação de memória (carga ou armazenamento) e outra operação que não fosse de memória (isto é, se uma das unidades de execução executasse apenas instruções de memória e uma das unidades de execução executasse apenas instruções que não fossem de memória)? Todos os outros parâmetros do processador são os mesmos que os do Problema 7.6.

Solução

O programa demoraria 11 ciclos para ser posto em circulação.

```
Ciclo 1:    LD  r4, (r5)
Ciclo 2:    LD  r7, (r8)
Ciclo 3:    (nada)
Ciclo 4:    (nada)
Ciclo 5:    ADD r9, r4, r7        LD  r10, (r11)
Ciclo 6:    MUL r12, r13, r14
Ciclo 7:    SUB r2, r3, r1
Ciclo 8:    (nada)
Ciclo 9:    ST  (r2), r15         MUL r21, r4, r7
Ciclo 10:   ST  (r22), r23
Ciclo 11:   ST  (r24), r21
```

Execução Fora-de-Ordem (I)

7.8 Quanto tempo demoraria para que o fragmento de código do Problema 7.4 fosse posto em circulação em um processador superescalar fora-de-ordem, com todos os outros parâmetros iguais aos do exercício original? Assuma que a janela de instruções do processador é grande o suficiente para cobrir todo fragmento de código e que o processador assume a abordagem voraz para colocar as instruções em circulação, como foi discutido no capítulo.

Solução

Demoraria 5 ciclos, como mostrado abaixo:

```
Ciclo 1:   LD  r1, (r2)        SUB r4, r5, r6
Ciclo 2:   ADD r3, r1, r7      ST  (r11), r4
```

Ciclo 3:	MUL r8, r3, r3	ADD r15, r14, r13
Ciclo 4:	ST (r12), r8	SUB r10, r15, r10
Ciclo 5:	ST (r9), r10	

Execução Fora-de-Ordem (II)

7.9 Quanto tempo demoraria para que o fragmento de código do Problema 7.5 fosse posto em circulação em um processador fora-de-ordem, cujos demais parâmetros são os mesmos que os do exercício original? Utilize a organização voraz e assuma que a janela de instruções do processador é grande o suficiente para cobrir todo fragmento de programa.

Solução

Demoraria 6 ciclos para ser posto em circulação. Note que o tempo para colocar estas instruções em circulação poderia ter sido reduzido, colocando-se a LD r11, (r12) no ciclo 1, ao invés da LD r9, (r10), mas isto teria violado a abordagem voraz.

Ciclo 1:	ADD r1, r2, r3	SUB r5, r4, r5	LD r4, (r7)	LD r9, (r10)
Ciclo 2:	LD r11, (r12)			
Ciclo 3:	MUL r4, r4, r4			
Ciclo 4:	ST (r7), r4	ADD r11, r11, r12		
Ciclo 5:	MUL r11, r11, r11			
Ciclo 6:	ST (r12), r11			

Execução Fora-de-Ordem (III)

7.10 Quanto tempo demoraria para que as instruções do Problema 7.6 fossem postas em circulação em um processador fora-de-ordem, com 2 unidades de execução, onde todas as latências das operações são as mesmas do Problema 7.6? Utilize a organização voraz e assuma que a janela de instruções do processador é grande o suficiente para cobrir todo fragmento de programa.

Solução

Elas demorariam 6 ciclos para serem postas em circulação:

Ciclo 1:	LD r4, (r5)	LD r7, (r8)
Ciclo 2:	LD r10, (r11)	MUL r12, r13, r14
Ciclo 3:	SUB r2, r3, r1	ST (r22), r23
Ciclo 4:	ADD r9, r4, r7	MUL r21, r4, r7
Ciclo 5:	ST (r2), r15	
Ciclo 6:	ST (r24), r21	

Execução Fora-de-Ordem com Unidades de Execução Restrita

7.11 Suponha que o processador do Problema 7.10 tenha uma unidade de execução que executa instruções de memória e uma unidade de execução que executa instruções que não são de memória. Se todos os outros parâmetros do processador permanecerem os mesmos, quanto tempo demoraria para pôr em circulação o fragmento de código?

Solução

Demoraria 8 ciclos para ser posto em circulação:

Ciclo 1:	LD r4, (r5)	MUL, r12, r13, r14
Ciclo 2:	LD r7, (r8)	SUB r2, r3, r1
Ciclo 3:	LD r10, (r11)	
Ciclo 4:	ST (r2), r15	
Ciclo 5:	ADD r9, r4, r7	ST (r22), r23
Ciclo 6:	MUL r21, r4, r7	
Ciclo 7:	(nada)	
Ciclo 8:	ST (r24), r21	

Renomeação de Registradores (I)

7.12 Quantos registradores de *hardware* são necessários para permitir que a renomeação de registradores elimine todas as dependências EAL e EAE do seguinte conjunto de instruções?

```
LD   r1, (r2)
ADD  r3, r4, r1
SUB  r4, r5, r6
MUL  r7, r4, r8
ASH  r8, r9, r10
SUB  r11, r8, r12
DIV  r12, r13, r14
ST   (r15), r12
```

Solução

O fragmento de código utiliza 15 registradores arquiteturais. Além disso, há três dependências EAL: ADD r3, r4, r1 → SUB r4, r5, r6, MUL r7, r4, r8 → ASH r8, r9, r10 e SUB r11, r8, r12 → DIV r12, r13, r14. Não existem dependências EAL no código. Portanto, um total de 18 registradores de *hardware* são necessários para que a renomeação de registradores elimine todas as dependências de nome do programa (15 para os 15 registradores arquiteturais, mais 3 para renomear cada um dos registradores envolvidos nas dependências EAL).

Renomeação de Registradores (II)

7.13 Mostre como o *hardware* para a renomeação de registradores transformaria o fragmento de código do exercício anterior. Assuma que o processador tem registradores de *hardware* suficientes para executar as renomeações necessárias.

Solução

(Os números dos registradores de *hardware* são os mesmos números dos registradores arquiteturais, exceto quando a renomeação é necessária para eliminar dependências.)

```
LD   hw1, (hw2)
ADD  hw3, hw4, hw1
SUB  hw16, hw5, hw6
MUL  hw7, hw16, hw8
ASH  hw17, hw9, hw10
SUB  hw11, hw17, hw12
DIV  hw18, hw13, hw14
ST   (hw15), hw18
```

Renomeação de Registradores (III)

7.14 Quanto tempo a seqüência de código original do Problema 7.12 e a seqüência de código renomeada do exercício anterior demorariam para serem postas em circulação em um processador superescalar fora-de-ordem, com 4 unidades de execução, onde cada uma pode executar qualquer operação? Assuma que todas as instruções têm latências de 1 ciclo, utilize a abordagem de organização voraz e assuma que a janela de instruções do processador é grande o suficiente para cobrir toda a seqüência de código.

Solução

Sem a renomeação de registradores, a seqüência demora 5 ciclos para ser posta em circulação, porque instruções com uma dependência EAL podem ser postas em circulação no mesmo ciclo, mas não fora de ordem:

Ciclo 1: LD r1, (r2)
Ciclo 2: ADD r3, r4, r1   SUB r4, r5, r6
Ciclo 3: MUL r7, r4, r8   ASH r8, r9, r10
Ciclo 4: SUB r11, r8, r12 DIV r12, r13, r14
Ciclo 5: ST (r15), r12

Com a renomeação de registradores, a seqüência pode ser posta em circulação em 2 ciclos, porque podemos colocar em circulação fora de ordem as instruções que originalmente tinham dependências EAL:

Ciclo 1: `LD hw1, (hw2)`   `SUB hw16, hw5, hw6`   `ASH hw17, hw9, hw10`   `DIV hw18, hw13, hw14`
Ciclo 2: `ADD hw3, hw4, hw1`   `MUL hw7, hw16, hw8`   `SUB hw11, hw17, hw12`   `ST (hw15), hw18`

Organização PIML (I)

7.15 Mostre como um compilador pode organizar o código do Problema 7.5 para execução em um processador PIML com o mesmo número de unidades de execução e latências de instruções, conforme especificado no exercício original. De modo diferente dos problemas de execução fora-de-ordem, você deve assumir que o compilador examina todas as possíveis ordens de instruções para encontrar a melhor organização. (Isto reflete o fato de que o compilador pode dedicar um esforço maior para encontrar a melhor organização do que seria normalmente possível com *hardware*.) Esteja certo de incluir NOPs (instruções de nenhuma operação).

Solução

O código pode ser organizado em 5 instruções. Um exemplo de uma organização correta é mostrado abaixo, embora existam outras organizações que utilizam o mesmo número de instruções:

Instrução 1: `SUB r4, r5, r5`   `LD r4, (r7)`   `LD r9, (r10)`   `LD r11, (r12)`
Instrução 2: `ADD r1, r2, r3`   `NOP`   `NOP`   `NOP`
Instrução 3: `MUL r4, r4, r4`   `ADD r11, r11, r12` `NOP`   `NOP`
Instrução 4: `ST (r7), r4`   `MUL r11, r11, r11` `NOP`   `NOP`
Instrução 5: `ST (r12), r11`   `NOP`   `NOP`   `NOP`

Organização PIML (II)

7.16 Mostre como um compilador pode organizar o seguinte programa para executar em um processador PIML com 4 unidades de execução, cada uma das quais podendo executar qualquer tipo de instrução. As instruções de carga têm uma latência de 3 ciclos e as demais têm uma latência de 1 ciclo. Tenha em mente que, em um PIML, o valor antigo de um registrador de destino de uma operação permanece disponível para leitura até que a operação seja completada.

```
SUB  r4, r7, r8
MUL  r10, r11, r12
DIV  r14, r13, r15
ADD  r9, r3, r2
LD   r7, (r20)
LD   r8, (r21)
LD   r11, (r22)
LD   r12, (r23)
LD   r13, (r24)
LD   r15, (r25)
LD   r3, (r30)
LD   r2, (r31)
ST   (r26), r4
ST   (r27), r10
ST   (r28), r14
ST   (r29), r9
```

Solução

Tirando proveito do fato de que o conteúdo antigo dos registradores não são sobrescritos em um processador PIML até que a instrução que está escrevendo tenha sido completada, esta seqüência pode ser organizada em 4 instruções. Aqui, estamos programando a SUB r4, r7, r8 deliberadamente depois das instruções que fazem a carga de r7 e de r8, mas antes que aquelas instruções tenham sido completadas. A subtração verá o valor antigo de r7 e de r8, que é o que queremos, uma vez que a subtração aparece antes das cargas no programa original. As instruções MUL, DIV e ADD são programadas de modo semelhante durante as latências de instruções que sobrescrevem os seus operandos de entrada, de modo que elas vejam os valores antigos naqueles registradores.

Instrução 1: `LD r7, (r20)`   `LD r8, (r21)`   `LD r11, (r22)`   `LD r12, (r23)`
Instrução 2: `LD r13, (r24)`   `LD r15, (r25)` `LD r3, (r30)`   `LD r2, (r31)`

Instrução 3: `SUB r4, r7, r8`   `MUL r10, r11, r12`   `DIV r14, r13, r15`   `ADD r9, r3, r2`
Instrução 4: `ST (r26), r4`   `ST(r27), r10`   `ST (r28), r14`   `ST (r29), r9`

(Note que as instruções de carga podem ser colocadas nas primeiras duas instruções, em qualquer ordem, sem mudar o número de instruções necessárias.)

Desfazendo Laços (I)

7.17 Por que desfazer um laço freqüentemente melhora o desempenho?

Solução

Desfazer laços melhora o desempenho porque as iterações dos laços são freqüentemente independentes ou, pelo menos, contêm algumas operações que não dependem da iteração anterior do laço. No entanto, os riscos de controle criados por um desvio que volta ao início do laço tornam difícil para os processadores colocarem simultaneamente em circulação instruções de várias iterações de um laço. Desfazer um laço une diversas iterações em uma seção linear de código que o processador ou o compilador podem examinar para localizar instruções independentes. Isto geralmente aumenta a quantidade de paralelismo no nível da instrução (número de instruções que podem ser executadas por ciclo) no programa, melhorando o desempenho. Desfazer laços também reduz o número de instruções de desvio condicional executadas durante a execução do laço, melhorando ainda mais o desempenho.

Desfazendo Laços (II)

7.18 Mostre como um compilador desfaria quatro vezes o seguinte laço infinito. Esteja certo de incluir o código de preâmbulo (o código que calcula todos ponteiros necessários para as operações dentro de cada iteração do laço desfeito.) Assuma que o processador tem tantos registradores arquiteturais quanto necessário.

```
loop:
    LD r1, (r2)
    LD r3, (r4)
    LD r5, (r6)
    ADD r1, r1, r3
    ADD r1, r1, r5
    DIV r1, r1, r7
    ST (r0), r1
    ADD r2, #4, r2
    ADD r4, #4, r4
    ADD r6, #4, r6
    ADD r0, #4, r0
    BR loop
```

Solução

Aqui está um exemplo de como o compilador pode desfazer o laço. Os elementos-chave para desfazer um laço são o preâmbulo; gerar os ponteiros necessários para o laço desfeito, em cada iteração desfeita; incrementar todos ponteiros por 16, em vez de por 4, porque a iteração desfeita contém quatro das iterações originais; e perceber que r7 não muda de iteração para iteração do laço original, de modo que não precisamos de vários registradores para manter o valor que está em r7 durante iterações diferentes do laço original. Há muitos modos diferentes pelos quais este laço pode ser desfeito. Qualquer solução que incorpore os elementos-chave descritos acima e execute o trabalho de quatro iterações do laço antigo em cada iteração do laço desfeito, está correta.

Além do processo básico de desfazer laços, este exemplo move todas as operações de cargas do laço desfeito para o início do laço e insere tantas operações quanto possível entre as operações de divisões e armazenamento que escrevem os resultados das divisões na memória. Estas reorganizações melhorarão o desempenho do laço ao dar às cargas e às divisões, que freqüentemente são operações de latência longa, mais tempo para serem completadas antes que os seus resultados sejam necessários.

```
preamble:
    ADD  r8,   #4,   r0
    ADD  r10,  #4,   r2
    ADD  r12,  #4,   r4
    ADD  r14,  #4,   r6
    ADD  r16,  #8,   r0
    ADD  r18,  #8,   r2
    ADD  r20,  #8,   r4
    ADD  r22,  #8,   r6
    ADD  r24,  #12,  r0
    ADD  r26,  #12,  r2
    ADD  r28,  #12,  r4
    ADD  r30,  #12,  r6
loop:
    LD   r1,   (r2)
    LD   r3,   (r4)
    LD   r5,   (r6)
    LD   r9,   (r10)
    LD   r11,  (r12)
    LD   r13,  (r14)
    LD   r17,  (r18)
    LD   r19,  (r20)
    LD   r21,  (r22)
    LD   r25,  (r26)
    LD   r27,  (r28)
    LD   r29,  (r30)
    ADD  r1,   r1,   r3
    ADD  r1,   r1,   r5
    DIV  r1,   r1,   r7
    ADD  r9,   r9,   r11
    ADD  r9,   r9,   r13
    DIV  r9,   r9,   r7
    ADD  r17,  r17,  r19
    ADD  r17,  r17,  r21
    DIV  r17,  r17,  r7
    ADD  r25,  r25,  r27
    ADD  r25,  r25,  r29
    DIV  r25,  r25,  r7
    ADD  r2,   #16,  r2
    ADD  r4,   #16,  r4
    ADD  r6,   #16,  r6
    ADD  r10,  #16,  r10
    ADD  r12,  #16,  r12
    ADD  r14,  #16,  r14
    ADD  r18,  #16,  r18
    ADD  r20,  #16,  r20
    ADD  r22,  #16,  r22
    ADD  r26,  #16,  r26
    ADD  r28,  #16,  r28
    ADD  r30,  #16,  r30
    ST   (r0),  r1
    ADD  r0,   #16,  r0
    ST   (r8),  r9
    ADD  r8,   #16,  r8
    ST   (r16), r17
    ADD  r16,  #16,  r16
    ST   (r24), r25
    ADD  r24,  #16,  r24
    BR   loop
```

Impacto de Desfazer Laços sobre o Tempo de Execução

7.19 Mostre como um compilador organizaria as versões originais e desfeitas do laço do exercício anterior para execução em um processador PIML, com uma largura de 4, que pode executar uma instrução em qualquer unidade de execução. Assuma latências de 3 ciclos para as operações LD e 2 ciclos para as DIVs e as ADDs. Assuma que o atraso de desvio do processador é longo o suficiente para que todas as operações em uma iteração sejam completadas antes que a próxima iteração comece. Como em quaisquer outros problemas de PIML, assuma que o compilador examina todas as possíveis ordens de operações para encontrar aquela que se encaixe no menor número de instruções. Para o laço desfeito, programe apenas o corpo do laço, não o preâmbulo.

Solução

Nas duas partes deste problema, há muitas maneiras de converter o laço para execução PIML em um número mínimo de instruções. Aqui, apresentamos exemplos de como o laço poderia ser colocado no número mínimo de instruções, mas está correta qualquer solução que atinja este número de instruções, sem violar as dependências de dados do laço.

Instrução	op1	op2	op3	op4
1	LD r1, (r2)	LD r3, (r4)	LD r5, (r6)	ADD r2, #4, r2
2	ADD r4, #4, r4	ADD r6, #4, r6	NOP	NOP
3	NOP	NOP	NOP	NOP
4	ADD r1, r1, r3	NOP	NOP	NOP
5	NOP	NOP	NOP	NOP
6	ADD r1, r1, r5	NOP	NOP	NOP
7	NOP	NOP	NOP	NOP
8	DIV r1, r1, r7	NOP	NOP	NOP
9	NOP	NOP	NOP	NOP
10	ST (r0), r1	BR loop	ADD r0, #4, r0	NOP

Laço desfeito: 12 instruções. Ao desfazer o laço, conseguimos fazer quatro vezes mais trabalho em cada iteração, com um redução de apenas 20% no tempo de execução de uma iteração.

Instrução	op1	op2	op3	op4
1	LD r1, (r2)	LD r3, (r4)	LD r9, (r10)	LD r11, (r12)
2	LD r17, (r18)	LD r19, (r20)	LD r25, (r26)	LD r27, (r28)
3	LD r5, (r6)	LD r13, (r14)	LD r21, (r22)	LD r29, (r30)
4	ADD r1, r1, r3	ADD r9, r9, r11	ADD r2, #16, r2	ADD r4, #16, r4
5	ADD r17, r17, r19	ADD r25, r25, r27	ADD r10, #16, r10	ADD r12, #16, r12
6	ADD r1, r1, r5	ADD r9, r9, r13	ADD r18, #16, r18	ADD r20, #16, r20
7	ADD r17, r17, r21	ADD r25, r25, r29	ADD r26, #16, r26	ADD r28, #16, r28
8	DIV r1, r1, r7	DIV r9, r9, r7	ADD r6, #16, r6	ADD r14, #16, r14
9	DIV r17, r17, r7	DIV r25, r25, r7	ADD r22, #16, r22	ADD r30, #16, r30
10	ST (r0), r1	ST (r8), r9	ADD r0, #16, r0	ADD r8, #16, r8
11	ST (r16), r17	ST (r24), r25	ADD r16, #16, r16	ADD r24, #16, r24
12	BR loop	NOP	NOP	NOP

Capítulo 8

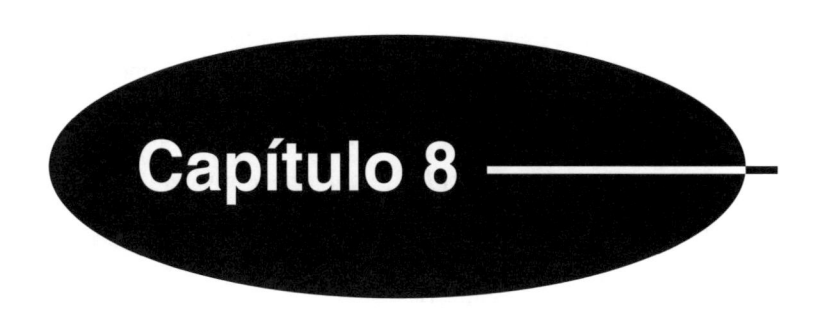

Sistemas de Memória

8.1 OBJETIVOS

Nos capítulos anteriores, foram discutidos vários elementos do projeto de processadores, incluindo a organização do banco de registradores, a arquitetura do conjunto de instruções, o *pipelining* e o paralelismo no nível da instrução. Neste capítulo, e nos próximos dois, trataremos de sistemas de memória. Ao final deste capítulo, você deverá:

1. Compreender os conceitos de latência e largura de banda e como eles estão relacionados nos sistemas de memória.
2. Compreender o conceito de hierarquia de memória e ser capaz de calcular os tempos médios de acesso à memória para hierarquias de memória.
3. Compreender a diferença entre as tecnologias de memória DRAM e SRAM e ser capaz de explicar como os modos comuns de acesso, como o modo paginado, afetam os tempos médios de acesso.

8.2 INTRODUÇÃO

Até agora, temos tratado os sistemas de memória como uma "caixa-preta" na qual o processador pode colocar dados para posterior recuperação. Assumimos que todas as operações de memória têm a mesma duração para serem completadas e que cada operação de memória tem que terminar antes que a próxima recomece. Vamos investigar essa caixa-preta, para explorar como são implementados sistemas de memória nos sistemas de computadores modernos.

Este capítulo começa com uma discussão sobre latência, taxa de transferência e largura de banda, as três grandezas que são utilizadas para medir o desempenho de sistemas de memória. Em seguida, abordaremos hierarquias de memória, explicando como e por que várias tecnologias de memória são utilizadas para implementar um único sistema de memória. Finalmente, cobriremos as tecnologias de memória explicando como *chips* de memória são implementados, a diferença entre SRAMs e DRAMs e como os diferentes modos de acesso encontrados em DRAMs são implementados.

8.3 LATÊNCIA, TAXA DE TRANSFERÊNCIA E LARGURA DE BANDA

Quando discutimos *pipelines* de processadores, utilizamos os termos *latência* e *taxa de transferência** para descrever o tempo utilizado para completar uma operação individual e a taxa na qual as operações podem ser completa-

---

* N. de R. T. O termo original é *throughput*. Em inglês, esse termo é utilizado em diferentes contextos com significados ligeiramente distintos. Por isso, encontramos traduções diferentes como vazão, taxa de rendimento ou taxa de transferência. No caso específico de sistemas de memória, considera-se mais adequado o emprego de taxa de transferência.

das. Esses termos também são utilizados na discussão de sistemas de memória e com o mesmo significado. Outro termo utilizado na discussão de sistemas de memória é *largura de banda*, que descreve a taxa total pela qual os dados podem ser movimentados entre o processador e o sistema de memória. A largura de banda pode ser vista como o produto da taxa de transferência e a quantidade de dados referidos por cada operação de memória.

Exemplo Se o sistema de memória tem uma latência de 10 ns por operação e uma largura de dados de 32 *bits*, qual é a taxa de transferência e a largura de banda do sistema de memória, assumindo que apenas uma operação pode ser executada por vez e que não existe retardo entre operações?

Solução

Como vimos no Capítulo 6, taxa de transferência = 1/(latência), quando as operações são executadas seqüencialmente. Portanto, a taxa de transferência deste sistema de memória é de 100 milhões de operações por segundo. Uma vez que cada operação faz referência a 32 *bits* de dados, a largura de banda é de 3,2 bilhões de *bits* por segundo ou 400 milhões de *bytes* por segundo.

Pipelining, Paralelismo e Pré-Carregamento

Se todas as operações de memória fossem executadas seqüencialmente, calcular a latência e a largura de banda de um sistema de memória seria simples. No entanto, muitos desses sistemas são projetados de forma que fazem o relacionamento entre a latência e a largura de banda serem mais complexos. Sistemas de memória podem utilizar *pipelining* do mesmo modo que processadores utilizam, permitindo que as operações sobreponham a sua execução, de modo a melhorar a taxa de transferência. Algumas tecnologias de memória empregam um tempo fixo entre sucessivos acessos a memória. Esse tempo é usado para preparar o *hardware* para o próximo acesso. Tal procedimento é denominado de *pré-carregamento* e tem o efeito de adiantar parte das tarefas envolvidas no acesso à memória. Isso reduz o retardo entre o tempo no qual um endereço é enviado para o sistema de memória até que a operação de memória seja completada. Se o sistema de memória estiver ocioso muito tempo, fazer o pré-carregamento ao final de cada operação de memória melhora o desempenho, porque normalmente não existe outra operação esperando para utilizar tal sistema. Se o sistema de memória está sendo utilizado a maior parte do tempo, a taxa pela qual as operações podem ser completadas é determinada pela soma da latência da memória e do tempo de pré-carga.

Exemplo Qual é a largura de banda de um sistema de memória com uma latência de 40 ns, que transfere um *byte* por operação e que usa um *pipeline* para permitir que as execuções de quatro operações sejam sobrepostas (assuma que *pipeline* não introduz custos adicional de temporização)?

Solução

Dividindo a latência de 40 ns pelo número de operações sobrepostas (4), temos uma taxa de uma operação a cada 10 ns, como sendo a taxa de transferência do sistema de memória. A um *byte* de dados por operação, isto dá uma largura de banda de 10^8 *bytes*/s.

Exemplo Qual é a largura de banda de um sistema de memória que tem uma latência de 20 ns, um tempo de pré-carga de 5 ns e transfere 2 *bytes* de dados a cada acesso?

Solução

A latência de 20 ns e o tempo de pré-carga de 5 ns são unidos para permitir que uma nova referência à memória seja iniciada a cada 25 ns. Isto dá uma taxa de transferência de 4×10^7 operações/s. Multiplicando 2 *bytes*/operação, dá uma largura de banda de 8×10^7 *bytes*/s.

Uma outra maneira para melhorar o desempenho de sistemas de memória é projetá-los para suportar várias referências à memória em paralelo. Isto é comumente feito anexando-se várias memórias ao barramento de memória do processador, como mostrado na Fig. 8-1. Como um único barramento de memória é utilizado, não é possível que mais de uma referência à memória comece ou termine ao mesmo tempo, uma vez que apenas uma requisição pode utilizar o barramento a qualquer tempo. No entanto, o processador pode enviar requisições para memórias que estão ociosas, enquanto aguarda que outras requisições sejam completadas. Uma vez que as requisições de memória freqüentemente duram diversos ciclos de relógio para serem completadas, esta forma de organização aumenta a taxa pela qual as requisições de memória podem ser manipuladas, sem aumentar a pinagem necessária para operações de E/S no *chip* do processador, o que aumentaria seu custo.

Sistemas que suportam requisições paralelas à memória são divididos em dois tipos. Os sistemas *replicados* de memória fornecem diversas cópias de toda a memória. Isto significa que cada cópia pode tratar qualquer requisição à memória. Porém, isso aumenta a quantidade de memória necessária por um fator igual ao número de cópias. Para manter os conteúdos de cada memória iguais, todas as operações de armazenamento precisam ser enviadas a cada cópia, fazendo com que as operações de armazenamento sejam muito mais onerosas do que as operações de leitura, em termos da quantidade de largura de banda que elas consomem.

O tipo mais comum de sistema de memória em paralelo é o sistema de memória *com bancos*. Neste tipo, os dados são divididos, ou *intercalados*, de modo que cada memória contenha apenas uma parte dos dados. Geralmente, alguns dos *bits* do endereço são utilizados para selecionar em qual banco de memória um determinado dado reside. Por exemplo, no sistema ilustrado na Fig. 8-1, *bytes* cujos dois *bits* de endereço mais baixos sejam 0b00 poderiam ser colocados no banco mais à esquerda, *bytes* cujos 2 *bits* de endereço mais baixos sejam 0b01, poderiam ir para o banco seguinte, e assim por diante. Também poderiam ser utilizados dois outros *bits* de endereço para selecionar um banco. Geralmente, *bits* de endereço de ordem baixa (menos significativos) são utilizados para selecionar o banco, de modo que referências a endereços de memória seqüenciais vão para bancos diferentes.

Sistemas de memória com bancos têm a vantagem de não exigirem nenhuma memória a mais do que um sistema equivalente com apenas uma memória, sendo necessário enviar operações de armazenamento somente para o banco que contém os dados a serem escritos. No entanto, há o problema de que alguns pares de referências à memória terão como alvo o mesmo banco, exigindo que uma das operações espere até que a outra esteja terminada. Na maioria dos casos, a memória adicional necessária para implementar um sistema de memória replicada é uma desvantagem maior do que a largura de banda perdida por causa de conflitos em bancos de memória, de modo que sistemas de memória com bancos são usualmente mais utilizados.

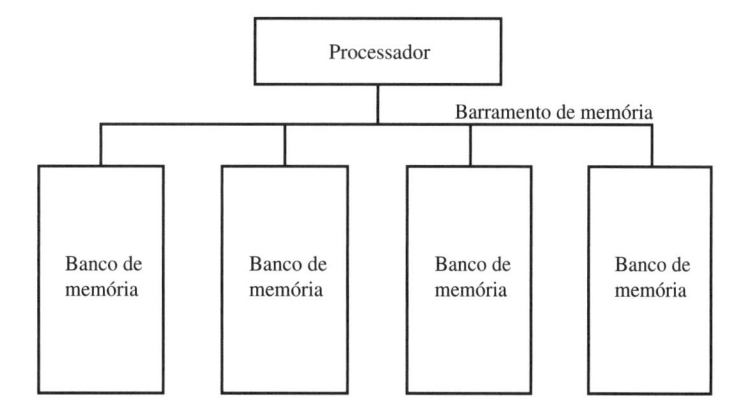

Fig. 8-1 Arquitetura de sistemas de memória baseada em replicação e em bancos.

Exemplo   Qual é a largura de banda de um sistema de memória replicada com quatro memórias, no qual cada memória fornece uma largura de banda de 10 *MBytes*/s? Quanta memória é necessária se o sistema precisa ser capaz de armazenar 32 *MBytes* de dados? Qual seria a largura de banda e quantidade de memória necessárias se esse mesmo sistema fosse organizado como um sistema de memória em banco, com 4 bancos?

Solução

Em ambos os casos, a largura de banda da memória será de 40 *MBytes*/s, a soma das larguras de banda dos bancos/cópias. Para o sistema de memória replicada, será necessário um total de 128 *MBytes* de memória, enquanto que o sistema com bancos exigirá apenas 32 *MBytes* de armazenamento.

O exemplo acima ilustra um erro comum quando se analisa sistemas de memória. Calculamos a largura de banda do sistema de memória com bancos multiplicando a largura de banda de cada banco pelo número de bancos, mas sabemos que solicitações serão enviadas algumas vezes para bancos que já estão sendo acessados, de modo que terão que esperar. Quando isto acontece, a taxa real pela qual os dados são transferidos de/para o sistema de memória será menor que a largura de banda calculada. Em um caso extremo, quando todas as solicitações de memória vão para um mesmo banco, o sistema descrito pode ter uma largura de banda tão baixa quanto 10 *MBytes*/s. Por este motivo, o termo *largura de banda de pico* é freqüentemente utilizado para descrever o resultado dos cálculos que determinam a largura de banda máxima de um sistema, como no exemplo dado. Na prática, a largura de banda real que pode ser obtida, quando executando programas em um computador, é muito menor do que a largura de banda de pico, porque há ocasiões nas quais não há solicitações indo para o sistema de memória, em que existem conflitos de acesso nos bancos de memória, além de outros fatores.

8.4 HIERARQUIAS DE MEMÓRIA

Até agora, tratamos os sistemas de memória como estruturas de um único nível, semelhantes à metade esquerda da Fig. 8-2. Na realidade, sistemas de memória dos computadores modernos têm hierarquias de memória de vários níveis, como ilustrado na metade direita da figura. A figura mostra uma hierarquia de memória de três níveis, consistindo de uma *cache*, uma memória principal e uma memória virtual.

A razão principal pela qual sistemas de memória são construídos como hierarquias é que o custo por *bit* de uma tecnologia de memória é geralmente proporcional à velocidade da tecnologia. Memórias rápidas, tais como RAMs estáticas (SRAMs), tendem a ter um alto custo por *bit* (em dólares e em área de *chip*), tornando proibitivamente caro construir a memória de um computador totalmente com esses dispositivos. Tecnologias mais lentas, como RAMs dinâmicas (DRAM), são menos caras, fazendo com que seja prático construir grandes memórias utilizando estas tecnologias.

Em uma hierarquia de memória, os níveis mais próximos ao processador, como a *cache* mostrada na figura, contêm uma quantidade relativamente pequena de memória que é implementada em uma tecnologia de memória rápida, de modo a fornecer um baixo tempo de acesso. Progredindo para baixo na hierarquia, cada nível contém mais capacidade de armazenamento e o acesso demora mais do que o nível acima dele. O objetivo de uma hierarquia de memória é manter os dados que serão mais referenciados por um programa nos níveis superiores da hierarquia, de modo que a maioria das solicitações de memória possam ser tratadas no nível ou níveis superiores. Isto resulta em um sistema de memória que tem um tempo de acesso médio semelhante ao tempo de acesso do nível mais rápido, mas com um custo médio por *bit* semelhante àquele do nível mais baixo.

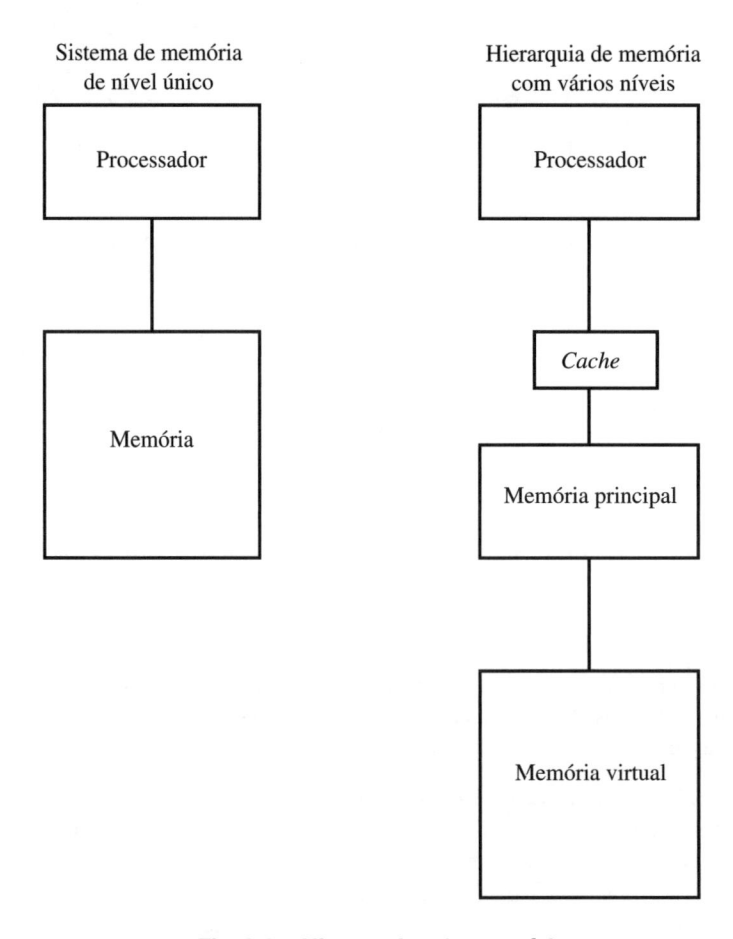

Fig. 8-2   Hierarquias de memória.

Em geral, não é possível prever quais localizações de memória serão acessadas com mais freqüência, de modo que os computadores utilizam um sistema baseado em demanda para determinar quais dados manter nos níveis mais altos da hierarquia. Quando uma solicitação de memória é enviada para a hierarquia, o nível mais alto é verificado para ver se ele contém o endereço. Se for assim, a solicitação é completada. Caso contrário, o próximo nível mais baixo é verificado, com o processo sendo repetido até que, ou o dado seja encontrado, ou o nível mais baixo da hierarquia seja atingido, no qual se tem a garantia de que o dado está contido.

Se uma solicitação de memória não pode ser tratada pelo nível mais alto da hierarquia, um *bloco* de posições seqüenciais contendo o endereço referido é copiado do primeiro nível que contém aquele endereço para todos os níveis acima dele. Isto é feito por dois motivos. O primeiro é que muitas tecnologias de armazenamento, como DRAMs em modo paginado, as quais serão discutidas mais tarde neste capítulo, e discos rígidos permitem que várias palavras seqüenciais de dados sejam lidas ou escritas em menos tempo do que um número igual de palavras localizadas aleatoriamente, tornando mais rápido trazer um bloco de vários *bytes* de dados para os níveis mais altos da hierarquia, do que buscar cada *byte* individualmente no bloco, nos níveis mais baixos da hierarquia. Em segundo, a maioria dos programas apresentam *localidade de referência* – referências à memória que ocorrem próximas no tempo tendem a ter endereços que são próximos uns aos outros, fazendo com que seja provável que outros endereços dentro do bloco sejam referenciados em breve, após um primeiro acesso a um endereço no bloco.

Desde que seja suficientemente alta a probabilidade de que cada endereço dentro do bloco seja referenciado, utilizar blocos de vários *bytes* reduz o tempo médio de acesso, porque buscar um bloco é menos demorado do que buscar cada palavra separadamente dentro do bloco. Diferentes níveis na hierarquia de memória freqüentemente terão diferentes tamanhos de bloco, dependendo das características dos níveis abaixo deles, na hierarquia. Por exemplo, *caches* tendem a ter tamanhos de bloco de, aproximadamente, 64 *bytes*, enquanto que memórias principais geralmente têm tamanhos de bloco ao redor de 4 *KBytes*, porque o tempo para buscar um bloco grande de dados da memória virtual é apenas ligeiramente maior do que o tempo para buscar 1 *byte*, do mesmo modo que o tempo para transferir um bloco de dados da memória principal para a *cache* é muito mais próximo do tempo para buscar cada *byte* individualmente.

Níveis na Hierarquia

Na hierarquia de memória mostrada na Fig. 8-2, os diferentes níveis da hierarquia têm nomes específicos. Isto resulta do fato de que níveis diferentes em uma hierarquia de memória tendem a ser implementados de modo bastante diferente, de modo que os projetista de computadores utilizam diferentes termos para descrevê-los. O nível ou níveis mais altos da hierarquia são chamados de *cache*. *Caches* são geralmente implementados utilizando SRAM, e a maioria dos computadores modernos tem ao menos dois níveis de memória *cache* na sua hierarquia de memória. Elas têm um *hardware* específico para fazer o monitoramento dos endereços que estão armazenados nelas, tendem a ser relativamente pequenas e tem tamanhos de bloco pequenos, normalmente de 32 a 128 *bytes*. A memória principal de um computador é geralmente construída com DRAM e tem um tamanho de bloco grande, freqüentemente de vários *quilobytes*. O controle dos dados que estão armazenados na memória principal é feito, via *software*, pelo sistema operacional. Finalmente, a memória virtual é usualmente implementada utilizando discos e contém todos os dados do sistema de memória. No Capítulo 9, são discutas *caches* em mais detalhes e no Capítulo 10 são tratados os sistemas de memória virtual.

Terminologia

Foi desenvolvido um conjunto de termos para descrever hierarquias de memória. Quando o endereço que está sendo referenciado por uma operação é encontrado em um nível da hierarquia de memória, diz-se que ocorreu um *acerto* naquele nível. Caso contrário, diz-se que ocorreu uma *falha*. De modo semelhante, a taxa de acertos (*hit ratio*) de um nível é a porcentagem de referências em um nível que resultam em acertos, e a taxa de falhas (*miss ratio*) é o porcentual de referências em um nível que resultam em falhas. A taxa de acertos e de falhas de um nível em uma hierarquia sempre somam 100%. É importante notar que nem a taxa de acertos, nem a taxa de falhas, contam as referências que são tratadas pelos níveis mais altos na hierarquia. Por exemplo, solicitações à *cache* do nosso exemplo de hierarquia de memória não são contados na taxa de acertos ou de falhas da memória principal.

Como descrito acima, quando ocorre uma falha em um nível da hierarquia, um bloco de dados contendo o endereço daquela falha é trazido para dentro do nível. À medida que o programa é executado, o nível será preenchido com dados e ficará sem espaço livre para colocar blocos nele. Quando isto acontece, um bloco precisa ser removido daquele nível para abrir espaço para o novo bloco.

Isto é chamado de *despejo* ou *substituição*, e o método pelo qual o sistema seleciona um bloco para ser removido é chamado de *política de substituição*. Políticas de substituição comuns são descritas no próximo capítulo. Para simplificar a substituição de blocos de dados de um nível, muitos sistemas de memória mantêm uma propriedade chamada inclusão, na qual a presença de um endereço, em um dado nível do sistema de memória, garante que o endereço está presente em todos os níveis inferiores do sistema de memória.

Um outro conjunto de termos descreve como as hierarquias de memória tratam as operações de escrita (armazenamentos). Em sistemas *write-back*, os dados que são escritos são armazenados apenas no nível mais alto da hierarquia. Quando o bloco que contém os dados é removido daquele nível, os dados escritos são copiados para o nível seguinte, abaixo na hierarquia, e assim por diante. Blocos que contêm dados que foram escritos são chamados de *sujos*, para distingui-los dos blocos *limpos* que não foram modificados. Implementar sistemas *write-back* é muito mais fácil se eles mantêm a inclusão, porque nunca será necessário remover um bloco de um nível para abrir espaço para dados que estão sendo escritos de volta, a partir de um nível mais alto.

Em contraste, sistemas de memória *write-through* copiam os dados escritos em todos os níveis da hierarquia de memória, quando ocorre uma escrita. Muitos sistemas têm políticas de escrita diferentes para diferentes níveis na hierarquia. Por exemplo, não é incomum para computadores ter *caches write-through* e memórias principais *write-back*. A decisão a respeito de tornar um nível na hierarquia *write-back* ou *write-through* é baseada nas diferenças entre largura de banda e complexidade – sistemas *write-back* podem ter uma largura de banda maior porque eles não exigem que cada nível da hierarquia seja acessado em cada escrita, mas eles são mais complexos do que os sistemas *write-through* porque é necessário manter o acompanhamento de quais blocos em um nível foram escritos desde que eles foram trazidos para aquele nível.

Tempos Médios de Acesso

Se conhecemos a taxa de acerto e o tempo de acesso (o tempo para completar uma solicitação) para cada nível na hierarquia de memória, podemos calcular o tempo médio de acesso da hierarquia de memória. Para cada nível na hierarquia, o tempo médio de acesso é $(T_{acerto} \times P_{acerto}) + (T_{falha} \times P_{falha})$, onde T_{acerto} é o tempo para completar uma solicitação que acerte, P_{acerto} é a taxa de acertos do nível (expressa como uma probabilidade), T_{falha} é o tempo de acesso médio dos níveis abaixo deste na hierarquia e P_{falha} é a taxa de falhas do nível. Uma vez que a taxa de acertos do nível mais baixo na hierarquia é 100% (todas as solicitações que atingem o nível mais baixo são tratadas no nível mais baixo), podemos começar no nível mais baixo e trabalhar em direção ao topo para calcular o tempo de acesso médio de cada nível na hierarquia.

Exemplo Em um nível de memória que possui uma taxa de acerto de 75%, o tempo de acesso é 12 ns, para dados que se encontram nesse nível, e de 100 ns, caso contrário. Determine o tempo de acesso médio desse nível.

Solução

Utilizando a fórmula dada acima, o tempo médio de acesso é $(12 \text{ ns} \times 0{,}75) + (100 \text{ ns} \times 0{,}25) = 34$ ns.

Exemplo Um sistema de memória contém uma *cache*, uma memória principal e uma memória virtual. O tempo de acesso da *cache* é de 5 ns e ela tem uma taxa de acertos de 80%. O tempo de acesso à memória principal é de 100 ns e a taxa de acerto é de 99,5%. O tempo de acesso da memória virtual é 10 milissegundos (ms). Qual é o tempo médio de acesso da hierarquia?

Solução

Para resolver este tipo de problema, começamos com a parte de baixo da hierarquia e progredimos para cima. Uma vez que a taxa de acertos da memória virtual é de 100%, podemos calcular o tempo médio de acesso para solicitações que alcancem a memória principal como $(100 \text{ ns} \times 0{,}995) + (10 \text{ ms} \times 0{,}005) = 50.099{,}5$ ns. Dado isto, o tempo médio de acesso para solicitações que atinjam a *cache* (que são todas as solicitações) é $(5 \text{ ns} \times 0{,}80) + (50.099{,}5 \text{ ns} \times 0{,}20) = 10.024$ ns.

8.5 TECNOLOGIAS DE MEMÓRIA

Três tecnologias diferentes são utilizadas para implementar os sistemas de memória dos computadores modernos: RAM estática (SRAM), RAM dinâmica (DRAM) e discos rígidos. Discos rígidos são, de longe, a mais lenta destas tecnologias e são reservados para o nível mais baixo do sistema de memória, a memória virtual. A memória virtual é discutida em mais detalhes no Capítulo 10. SRAMs e DRAMs são mais rápidas que memória baseada em disco por um fator de até 1.000.000 e são as tecnologias utilizadas para implementar as *caches* e as memórias principais de praticamente todos os computadores.

Organização dos *Chips* de Memória

Os *chips* de memória SRAM e DRAM têm a mesma estrutura básica, que é mostrada na Fig. 8-3. Os dados são armazenados em uma matriz retangular de *células de bit*, cada uma das quais retém um *bit* de dados. Para ler dados da matriz, metade do endereço a ser lido (geralmente os *bits* de ordem mais alta) são enviados para um decodificador. O decodificador aciona (vai para nível alto) a *linha de palavra* correspondente ao valor dos *bits* de entrada, o que faz com que todas as células de *bit* na linha correspondente acionem os seus valores sobre as *linhas de bit* às quais elas estão conectadas. Então, a outra metade do endereço é usada como entrada para um multiplexador que seleciona a linha de *bit* apropriada e orienta a sua saída para os pinos de saída do *chip*. O mesmo processo é utilizado para armazenar dados no *chip*, exceto que o valor a ser escrito é orientado para a linha de *bit* adequada e é escrito na célula de *bit* escolhida.

A maioria dos *chips* de memória gera mais de um *bit* de saída. Isto é feito, ou construindo-se diversas matrizes de células de *bit*, cada uma das quais produz um *bit* de saída, ou projetando um multiplexador que seleciona as saídas de diversas linhas de *bit* e as orienta para as saídas do *chip*.

A velocidade de um *chip* de memória é determinada por alguns fatores, incluindo o comprimento das linhas de *bit* e de palavra, e como as células de *bits* são construídas. Linhas de palavras e de *bits* mais longas têm capacitâncias e resistências mais altas, de modo que, à medida que os seus comprimentos aumentam, demora mais para acionar um sinal sobre elas. Por este motivo, muitos *chips* de memória modernos são construídos com muitas matrizes de células de *bit* pequenas para manter as linhas de palavra e de *bit* curtas. As técnicas utilizadas para construir tais células afetam a velocidade do *chip* de memória porque elas afetam quanta corrente está disponível para acionar a saída da célula de *bit* sobre as linhas de *bit*, o que determina quanto tempo demora para propagar a saída da célula de *bit* para o multiplexador. Como veremos nas duas próximas seções, células de *bit* SRAM podem acionar muito mais corrente do que células de *bit* DRAM, o que é um dos principais motivos pelos quais as SRAMs tendem a ser muito mais rápidas do que as DRAMs.

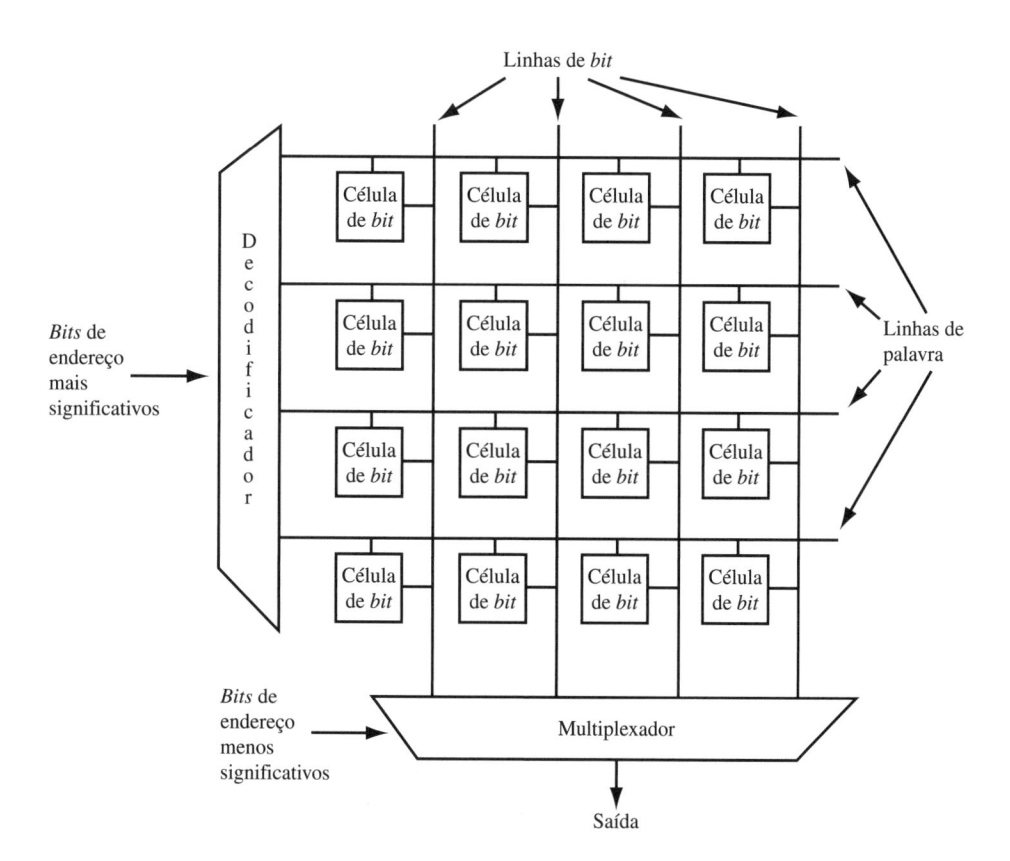

Fig. 8-3   Organização de chips de memória.

SRAMS

A principal diferença entre SRAMs e DRAMs é como as suas células de *bit* são construídas. Como mostrado na Fig. 8-4, o núcleo de uma célula de *bit* SRAM consiste de dois inversores conectados em uma configuração "*back-to-back*". Uma vez que um valor tenha sido colocado na célula de *bit*, a estrutura em anel do dois inversores manterá o valor indefinidamente, porque cada entrada de um inversor é a oposta do outro. Este é o motivo pela qual SRAMs são chamadas de RAMs *estáticas*; valores armazenados na RAM permanecem lá enquanto houver energia aplicada ao dispositivo. Por outro lado, as DRAMs perderão o seu valor armazenado ao longo do tempo, motivo pelo qual elas são conhecidas como RAMs *dinâmicas*.

Para ler um valor de uma célula de *bit*, a linha de palavra tem que ser colocada no nível alto, o que faz com que os dois transistores liguem as saídas dos inversores à linha de *bit* e à linha de *bit* invertido. Estes sinais, então, podem ser lidos pelo multiplexador e enviados para fora do *chip*. Escrever em uma célula de *bit* SRAM é feito ativando a linha de palavra e acionando os valores apropriados sobre a linha de *bit* e a linha de *bit* invertido. Enquanto o dispositivo que está acionando a linha de *bit* for mais forte do que o inversor, os valores na linha de *bit* serão dominados pelo valor originalmente armazenados na célula de *bit* e, então, serão armazenados na célula de *bit* quando a linha de palavra deixar de ser ativada.

A Fig. 8-5 mostra a temporização de um acesso de leitura e de escrita de uma SRAM típica. Para ler o dispositivo, o endereço a ser lido é colocado nos pinos de endereço do dispositivo, e o sinal de habilitação do *chip* é ativado.[1] Após um retardo, o *chip* de memória coloca o conteúdo do endereço nas suas saídas de dados. Operações de escrita são semelhantes, exceto que o processador coloca os dados a serem escritos nos pinos de dados ao mesmo tempo em que o endereço é enviado para o *chip*, sendo o sinal de controle de escrita usado para indicar que uma escrita está sendo feita.

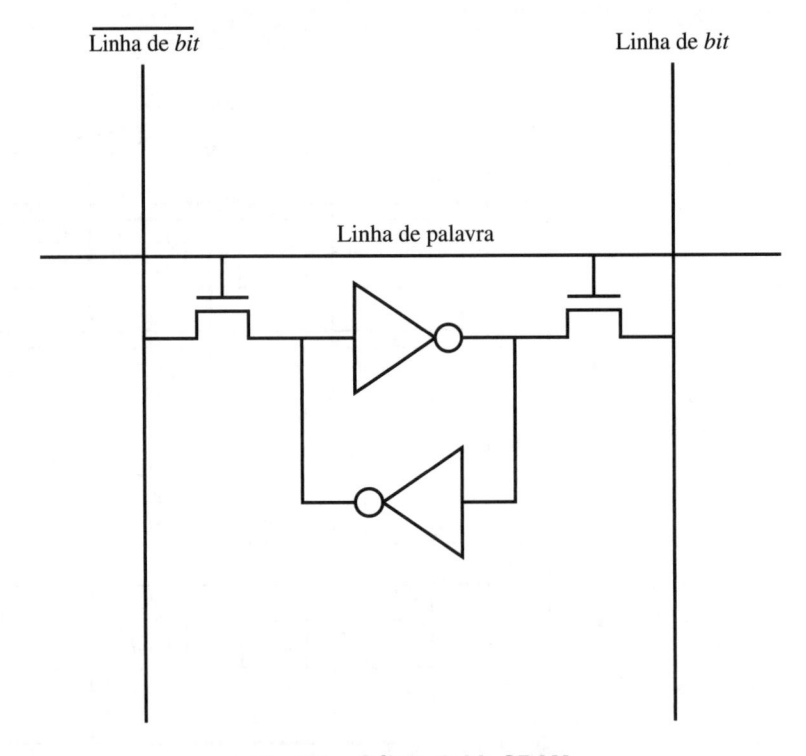

Fig. 8-4   Célula de bit SRAM.

---

[1] Na prática, muitos dos sinais de entrada para SRAMs e DRAMs são ativos quando baixos. Por simplicidade, neste livro, vamos tratar todos os sinais como se estivessem ativos no nível alto.

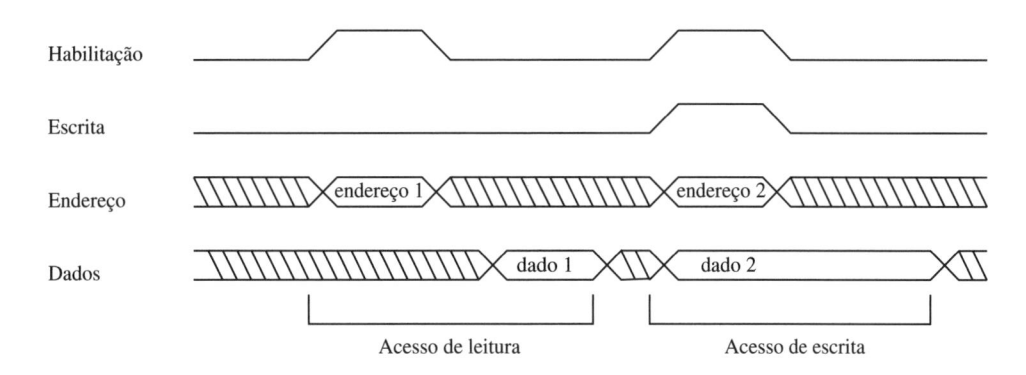

Fig. 8-5 Temporização no acesso a uma SRAM.

DRAMS

A Fig. 8-6 mostra uma célula de *bit* DRAM. Em vez de um par de inversores, é utilizado um capacitor para armazenar os dados na célula de *bit*. Quando a linha de palavra é ativada, o capacitor é conectado à linha de *bit*, permitindo que o valor armazenado na célula seja lido ao se examinar a tensão armazenada no capacitor, ou escrever colocando-se uma nova tensão sobre o mesmo. Esta figura ilustra porque as DRAM geralmente têm capacidades muito maiores do que as SRAMs construídas com a mesma tecnologia de fabricação: as SRAMs exigem muito mais componentes para implementar uma célula de *bit*. Tipicamente, cada inversor exige dois transistores, para um total de seis transistores na célula de *bit* (algumas implementações utilizam poucos mais ou menos transistores). Em contraste, uma célula de *bit* DRAM exige apenas um transistor e um capacitor, o que toma muito menos espaço no *chip*.

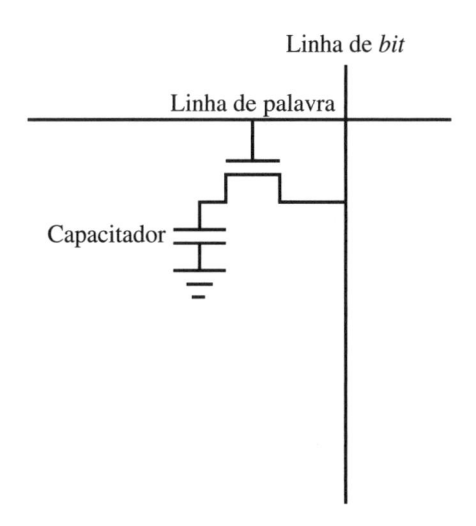

Fig. 8-6 Célula de bit DRAM.

As Figuras 8-4 e 8-6 também mostram porque SRAMs são mais rápidas que DRAMs. Nas SRAMs, um dispositivo ativo (o inversor) aciona o valor armazenado na célula de *bit* sobre a linha de *bit* e a linha de *bit* invertido. Nas DRAMs, o capacitor é conectado à linha de *bit* quando a linha de palavra é ativada, e este é um sinal muito mais fraco do que aquele produzido pelos inversores na célula de *bit* SRAM. Assim, a saída de uma célula de *bit* DRAM demora muito mais para que seja acionada sobre a linha de *bit* do que uma célula de *bit* SRAM demora para acionar a equivalente linha de *bit*.

Refrescamento de DRAMS

As DRAMs são chamadas de RAMs dinâmicas porque os valores armazenados em cada célula de *bit* não são estáveis. Ao longo do tempo, fugas de corrente farão com que as cargas armazenados no capacitor sejam drenadas e perdidas. Para evitar que o conteúdo de uma DRAM seja perdido, ela precisa ser refrescada. Essencialmente, uma operação de refrescamento (*refresh*) lê os conteúdos de cada célula de *bit* em uma linha da matriz de células de *bit* e, então, escreve os mesmos valores de volta na células de *bit*, restaurando-os aos seus valores originais. Desde que cada linha na DRAM seja refrescada com freqüência suficiente para que nenhuma das cargas de capacitor caíam baixo o suficiente para que o *hardware* interprete mal os valores armazenados em uma linha, a DRAM pode manter o seu conteúdo indefinidamente. Uma das especificações de um *chip* DRAM é o seu *tempo de refrescamento* (*refresh time*), que é a freqüência pela qual uma linha pode ficar sem ser refrescada antes que ela esteja correndo o risco de perder o seu conteúdo.

> **Exemplo** Se uma DRAM tem 512 linhas e o seu tempo de refrescamento médio é de 10 ms, com que freqüência (em média) uma operação de refrescamento de linha precisa ser feita?
>
> **Solução**
>
> Dado que o tempo de refrescamento é de 10 ms, cada linha precisa ser refrescada, no mínimo, a cada 10 ms. Uma vez que há 512 linhas, temos que fazer 512 operações de refrescamento de linha a cada período de 10 ms, ou uma média de 1 refrescamento de linha a cada $1,95 \times 10^{-5}$ s. Note que é responsabilidade do projetista decidir como estes refrescamentos são distribuídos através do período de 10 ms – eles podem ser distribuídos uniformemente, ser feitos como um bloco de refrescamentos de linha no início de cada período ou qualquer outra opção entre estas alternativas.

Temporizações de Acesso de DRAMS

A Fig. 8-7 mostra a temporização de uma operação de escrita em uma DRAM típica. Ao contrário das SRAMs, o endereço de entrada para uma DRAM é dividido em duas partes, o endereço de linha e o endereço de coluna, que são enviados à DRAM em operações distintas. Tipicamente, os *bits* mais significativos de endereço da memória são utilizados para os endereços de linhas e os menos significativos são utilizados para os endereços de coluna. Como se pode esperar a partir dos nomes, os endereços de linhas selecionam a linha da matriz da DRAM que está sendo referida e o endereço de coluna seleciona um *bit* ou conjunto de *bits* daquela linha.

O sinal RAS (*row address strobe* – validação do endereço da linha) indica que um endereço de linha está sendo enviado e o sinal CAS (*column address strobe* – validação do endereço da coluna) indica que um endereço de coluna está sendo enviado. O tempo total para ler uma DRAM é a soma dos retardos RAS-CAS e do retardo de dados CAS. Operações de escrita têm temporizações semelhantes, mas os dados a serem escritos são geralmente acionados sobre os pinos de dados, ao mesmo tempo que os endereços de coluna.

Enviar o endereço para a DRAM em duas partes reduz o número de pinos de endereço necessários na DRAM, porque os mesmos pinos podem ser utilizados para endereços de linhas e de colunas. Dividir o endereço nessas duas partes não aumenta significativamente o tempo de acesso, porque o endereço de linha seleciona a linha da célula de *bit* da matriz, cujos conteúdos serão dirigidos sobre as linhas de *bit*, enquanto que o endereço de coluna seleciona qual a linha de *bit* será dirigida para a saída. Portanto, a DRAM não precisa do endereço de coluna até que as células de *bit* tenham dirigido as suas saídas para as linhas de *bit*, de modo que enviá-lo para DRAM depois dos endereços de linha não aumenta o tempo de acesso.

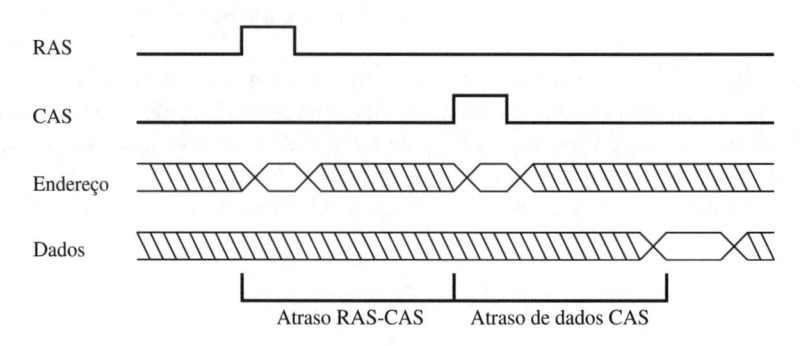

Fig. 8-7 Acesso de leitura a uma DRAM.

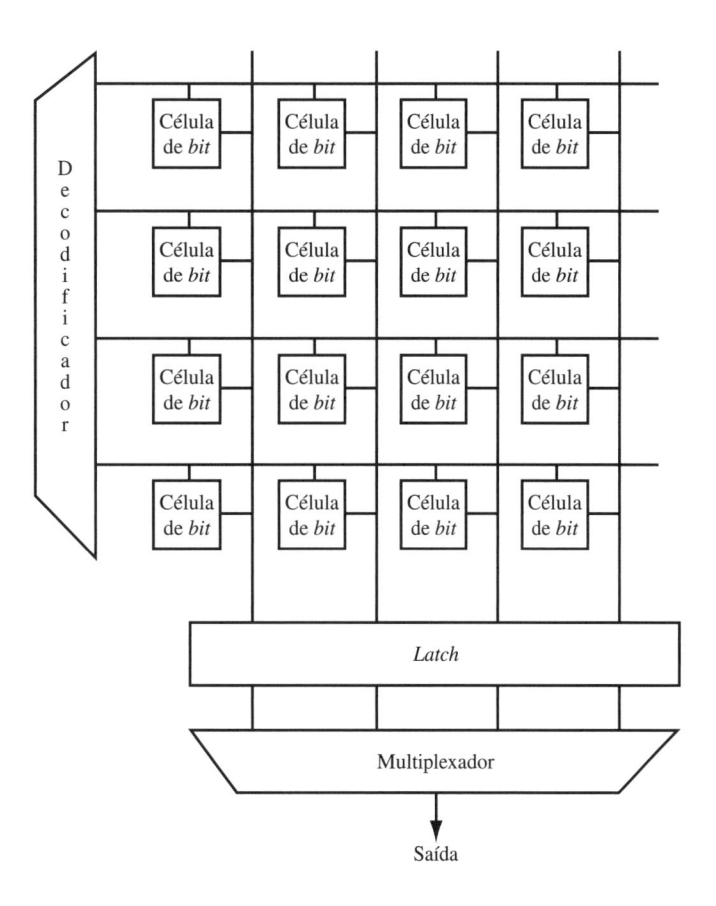

Fig. 8-8 Modo de página de uma DRAM.

Modos de Página e DRAMs mais Recentes

Uma fraqueza do projeto do *chip* de memória mostrado na Fig. 8-3 é que todo o conteúdo de uma linha é enviado ao multiplexador durante cada operação, mas apenas um *bit* da linha é efetivamente enviado para a saída. Se o conteúdo da linha pudesse ser mantido dentro ou próximo ao multiplexador, seria possível ler outros *bits* dentro da mesma linha, apenas enviando diferentes endereços de coluna para a DRAM, ao invés de fazer todo um ciclo RAS-CAS. As DRAMs que fazem isto são chamadas de DRAMs de *modo de página* e utilizam uma organização como aquela mostrada na Fig. 8-8.

DRAMs de modo de página incluem um registrador especial (*latch*) entre as saídas das células de *bit* e o multiplexador. Quando quer que um endereço de linha seja enviado para DRAM, todo o conteúdo da linha é armazenado no *latch*. Isto permite que acessos subseqüentes, que façam referência à coluna dentro da mesma linha, simplesmente enviem um segundo endereço de coluna para a DRAM, como mostrado na Fig. 8-9, reduzindo substancialmente o tempo exigido para buscar um bloco contíguo de dados na DRAM.

> **Exemplo** Se DRAMs de modo de página forem utilizadas para implementar a memória principal de um sistema, cuja *cache* utiliza blocos de oito palavras, quantos retardos RAS-CAS são economizados a cada vez que um bloco de memória é buscado e escrito na *cache*? (Assuma que todos os blocos estão alinhados de modo que os dados de um bloco estão sempre dentro da mesma linha da DRAM e que a memória retorna uma palavra de dados por acesso.)
>
> **Solução**
>
> Utilizando o modo de página, precisamos fazer apenas um ciclo completo RAS-CAS para buscar a primeira palavra do bloco. Palavra subseqüentes podem ser buscadas utilizando-se apenas um CAS. Portanto, são economizados 7 retardos RAS-CAS a cada vez que um bloco é buscado.

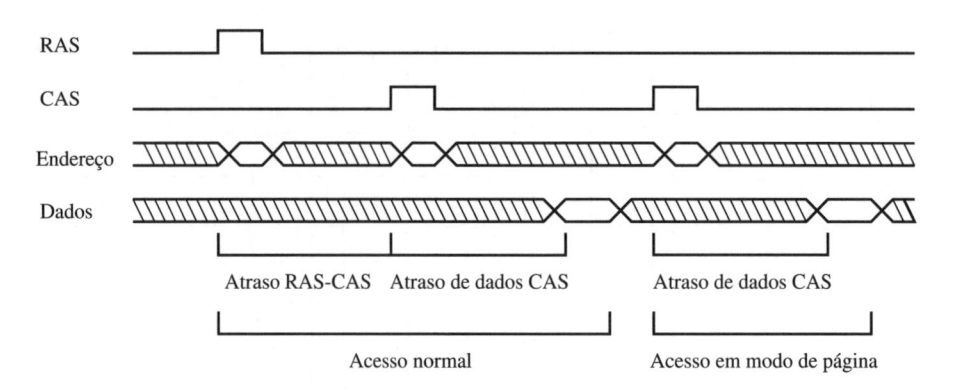

Fig. 8-9 Acesso em modo de página.

Durante os últimos anos, foram introduzidas as DRAMs síncronas (SDRAMs). Estes dispositivos são semelhantes às DRAMs de modo de página, exceto que elas exigem uma entrada de relógio (as outras DRAMs são dispositivos assíncronos). A maioria das SDRAMs utilizam *pipelines* e muitas fornecem modos de acesso que permitem que várias palavras de dados seqüenciais sejam lidas ou escritas com apenas um ciclo RAS-CAS, aumentando ainda mais a largura de banda.

8.6 RESUMO

Neste capítulo, começamos a explorar os detalhes do projeto de sistemas de memória, desmembrando a abstração de memórias de acesso aleatório que havíamos utilizado em capítulos anteriores. As seções iniciais deste capítulo introduziram a hierarquia e o paralelismo em sistemas de memória. A hierarquia de memória propicia um compromisso entre desempenho e custo do sistema, ao fornecer pequenas quantidades de memória rápida e uma quantidade maior de memória mais lenta. O objetivo de uma hierarquia de memória é manter nos níveis mais rápidos da hierarquia dados utilizados freqüentemente, de modo que a maioria das referências à memória possam ser completadas rapidamente, fornecendo a ilusão de uma memória muito grande, cuja velocidade média é próxima àquela dos dispositivos mais rápidos da hierarquia de memória. Níveis de uma hierarquia de memória também podem ser organizados sob a forma de bancos ou ser replicados, de modo a permitir vários acessos simultâneos ao sistema de memória.

A maioria dos sistemas de hierarquia de memória consistem de três tipos diferentes de armazenamento. As *caches*, que formam os níveis mais altos da hierarquia, são construídas de memória SRAM, tornando-as rápidas, mas com um alto custo por *bit* de armazenamento. A memória principal, o nível médio da hierarquia, é construída com memória DRAM, que é mais lenta do que as SRAMs, mas mais barata por *bit*. Finalmente, o nível mais baixo da hierarquia é a memória virtual, que utiliza meio magnético, como discos rígidos, para armazenar dados. A memória virtual é muito mais lenta que DRAMs ou SRAMs, mas também é muito mais barata. As memórias *cache* e virtual serão cobertas em mais detalhes nos próximos dois capítulos.

Depois da discussão sobre hierarquias de memória, descrevemos como dispositivos SRAM e DRAM são implementados no nível do circuito, começando com a matriz de células de *bit*, as quais formam o núcleo de ambos os tipos de memória. As principais diferenças entre SRAMs e DRAMs é como as células de *bit* são implementadas, com as SRAMs utilizando uma implementação otimizada para a velocidade e as DRAMs uma implementação otimizada para a densidade. Foi descrito o ciclo de endereçamento RAS-CAS de memórias DRAM, assim como esquemas de endereçamento mais avançados, como o modo de página, que permitem que acessos a localizações seqüenciais sejam completados mais rapidamente do que acessos aleatórios.

Nos próximos dois capítulos, ampliaremos a nossa discussão sobre sistemas de memória, ao descrever os detalhes das memórias *cache* e virtual. Estas duas técnicas são o núcleo da maioria das implementações dos sistemas de memória modernos. Memórias *cache* melhoram enormemente o desempenho de sistemas de memória, a um custo relativamente baixo, enquanto que a memória virtual fornece tanto grandes quantidades de armazenamento quanto proteção entre programas, permitindo que vários programas compartilhem com segurança um único processador.

Problemas Resolvidos

Latência versus Largura de Banda (I)

8.1 Qual é a largura de banda de um sistema de memória que transfere 64 *bits* de dados por solicitação, tem uma latência de 25 ns por operação e um tempo de pré-carga de 5 ns entre operações?

Solução

Dada a latência de 25 ns e o tempo de pré-carga de 5 ns, podemos iniciar uma referência à memória a cada 30 ns e cada referência à memória recupera 64 *bits* (8 *bytes*) de dados. Portanto, a largura de banda do sistema é de 8 *bytes*/30 ns = $2,7 \times 10^8$ *bytes*/s.

Latência versus Largura de Banda (II)

8.2 Se um sistema de memória tem uma largura de banda de 120.000.000 *bytes*/s, transfere 2 *bytes* de dados por acesso e tem um tempo de pré-carga de 5 ns entre acessos, qual é a latência do sistema de memória? (Assuma que não existe *pipeline* e que o sistema de memória não tem vários bancos.)

Solução

Para obter uma largura de banda de 120.000.000 *bytes*/s a 2 *bytes*/acesso, o sistema de memória precisa ter uma taxa de transferência de 60.000.000 acessos/s, ou um acesso a cada 16,7 ns. Uma vez que o tempo entre acessos é a soma da latência da memória e do tempo de pré-carga, a latência da memória deve ser 16,7 ns – 5 ns = 11,7 ns.

Latência versus Largura de Banda (III)

8.3 Suponha que um sistema de memória seja construído a partir de dispositivos com uma latência de 10 ns e nenhum retardo de pré-carga. Quantos bancos o sistema de memória precisa ter para fornecer uma largura de banda de pico de, pelo menos, $1,5 \times 10^{10}$ *bytes*/s, se cada banco transfere 4 *bytes* por acesso? (Um outro modo de colocar a questão é perguntar quantas operações o sistema de memória precisa ser capaz de tratar em paralelo para atingir a largura de banda especificada.)

Solução

O modo mais fácil de resolver isso é primeiro calcular a largura de banda de cada banco de memória e, então, dividir a largura de banda total por aquele valor para obter o número de bancos necessários. A 10 ns por acesso e 4 *bytes* transferidos por acesso, um banco tem uma largura de banda de 4×10^8 *bytes*/s. Dividindo $1,5 \times 10^{10}$ por isto, obtemos 38 como sendo o número de bancos necessários, uma vez que o número de bancos precisa ser arredondado para o próximo inteiro maior.

Sistemas de Memória com Bancos (I)

8.4 Suponha que um sistema de memória tenha quatro bancos, cada um dos quais com uma latência de 100 ns e um *pipeline* para permitir que 8 operações sobreponham as suas execuções. Se cada banco retorna 4 *bytes* de dados em resposta a uma solicitação de memória, qual é a taxa de transferência e a largura de banda de pico deste sistema?

Solução

Cada banco tem uma latência de 100 ns e pode trabalhar 8 operações em *pipeline*. Portanto, a taxa de transferência de cada banco é de uma operação a cada 100 ns/8 = 12,5 ns ou 80.000.000 operações/s. Uma vez que há quatro bancos, a taxa de transferência de pico do sistema de memória é de $4 \times 80.000.000 = 320.000.000$ operações/s. Com cada operação de memória retornando 4 *bytes* de dados, isto fornece uma largura de banda de pico de $4 \times 320.000.000 = 1.280.000.000$ *bytes*/s.

Largura de Banda de Pico versus Real (I)

8.5 Por que é importante diferenciar entre largura de banda de pico de um sistema de memória da largura de banda real obtida durante a execução do programa?

Solução

O número que indica a largura de banda de pico para o sistema de memória assume que as operações de memória estão perfeitamente distribuídas no sistema de memória, evitando conflitos nos bancos e no barramento de memória. Ele também assume que sempre existem referências à memória esperando pelo sistema de memória. Entretanto, na prática, há ocasiões em que a maioria dos programas não faz acesso à memória, ou geram acessos que provocam conflitos tanto no barramento, como nos bancos de memória. Assim, a largura de banda real obtida pelo sistema de memória será tipicamente e significativamente menor do que a largura de banda de pico.

Largura de Banda de Pico versus Real (II)

8.6 Para este problema, assuma um sistema de memória com dois bancos, um armazenando palavras com endereços pares e outro armazenando palavras com endereços ímpares. Assuma que os bancos têm conexões independentes ao processador, de modo que não há conflitos no barramento de memória, e que o processador pode executar até duas operações de memória em um dado ciclo, mas as operações de memória tem que ser executadas em ordem. Também assuma, por simplicidade, que a latência de cada banco de memória é equivalente a um ciclo do processador, de modo que os bancos nunca estão ocupados tratando de solicitações de ciclos anteriores. Finalmente, assuma que o processador sempre tem duas operações de memória que ele quer executar em um dado ciclo.

a. Qual é a taxa de transferência de pico do sistema de memória (em operações por ciclo)?
b. Se os endereços de cada solicitação de memória são aleatórios (uma suposição muito irreal), quantas operações de memória o processador será capaz de executar, em média, em cada ciclo?
c. Se cada banco de memória retorna 8 *bytes* de dados por solicitação e os ciclos do processador tem uma duração de 10 ns, qual é a largura de banda de pico (em *bytes*/s) deste sistema de memória, e qual é a largura de banda que ele terá em média?

Solução

a. Cada banco pode tratar uma operação/ciclo, de modo que a taxa de transferência de pico é de 2 operações/ciclo.

b. No início de cada ciclo, ambos os bancos estão prontos para aceitar solicitações. Portanto, o processador sempre será capaz de executar ao menos uma solicitação de memória por ciclo. Uma vez que os endereços de memória são aleatórios 50% do tempo, a segunda operação que o processador poderia executar endereçará o mesmo banco que a primeira e terá que esperar pelo próximo ciclo. Nos outros 50% do tempo, as duas operações endereçarão bancos diferentes e poderão ser executadas simultaneamente. Portanto, o processador será capaz de executar uma média de 1,5 operações de memória por ciclo.

c. Cada banco de memória pode executar uma operação a cada 10 ns (100.000.000 operações/s) e cada uma retorna 8 *bytes* de dados por operação. Portanto, a largura de banda de pico de um banco de memória é de 800.000.000 *bytes*/s. Uma vez que existem dois bancos, a largura de banda de pico do sistema de memória será de 1.600.000.000 de *bytes*/s.

Em média, o sistema será capaz de executar 1,5 operações de memória por ciclo. Portanto, a largura de banda média do sistema de memória é de 1,5 × 800.000.000 *bytes*/s = 1.200.000.000 *bytes*/s.

Hierarquias de Memória (I)

8.7 Por que os sistemas de memória dos computadores são construídos sob a forma de hierarquias?

Solução

Quanto mais rápida é uma tecnologia de memória, maior a tendência de que ela seja mais cara, por *bit* de armazenamento. Utilizar uma hierarquia de memória permite ao computador fornecer uma grande capacidade de memória, tempo de acesso médio rápido e baixo custo. Os níveis mais baixos da hierarquia de memória, os quais contêm a maior capacidade de armazenamento, são implementados utilizando tecnologias de memória baratas, mas lentas. Os níveis mais altos, os quais contêm as menores capacidades de armazenamento, são implementados em tecnologias de memória rápida, mas caras. À medida que é feita referência aos dados, eles são movidos para os níveis mais altos da hierarquia de memória, de modo que a maioria das referências à memória seja tratada nos níveis mais altos da hierarquia. Se referências suficientes são tratadas pelos níveis mais altos da hierarquia, o sistema de memória terá um tempo de acesso médio semelhante ao do nível mais rápido da hierarquia, com um custo por *bit* semelhante àquele do nível mais baixo da hierarquia.

Hierarquias de Memória (II)

8.8 Suponha que o custo de uma SRAM seja de US$ 25 por *megabyte*, para um tempo de acesso de 5 ns, que uma DRAM custe US$ 1 por *MByte*, com um tempo de acesso de 60 ns e que espaço em disco custe US$ 10 por *GByte*, com um tempo de acesso de 7 ms.

a. Para um sistema de memória com 256 *KBytes* de *cache* SRAM, 128 *MBytes* de memória principal DRAM e 1 *GByte* de memória virtual (implementada em disco), qual é o custo total do sistema de memória e qual é o custo por *byte*?

b. Se a taxa de acertos em cada nível na hierarquia de memória é de 80% (exceto o último), qual é o tempo médio de acesso à memória?

c. Qual é o tempo médio de acesso à memória, se a taxa de acertos em cada nível, exceto o último, é de 90%? E se a taxa de acertos for de 99% em cada nível, exceto o último?

Solução

a. Se a SRAM custa US$ 25/*MByte* ou 256 *KByte* (1/4 *MByte*) de SRAM no sistema custa US$ 6,25. Como a DRAM custa US$ 1/*MByte*, então 128 *MBytes* de DRAM custam US$ 128. Espaço em disco custa US$ 10 por *GByte*, para um total de US$ 10. Somando estes valores, temos um total de US$ 144,25 para o armazenamento no sistema de memória. Para obter o custo por *byte*, dividimos o total do armazenamento de 256 *KBytes* + 128 *MBytes* + 1 *GByte* = 256 *KBytes* + 128 × 1.024 *KBytes* + 1 × 1.024 × 1.024 *KBytes* = 1.179.904 *KBytes* = 1.208.221.696 *bytes*. Isto dá um custo de 1,19 × 10^{-7} US$/ *bytes*.

b. Para cada nível, o tempo médio de acesso = (taxa de acertos × tempo de acesso para aquele nível) + (1 – taxa de acertos) × (tempo médio de acesso para o próximo nível). Portanto, para este sistema de memória, o tempo médio de acesso = (0,80 × 5 ns) + 0,20 × (0,80 × 60 ns) + (0,20 × 7 ms) = 280.013,6 ns.

c. Mudando as taxas de acertos da equação acima, obtemos um tempo médio de acesso de 70.009,9 ns.

d. Com estas taxas de acertos, o tempo médio de acesso é de 705,5 ns.

Estes exemplos ilustram a importância de existir uma alta taxa de acertos quando existe uma diferença grande entre os tempos de acesso de diferentes níveis da hierarquia de memória. Caso contrário, o longo tempo de acesso dos discos utilizados para implementar o nível mais baixo da hierarquia dominará o tempo médio de acesso, mesmo que apenas uma pequena parte das referências à memória seja para esse nível da hierarquia.

Hierarquias de Memória (III)

8.9. Em uma hierarquia de memória de dois níveis, se o nível mais alto tem um tempo de acesso de 8 ns e o nível mais baixo tem um tempo de acesso de 60 ns, qual a taxa de acerto necessária no nível mais alto para obtermos um tempo de acesso médio de 10 ns?

Solução

Para resolver este problema, usamos a fórmula para o tempo médio de acesso em uma memória usando a taxa de acertos como variável, ao invés do tempo médio de acesso, e resolvemos para esta taxa de acertos. Colocando os valores na fórmula, temos 10 ns = (taxa de acertos × 8 ns) + (taxa de falhas × 60 ns) = (taxa de acertos × 8 ns) + ((1 – taxa de acertos) × 60 ns).

Resolvendo, temos uma taxa de acertos necessária de 96,2%.

Hierarquias de Memória (IV)

8.10. Um sistema de memória com dois níveis tem um tempo médio de acesso de 12 ns. O nível mais alto do sistema de memória tem uma taxa de acertos de 90% e um tempo de acesso de 5 ns. Qual é o tempo de acesso do nível mais baixo?

Solução

Usando a fórmula para o tempo médio de acesso, resolvemos para T_{falha} do primeiro nível da hierarquia de memória, que é igual ao tempo de acesso do segundo nível na hierarquia, em uma hierarquia de dois níveis. Isto dá 12 ns = (0,90 × 5 ns) + (0,10 × T_{falha}). Resolvendo para T_{falha}, temos um tempo de acesso de 75 ns para o segundo nível da hierarquia.

Inclusão

8.11. Explique por que manter a inclusão entre diferentes níveis da hierarquia de memória torna mais fácil a implementação de hierarquias de memória *write-back*.

Solução

Manter a inclusão entre níveis da hierarquia de memória (garantindo que todos os dados em um nível também estão embutidos em todos os níveis abaixo dele) torna mais fácil implementar hierarquias de memória *write-back* porque isto garante que, quando um bloco de dados é removido de um nível da hierarquia, existe espaço no nível mais baixo seguinte para escrever os dados se eles tiverem sido modificados. Se os níveis de uma hierarquia não mantivessem a inclusão, então poderia não haver espaço no nível mais baixo seguinte para escrever o bloco, tornando necessário que um bloco fosse removido daquele nível para abrir espaço, o que faria a movimentação de blocos ser mais complicada.

Taxas de Acertos e de Falhas

8.12 Dada uma hierarquia de memória como aquela mostrada na Fig. 8-2, quais são as taxas de acertos e de falhas na *cache* e na memória principal, se o processador executa um total de 1.000.000 de referências à memória, 945.000 à cache e 45.000 à memória principal?

Solução

A taxa de acertos é a razão entre o número de acertos em um dado nível da hierarquia e o número de referências feitas àquele nível da hierarquia, e a taxa de falhas é a razão entre o número de falhas no nível e o número de referências feitas no nível. Todas as 1.000.000 de referências à memória alcançam a *cache*, de modo que a taxa de acertos nela é de 945.000/1.000.000 = 94,5%. Então, a taxa de falhas é 55.000/1.000.000 = 5,5%. (As taxas de acertos e de falhas, em um dado nível, sempre têm que somar 100%.)

Como 55.000 referências à memória (todas as referências que falharam na *cache*) chegam à memória principal, a sua taxa de acertos é de 45.000/55.000 = 81,8% e a taxa de falhas é de 10.000/55.000 = 18,2%.

SRAMs versus DRAMs (I)

8.13 Por que as DRAMs geralmente têm capacidades muito maiores que as SRAMs construídas com a mesma tecnologia de fabricação?

Solução

Células de *bit* DRAM precisam apenas de dois de tipos de dispositivos – um capacitor e um transistor – enquanto que células de *bit* SRAM tipicamente exigem seis transistores. Isto faz com que as células de *bit* DRAM sejam muito menores que as células de *bit* SRAM, permitindo que as DRAMs armazenem mais dados na mesma área de *chip*.

SRAMs versus DRAMs (II)

8.14 Para cada um dos seguintes casos, determine se SRAMs ou DRAMs seriam os blocos construtivos mais adequados para o sistema de memória e explique o porquê. Assuma que existe apenas um nível na hierarquia de memória.

a. Um sistema de memória no qual o desempenho é o objetivo mais importante.
b. Um sistema de memória no qual o custo é o fator mais importante.
c. Um projeto no qual é importante que os dados sejam armazenados por longos períodos sem qualquer atividade por parte do processador.

Solução

a. Geralmente, SRAMs têm latências menores que as DRAMs, de modo que as SRAMs seriam a melhor escolha para este sistema.
b. DRAMs tem um custo por *bit* menor do que as SRAMs, de modo que elas seriam melhores empregadas.
c. DRAMs precisam ter os seus conteúdos refrescados de modo a armazenar os dados por longos períodos de tempo, enquanto que as SRAMs não precisam. Uma vez que o objetivo aqui é armazenar dados por longos períodos, sem a intervenção do processador, as SRAMs seriam melhores que as DRAMs.

Largura de Banda de DRAMs

8.15 Suponha que uma DRAM tenha um retardo RAS-CAS de 45 ns, um retardo de dados CAS de 35 ns e precisa de um tempo de pré-carga de 20 ns. Se a DRAM não suporta o modo de página e retorna 4 *bits* de dados a cada referência à memória, qual é a latência para operações de leitura, taxa de transferência (assuma que leituras e escritas demoram o mesmo tempo) e largura de banda?

Solução

A latência é a soma dos retardos RAS-CAS e do retardo de dados CAS (80 ns). Para encontrarmos a taxa de transferência, somamos o tempo de pré-carga à latência para obtemos a taxa na qual as operações podem ser iniciadas (uma operação a cada 100 ns = 10.000.000 operações/s). A largura de banda é o produto da taxa de transferência pela quantidade de dados retornados em cada operação = 40.000.000 *bits*/s = 5.000.000 *bytes*/s.

Refrescamento de DRAMs

8.16 Se uma DRAM tem 1.024 linhas na sua matriz de células de *bit* e um tempo de refrescamento de 8 ms, qual a freqüência com que uma operação de refrescamento de linha precisa ser executada, em média? Ainda, qual é a parte do tempo da DRAM que é gasto executando refrescamentos, se cada operação de refrescamento de linha demora 100 ns?

Solução

Cada linha precisa ser refrescada uma vez a cada período de refrescamento, de modo que 1.024 operações de refrescamento de linha devem ser feitas a cada 8 ms, ou um refrescamento de linha a cada 7,8 microssegundos, em média. Cada refrescamento de linha demora 100 ns, de modo que a fração do tempo da DRAM que é ocupado por refrescamentos de linha é 100 ns/7,8 microssegundos = 1,28%.

Modo de Página

8.17 Suponha que a memória de um processador seja construída com DRAMs em modo de página, cujos retardos RAS-CAS e retardo de dados CAS são de 50 ns cada. A memória principal retorna uma palavra de dados para cada solicitação do processador. Se o tamanho de bloco da *cache* do processador é de 16 palavras, qual é a parte da solicitação de memória do processador que será capaz de utilizar o modo de página e qual será a redução no tempo de transferência de um bloco a partir da memória principal, por causa da utilização do modo de página? Assuma que os blocos estão alinhados de modo que eles estão sempre completamente dentro de uma linha da DRAM, e que blocos sucessivos estão em diferentes linhas na DRAM. Assuma também que a DRAM não exige qualquer tempo de pré-carga entre solicitações.

Solução

Uma vez que a memória principal retorna uma palavra por solicitação da *cache*, são necessárias 16 solicitações para buscar cada bloco. Blocos sucessivos estão em diferentes linhas da DRAM, mas cada bloco é completamente contido dentro de uma linha da DRAM, de modo que a primeira solicitação para cada bloco não será capaz de utilizar o modo de página, mas o resto será capaz de utilizar o modo de página. Portanto, 15/16 = 93,8% das solicitações utilizarão o modo de página.

Se a DRAM não suportasse o modo de página, cada solicitação demoraria 100 ns (50 ns de retardo RAS-CAS mais 50 ns de retardo de dados CAS), de modo que transferir um bloco para dentro da *cache* levaria 1.600 ns. Com o modo de página, a primeira solicitação durará 100 ns, mas as próximas 15 demorarão apenas 50 ns (apenas o retrato de dados CAS), de modo que o tempo total para transferir um bloco é de 850 ns, uma economia de 47%.

Capítulo 9

Caches

9.1 OBJETIVOS

Neste capítulo, continua nossa discussão sobre sistemas de memória ao descrever *caches* – memórias pequenas e rápidas que estão localizadas próximas ao processador. Depois de ler este capítulo e completar os exercícios, você deverá:

1. Compreender como memórias *caches* são organizadas e implementadas e ser capaz de determinar quanta memória é necessária para uma *cache* de um dado tamanho e organização.
2. Estar familiarizado com a diferença entre *caches* de dados e de instruções e ser capaz de explicar por que a maioria dos processadores incorpora estes dois tipos de estruturas.
3. Ser capaz de definir e descrever a terminologia de *caches*.

9.2 INTRODUÇÃO

As *caches* são geralmente o nível, ou níveis mais altos, de uma hierarquia de memória e são, quase sempre, construídas com SRAM. A diferença estrutural entre uma *cache* e os outros níveis na hierarquia de memória é que elas contêm um *hardware* para fazer o acompanhamento dos endereços de memória que estão armazenados na *cache* e para mover dados de/para a *cache*, conforme necessário. Os níveis mais baixos na hierarquia geralmente baseiam-se em *software* ou em uma combinação de *hardware* e *software* para executar esta função.

Memórias *cache* geralmente contêm uma *matriz de etiquetas* e uma *matriz de dados*, como mostrado na Fig. 9-1. A matriz de etiquetas contém os endereços dos dados contidos na *cache*, enquanto a matriz de dados contém os próprios dados. Dividir a *cache* em matrizes distintas para etiquetas e dados reduz o seu tempo de acesso, porque a matriz de etiquetas normalmente contém menos *bits* do que a matriz de dados e, portanto, pode ser acessada mais rapidamente do que uma matriz de dados ou uma única matriz combinada de dados/etiquetas. Uma vez que a matriz de etiquetas tenha sido acessada, a sua saída tem que ser comparada com o endereço da referência de memória para determinar se houve um acerto. Separar a *cache* em matrizes de dados e de etiquetas permite que a determinação de acertos/faltas seja feita em paralelo com parte do tempo de procura na matriz de dados, reduzindo o tempo de acesso global.

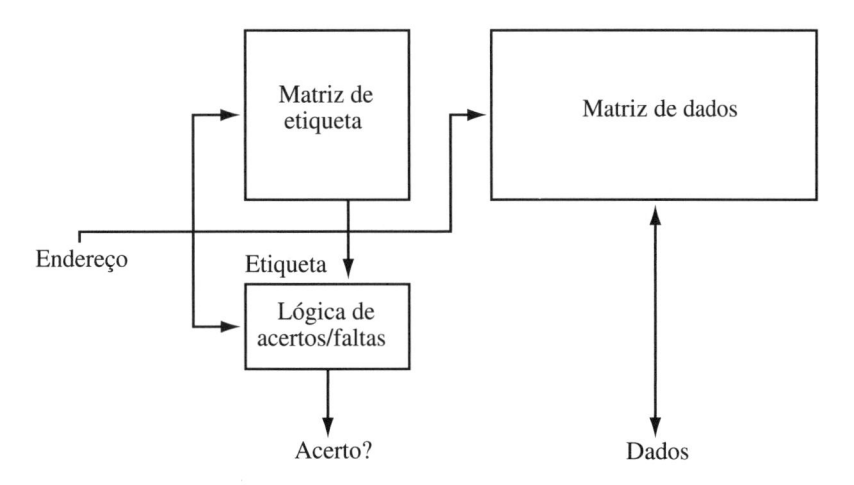

Fig. 9-1 Diagrama em blocos de uma cache.

9.3 *CACHES* DE DADOS, DE INSTRUÇÕES E UNIFICADAS

Nas nossas discussões sobre sistemas de memória, temos agido como se as instruções e os dados compartilhassem o espaço dentro de cada nível da hierarquia de memória. Para a memória principal e a virtual, isso é verdade. No entanto, para as *caches*, os dados e as instruções freqüentemente são armazenados em *caches* distintas para dados e para instruções, como mostrado na Fig. 9-2. Esta distribuição, que algumas vezes é chamada de *cache Harvard* ou *arquitetura Harvard*, é utilizada porque permite que o processador busque simultaneamente instruções a partir da *cache* de instruções e dados a partir da *cache* de dados. Quando uma *cache* contém tanto instruções como dados, ela é chamada de *cache unificada*.

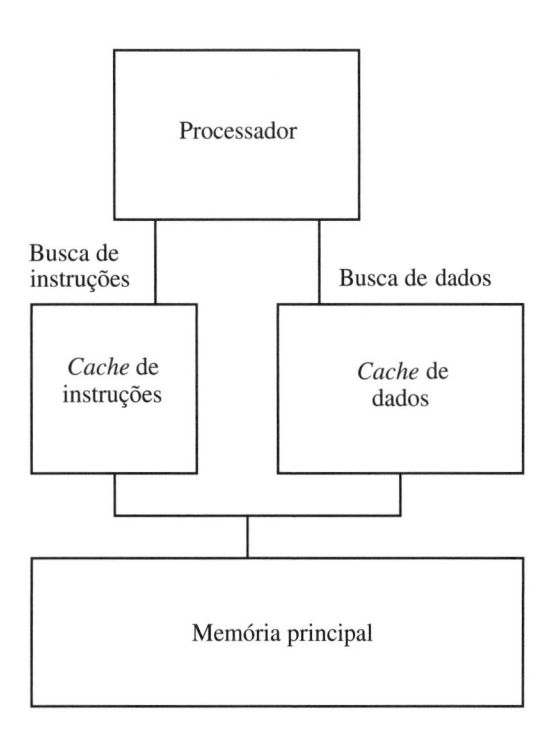

Fig. 9-2 Arquitetura de cache Harvard.

Uma outra vantagem de separar as *caches* de instruções das de dados é que, em geral, os programas não modificam suas próprias instruções. Portanto, *caches* de instruções podem ser projetadas como dispositivos apenas de leitura, não permitindo a modificação das instruções que elas contêm. Isto significa que uma *cache* de instruções pode simplesmente descartar quaisquer blocos que precisem ser descarregados dela, sem escrevê-los na memória principal, uma vez que se tem certeza de que os dados contidos nela não mudaram desde que foram copiados. Finalmente, essa separação evita conflitos entre blocos de instruções e dados que possam ser mapeados para a mesma posição de armazenamento em uma *cache* unificada.

Uma desvantagem de usar *caches* distintas é que escrever programas que se automodifiquem torna-se mais difícil. Quando um programa modifica suas próprias instruções, essas instruções são tratadas como dados e são armazenadas na *cache* de dados. Para que as instruções modificadas sejam executadas, o programa precisa utilizar operações especiais de descarga da *cache*, de modo a garantir que as versões originais das instruções não estejam presentes na *cache* de instruções, forçando o programa a buscar as versões modificadas a partir da memória principal, antes de executá-las. Se a *cache* de dados é do tipo *write-back*, operações adicionais de descarga podem ser necessárias para garantir que as instruções modificadas tenham sido escritas na memória principal, antes que sejam lidas e colocadas na *cache* de instruções. O ônus adicional imposto por essas operações de descarga reduzem o benefício de desempenho de um código automodificado, tornando-o menos útil.

Freqüentemente, a *cache* de instruções de um sistema será significativamente menor (duas a quatro vezes) que a sua *cache* de dados porque as instruções de um programa ocupam muito menos memória que os seus dados. Além disto, a maioria dos programas passa a maior parte do seu tempo em laços que reutilizam diversas vezes as mesmas instruções. Assim, a *cache* de instruções de um sistema pode ser significativamente menor que a de dados e ter a mesma taxa de acertos, de modo que projetistas freqüentemente optam por dedicar mais área do *chip* para a *cache* de dados do que para a de instruções.

9.4 DESCREVENDO *CACHES*

Para comparar *caches*, os projetistas discutem sua capacidade, o comprimento da linha, a associatividade (posições nas quais um dado endereço pode residir), a política de substituição e se ela é *write-back* ou *write-through*.

9.5 CAPACIDADE

A *capacidade* de uma *cache* é simplesmente a quantidade de dados que pode ser armazenada nela, ou seja, uma *cache* com capacidade de 32 *KBytes* pode armazenar 32 *quilobytes* de dados. Para ser implementada, tal *cache* exigirá mais de 32 *KBytes* de memória, porque a área de armazenamento da matriz de etiquetas não está incluída na capacidade.

9.6 COMPRIMENTO DE LINHA

O *comprimento de linha* de uma *cache* é o tamanho do seu bloco – o tamanho dos grupos de dados que são copiados e eliminados da *cache* em resposta a uma falta de *cache*. Por exemplo, quando uma *cache* com linhas de 32 *bytes* tem uma falta de *cache*, ela traz para dentro de si um bloco de 32 *bytes* de dados contendo o endereço da falta e descartando, antecipadamente, se for preciso abrir espaço para os novos dados um bloco de dados de 32 *bytes*. As linhas de *cache* são *alinhadas* – o endereço do primeiro *byte* em uma linha de *cache* é sempre um múltiplo do comprimento da linha. Isso simplifica o processo de determinar se houve ou não um acerto na *cache*, porque os *bits* menos significativos do endereço determinam qual *byte* um endereço se refere dentro da linha que o contém e somente os *bits* mais significativos no endereço precisam ser enviados para a matriz de etiquetas, de modo a determinar se houve um acerto. O número exato de *bits* que precisam ser comparados para detectar os acertos na *cache* é determinado pelo tamanho da *cache*, seu comprimento de linhas e sua associatividade. Isto será discutido, em mais detalhes, adiante neste capítulo.

> **Exemplo** Em uma *cache* com linhas de 64 *bytes*, quantos *bits* são utilizados para determinar qual *byte* é apontado por um endereço dentro de uma linha de *cache*?

Solução

O $\log_2 64$ é 6, de modo que os 6 *bits* menos significativos do endereço determinam um *byte* do endereço dentro de uma linha de *cache*.

Exemplo Em uma *cache* com linhas de 64 *bytes*, qual é o endereço da primeira palavra na linha de *cache* que contém o endereço 0xbee3de72?

Solução

Linhas da *cache* são alinhadas em múltiplo do seu tamanho, de modo que o endereço da primeira palavra em uma linha pode ser encontrado ao ajustar para zero (0) todos os *bits* que determinam o *byte* dentro da linha. Neste caso, são utilizados 6 *bits* para selecionar um *byte* dentro da linha, de modo que podemos encontrar o endereço inicial da linha ao ajustar para zero (0) os seis *bits* menos significativos do endereço, gerando 0xee3de40 como o endereço da primeira palavra na linha.

Os projetistas precisam levar diversos fatores em consideração quando estão fazendo a escolha do comprimento de linha de uma *cache*. Em geral, aumentar o comprimento da linha de uma *cache* aumenta a taxa de acertos, devido à propriedade de localidade. Aumentar o comprimento da linha aumenta a quantidade de dados que é trazida para dentro da *cache* quando ocorre uma falta de *cache*. Uma vez que é provável que os endereços próximos ao endereço de uma falta sejam referenciados brevemente após esta falta, utilizar linhas de *cache* maiores significa que cada falta traz dados que têm grande probabilidade de serem brevemente refererenciados na *cache*, evitando faltas se houver uma referência àqueles dados.

No entanto, aumentar sistematicamente o comprimento das linhas de *cache* de um sistema aumenta o tempo que os programas demoram para serem executados, mesmo quando isto resulta em taxas de faltas mais baixas do que usando linhas menores. Isto ocorre por causa do tempo que demora para trazer linhas mais longas para dentro da *cache* e porque, à medida que o endereço de acesso a *bytes* se afasta do endereço daquela falta de *cache*, diminui a probabilidade de que um dado *byte* de dados será necessário em um futuro próximo. À medida que o comprimento de linha de uma *cache* aumenta, o acréscimo no tempo de busca da linha se torna um fator mais significativo do que o decréscimo na taxa de faltas. Por este motivo, a maioria das *caches* modernas têm linhas entre 32 e 128 *bytes* de comprimento, o que representa um bom compromisso entre a taxa de acertos e o tempo de busca da linha.

Exemplo Se uma *cache* tem linhas de 64 *bytes*, quanto tempo demora para buscar uma linha de *cache*, considerando que a memória principal demora 20 ciclos para responder a cada solicitação de memória e retorna 2 *bytes* de dados em resposta a cada solicitação?

Solução

Uma vez que a memória principal retorna 2 *bytes* de dados em resposta a cada solicitação, são necessárias 32 solicitações de memória para buscar a linha. A 20 ciclos por solicitação, buscar uma linha de *cache* demorará 640 ciclos.

Exemplo Como é modificado o tempo de busca de linha do sistema acima, se para implementar a memória principal forem utilizadas DRAMs com modo página, que têm um retardo de dados CAS de 10 ciclos? (Assuma que as linhas de *cache* estão sempre dentro de uma única linha da DRAM, mas que cada linha de *cache* está numa linha da DRAM, diferente da última linha recuperada.)

Solução

O sistema ainda exige 32 solicitações de memória para buscar cada linha de *cache*. Utilizando o modo página, apenas a primeira solicitação utilizará todos os 20 ciclos e as outras 31 utilizarão apenas 10 ciclos cada. Portanto, o tempo de busca de uma linha de *cache* é $20 + (31 \times 10) = 330$ ciclos. DRAMs com modo página reduzem significativamente o tempo para buscar linhas de *cache* maiores, o que pode aumentar o tamanho de linha e fornecer um melhor desempenho.

9.7 ASSOCIATIVIDADE

A *associatividade* de uma *cache* determina quantas posições dentro dela podem conter um dado endereço de memória. *Cache*s com alta associatividade permitem que cada endereço seja armazenado em muitas posições na *cache*, o que reduz as faltas de *cache* causadas por conflitos entre linhas que precisam ser armazenadas no mesmo conjunto de posições. *Cache*s com baixa associatividade restringem o número de posições nos quais um endereço pode ser colocado, o que aumenta o número de faltas, mas simplifica o *hardware* da *cache*, reduzindo a quantidade de espaço ocupado por ela e, freqüentemente, reduzindo o tempo de acesso.

Caches com Mapeamento Completamente Associativo

As *caches* com *mapeamento completamente associativo*, ou simplesmente *caches* associativas como mostrado na Fig. 9-3, permitem que qualquer endereço seja armazenado em qualquer linha da *cache*. Quando uma operação de memória é enviada à *cache*, o endereço da solicitação precisa ser comparado a cada entrada na matriz de etiquetas para determinar se os dados referenciados pela operação estão contidos nela. Note que *caches* associativas geralmente ainda são implementadas com matrizes distintas para etiquetas e dados. O diagrama inclui as etiquetas e as linhas de dados, para tornar mais claro qual linha é associada com cada identificador.

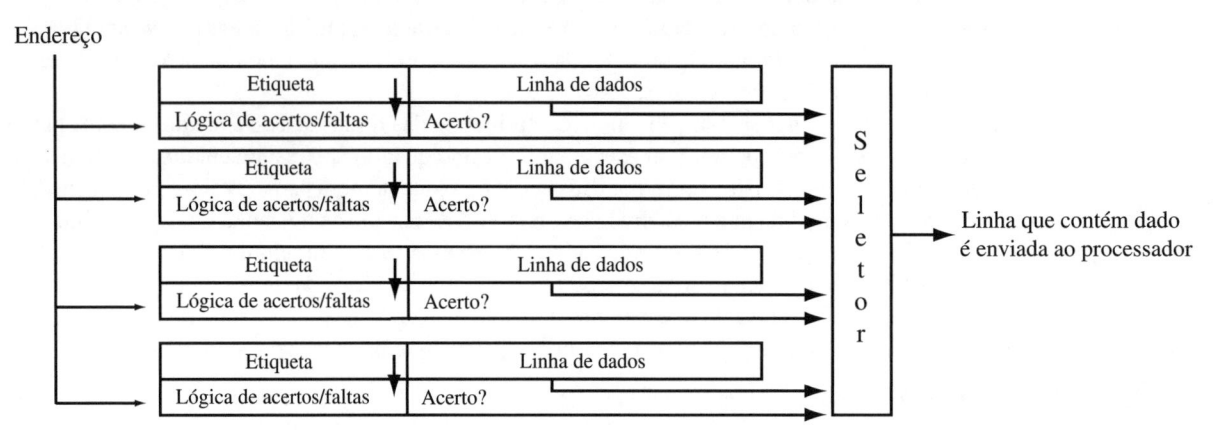

Fig. 9-3 Cache com mapeamento completamente associativo.

Caches com Mapeamento Direto

As *caches* com *mapeamento direto* são o extremo oposto das associativas. Nela, cada endereço de memória só pode ser armazenado em uma posição na *cache*. Como mostrado na Fig. 9-4, quando uma operação de memória é enviada a uma *cache* mapeada diretamente, um subconjunto dos *bits* do endereço é utilizado para selecionar a linha da *cache* que pode conter o endereço e um outro subconjunto de *bits* é utilizado para selecionar o *byte* dentro de uma linha da *cache* para o qual o endereço aponta. Em geral, os *n bits* menos significativos no endereço são utilizados para determinar a posição do endereço dentro da sua linha de *cache*, onde *n* é o log de base 2 do número de *bytes* na linha. Os *m bits* mais significativos seguintes, onde *m* é o $\log_2$ do número de linhas na *cache*, são utilizados para selecionar a linha na qual o endereço pode estar armazenado, como mostrado na Fig. 9-5.

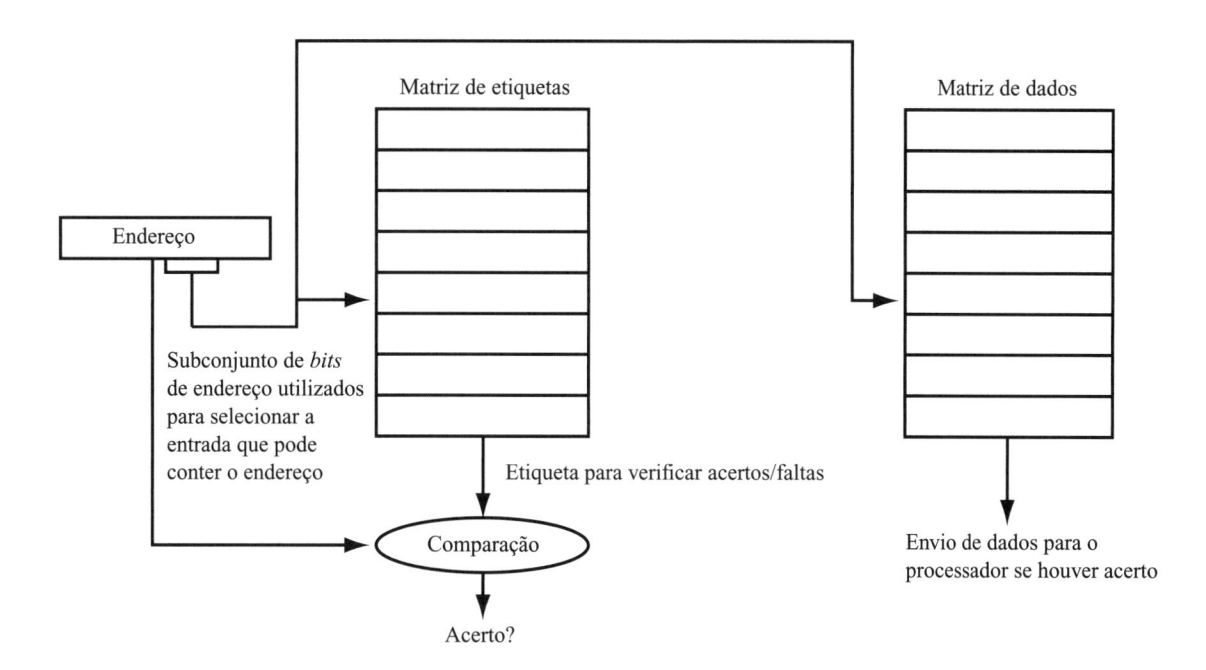

Fig. 9-4   Cache com mapeamento direto.

$$n = \log_2 (\text{número de bytes na linha})$$
$$m = \log_2 (\text{número linhas na cache})$$

resto	m bits	n bits

Determina se houve um acerto ou não • Determina a linha dentro da cache • Determina o byte dentro da linha

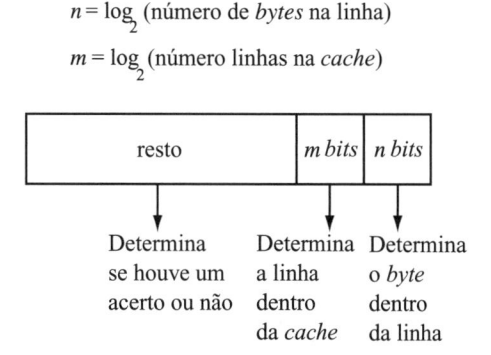

Fig. 9-5   Desmembramento do endereço.

Exemplo   Em uma *cache* com mapeamento direto, com a capacidade de 16 *KBytes* e um comprimento de linha de 32 *bytes*, quantos *bits* são utilizados para determinar, dentro de uma linha de *cache*, o *byte* ao qual uma operação de memória faz referência, e quantos *bits* são utilizados para selecionar a linha que pode conter os dados dentro da *cache*?

Solução

$\log_2 32$ é 5, de modo que são necessários 5 *bits* para determinar qual *byte*, dentro de uma linha de *cache*, está sendo referenciado. Com linhas de 32 *bytes*, existem 512 linhas na *cache* de 16 *KBytes*, de modo que são necessários 9 *bits* para selecionar qual a linha pode conter o endereço ($\log_2 512 = 9$).

Caches mapeadas diretamente têm a vantagem de necessitar uma área significativamente menor para ser fisicamente implementada no *chip* que as *caches* associativas, porque requerem apenas um comparador para determinar se houve um acerto (as associativas exigem um comparador para cada linha). Além disso, *caches* mapeadas diretamente têm tempos de acesso menores porque existe uma só comparação a ser examinada para determinar se houve um acerto, enquanto que *caches* associativas precisam examinar cada uma das comparações e escolher a palavra de dados adequada para enviar ao processador.

No entanto, *caches* mapeadas diretamente tendem a ter taxas de acerto menores do que as associativas, devido aos conflitos entre linhas que são mapeadas na mesma área da *cache*. Cada endereço só pode ser colocado em um local, o que é determinado pelos *m bits* de endereço, como ilustrado na Fig. 9-5. Se dois endereços têm o mesmo valor naqueles *bits*, eles serão mapeados sobre a mesma linha da *cache* e não poderão residir ao mesmo tempo. Um programa que alternasse referências a estes dois endereços nunca geraria um acerto, uma vez que a linha contendo cada endereço estaria sendo sempre descartada antes da próxima referência ao endereço. Assim, a *cache* poderia ter uma taxa de acertos é igual a 0%, ainda que o programa fizesse referência a apenas dois endereços. Na prática, *caches* mapeadas diretamente, em especial de grande capacidade, podem obter boas taxas de acerto, embora tendam a ser menores que àquelas que fornecem várias posições possíveis para cada linha de dados.

Caches com Mapeamento Grupo Associativo

As *caches* com *mapeamento grupo associativo* são uma combinação de *caches* associativas e de mapeadas diretamente. Nela, existe um número fixo de posições (chamadas de *conjuntos* ou *grupos*), nas quais um dado endereço pode ser armazenado. O número de posições em cada conjunto é a associatividade da *cache*.

A Fig. 9-6 mostra uma *cache* grupo associativo de dois caminhos, na qual existem duas possíveis posições para cada endereço. De modo semelhante a uma *cache* mapeada diretamente, um subconjunto dos *bits* de endereço é utilizado para selecionar o conjunto que pode conter o endereço. A *cache* grupo associativo de dois caminhos implica no fato de existirem duas etiquetas que podem ser comparadas ao endereço da referência de memória para determinar se houve ou não um acerto. Se qualquer uma das etiquetas for igual ao endereço, houve um acerto e a linha correspondente da matriz de dados é selecionada. *Caches* com maior associatividade têm estruturas semelhantes, possuindo apenas mais comparadores para determinar se houve ou não um acerto.

Uma *cache* grupo associativo, por agrupar linhas em conjuntos, necessita menos *bits* para identificar conjuntos do que seria necessário para identificar individualmente as linhas de onde um endereço pode ser armazenado. O número de conjuntos em uma *cache* pode ser obtido calculando-se o número de linhas e dividindo-o pela associatividade.

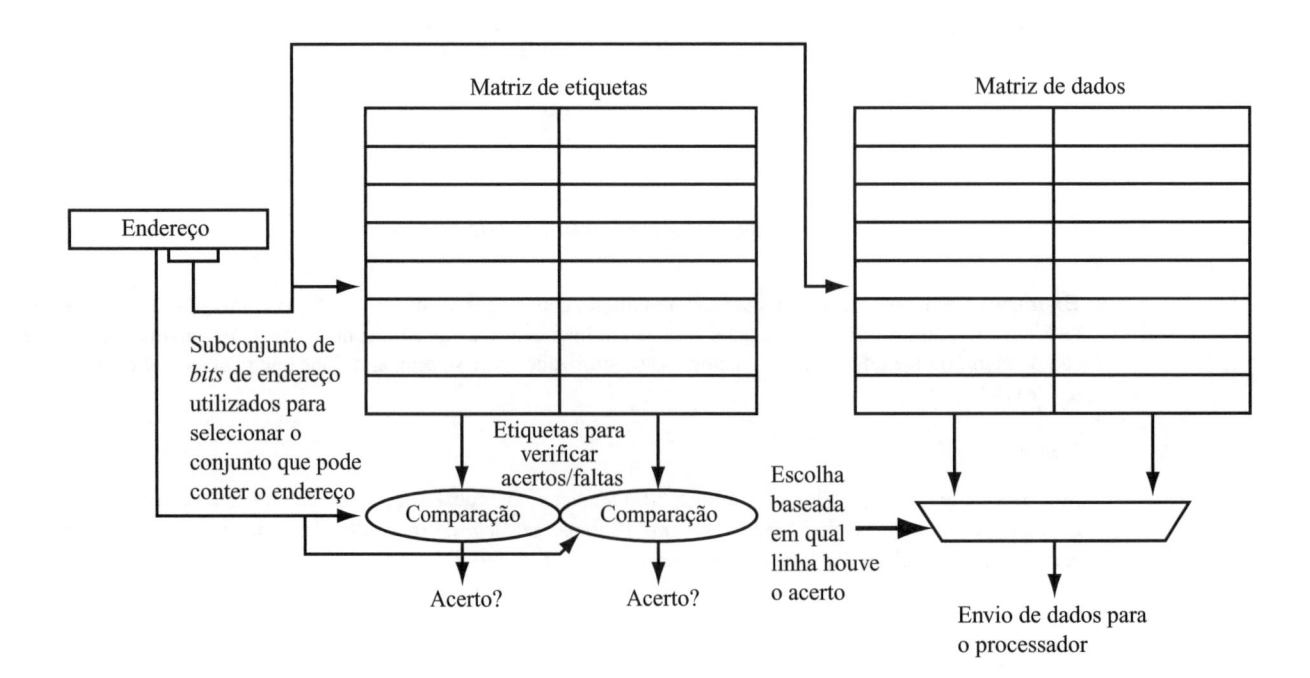

Fig. 9-6 **Cache *com mapeamento grupo associativo de dois caminhos*.**

Exemplo Quantos conjuntos existem em uma *cache* grupo associativo de dois caminhos, com uma capacidade de 32 *KBytes* e linhas de 64 *bytes*, e quantos *bits* do endereço são utilizados para selecionar um conjunto nesta *cache*? E numa *cache* grupo associativo de oito caminho, com a mesma capacidade e comprimento de linha?

Solução

Uma *cache* de 32 *KBytes*, com linhas de 64 *bytes*, contém 512 linhas de dados. Em uma *cache* grupo associativo de dois caminhos, cada conjunto contém duas linhas, de modo que existem 256 conjuntos. $\log_2 256 = 8$, de modo que são utilizados 8 *bits* de um endereço para selecionar um conjunto mapeado por um endereço. A *cache* grupo associativo de oito caminhos tem 64 linhas e utiliza seis *bits* do endereço para selecionar um conjunto.

Em geral, *caches* grupo associativo têm taxas de acerto melhores que as mapeadas diretamente, mas taxas de acerto piores do que *caches* associativas de mesmo tamanho. As *caches* grupo associativo, por permitir que cada endereço seja armazenado em vários locais, eliminam alguns dos conflitos que ocorrem em *caches* com mapeamento direto. A diferença nas taxas de acertos é uma função da capacidade da *cache*, do grau de associatividade e dos dados referenciados por um programa. Alguns programas fazem referência a grandes blocos de dados contíguos, conduzindo a poucos conflitos, enquanto outros fazem referência a dados dispersos, o que pode conduzir a conflitos, se os endereços dos dados mapearem os mesmos conjuntos na *cache*.

Quanto maior é uma *cache*, menor é o benefício que ela tende a obter da associatividade, uma vez que existe uma probabilidade menor de que dois endereços sejam mapeados para a mesma área. Finalmente, aumentos sucessivos na associatividade têm retornos decrescentes. Ir de uma *cache* diretamente mapeada para uma grupo associativo de dois caminhos normalmente causa reduções significativas na taxa de faltas. Aumentar para quatro caminhos (para simplificar o *hardware*, a associatividade é normalmente uma potência de 2, mas são possíveis outras associatividades) tem um efeito menos significativo, e crescer além disso tende a ter pouco efeito, exceto em *caches* extremamente pequenas. Por este motivo, *caches* grupo associativo de dois e quatro caminhos são as mais comuns nos microprocessadores atuais.

9.8 POLÍTICA DE SUBSTITUIÇÃO

Quando uma linha precisa ser descartada de uma *cache* para abrir espaço para dados que estão entrando, ou porque a *cache* está cheia, ou ainda por causa de conflitos com relação a um conjunto, a política de substituição determina qual linha será descartada. Em *caches* mapeadas diretamente, não existe escolha, uma vez que a linha que está entrando só pode ser colocada em uma única posição, mas *caches* grupo conjunto associativo e associativas contêm várias linhas que poderiam ser descartadas para abrir espaço para a linha que está entrando. Nessas *caches*, o objetivo geral da política de substituição é minimizar as faltas futuras de *cache*, ao descartar uma linha que não será referenciada no futuro. Projetistas de políticas de substituição também devem levar em consideração o ônus da sua política de substituição; se uma política de substituição reduz ligeiramente as faltas futuras, mas exige tanto *hardware* que a capacidade da *cache* tem que ser reduzida para acomodar a política de substituição, as faltas de *cache* adicionais que resultem da capacidade reduzida podem ser maiores que a economia de uma política de substituição melhorada.

A política de substituição perfeita examinaria o comportamento futuro do programa que está sendo executado e descartaria a linha que resultasse em um menor número de faltas de *cache*. Uma vez que computadores não sabem o que os seus programas farão no futuro, as políticas de substituição precisam adivinhar qual linha deve ser descartada, baseadas no que o programa fez no passado. Uma política de substituição comum é a *usada menos recentemente* (*least-recently used* – LRU). Na substituição LRU, quando é necessário um descarte, a *cache* classifica cada uma das linhas em um conjunto, de acordo com quão recentemente elas foram acessadas, e descarta a linha usada menos recentemente em um conjunto. Isto é baseado na observação de que linhas que não foram referenciadas em um passado recente têm pouca probabilidade de serem referenciadas em um futuro próximo. Uma outra política que tem sido estudada é a *substituição aleatória*, na qual uma linha do conjunto adequado é escolhida aleatoriamente e descartada para abrir espaço para os dados que estão entrando.

Estudos mostram que a substituição LRU geralmente fornece taxas de acerto ligeiramente mais altas do que a substituição aleatória, mas as diferenças são muito pequenas para *caches* de tamanho razoável. No entanto, a substituição LRU é de implementação relativamente complexa. Quando se faz uma referência a uma linha em um conjunto, a informação sobre quão recentemente todas as linhas no conjunto foram referenciadas precisa ser atualizada, levando a um *hardware* relativamente complicado. Por este motivo, algumas *caches* utilizam uma política de substituição de *não utilizada mais recentemente*. Nesta política, a *cache* realiza um acompanhamento de quando uma linha é referenciada e, caso um descarte seja necessário, escolhe uma das outras linhas (freqüentemente escolhida de modo aleatório). Para *caches* grupo associativo de dois caminhos, isto é equivalente à substituição LRU.

Para *caches* com maior associatividade, esta política garante que a linha mais recentemente utilizada, a qual é, estatisticamente, a linha com maior probabilidade de ser referenciada em um futuro próximo, seja mantida na *cache* a um custo mais baixo de *hardware* do que o da substituição LRU. A Fig. 9-7 ilustra a diferença entre a política de substituição LRU e a de não utilizado mais recentemente.

Cache grupo associativo de quatro caminhos

Política de substituição usada mais recentemente

Ordem de referência ↓	Linha utilizada mais recentemente	Linha utilizada menos recentemente	
3 Linha 0	1 Linha 1	4 Linha 2	2 Linha 3

Linha a ser descartada, se necessário

Política de substituição não utilizada mais recentemente

Bit usado mais recentemente ↓	Linha utilizada mais recentemente		
0 Linha 0	1 Linha 1	0 Linha 2	0 Linha 3

Uma destas linhas será descartada, quando necessário

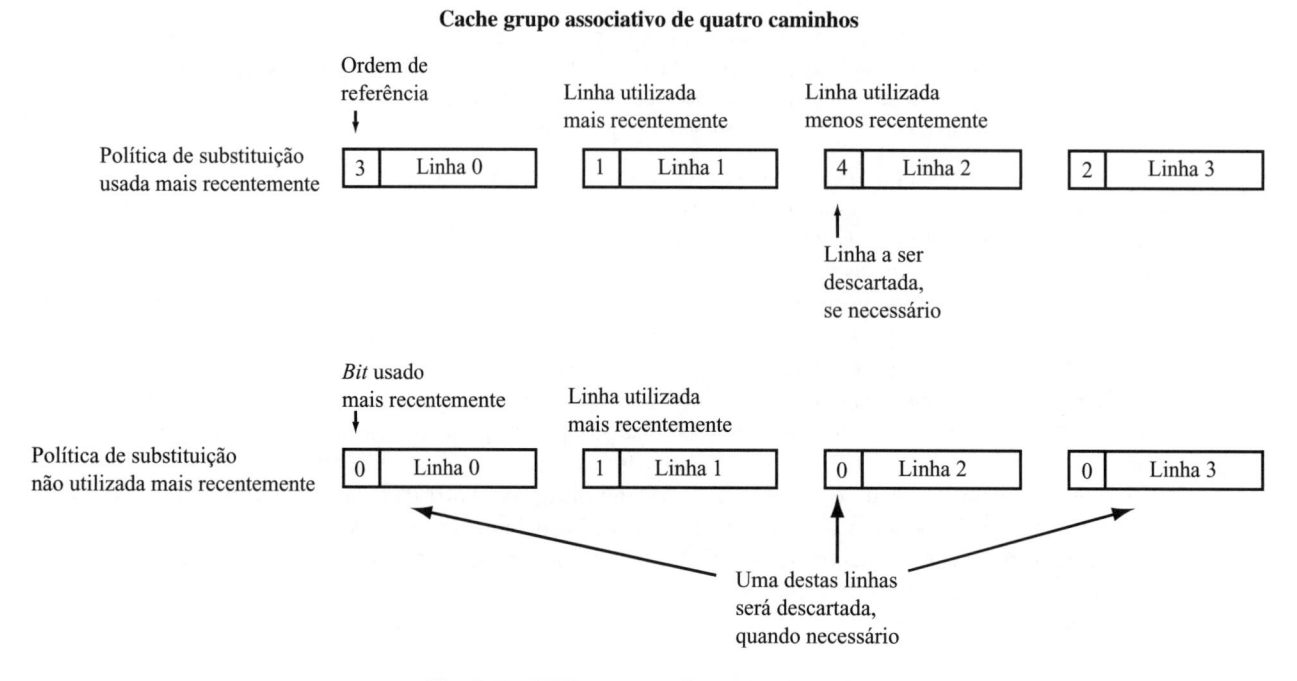

Fig. 9-7   LRU versus não utilizada mais recentemente.

9.9   *CACHES WRITE-BACK VERSUS WRITE-THROUGH*

Como discutido no capítulo anterior, níveis em uma hierarquia de memória podem usar uma política de *write-back* ou de *write-through* para tratar os armazenamento. Se um nível da hierarquia é *write-through*, quando uma operação de escrita é executada, os valores armazenados são escritos no nível e enviados para o nível seguinte mais abaixo. Isso assegura que o conteúdo do nível e do próximo nível abaixo será sempre o mesmo.

As *caches* podem ser implementadas tanto como sistemas *write-back* quanto *write-through* e ambas as abordagens têm suas vantagens. As *caches write-through* têm a vantagem de que não é necessário registrar quais linhas foram escritas. Como os dados em uma *cache write-through* são sempre consistentes com o conteúdo do próximo nível, descartar uma linha pode ser feito escrevendo-se a nova linha sobre a velha, reduzindo o tempo para trazer uma linha para dentro da *cache*. Em contraste, *caches write-back* escrevem o seu conteúdo apenas quando uma linha é descartada. Se uma dada linha recebe várias solicitações de armazenamento enquanto ela está na *cache*, esperar até que a linha seja descartada pode reduzir significativamente o número de escritas enviadas ao próximo nível da hierarquia de *cache*. Este efeito pode ser ainda mais importante, se o próximo nível da hierarquia for implementado com DRAM em modo de página, uma vez que uma *cache write-back* pode usar o modo de página para reduzir o tempo de escrita de uma linha no nível seguinte. No entanto, *caches write-back* exigem um *hardware* para manter controle sobre se cada linha foi escrita ou não desde que ela foi copiada. Além disto, quando uma linha suja (uma que foi escrita desde que ela foi trazida para dentro da *cache*) precisa ser descartada para abrir espaço para uma linha que está entrando, *caches write-back* exigem que a linha que está entrando espere até que a linha que está saindo seja escrita num outro nível, aumentando o atraso para liberação de acesso a nova linha. Algumas *caches write-back* incluem *buffers de escrita* para armazenamento temporário de linhas que estão sendo escritas em outro nível, de modo a evitar este atraso.

Em geral, *caches write-back* têm um desempenho melhor do que as *write-through*. Isso ocorre porque, geralmente, uma linha que é escrita uma vez tem uma probabilidade grande de ser escrita inúmeras vezes, dessa forma o custo (em tempo) de escrever uma linha inteira no nível seguinte na hierarquia é menor do que escrever as modificações à medida que elas ocorrem. Sistemas mais antigos freqüentemente utilizam *caches write-through* por causa da sua complexidade mais baixa de controle, mas as *write-back* tornaram-se dominantes nos PCs modernos e estações de trabalho.

Exemplo O nível abaixo da *cache* em uma hierarquia de memória é implementado com DRAM que não é de modo de página e que exige 60 ns para ler ou escrever uma palavra de dados. Se as linhas de *cache* têm o comprimento de 8 palavras, quantas vezes a linha média tem que ser escrita (contando apenas linhas que são escritas uma vez), antes que uma *cache write-back* seja mais eficiente que uma *write-through*?

Solução

Em uma *cache write-back*, cada linha modificada de 8 palavras é escrita de volta uma vez, sempre que ela é trazida para dentro da *cache*, tomando 480 ns (8 × 60 ns). Em uma *cache write-through*, cada operação de armazenamento exige que os seus dados sejam escritos para o próximo nível, tomando 60 ns. Portanto, se a linha média que é escrita ao menos uma vez for escrita mais de 8 vezes, a *cache write-back* será mais eficiente.

Exemplo Como a resposta do exemplo anterior é alterada, se o próximo nível da hierarquia é implementado utilizando DRAM de modo de página com um tempo de acesso da primeira palavra de 60 ns e então 10 ns/palavra?

Solução

Neste sistema, escrever uma linha novamente demora 60 ns + 7 × 10 ns = 130 ns, tempo suficiente para 2,17 operações de memória de palavra simples. Portanto, se a linha média que é escrita ao menos uma vez, é escrita mais de 2,17 vezes, uma *cache write-back* será mais eficiente.

Exemplo No sistema acima (com DRAM de modo de página), qual é o tempo médio para buscar uma linha para dentro da *cache*, se 40% de todas as linhas de *cache* descartadas tinham sido escritas ao menos uma vez? (As respostas serão diferentes para *caches write-through* e *write-back*.)

Solução

Na *cache write-through*, o tempo para buscar uma linha e escrevê-la é simplesmente o tempo para ler a linha para dentro da memória (130 ns), uma vez que todas as escritas são copiadas para o próximo nível da hierarquia quando elas ocorrem. Na *cache write-back*, 40% das linhas serão modificadas e terão que ser escritas de novo antes que a linha que está entrando possa ser buscada. Assim, o tempo médio de busca de linha é de 130 ns (tempo para ler a linha) + 0,40 × 130 ns (tempo para escrever a linha vezes o porcentual de linhas que precisam ser escritas) = 132 ns. Isso ilustra porque muitas *caches write-back* incorporam *buffers* de escrita, de modo a permitir que as buscas de linha progridam adiante dos *write-backs*.

9.10 IMPLEMENTAÇÕES DE *CACHES*

Até agora, discutimos como as *caches* são estruturadas, sem considerar os detalhes de sua implementação. A Fig. 9-1 mostra, de forma esquemática, a organização da maioria das *caches* a partir de matriz de etiquetas, matriz de dados e lógica de detecção de acertos e faltas. Nas próximas seções deste capítulo, discutiremos como esses três componentes são implementados.

9.11 MATRIZES DE ETIQUETAS

Em geral, a matriz de etiquetas é organizada como uma estrutura bidimensional contendo uma entrada para cada conjunto na *cache*, com o número de etiquetas em cada entrada igual à associatividade da *cache*. A Fig. 9-8 mostra a estrutura da matriz de etiquetas para uma *cache* com mapeamento grupo associativo de quatro caminhos.

Uma etiqueta contém a informação necessária para identificar qual linha de dados está armazenada na linha da *cache* de dados associada com a etiqueta. Cada entrada descreve uma linha de dados da *cache*. Como mostrado na Fig. 9-9, uma entrada consiste de um campo etiqueta que contém a parte do endereço da linha que não é utilizada para selecionar um conjunto (o campo "resto" da Fig. 9-5), um *bit* de válido que registra se a linha associada com essa entrada na matriz de etiquetas contém ou não dados válidos e um *bit* de sujo (para *caches write-back*). Dependendo da política de substituição, a entrada também pode conter um ou mais *bits* adicionais. Por exemplo, em uma *cache* que implementa a substituição LRU, cada entrada deve ser capaz de registrar a utilização da linha que ela corresponde, de modo que a política de substituição possa localizar quando for necessária uma substituição a linha utilizada menos recentemente. Isto requer $\log_2$ (associatividade da *cache*) *bits* de dados em cada entrada.

Número de entradas em cada conjunto = associatividade da *cache*

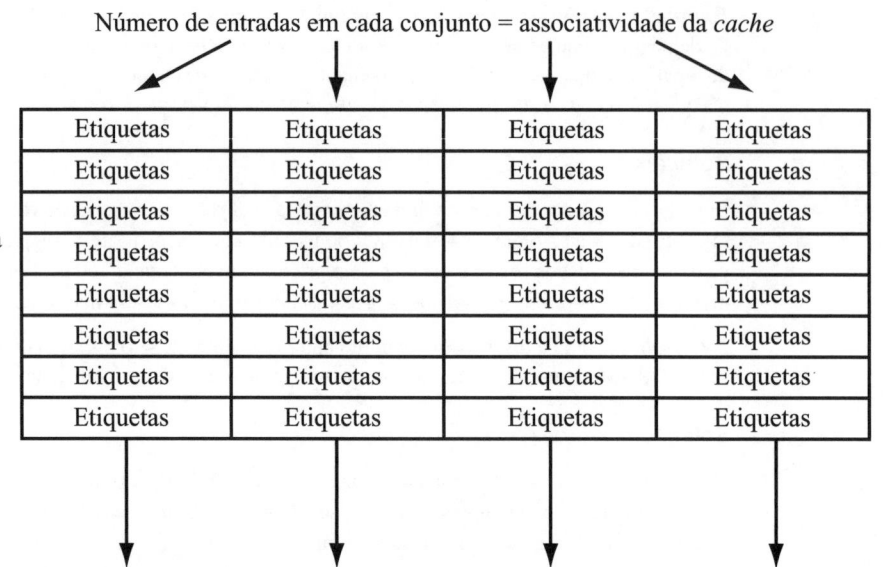

Uma linha para cada conjunto na *cache*

Etiquetas	Etiquetas	Etiquetas	Etiquetas
Etiquetas	Etiquetas	Etiquetas	Etiquetas
Etiquetas	Etiquetas	Etiquetas	Etiquetas
Etiquetas	Etiquetas	Etiquetas	Etiquetas
Etiquetas	Etiquetas	Etiquetas	Etiquetas
Etiquetas	Etiquetas	Etiquetas	Etiquetas
Etiquetas	Etiquetas	Etiquetas	Etiquetas
Etiquetas	Etiquetas	Etiquetas	Etiquetas

Todas as entradas do conjunto selecionado são enviadas para a lógica de acertos/faltas

Fig. 9-8   Conjunto de etiquetas para uma cache com mapeamento grupo associativo de quatro caminhos.

Bit de válido

| | | Campo etiqueta |

Bit de modificação (apenas em *caches* write-back)

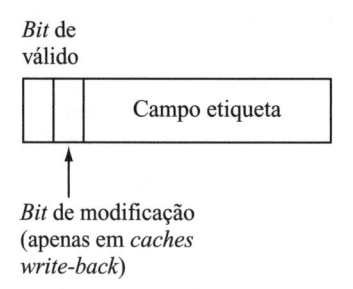

Fig. 9-9   Entrada na matriz de etiquetas.

Quando um computador é ligado pela primeira vez, todos os *bits* de válido na matriz de etiquetas são zerados para registrar o fato de que não há dados na *cache*. Quando uma linha é trazida para dentro da *cache*, o *bit* de válido na entrada correspondente da matriz de etiquetas é ajustado para 1, registrando que a linha agora contém dados válidos. Em geral, uma vez que dados são armazenados em uma linha da *cache*, os dados são mantidos nesta linha até que seja necessários substituí-los por outras. A exceção para isto é quando um programa deliberadamente remove uma linha de dados da *cache* (a maioria dos processadores fornecem instruções que fazem isso) e, neste caso, a linha se torna livre e o seu *bit* de válido é zerado.

O espaço de armazenamento necessário para a matriz de etiquetas é função do número de linhas na *cache*, do número de *bits* necessários a identificação de cada linha (etiqueta) mais o *bit* de modificação (sujo) e os *bits* empregados, se for o caso, para indicar quão recentemente a linha foi referenciada. Empregando a notação da Fig. 9-5, a quantidade de *bits* que compõe o campo etiqueta corresponde à largura dos endereços utilizados pela máquina menos $(n + m)$, já que os n bits menos significativos são utilizados para acessar um *bytes* dentro da linha e os m bits seguintes servem para identificar o conjunto (grupo) na *cache* onde a linha se encontra. Somando-se a essa quantidade de *bits*, o *bit* de válido, o *bit* de modificação (sujo) e os *bits* necessários ao armazenamento da informação de utilização recente, obtém-se a largura necessária de uma entrada a qual pode ser multiplicada pelo número de linhas da *cache* para se encontrar o espaço de armazenamento necessário para a matriz de etiquetas.

> ***Exemplo*** Quantos *bytes* de armazenamento são necessários para a matriz de etiquetas de uma *cache* de 32 *KBytes*, com linhas de *cache* de 256 *bytes* e grupo associativo de quatro caminhos, se a *cache* é *write-back*, mas não precisa de quaisquer *bits* adicionais de dados na matriz de etiquetas para implementar a política de *write-back*? Assuma que o sistema que contém a *cache* utiliza endereços de 32 *bits*.
>
> **Solução**
>
> Uma *cache* de 32 *KBytes* com linhas de 256 *bytes* contém 128 linhas. Uma vez que a *cache* é de grupo associativo de quatro caminhos, ela tem 32 conjuntos, de modo que $m = 5$ *bits*. Linhas que têm 256 *bytes* de comprimento significam que $n = 8$, de modo que 13 *bits* do endereço são utilizados para selecionar um conjunto e determinar o *byte* dentro da linha ao qual um endereço está apontando. Portanto, o campo de etiqueta de cada entrada na matriz de etiquetas tem $32 - 13 = 19$ *bits* de comprimento. Acrescentando-se 2 *bits* para os *bits* de sujo e de válido, obtemos 21 *bits* por entrada. Multiplicando pelas 128 linhas na *cache*, temos 2.688 *bits* de espaço de armazenamento para a matriz de etiquetas.

9.12 LÓGICA DE ACERTOS/FALTAS

A lógica de acertos/faltas compara os *bits* "resto" do endereço de uma referência à memória com o conteúdo do campo etiqueta em cada entrada de um conjunto. Se estes campos forem iguais e o *bit* de válido na entrada estiver ativo, então houve um acerto, como mostrado na Fig. 9-10.

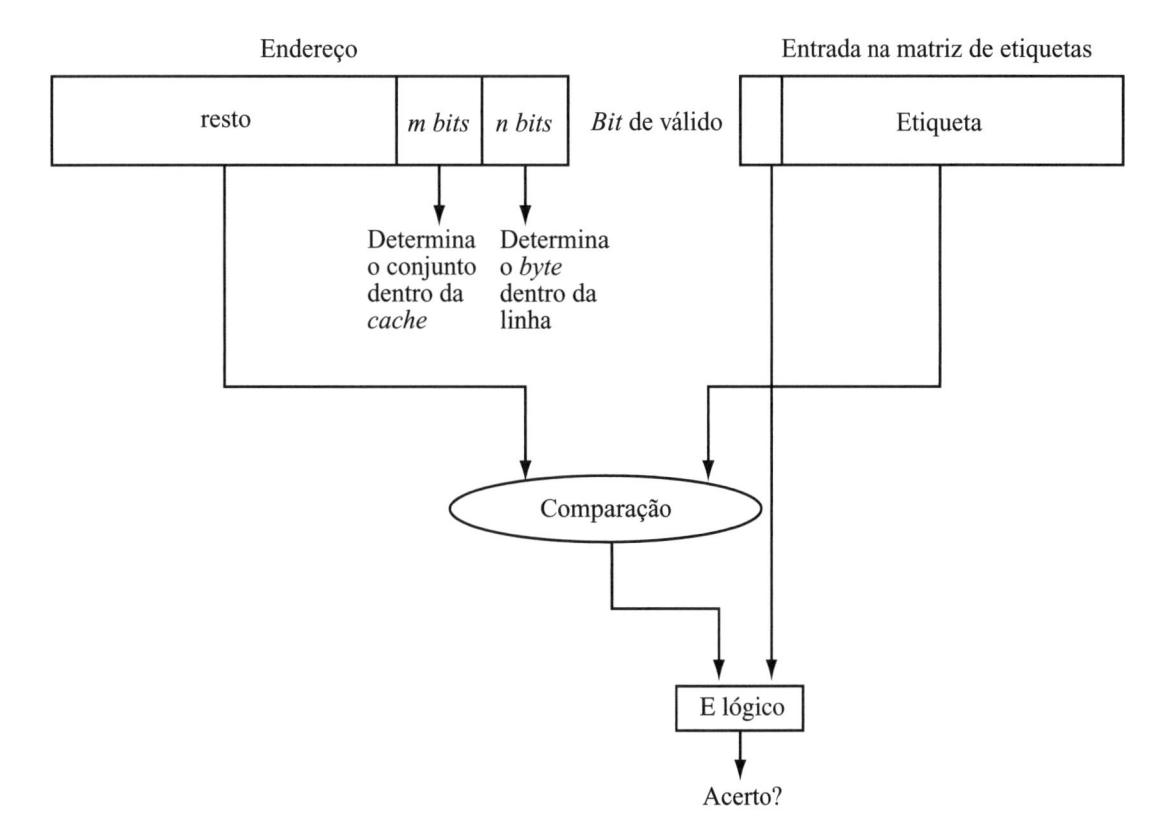

Fig. 9-10 Lógica de acertos/faltas.

9.13 MATRIZES DE DADOS

A estrutura de uma matriz de dados de uma *cache* é semelhante àquela da matriz de etiquetas. A matriz de dados é uma matriz bidimensional de linhas de *cache*, com uma linha para cada conjunto na *cache* e um número de colunas igual à sua associatividade. A Fig. 9-11 mostra como deveria ser disposta a matriz de dados que está associada à matriz de etiquetas da Fig. 9-8. Quando um endereço é enviado para a *cache*, a matriz de dados oferece como saída todas as linhas da *cache* pertencentes ao conjunto que possa conter esse endereço. Se ocorre um acerto na *cache*, a linha de dados correspondente à entrada que teve o acerto é selecionada e seleciona-se dentro dessa linha a palavra (ou *byte*) a ser enviada ao processador. Durante uma operação de carga, os dados fluem na direção oposta, assim sendo, os dados são escritos na posição correta dentro do conjunto.

9.14 CATEGORIZANDO FALTAS DE *CACHE*

Para entender melhor como reduzir o número de faltas de *cache* vistos por uma aplicação, os projetistas as dividem em três categorias: faltas *compulsórias*, de *capacidade* e por *conflito*. Faltas compulsórias são faltas de *cache* causadas pela primeira referência a uma linha, o que faz com que ela seja carregada para a *cache* pela primeira vez. Faltas de capacidade ocorrem quando a quantidade de dados referenciada por um programa excede a capacidade da *cache*, exigindo que parte dos dados sejam descartados para abrir espaço para novos dados. Se os dados descartados forem referenciados mais uma vez pelo programa, ocorre uma falta de *cache* que é denominada falta de capacidade. Faltas de conflito ocorrem quando um programa faz referência a mais linhas de dados que são mapeadas para o mesmo conjunto na *cache*, do que sua associatividade, forçando-a a descartar uma das linhas para abrir espaço. Se a linha descartada é referenciada novamente, a falta que resulta é uma falta de conflito. Faltas de capacidade e de conflito ocorrem porque os dados precisam ser descartados para abrir espaço para novos dados, mas a diferença entre elas é que as faltas de conflito podem ocorrer mesmo quando existe espaço livre em outra parte da *cache*. Se um programa faz referência a várias linhas que são mapeadas para o mesmo conjunto na *cache*, pode ser necessário descartar algumas delas para abrir espaço para os novos dados, mesmo se todos os outros conjuntos estiverem vazios.

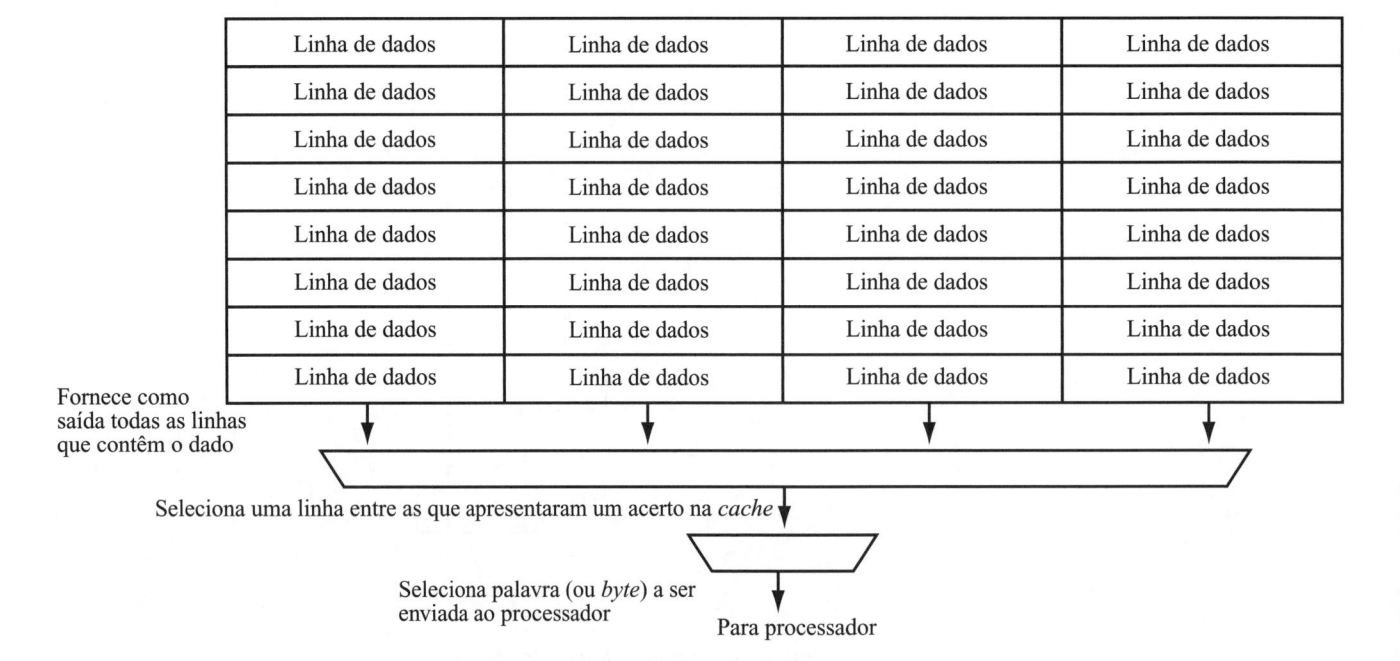

Fig. 9-11 Organização da matriz de dados.

Compreender por que uma falta de *cache* ocorre ajuda a determinar quais aperfeiçoamentos são necessários para evitar que aquela falta ocorra da próxima vez que o programa for executado. Faltas compulsórias são difíceis de eliminar, porque os dados não estão na *cache* até que eles sejam referenciados pela primeira vez. Para reduzir as faltas compulsórias, alguns sistemas utilizam a técnica chamada de *prefetching* (busca antecipada) para reduzir as faltas compulsórias, ao prever quais dados serão referenciados e trazendo-os para a *cache* antes que sejam necessários. Faltas de capacidade podem ser reduzidas aumentando o tamanho da *cache*, de modo que os dados referenciados pelo programa caibam simultaneamente nela. Faltas de conflito podem ser reduzidas, ou aumentando a associatividade, de modo que mais linhas mapeadas para o mesmo conjunto possam ser armazenadas na *cache*, ou aumentando a capacidade, o que pode fazer com que as linhas que são mapeadas para o mesmo conjunto sejam mapeadas sobre conjuntos diferentes. Em geral, aumentar a associatividade de uma *cache* é a abordagem menos onerosa com relação ao *hardware*, uma vez que ela precisa que seja construída lógica adicional de detecção de acertos/faltas e a reestruturação do leiaute das matrizes de etiquetas e de dados, ao invés de acrescentar mais capacidade à matriz.

Exemplo Um programa acessa duas linhas de *cache*, uma que começa no endereço 0x1000 e a outra que começa no endereço 0x2000. Os acessos à memória alternam-se entre as 2 linhas e cada linha é acessada 100 vezes. Quantas faltas ocorrerão na *cache* de dados, se o programa é executado em um sistema com uma *cache* de dados de 1 *KByte*, mapeado diretamente, com linhas de 32 *bytes*? Quantas destas faltas serão compulsórias, de capacidade ou por conflito?

Solução

Uma *cache* de 1 *KByte*, com linhas de 32 *bytes*, contém 32 linhas e utiliza os *bits* 5 até 9 do endereço para selecionar a linha da *cache* que é mapeada por uma linha de dados (os *bits* 0 até 4 determinam o *byte* dentro da linha). Uma vez que os endereços de cada uma destas linhas tem zeros nos *bits* 5 até 9, eles farão um mapeamento para o mesmo conjunto.

Uma vez que o programa se alterna entre as referências a cada linha, a linha que está sendo referenciada nunca estará na *cache*, pois ela terá sido descartada para abrir espaço para a outra linha. Portanto, todas as 200 referências à memória (100 para cada linha) resultarão em faltas de *cache*. As primeiras duas destas faltas serão faltas compulsórias e as outras 198 serão faltas por conflito. Uma vez que a quantidade total de dados referenciada pelo programa é menor do que a capacidade da *cache*, não ocorrerão faltas de capacidade.

9.15 *CACHES* EM VÁRIOS NÍVEIS

Em muitos sistemas, mais de um nível da hierarquia de memória é implementado como uma *cache*, como mostrado na Fig. 9-12. Quando isto é feito, o mais comum é que o primeiro nível de *cache* (o mais próximo ao processador) seja implementado como *caches* distintas para dados e para instruções, enquanto que os outros níveis sejam implementados como *caches* unificadas. Isso dá ao processador a largura de banda adicional propiciada por uma arquitetura Harvard no nível superior do sistema de memória, ao mesmo tempo em que simplifica o projeto dos níveis mais baixos.

Para que uma *cache* de vários níveis melhore significativamente o tempo médio de acesso à memória de um sistema, cada nível precisa ter uma capacidade maior do que o nível acima dele na hierarquia, porque a localidade de referência vista em cada nível decresce à medida que se vai a níveis mais profundos na hierarquia. (Solicitações a dados referenciados recentemente são tratados pelos níveis superiores do sistema de memória, de modo que solicitações feitas aos níveis mais baixos tendem a ser mais distribuídos pelo espaço de endereçamento.) *Caches* com capacidades maiores tendem a ser mais lentas, de modo que o benefício de velocidade de *caches* distintas para dados e para instruções não é tão significativo nos níveis mais baixos da hierarquia de memória, o que representa um outro argumento a favor o uso de *caches* unificadas para estes níveis.

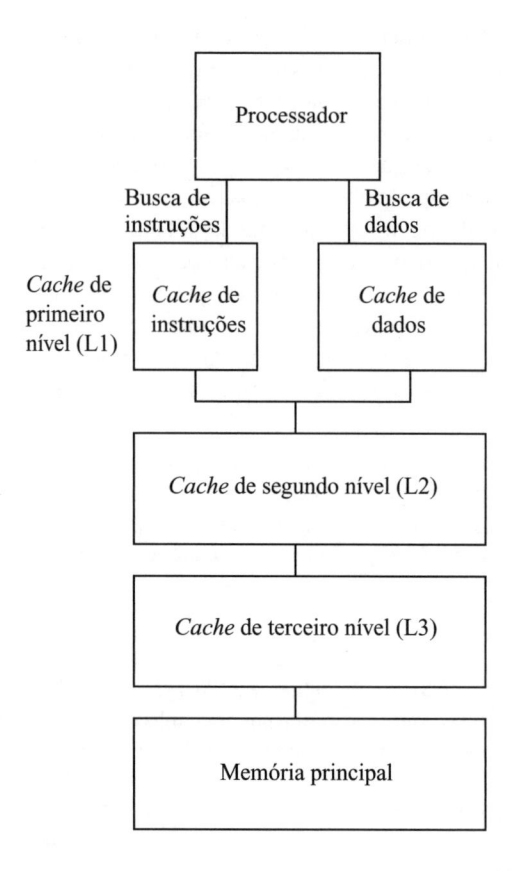

Fig. 9-12   Hierarquia de caches em vários níveis.

No início da década de 90, a hierarquia mais comum para computadores pessoais e para estações de trabalho era a *cache* de primeiro nível (L1) ser relativamente pequena e localizada no mesmo *chip* que o processador. *Caches* de nível mais baixo eram implementadas fora do *chip*, com o uso de SRAMs. Capacidades de 4 a 16 *KBytes* não eram incomuns em *caches* L1, com *caches* L2 atingindo de 64 a 256 *KBytes*. À medida que o número de transistores que podia ser integrado em um *chip* aumentou, níveis adicionais de *cache* foram movidos para dentro do *chip* do processador. Muitos sistemas atuais tem tanto *caches* de primeiro quanto de segundo nível no mesmo *chip* que o processador, ou ao menos no mesmo encapsulamento. *Caches* de terceiro nível são freqüentemente implementadas externamente e podem ter vários *megabytes* de tamanho. Espera-se que nos próximos poucos anos este nível também seja integrado no encapsulamento do processador.

9.16   RESUMO

Memórias *cache* são uma das técnicas mais efetivas que os projetistas de computadores têm para reduzir a latência média de acesso à memória. Ao armazenar dados acessados com freqüência em memórias pequenas, rápidas e localizadas fisicamente próximas ao processador, a latência da maioria das referências à memória pode ser significativamente reduzida.

A capacidade de uma *cache* é simplesmente a quantidade de dados que ela pode armazenar, e o comprimento da linha descreve o tamanho das unidades de dados sobre as quais a *cache* opera. Linhas de *cache* longas tendem a aumentar a taxa de acertos ao copiar mais dados para dentro da *cache* em cada falta de *cache*, mas elas também podem aumentar o tempo total de execução dos programas ao aumentar a quantidade de dados desnecessários que são transferidos.

A associatividade de uma *cache* determina quantas posições legais existem para uma dada linha de dados. *Caches* mapeadas diretamente permitem que cada linha seja mapeada em exatamente um local, o que simplifica a implementação da *cache* e resulta em latências menores, mas aumenta as taxas de faltas causadas por conflitos entre linhas que precisam ser armazenadas na mesma posição. *Caches* completamente associativas permitem que qualquer linha seja armazenada em qualquer posição, eliminando conflitos entre linhas, mas aumentando a complexidade do *hardware* da *cache* e sua latência. *Caches* grupo associativo permitem que cada linha seja armazenada em um número limitado de posições, propiciando taxas de acerto e latências situadas entre aquelas das *caches* mapeadas diretamente e as das completamente associativas.

Caches write-back armazenam dados modificados na *cache*, escrevendo-os no nível seguinte da hierarquia de memória apenas quando a linha é descartada, enquanto que *caches write-through* enviam cada escrita para o nível seguinte da hierarquia somente quando ocorre a escrita. Em geral, *caches write-back* propiciam um desempenho maior, porque a maioria das linhas que são modificadas são escritas várias vezes antes que elas sejam descartadas. *Caches write-through* são mais simples para projetar e são normalmente utilizadas quando um outro dispositivo tem acesso permitido ao nível seguinte da hierarquia de memória. Isso porque *caches write-through* mantém o conteúdo do próximo nível da hierarquia consistente com a *cache* o tempo todo.

Vários níveis da hierarquia de memória podem ser implementados como memórias *cache*. Estes sistemas são conhecidos como *caches* de vários níveis e são muito comuns nas estações e PCs atuais. A maioria dos sistemas atuais tem ao menos dois níveis de memória *cache*, com *caches* de três níveis tornando-se cada vez mais comuns à medida que as tecnologias de fabricação avançam.

Problemas Resolvidos

Tamanho da Cache

9.1 Por que aumentar a capacidade de uma *cache* tende a aumentar a sua taxa de acertos?

Solução

Aumentar a capacidade de uma *cache* permite que mais dados sejam armazenados nela. Se um programa faz referência a mais dados do que é a capacidade da *cache*, aumentar sua capacidade aumentará a parcela dos dados de um programa que pode ser mantida na *cache*. Isto normalmente aumentará sua taxa de acertos. Se um programa faz referência a menos dados do que a capacidade da *cache*, aumentar sua capacidade geralmente não afeta a sua taxa de acertos, a menos que esta mudança faça com que duas ou mais linhas que estavam em conflito por questões de espaço, não estejam mais em conflito, uma vez que o programa não precisa de espaço adicional.

Associatividade

9.2 Por que aumentar a associatividade de uma *cache* geralmente aumenta sua taxa de acertos?

Solução

Aumentar a associatividade de uma *cache* pode aumentar a sua taxa de acertos ao reduzir o número de faltas por conflito – faltas que ocorrem porque mais linhas competem por um conjunto na *cache* do que aquelas que cabem no conjunto. Aumentar a associatividade aumenta o número de linhas que podem caber no conjunto e, portanto, pode reduzir o número de faltas por conflito.

Comprimento da Linha

9.3 **a.** Por que aumentar o comprimento da linha de uma *cache* freqüentemente aumenta sua taxa de acertos?
 b. Por que aumentar o comprimento da linha de uma *cache* algumas vezes reduz o desempenho do sistema que contém a *cache*, mesmo se sua taxa de acertos aumentar?
 c. Por que aumentar o comprimento da linha de uma *cache* poderia diminuir a taxa de acertos?

Solução

a. Aumentar o comprimento da linha de uma *cache* pode aumentar a sua taxa de acertos por causa da propriedade de localidade da referência; os endereços próximos a um endereço que acabou de ser referenciados têm uma boa probabilidade de serem referenciados em um futuro próximo. Aumentar o comprimento da linha aumenta a quantidade de dados próximos ao endereço que causou a falta e que é trazido para dentro da *cache* em uma falta de *cache*. Uma vez que alguns destes dados têm a probabilidade de ser acessados em um futuro próximo, trazendo-os para dentro da *cache* elimina faltas de *cache* que ocorreriam quando os dados fossem referenciados.

b. Aumentar o comprimento da linha de uma *cache* freqüentemente aumenta a taxa de acertos, ao aumentar a quantidade de dados trazidos para dentro da *cache* em uma falta. No entanto, a probabilidade de que um dado endereço será utilizado brevemente após uma referência à memória a um outro endereço diminui à medida que a distância entre os endereços aumenta. Isto significa que, à medida que o comprimento da linha de uma *cache* aumenta, diminui a possibilidade de que dados adicionais, trazidos para dentro dela por uma linha de comprimento maior, sejam utilizados. Em algum ponto, o tempo gasto transferindo dados desnecessários é maior do que o tempo economizado através de aumentos na taxa de acertos e o desempenho geral diminui.

c. Assumindo que o tamanho da *cache* permanece o mesmo, aumentar o comprimento de cada linha diminui o número de linhas que podem ser armazenadas em uma *cache*. Isso pode aumentar o número de faltas por conflito, porque existe menos espaço para que linhas sejam colocadas na *cache*, de modo que é mais provável que duas linhas tenham que competir pelo mesmo espaço dentro dela.

Alinhamento

9.4 Para uma *cache* com linhas de 128 *bytes*, dê o endereço da primeira palavra nas linhas que contém os seguintes endereços:
  a. 0xa23847ef
  b. 0x7245e824
  c. 0xeefabcd2

Solução

Para linhas de *cache* com 128 *bytes*, os 7 *bits* de endereço menos significativos indicam qual *byte* dentro da linha o endereço se refere. Uma vez que as linhas estão alinhadas, o endereço da primeira palavra na linha pode ser encontrado, ajustando-se para zero os *bits* do endereço que determinam o *byte* dentro da linha. Portanto, os endereços dos primeiros *bytes* nas linhas contendo os endereços acima, são como segue:
  a. 0xa2384780
  b. 0x7245e800
  c. 0xeefabc80

Linhas versus *Comprimento de Linha*

9.5 Para uma *cache* com uma capacidade de 32 *KBytes*, quantas linhas ela mantém para linhas com comprimentos de 32, 64 e 128 *bytes*?

Solução

O número de linhas em uma *cache* é simplesmente a capacidade dividida pelo comprimento da linha, de modo que a *cache* tem 1.024 linhas com linhas de 32 *bytes*, 512 linhas com linhas de 64 *bytes* e 256 linhas com linhas de 128 *bytes*.

Tecnologia DRAM e Tempo de Carga da Linha

9.6 Suponha uma DRAM que não seja de modo de página e que tenha uma latência equivalente a 10 ciclos do processador a cada referência, e uma DRAM em modo de página que tenha uma latência de 10 ciclos para a primeira referência a uma linha da DRAM e 5 ciclos para referências subseqüentes. Você está querendo decidir qual DRAM utilizar para implementar a memória principal de um sistema que tem uma *cache* com linhas que 64 *bytes*.

a. Se em resposta a cada referência à memória, a memória principal transfere uma palavra de 4 *bytes* para dentro da *cache*, quanto tempo demora para buscar uma linha da *cache*, com cada tipo de DRAM? Assuma que as linhas estão sempre dentro de uma única linha de DRAM, mas que cada linha transferida está em uma linha diferente da anterior, dentro da DRAM.

b. Dada a sua resposta para o item **a**, qual é o volume de dados que uma memória – utilizando DRAMs que não são de modo de página – teria que transferir para a *cache*, a cada solicitação para a memória que não é de modo de página, para ter um tempo de transferência de linha de *cache* menor ou igual ao tempo de busca de linha da memória DRAM em modo de página da parte **a**? A sua resposta tem que envolver um número inteiro de solicitações à memória para buscar cada linha de *cache*.

c. Como as suas respostas para **a** e para **b** seriam modificadas se a *cache* tivesse linhas de 256 *bytes*?

Solução

a. Para buscar uma linha de 64 *bytes*, precisamos fazer 16 solicitações à memória com qualquer tipo de DRAM. Para a DRAM que não é de modo de página, cada solicitação dura 10 ciclos, de modo que buscar uma linha para dentro da *cache* demora 160 ciclos. Para a DRAM de modo de página, a primeira solicitação à memória demora 10 ciclos e as 15 restantes duram 5 ciclos, para um total de 85 ciclos.

b. A DRAM de modo de página demora 85 ciclos para buscar uma linha de *cache*, o que é tempo suficiente para uma DRAM que não é de modo de página tratar 8,5 solicitações, o que seria arredondado para baixo, para 8, porque não se pode fazer meia solicitação à memória. Dado isto, a DRAM que não é de modo de página teria que retornar 64 *bytes*/8 solicitações = 8 *bytes* (2 palavras) por solicitação para ter o mesmo tempo de busca de linha da DRAM de modo de página.

c. Com linhas de 256 *bytes*, são necessárias 64 buscas para trazer uma linha para dentro da *cache*. Portanto, a DRAM que não é de modo de página precisará de 640 ciclos para buscar uma linha e a DRAM de modo de página precisará de 325 ciclos. 325 ciclos é tempo suficiente para permitir que uma DRAM que não é de modo de página execute 32 buscas, de modo que a DRAM que não é de modo de página teria que retornar 2 palavras de dados por solicitação para ter o mesmo tempo de busca de linha que a DRAM de modo de página.

Conjuntos versus *Associatividade*

9.7 Se uma *cache* tem a capacidade de 16 *KBytes* e um comprimento de linha de 128 *bytes*, quantos conjuntos tem a *cache*, se ele for grupo associativo com 2, 4 ou 8 caminhos?

Solução

Com linhas de 128 *bytes*, a *cache* contém um total de 128 linhas. O número de conjuntos em uma *cache* é o número de linhas dividido pela associatividade, de modo que a *cache* tem 64 conjuntos se ela for de dois caminhos, 32 conjuntos se ela for de 4 caminhos e 16 conjuntos se ela for de 8 caminhos.

Tamanhos de Matriz de Etiquetas

9.8 Uma *cache* tem 64 *KBytes* de capacidade, linhas de 128 *bytes* e é de grupo associativo de quatro caminhos. O sistema que contém a *cache* utiliza endereços de 32 *bits*.

a. A *cache* tem quantas linhas e quantos conjuntos?
b. Quantas entradas são necessárias na matriz de etiquetas?
c. Quantos *bits* de identificação (campo etiqueta) são necessários em cada entrada na matriz de etiquetas?
d. Se a *cache* for *write-through*, quantos *bits* são necessários para cada entrada na matriz de etiquetas e quanto espaço total de armazenamento é necessário para a matriz de etiquetas, se for utilizada uma política de substituição LRU? E se a *cache* for *write-back*?

Solução

a. 64 *KBytes*/128 *bytes* = 512, de modo que a *cache* tem 512 linhas. Uma vez que ela é de grupo associativo com 4 caminhos, a *cache* tem 512/4 = 128 conjuntos.

b. É necessária uma entrada na matriz de etiqueta para cada linha, de modo que a matriz de etiquetas precisa de 512 entradas.

c. Uma vez que existem 128 conjuntos, serão utilizados 7 *bits* do endereço para selecionar o conjunto na matriz. 7 *bits* adicionais serão utilizados para selecionar um *byte* dentro de cada linha, porque as linhas tem 128 *bytes* de comprimento. Portanto, são necessários 18 *bits* (32 – 14) para o grupo de etiqueta em cada entrada na matriz de etiqueta.

d. Como a *cache* utiliza substituição LRU e é de grupo associativo com 4 caminhos, são necessários 2 *bits* em cada entrada da matriz de etiquetas para manter o tempo de permanência da linha. *Caches write-through* exigem um *bit* de validade em cada entrada da matriz de etiquetas, mas não exigem um *bit* de sujo, fazendo com que o tamanho de cada entrada da matriz de etiquetas seja de 21 *bits* (18 + 2 + 1). Uma vez que existem 512 linhas na *cache*, o tamanho da matriz de etiquetas é de 10.752 *bits*. *Caches write-back* exigem um *bit* de sujo em cada entrada da matriz de etiquetas, além dos *bits* necessários em uma *cache write-through* semelhante, de modo que cada entrada na matriz de etiquetas exigiria 22 *bits*, para um tamanho total da matriz de com 11.264 *bits*.

Endereçamento

9.9 Para uma *cache* com os mesmos parâmetros do Problema 9.8, dê o número do conjunto que será pesquisado para determinar se cada um dos seguintes endereços estão contidos, e qual é o *byte* dentro da linha de *cache* ao qual cada um destes endereços faz referência. Assuma que os *bits* utilizados para escolher um *byte* dentro de uma linha são os *bits* menos significativos no endereço e que os *bits* utilizados para selecionar o conjunto são os *bits* menos significativos seguintes.

a. 0xabc89987
b. 0x32651987
c. 0x228945db
d. 0x48569cac

Solução

No Problema 9.8, determinamos que eram necessários 7 *bits* para selecionar um *byte* dentro da linha de *cache*, de modo que os 7 *bits* menos significativos determinarão o *byte* que está sendo referenciado. Também são necessários 7 *bits* para escolher o conjunto, o qual será mapeado pelos *bits* 7 a 13 do endereço. Dado isto, as respostas para este exercício são como segue:

a. *Byte* dentro da linha = 0x7, conjunto = 0x33 (51)
b. Os 14 *bits* menos significativos deste endereço são os mesmos que os 14 *bits* menos significativos do endereço da parte a, de modo que o *byte* dentro da linha e o conjunto serão os mesmos (7 e 51).
c. *Byte* dentro da linha = 0x5b (91), conjunto = 0xb (11)
d. *Byte* dentro da linha = 0x2c (44), conjunto = 0x39 (57)

Tempo de Acesso à Cache

9.10 Suponha que demore 2,5 ns para acessar a matriz de etiquetas de uma *cache* de grupo associativo, 4 ns para acessar a matriz de dados, 1 ns para executar uma comparação de acerto/falta e 1 ns para retornar os dados escolhidos ao processador no caso de um acerto.

a. Qual dos dois é o caminho crítico em um acerto do *cache*: o tempo para determinar se houve um acerto ou o acesso à matriz de dados?
b. Qual é a latência em caso de acertos da *cache* do sistema?
c. Qual seria a latência de acertos da *cache* do sistema, se tanto o tempo de acesso à matriz de dados, quanto à matriz de etiquetas, fosse de 3 ns?

Solução

a. Para determinar se houve um acerto, é necessário acessar a matriz de etiquetas, o que demora 2,5 ns e, então, fazer a comparação acerto/falta, a qual demora 1 ns. Portanto, demora 3,5 ns para determinar se houve um acerto. Isto é menos do que os 4 ns para acessar a matriz de dados, de modo que a matriz de dados é o caminho crítico.

b. Uma vez que a matriz de dados é o caminho crítico, a latência de acertos da *cache* é igual ao tempo de acesso da matriz de dados, mais o tempo para devolver os dados selecionados ao processador, ou seja, 5 ns.

c. Neste caso, o cálculo do acerto/falta é o caminho crítico durante um acerto na *cache*, de modo que a latência de acertos da *cache* é igual ao tempo de acesso à matriz de etiquetas, mais o tempo da comparação do acerto/falta, mais o tempo para devolver o dado ao processador, ou seja, 5 ns. Note que algumas *caches* mapeadas diretamente sobrepõem o retorno dos dados ao processador com o cálculo de acerto/falta, uma vez que existe apenas uma palavra de dados possível a ser retornada em um acerto de *cache*. Neste caso, a latência do acerto seria de 4 ns, uma vez que poderíamos executar a comparação acerto/falta e o retorno dos dados simultaneamente.

Taxa de Acertos versus Tempo de Acesso

9.11 Suponha que uma dada *cache* tenha um tempo de acesso (latência de acerto da *cache*) de 10 ns e uma taxa de falhas de 5%. Uma dada modificação fará com que a *cache* diminua a taxa de falhas para 3%, mas aumente a latência de acertos em 15%. Sob quais condições esta modificação resultaria em maior desempenho (tempo de acesso médio à memória mais baixo)?

Solução

O tempo médio de acesso = $(T_{acerto} \times P_{acerto}) + (T_{falta} \times P_{falta})$. Para que esta modificação reduza o tempo de acesso, precisamos $(15\text{ ns} \times 0{,}97) + (T_{falta} \times 0{,}03) < (10\text{ ns} \times 0{,}95) + (T_{falta} \times 0{,}05)$. Resolvendo isto, temos $T_{falta} > 252{,}5$ ns. Desde que o tempo de falha da *cache* seja maior do que este valor, a redução da freqüência de faltas da *cache* será mais significativo do que o aumento no tempo de acertos da *cache*.

Intuitivamente, isto faz sentido – à medida que o tempo de falta da *cache* se torna maior, ficamos mais desejosos de aumentar o tempo de acerto da *cache* de modo a reduzir a taxa de faltas, porque cada falta da *cache* se torna mais e mais onerosa.

Taxa de Acertos versus Tempo de Busca da Linha

9.12 Uma *cache* tem uma taxa de acertos de 95%, linhas de 128 *bytes* e uma latência de acertos da *cache* de 5 ns. A memória principal demora 100 ns para retornar a primeira palavra (32 *bits*) de uma linha e 10 ns para retornar cada palavra subseqüente.

a. Qual é o T_{falta} para esta *cache*? (Assuma que a *cache* espera até que a linha tinha sido buscada para dentro da *cache* e então reexecuta a operação de memória, resultando em um acerto de *cache*. Ignore o tempo necessário para escrever a linha na *cache*, uma vez que ela foi buscada da memória principal. Também assuma que a *cache* demora o mesmo tempo para detectar que ocorreu uma falta, bem como para tratar um acerto da *cache*.)

b. Se dobrar o comprimento da linha da *cache* reduz a taxa de falhas a 3%, isto reduz o tempo médio de acesso à memória?

Solução

a. A *cache* tem linhas de 128 *bytes*, que são 32 palavras. Utilizando as temporizações de memória especificadas, a *cache* gasta 5 ns para detectar que houve uma falta e 100 ns + (31 × 10 ns) = 410 ns para buscar uma linha da memória principal para dentro dela. A *cache*, então, reexecuta a operação que causou a falta, demorando 5 ns. Isso dá um tempo de falta de 420 ns.

b. Para a *cache* base, o tempo médio de acesso à memória é (0,95 × 5 ns) + (0,5 × 420 ns) = 25,75 ns. Se dobrarmos o comprimento da linha de *cache*, cada linha passa a ter 64 palavras de comprimento e demorará 730 ns para fazer a busca na memória, de modo que a latência de falta da *cache* se torna 740 ns. O tempo médio de acesso à memória se torna (0,97 × 5 ns) + (0,3 × 740 ns) = 27,1 ns, de modo que o tempo de acesso à memória aumenta quando fazemos esta modificação.

Faltas Compulsória, de Conflito e de Capacidade

9.13 Um programa executa 1.000.000 de referências à memória. Quando executado em um sistema que contém uma *cache* em especial, ela tem uma taxa de faltas de 7%, das quais um quarto são faltas compulsórias, um quarto são faltas de capacidade e metade são faltas por conflito.

a. Se a única modificação que você pode fazer na *cache* é aumentar a associatividade, qual é o número máximo de faltas que você pode esperar eliminar?

b. Se você puder aumentar o tamanho da *cache* e aumentar a sua associatividade, qual é o número máximo de faltas que você pode esperar eliminar?

Solução

a. Aumentar a associatividade reduzirá o número de faltas por conflito (faltas que ocorrem porque linhas da *cache* competem por um número limitado de espaços), mas não afetará o número de faltas compulsórias (faltas que ocorrem porque um programa faz referência a mais dados do que cabem na *cache*). Portanto, o melhor que podemos esperar aumentando a associatividade é eliminar todas as faltas de conflito. Uma vez que a taxa de faltas é de 7% e o programa faz 1.000.000 de referências à memória, o número total de faltas é de 70.000. Metade destas são faltas de conflito, de modo que o número máximo de faltas que se poderia eliminar aumentando a associatividade da *cache* é 35.000.

b. Aumentar tanto o tamanho como a associatividade da *cache* eliminará as faltas de conflito e de capacidade. Juntas, estas compõe 3/4 do total de faltas, de modo que o número máximo de faltas que pode ser eliminado é 52.500.

Caches Write-Back versus Write-Through

9.14 Uma dada *cache* tem linhas de *cache* de 4 palavras e o próximo nível abaixo, na hierarquia de memória, é implementado com DRAMs de modo de página com uma latência para a primeira palavra de 100 ns e uma latência de 10 ns para cada palavra adicional acessada seqüencialmente. Assuma que 25% de todas as linhas de *cache* estão sujas (foram modificadas) quando são descartadas e que a linha suja média foi escrita cinco vezes antes de ter sido descartada.

a. Qual é o tempo médio para buscar uma linha para dentro da *cache*, se ela for *write-through*? E se for *write-back*?

b. Qual *cache* utilizaria mais tempo para escrever dados no próximo nível da memória: a *write-back* ou a *write-through*?

c. Quantas vezes a linha de *cache* média que é armazenada precisaria ser escrita antes que a sua resposta para o item **b** mude?

Solução

a. Para uma *cache write-through*, o tempo para buscar uma linha é 100 ns + 3 × 10 ns = 130 ns. Para a *cache write-back*, temos que contabilizar as vezes que os dados têm que ser escritos de novo antes que uma linha possa ser carregada, de modo que o tempo de busca médio é de 130 ns + 0,25 × (130 ns) = 162,5 ns.

b. Ambas mantêm o mesmo número de escritas. Na *cache write-through*, cada escrita demora 100 ns para ser executada (acesso a uma palavra no próximo nível do sistema de memória). Uma vez que cada linha que é escrita mantém uma média de cinco escritas, a linha média que é escrita exigirá 500 ns para escrever os dados no próximo nível. Na *cache write-back*, são necessários 130 ns para escrever de novo cada linha escrita, independentemente do número de vezes que ela é escrita, de modo que a *cache write-back* utilizará menos tempo escrevendo dados.

c. Independentemente do número de escritas em uma linha, a *cache write-back* utiliza 130 ns escrevendo-a de novo, que é tempo suficiente para 1,3 acessos de palavra simples à memória. Portanto, se o número médio de escritas por linha escrita for menor que 1,3, a *cache write-through* utilizará menos tempo escrevendo dados no nível seguinte de memória.

Caches *Unificadas* versus *Harvard*

9.15 Inicialmente, um sistema tem *caches* distintas para dados e instruções, cada uma com capacidade para 16 *KBytes*. Estas *caches* são substituídas por uma *cache* unificada com uma capacidade de 48 *KBytes*, 50% a mais do que a capacidade total das duas *caches*, mas um dado programa mantém mais faltas totais na *cache* (contando tanto referências de dados quanto de instruções) após a mudança, do que tinha antes.

a. Se o programa ocupa 10 *KBytes* de memória e faz referência a 64 *KBytes* de dados, qual é a explicação mais provável para o aumento nas faltas?

b. Suponha que o programa ocupe 10 *KBytes* de memória e faça referência a 15 *KBytes* de dados. Qual seria a explicação mais provável para o aumento das faltas na *cache*?

Solução

a. Com *caches* distintas para dados e instruções, espera-se que a *cache* de instruções mantenha poucas faltas, que não sejam faltas compulsórias, para buscar o programa para dentro da *cache*, uma vez que o programa é significativamente menor que a sua capacidade (isto presume poucas faltas por conflito). No entanto, o programa faz referência a muito mais dados do que cabem na *cache* de dados, de modo que seria esperado que ela tivesse um número significativo de faltas.

Quando as *caches* separadas são substituídas por uma *cache* unificada, a soma do espaço utilizado pelas instruções do programa e pelos dados é maior do que sua capacidade. Agora, não apenas os dados do programa competem consigo mesmos por espaço, mas eles também competem com as instruções. Assim, o programa começará a ter faltas na *cache* quando fizer referências a instruções, bem como quando fizer referências a dados, de modo que a taxa de faltas pode aumentar.

b. Neste caso, tanto as instruções do programa quanto os dados cabem nas suas respectivas *caches* e a soma do espaço ocupado por eles é menor do que a capacidade da *cache* unificada. Dado isto, a explicação mais provável é que as instruções do programa e os dados estão localizados na memória de modo que eles competem pelas mesmas linhas na *cache* unificada, causando faltas por conflito.

Alinhamento de Dados

9.16 Considere o seguinte programa:

```
main(){
  int a[128], b[128],c[128], i;
  for (i=0; i<128;i++){
   a[i]=b[i]+c[i];
  }
}
```

Suponha que o programa esteja sendo executado em um sistema com uma *cache* de dados de 32 *KBytes* e uma de instruções de 16 *KBytes*. Na máquina em questão, cada *cache* é mapeada diretamente e tem linhas de *cache* de 128 *bytes*, e os inteiros são quantidades de 32 *bits* (4 *bytes*).

a. A escolha do sistema sobre onde colocar as instruções de um programa na memória afeta a taxa de acertos de qualquer uma das *caches*? (Assuma que o programa é o único que está sendo executado na máquina e ignore o sistema operacional.)

b. É possível colocar as matrizes a, b e c na memória de modo que não haja faltas de capacidade ou por conflito na *cache* de dados (ignore o inteiro simples *i* nesta e nas próximas perguntas)? Se for assim, quais são as restrições sobre como as três matrizes são colocadas na memória, de modo que as faltas por conflito e de capacidade possam ser eliminadas?

c. Suponha que a associatividade da *cache* de dados fosse aumentada. Qual é a associatividade mais alta que podemos ter na *cache* de dados e ainda ter faltas por conflito?

d. Suponha que as *caches* distintas para dados e para instruções fossem substituídas por uma única *cache* unificada com 48 *KBytes* de capacidade. Como as suas respostas para as partes **a** e **c** seriam modificadas?

Solução

a. Uma vez que as *caches* de dados e de instruções são separadas, em geral a escolha de onde o programa será colocado na memória não afeta a taxa de acertos das *caches*. Se levarmos o sistema operacional em consideração (o que esta pergunta não pediu), então a localização do programa na memória pode afetar a taxa de acertos da *cache* ao causar conflitos entre o código do programa e o código do sistema operacional.

b. Cada uma das três matrizes ocupa 512 *bytes* de armazenamento (128 inteiros × 4 *bytes*/inteiro), para um total de 1,5 *KBytes* de armazenamento. Isto é muito menos do que a capacidade da *cache* de dados, de modo que é possível colocar as matrizes na memória de modo que não haja falhas por conflito ou de capacidade.

Para eliminar os conflitos, temos que assegurar que cada uma das três matrizes seja mapeada para um grupo diferente de conjuntos na *cache*. Uma *cache* de 32 *quilobytes*, mapeada diretamente e com linhas de 128 *bytes*, tem 256 linhas e 256 conjuntos. Ela utilizará os *bits* 0 a 6 de cada endereço para selecionar a palavra que está sendo referenciada dentro da linha e os *bits* 7 até 14 para selecionar um conjunto dentro dela, na qual colocar cada linha. Para eliminar faltas por conflito, precisamos assegurar que as linhas que compõem cada matriz sejam mapeadas para conjuntos diferentes na *cache*, significando que elas têm valores diferentes nos *bits* 7 a 14 dos seus endereços.

c. A maneira mais fácil de abordar isto é pensar sobre qual seria a pior localização possível das matrizes na memória (isto é, aquela que causaria o máximo de faltas por conflito). Neste caso, seria a localização que fizesse com que as 3 matrizes fossem mapeadas sobre os mesmos conjuntos dentro da *cache*. Isso causaria faltas por conflito em uma *cache* que não tivesse uma associatividade de 3 caminhos ou maior. Portanto, a associatividade de *cache* mais alta que poderia ter faltas por conflito neste programa, seria a de grupo associativo de 2 caminhos (assumindo que cada matriz seja disposta em um bloco contíguo de memória).

Note que, à medida que a associatividade da *cache* se torna muito alta, linhas diferentes dentro de cada matriz começam a ser mapeadas sobre os mesmos conjuntos. No entanto, neste caso, a associatividade é alta o suficiente para que todas as linhas que potencialmente causassem conflitos, possam residir no mesmo conjunto, sem conflitos.

d. Se as *caches* de dados e de instruções forem substituídas por uma *cache* unificada, então torna-se possível que o código e os dados do programa entrem em conflito dentro da *cache*. Neste caso, a localização do programa na memória pode afetar a sua taxa de acertos, de modo que a resposta para o item **a** muda. Além disto, agora temos quatro objetos de dados que podem entrar em conflito, de modo que é possível que haja faltas por conflito em uma *cache* grupo associativos de 3 caminhos ou menos. (Isto presume que o programa não é grande o suficiente para que suas partes possam entrar em conflito, uma com a outra, dentro da *cache*. Para um programa curto como este do problema, isto é uma hipótese razoável.)

Capítulo 10

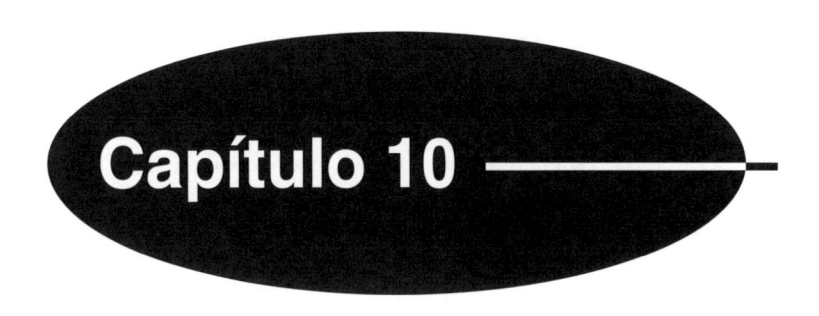

Memória Virtual

10.1 OBJETIVOS

Memória virtual é uma técnica que explora o uso de meios magnéticos, como os discos rígidos, para oferecer um nível a mais no sistema de hierarquia de memória, fornecendo, ao mesmo tempo, um aumento na capacidade de endereçamento e um mecanismo de proteção para programas que estejam sendo executados no mesmo sistema, de modo que um programa não possa modificar os dados de outro.

Depois de completar este capítulo, você deverá:

1. Compreender o mecanismo de memória virtual, endereços virtuais e endereços físicos.
2. Ser capaz de resolver problemas envolvendo memória virtual e tradução de endereços.
3. Compreender o uso de TLBs (*translation lookaside buffers*) para tradução de endereços e ser capaz de resolver problemas relativos a eles.
4. Compreender e ser capaz de raciocinar sobre o modo pelo qual a memória virtual fornece proteção em sistemas de computadores modernos.

10.2 INTRODUÇÃO

O custo da memória foi uma limitação significativa nos primeiros sistemas de computadores. Antes do desenvolvimento de DRAMs baseadas em semicondutor, a tecnologia de memória predominante era a *memória de núcleo*, na qual anéis toroidais de material magnético eram utilizados para armazenar cada *bit* de dados. O custo de produzir e montar esses anéis toroidais, como dispositivos de memória, conduziu a capacidades de memória limitadas em muitas máquinas, freqüentemente menos do que era exigido pelos programas.

Para resolver este problema, foi desenvolvida a memória virtual. Em um sistema de memória virtual, discos rígidos, ou outros meios magnéticos, formam a camada inferior da hierarquia de memória, com as DRAMs formando o nível principal da hierarquia. Como os programas não podem acessar diretamente dados armazenados em meio magnético, a área de endereços de um programa é dividida em *páginas*, blocos contíguos de dados que são armazenados em mídia magnética. Em sistemas modernos, as páginas têm de 2 a 8 *KBytes* de tamanho, embora alguns sistemas forneçam suporte para páginas de outros tamanhos. Quando é feita referência a uma página de dados, o sistema a copia para a memória principal, permitindo que ela seja acessada. Isto pode exigir que uma outra página de dados seja copiada da memória principal para o meio magnético, de modo a abrir espaço para a página que está entrando.

A Fig. 10-1 ilustra muitos dos conceitos-chave de memórial virtual. Cada programa tem o seu próprio *espaço de endereços virtuais*, que é um conjunto de endereços que os programas utilizam para carregar e armazenar operações. O *espaço de endereços físicos* é o conjunto de endereços que foi utilizado para fazer referência a posições na memória principal, e os termos *endereço virtual* e *endereço físico* são utilizados para descrever endereços que estão nos espaços de endereço virtual e físico. O espaço de endereços virtuais é dividido em páginas, algumas das quais são copiadas para *quadros* (janelas na memória principal onde uma página de dados pode ser armazenada) porque recentemente foi feita referência a elas e algumas das quais estão residentes apenas no disco. As páginas são sempre alinhadas com relação a um múltiplo do tamanho da página, de modo que elas nunca se sobrepõem. Os termos *página virtual* e *página física** são utilizados para descrever uma página de dados nos espaços de endereços virtual e físico, respectivamente. Páginas que foram carregadas na memória a partir do disco são ditas terem sido *mapeadas* para dentro da memória principal.

A memória virtual permite que um computador aja como se a sua memória principal fosse muito maior do que ela é realmente. Quando um programa faz referência a um endereço virtual, ele não pode dizer, a não ser medindo a latência da operação, se o endereço virtual estava residente na memória principal ou se ele teve que ser buscado no meio magnético. Assim, o computador pode mover páginas de/para a memória principal, quando necessário, de modo semelhante a como linhas de *cache* são trazidas para dentro e para fora do *cache*, de acordo com a necessidade, permitindo que programas façam referência a mais dados do que podem ser armazenados em um único momento na memória principal.

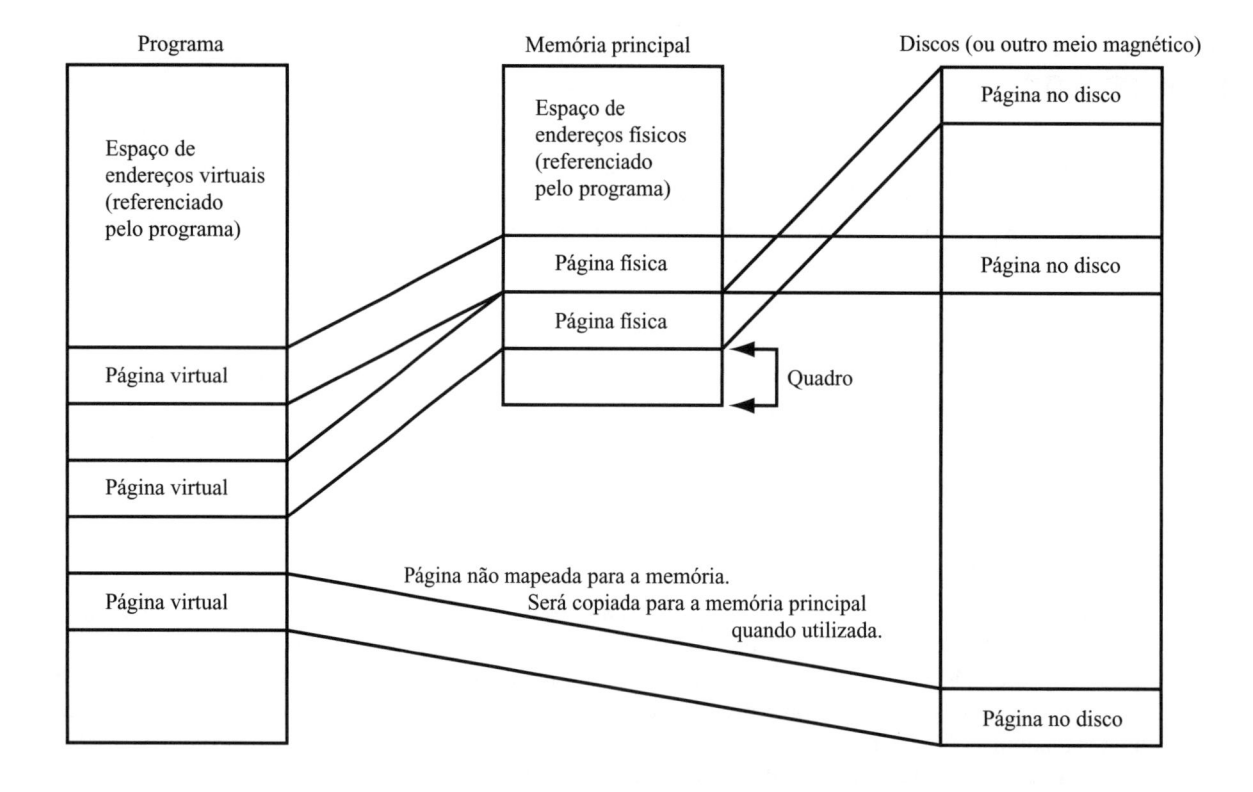

Fig. 10-1   Memória virtual.

---

* N. de R. T. O termo em inglês empregado para definir página física é *page frame*, ou simplesmente *frame*.

10.3 TRADUÇÃO DE ENDEREÇOS

Programas que são executados em um sistema com memória virtual utilizam endereços virtuais como argumentos para as instruções de carga e armazenamento, mas a memória principal utiliza endereços físicos para registrar as posições onde os dados estão efetivamente armazenados. Quando um programa executa uma referência à memória, o endereço virtual utilizado precisa ser convertido para o endereço físico equivalente, um processo conhecido como *tradução de endereços*. A Fig. 10-2 mostra um fluxograma de tradução de endereços.

Quando um programa de usuário executa uma instrução que faz referência à memória, o sistema operacional faz acesso à *tabela de páginas*, uma estrutura de dados na memória que mantém o mapeamento dos endereços virtuais para os físicos, de modo a determinar se a página virtual que contém o endereço referenciado pela operação está ou não atualmente mapeada sobre uma página física. Se isto for verdade, o sistema operacional determina o endereço físico que corresponde ao endereço virtual, a partir da tabela de páginas, e a operação continua, utilizando o endereço físico para fazer acesso à memória principal. Se a página virtual que contém o endereço referenciado não está atualmente mapeada sobre uma página física, ocorre uma *falta de página* e o sistema operacional busca a página que contém os dados necessários na memória, carregando-a para uma página física e atualizando a tabela de páginas com a nova tradução. Uma vez que a página tenha sido lida para a memória principal a partir do disco e a tabela de páginas tenha sido atualizada, o endereço físico da página pode ser determinado e a referência à memória pode ser completada. Se todas as páginas físicas no sistema já contêm dados, o conteúdo de uma delas precisa ser transferido para meio magnético para abrir espaço para a página que será carregada. As políticas de substituição utilizadas para escolher a página física que será transferida são semelhantes àquelas discutidas no capítulo anterior para *caches* de conjuntos associativos.

Como tanto páginas virtuais quanto físicas são sempre alinhadas sobre um múltiplo do seu tamanho, a tabela de páginas não precisa armazenar completamente o endereço virtual, nem o endereço físico. Ao invés disto, os endereços virtuais são divididos em um identificador de página virtual, chamado o *número de página virtual*, ou NPV, e um conjunto de *bits* que descreve o deslocamento a partir do início da página virtual até o endereço virtual. Páginas físicas são divididas de modo semelhante em um *número de página física* (NPF) e um deslocamento a partir do início da página física até o endereço físico, como mostrado na Fig. 10-3. As páginas virtual e física em um dado sistema são geralmente do mesmo tamanho, de modo que o número de *bits* ($\log_2$ do tamanho da página) necessários para manter o campo de deslocamento dos endereços físicos e virtuais é o mesmo, embora o número de *bits* empregado para identificar o NPV e o NPF podem bem ter comprimentos diferentes. Muitos sistemas, em especial sistemas de 64 *bits*, têm endereços virtuais mais longos do que endereços físicos, dada a impraticabilidade atual de se construir um sistema com 2^{64} *bytes* de memória DRAM.

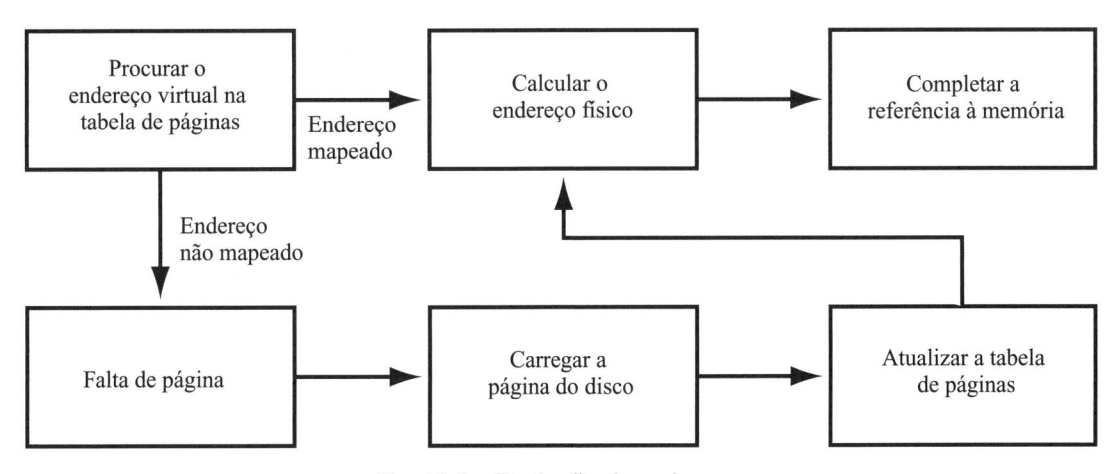

Fig. 10-2 Tradução de endereços.

```
                    Endereço virtual
         ┌─────────────────────────┬──────────────┐
         │ Número de página virtual │ Deslocamento │
         └─────────────────────────┴──────────────┘
                      ↕                    ↖
   NPV e NPF podem ter comprimentos diferentes   Campos de deslocamento físico e virtual
                      ↕                           têm o mesmo comprimento
         ┌──────────────────────┬──────────────┐
         │ Número de página física │ Deslocamento │
         └──────────────────────┴──────────────┘
                    Endereço físico
```

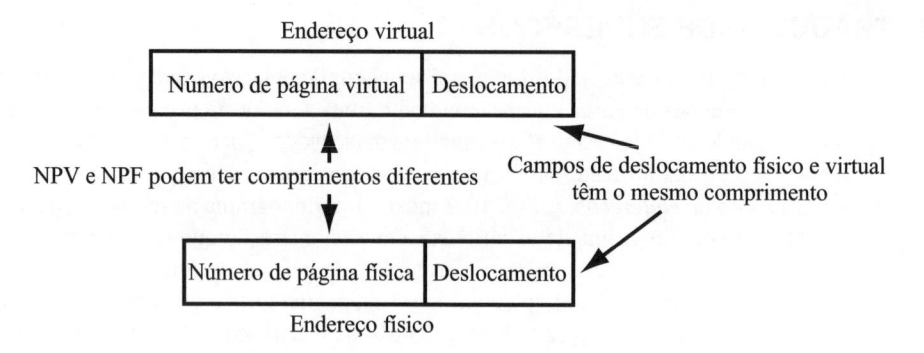

Fig. 10-3   Endereços físicos e virtuais.

Quando um endereço virtual é traduzido, o sistema operacional procura pela entrada correspondente ao NPV na tabela de páginas e retorna o NPF correspondente. Os *bits* de deslocamento do endereço virtual são, então, concatenados ao NPF para gerar o endereço físico, como mostrado na Fig. 10-4.

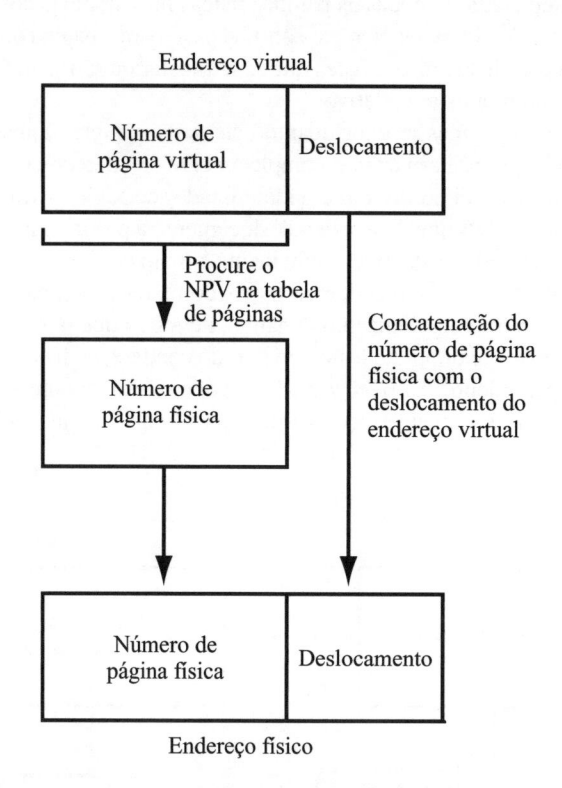

Fig. 10-4   Convertendo endereços virtuais em físicos.

Exemplo   Em um sistema com endereços virtuais de 64 *bits* e com endereços físicos de 43 *bits* (semelhantes a alguns dos primeiros processadores de 64 *bits*), quantos *bits* são necessários para o número de página virtual e para o número de página física, se as páginas têm o tamanho de 8 *KBytes*?

Solução

O $\log_2 (8\ KBytes) = 13$, de modo que são necessários 13 *bits* para o campo de deslocamento, tanto do endereço virtual quanto do físico. Portanto, são necessários 51 (64 –13) *bits* para o número de página virtual e 30 *bits* para o número de página física.

10.4 PAGINAÇÃO POR DEMANDA *VERSUS SWAPPING*

O sistema de memória virtual recém descrito é um exemplo de *paginação por demanda*, atualmente o tipo de memória virtual mais comumente utilizado. Na paginação por demanda, as páginas de dados só são trazidas para a memória principal quando acessadas por um programa. Quando uma comutação de contexto ocorre, o sistema operacional não copia qualquer página do programa antigo para o disco ou do novo programa para a memória principal. Em vez disso, ele apenas começa a executar o novo programa, buscando as páginas à medida que são referenciadas.

Swapping é uma técnica relacionada que utiliza meio magnético para armazenar programas que não estão sendo atualmente executados no processador. Em um sistema que utiliza *swapping*, o sistema operacional trata todos os dados de um programa como uma unidade atômica e move todos os dados para dentro e para fora da memória principal em uma operação. Quando o sistema operacional em um computador que utiliza *swapping* escolhe um programa para ser executado no processador, ele carrega todos os dados do programa na memória principal. Caso o espaço diponível em memória não seja suficiente, o sistema operacional transfere outros programas para o disco, liberando, assim, espaço em memória.

Se todos os programas que estão sendo executados em um computador cabem na memória principal (contando tanto as suas instruções quanto os dados), tanto a paginação por demanda quanto o *swapping* permitem que o computador opere em um modo multiprogramado sem ter que buscar dados do disco. Sistemas de *swapping* têm a vantagem de que, uma vez que um programa tenha sido buscado do disco, todos os dados do programa estarão mapeados na memória principal. Isto faz com que o tempo de execução de um programa seja mais previsível, uma vez que faltas de página nunca ocorrem durante sua execução.

Sistemas de paginação por demanda têm a vantagem de que eles buscam do disco apenas as páginas que um programa efetivamente utiliza. Se um programa precisa fazer referência a apenas uma parte dos seus dados durante cada fatia de tempo da execução, isto pode reduzir significativamente a quantidade de tempo utilizada para copiar dados de/para o disco. Além disso, sistemas que utilizam *swapping* não podem, geralmente, utilizar sua capacidade de armazenamento em meio magnético para permitir que um único programa faça referência a mais dados do que cabem na memória principal, porque todos os dados de um programa têm que ser transferidos para dentro ou para fora da memória principal, como uma unidade. Em um sistema de paginação por demanda, as páginas individuais dos dados de um programa podem ser trazidas para dentro da memória, quando necessário, fazendo com que o espaço disponível no disco seja o limite da quantidade máxima de dados a que o programa pode fazer referência. Para a maioria das aplicações, as vantagens da paginação por demanda são maiores do que as desvantagens, tornando a paginação por demanda a opção para a maioria dos sistemas operacionais atuais de estações de trabalho/PCs.

10.5 TABELAS DE PÁGINAS

Como discutido anteriormente neste capítulo, o sistema operacional utiliza uma estrutura de dados conhecidas como *tabela de páginas* para indicar como os endereços virtuais são mapeados para endereços físicos. Como cada programa tem o seu próprio mapeamento de endereços virtuais-físicos, tabelas de páginas diferentes são necessárias para cada programa no sistema. A implementação mais simples de tabelas de páginas é apenas uma matriz de entradas de tabelas, uma entrada por página virtual, e é conhecida como tabela de páginas de nível único, para diferenciá-la das tabelas de páginas multinível, que descreveremos adiante. Para executar uma tradução de endereço, o sistema operacional utiliza o número da página virtual do endereço como um índice para acessar a matriz de entradas da tabela de páginas, de modo a localizar o número da página física correspondente à página virtual. Isto é mostrado na Fig. 10-5, que mostra uma tabela de páginas para um sistema cujo espaço de endereços virtuais tem um tamanho de apenas oito páginas.

	Número de página física	Bit de sujo	Bit de válido
Entradas na tabela de páginas	NPF para página virtual 0		
	NPF para página virtual 1		
	NPF para página virtual 2		
	NPF para página virtual 3		
	NPF para página virtual 4		
	NPF para página virtual 5		
	NPF para página virtual 6		
	NPF para página virtual 7		

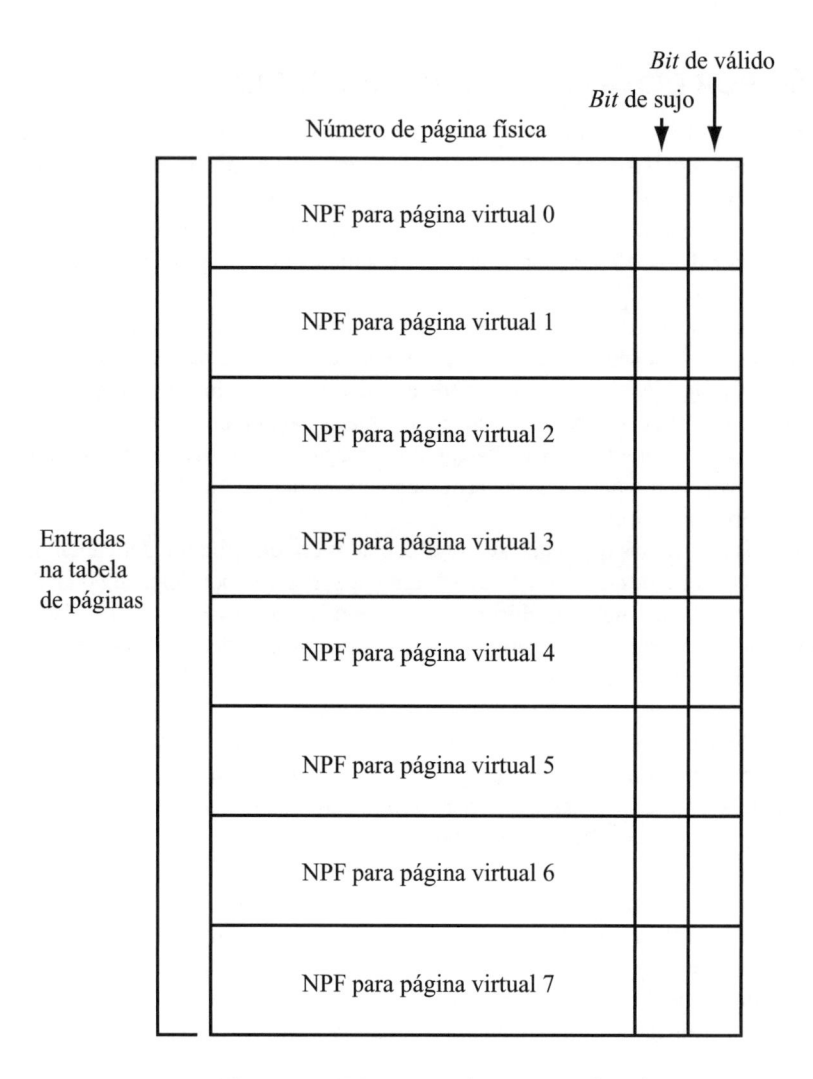

Fig. 10-5   Tabela de páginas de nível único.

Como ilustrado na Fig. 10-5, as entradas na tabela de páginas geralmente contêm um número de página física, um *bit de válido* e um *bit de sujo*. O *bit* de válido indica se a página virtual correspondente à entrada está atualmente mapeada na memória física. Se o *bit* de válido está ativo, o campo do número da página física contém o número da página física que contém os dados da página virtual. O *bit* de sujo registra se a página foi ou não modificada desde que ela foi trazida para a memória principal. Isto é utilizado para determinar se o conteúdo da página deve ser escrito de volta no disco quando a página for retirada da memória principal, de modo semelhante ao *bit* de sujo em uma *cache write-back*. (Por causa do tempo necessário para acessar o meio magnético, todos os sistemas de memória virtual são *write-back*, ao invés de *write-through*.)

A Fig. 10-6 traz um diagrama do uso de uma tabela de páginas para traduzir um endereço virtual. Sistemas com tabelas de páginas de nível único geralmente exigem que toda a tabela de páginas seja mantida, o tempo todo, na memória física, de modo que o sistema operacional possa acessar a tabela para traduzir endereços.

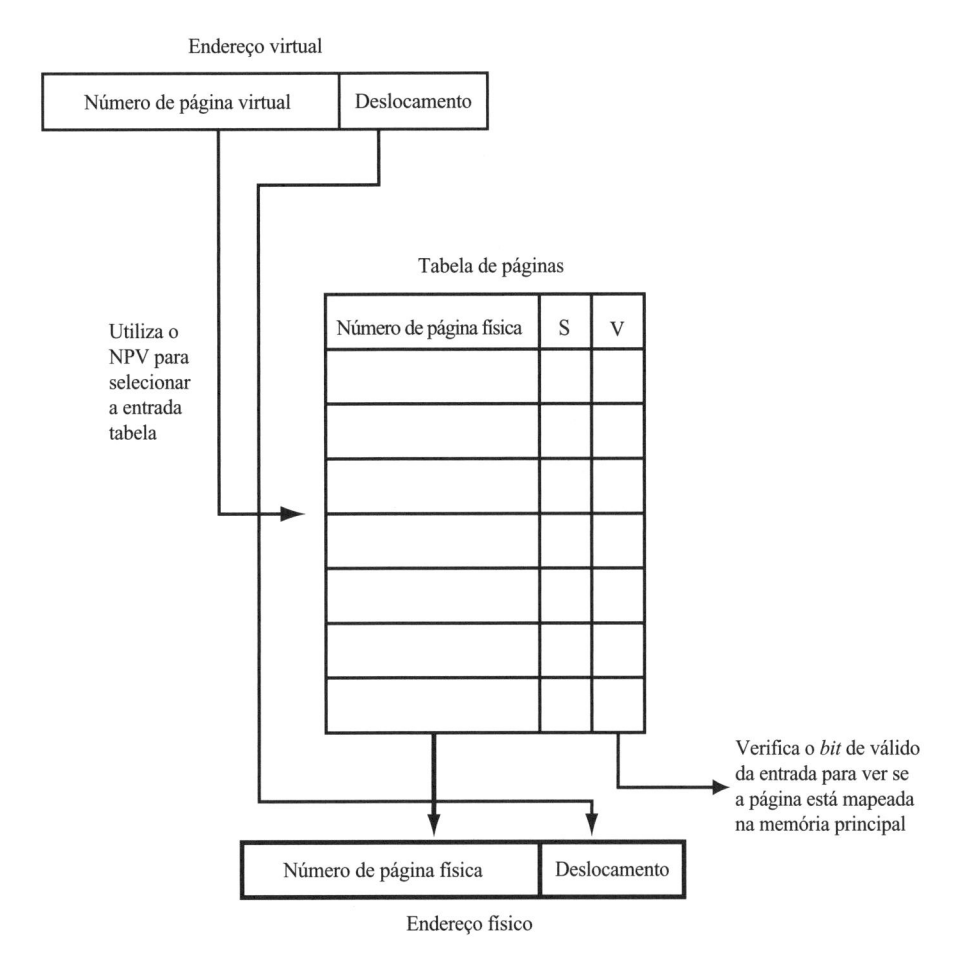

Fig. 10-6 Tradução de endereços utilizando uma tabela de páginas.

Tabelas de Páginas Multiníveis

Tabelas de páginas podem exigir um grande espaço de armazenamento. Por exemplo, uma tabela de páginas de nível único para um sistema com um espaço de endereços de 32 *bits* (tanto virtual quanto físico) e páginas de 4 *KBytes* exigiria 2^{20} entradas. Se cada entrada necessitar 3 *bytes*, o espaço de armazenamento total necessário para a tabela de páginas seria de 3 *MBytes*. Em um sistema com 64 *MBytes* de memória principal, isto exigiria que praticamente 5% da memória principal fosse dedicada à tabela de páginas, um ônus apreciável. Em sistemas com menos memória, o ônus seria ainda maior e não seria possível implementar a memória virtual em um sistema com menos de 3 *MBytes* de área de armazenamento.

Para resolver este problema, os projetistas utilizam *tabelas de páginas de vários níveis*, as quais permitem que muito da tabela de páginas seja armazenada na memória virtual e mantida em disco quando não esteja em uso. Em uma tabela de páginas multinível, a própria tabela de páginas é dividida em páginas e distribuída em uma hierarquia. As entradas no nível mais baixo da hierarquia são semelhantes às entradas em uma tabela de páginas de nível único, contendo o NPF da página, junto com os *bits* de válido e de sujo. As entradas nos outros níveis da tabela de páginas identificam a página na memória que contém o próximo nível da hierarquia para o endereço que está sendo traduzido. Quando se utiliza este sistema, apenas a página que contém o nível mais alto da tabela de páginas precisa ser mantida na memória o tempo todo. Outras páginas da tabela de páginas podem ser copiadas de/para o disco rígido, quando necessário.[1]

Para executar uma tradução de endereço, o NPV de um endereço é dividido em grupos de *bits*, onde cada grupo contém um número de *bits* igual ao logaritmo na base 2 do número de entradas na tabela de páginas em uma página de dados, como mostrado na Fig. 10-7. Se o número de *bits* no NPV não é divisível pelo logaritmo na base 2 do número de entradas na tabela de páginas de uma página de dados, é necessário arredondar o número de grupos, para cima, para o próximo número inteiro.

Endereço virtual

NPV			
Grupo 1	Grupo 2	Grupo 3	Deslocamento

Tamanho de grupo = $\log^2$ do número de entradas na tabela de páginas que cabem em uma página

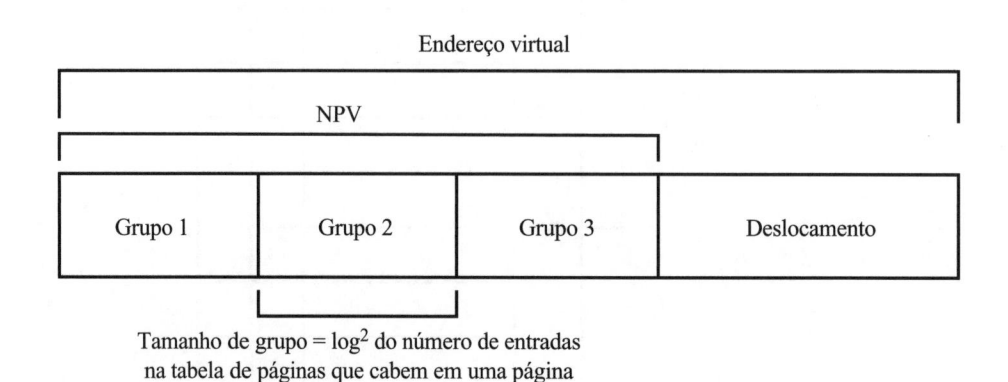

Fig. 10-7   Divisão de endereços para tabela de páginas multinível.

O grupo de *bits* mais significativo é então utilizado para selecionar uma entrada na página de nível mais alto da tabela de páginas. (Se um grupo de *bits* contém menos *bits* do que os outros, é melhor usar este grupo para indexar o primeiro nível da tabela de páginas, do que utilizá-lo para indexar um nível mais baixo na tabela de páginas, uma vez que isto resulta em menos memória desperdiçada.) Esta entrada contém o endereço da página de dados que contém o próximo conjunto de entradas a ser pesquisado. O grupo seguinte de ordem menos significativa é então utilizado para indexar a página apontada pela entrada que está no nível superior da tabela de páginas e o processo é repetido até que o nível mais baixo da tabela de páginas seja encontrado, o qual contém o NPF para a página desejada. A Fig. 10-8 mostra este processo em um sistema com NPVs de 6 *bits* e quatro entradas em cada página. Se qualquer uma das páginas na tabela de páginas solicitada durante a tradução do endereço não estiver mapeada na memória principal, o sistema simplesmente a busca no disco e continua com a tradução.

Exemplo   Em um sistema com 32 *bits* de endereçamento e páginas de 4 *KBytes*, quantos níveis são necessários em uma tabela de páginas multinível? Assuma que cada entrada na tabela de páginas ocupa 4 *bytes* de armazenamento.

Solução

Com páginas de 4 *KBytes* e entradas de 4 *bytes* na tabela de páginas, cada página pode conter 2^{10} entradas, de modo que cada grupo de *bits* no NPV tem 10 *bits* de comprimento. O campo de deslocamento para páginas de 4 *KBytes* é de 12 *bits*, de modo que o NPV necessário para este sistema possui 20 *bits* de comprimento. Portanto, esse NPV possui 2 grupos de *bits* implicando em uma tabela de páginas de dois níveis.

---

[1] De certa forma, isto é uma simplificação, porque o sistema precisa ser capaz de determinar o endereço físico de cada página na tabela de páginas, de modo a acessá-la. Alguns sistemas tratam disso ao exigir que as informações de tradução de endereços para as páginas que compõem a tabela de páginas sejam sempre mantidas na memória principal.

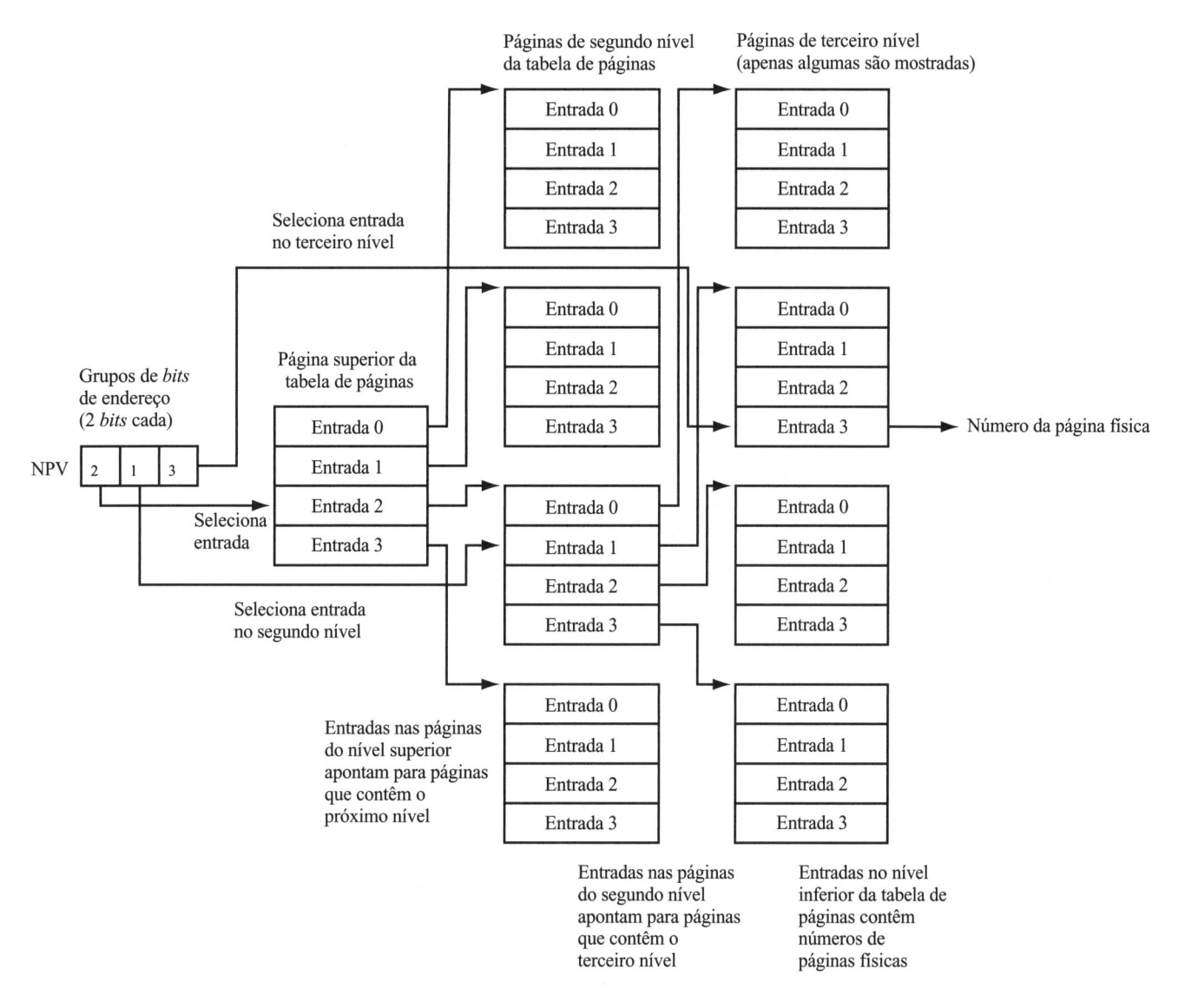

Fig. 10-8 Tradução de endereços com tabelas multinível.

Tabela de Páginas Invertida

Mesmo com tabelas de páginas multinível, é enorme o espaço de armazenamento necessário para manter tabelas de páginas que possam mapear todo o espaço de endereços de um processador moderno. Por exemplo, em um sistema com endereços de 64 *bits* e páginas de 4 *KBytes*, são necessárias 2^{52} entradas na tabela de páginas. Se cada entrada exige 7 *bytes* de armazenamento para manter um NPF de 52 *bits*, o *bit* de válido e o bit de sujo, seriam necessários 7×2^{52} *bytes* de armazenamento (aproximadamente 30.000.000 *GBytes*) para manter a tabela de páginas de um único programa. Dado que discos rígidos podem armazenar apenas cerca de 75 *GBytes* de dados na época em que este livro estava sendo escrito*, é claramente impraticável implementar tal tabela de páginas, mesmo se a sua organização permitir que muito dela não seja mapeada na memória principal em um dado momento.

A causa principal deste problema é que o espaço de armazenamento exigido para a tabela de páginas cresce com o tamanho do espaço de endereços virtuais, e não com a capacidade de armazenamento no sistema. A utilização de *tabelas de páginas invertidas* reduz enormemente o espaço de armazenamento necessário para as tabelas de

---

* N. de T. Atualmente, os fabricantes já oferecem pela Internet discos rígidos de até 300 *GBytes* cada.

páginas em sistemas com grandes espaços de endereçamento. Uma discussão completa sobre tabelas de páginas invertidas está além do escopo deste livro, mas a idéia básica é que uma tabela de páginas invertidas consiste de um conjunto de entradas, uma para cada página física do sistema. Cada entrada contém o NPV da página virtual mapeada dentro daquela estrutura de página. Assim, a área de armazenamento necessária para a tabela de páginas depende da quantidade de memória principal no sistema, não do tamanho do espaço de endereçamento virtual. Como essas entradas são organizadas por endereço físico, elas são mais difíceis de pesquisar que as tabelas de páginas convencionais, uma vez que o endereço virtual não pode ser utilizado para determinar a entrada correspondente na tabela de páginas. Geralmente, estruturas de dados, como tabelas de dispersão (*hash*), são utilizadas para reduzir o tempo de pesquisa neste tipo de tabela.

Uma outra abordagem para este problema é permitir que a tabela de páginas mapeie um subconjunto do espaço de endereçamento virtual, em vez de todo o espaço de endereçamento. Em sistemas que utilizam esta abordagem, a tabela de páginas contém um campo adicional que indica a faixa de endereços mapeados pela tabela de páginas. Esta abordagem exige entradas na tabela de páginas para toda a faixa de endereços virtuais entre os endereços mais alto e mais baixo utilizados pelo programa, de modo que a sua eficiência dependa da alocação de dados que o programa faz: densa ou esparsa.

10.6 *TRANSLATION LOOKASIDE BUFFERS*

Uma das desvantagens principais de usar tabelas de páginas para tradução de endereços é que a tabela de páginas precisa ser acessada a cada referência feita à memória. Em um sistema com uma tabela de páginas de nível único, isto, no mínimo, dobra o número de acessos necessários feitos à memória, uma vez que cada operação de carga ou armazenamento exige que seja feita uma referência à memória para ter acesso à entrada correspondente da tabela de páginas e uma para executar a carga ou armazenamento efetivos. Isto aumenta enormemente a latência de uma referência à memória e o problema é ainda maior em sistemas que têm tabelas de páginas multiníveis, porque são necessárias várias referências à memória para percorrer a tabela de páginas.

Para reduzir esta desvantagem, processadores que são projetados para utilizar memória virtual incorporam estruturas especiais denominadas *translation lookaside buffers** (TLBs) que atuam como *caches* para a tabela de páginas. Quando um programa executa uma referência à memória, o endereço virtual é enviado ao TLB para determinar se ele contém uma tradução do endereço. Se verdadeiro, o TLB retorna o endereço físico dos dados e a referência à memória continua. Caso contrário, ocorre uma *falta no TLB* e o sistema procura uma tradução na tabela de páginas. Alguns sistemas fornecem *hardware* para executar o acesso à tabela de páginas em uma falta de TLB, enquanto que outros exigem que o sistema operacional acesse a tabela de páginas via *software*. A Fig. 10-9 mostra o processo de tradução de endereços em um sistema contendo um TLB.

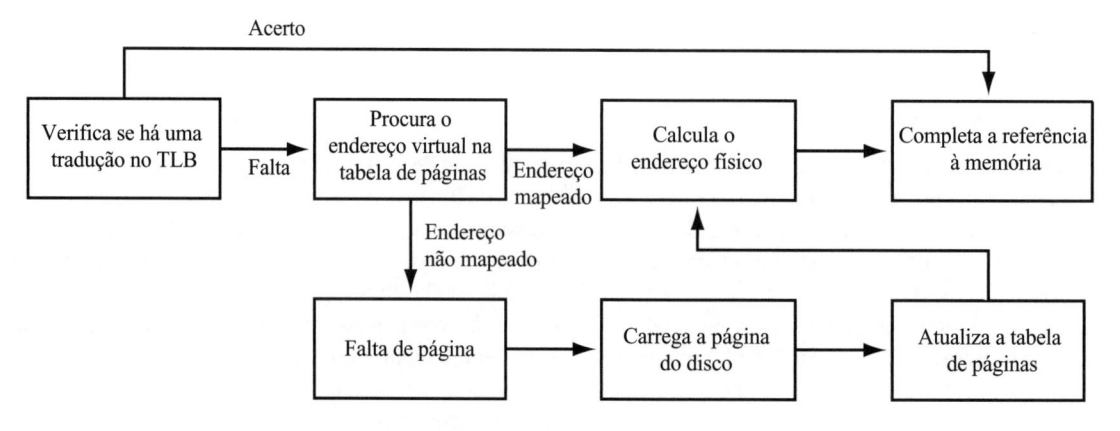

Fig. 10-9 Tradução de endereços com TLB.

---

* N. de R. T. Esse termo não possui uma tradução consagrada sendo normalmente referenciado por sua sigla, TLB.

Faltas de TLB *versus* Faltas de Páginas

Em um sistema que contém um TLB, há três cenários possíveis para tratar uma referência à memória:

1. *Acerto no TLB* – neste caso, o TLB contém uma tradução para o endereço virtual, e o endereço físico da referência pode ser utilizado para completar a referência à memória no *hardware*, sem envolvimento de *software*. Quando uma página é retirada da memória principal, as traduções para a página são retiradas do TLB, de modo que um acerto no TLB significa que a página física que contém o endereço está mapeada na memória.

2. *Falta de TLB, mas a página está mapeada* – neste caso, o sistema acessa a tabela de páginas para encontrar a tradução para o endereço virtual, copia aquela tradução no TLB e a referência à memória continua.

3. *Falta de TLB e a página não está mapeada* – neste caso, o sistema acessa a tabela de páginas, determina que o endereço não está mapeado e ocorre uma falta de página. Então, o sistema operacional carrega os dados da página a partir do disco, do mesmo modo que faz um sistema de memória virtual que não contém um TLB.

Faltas de TLB e faltas de página são tratadas de modo muito diferente pelo sistema operacional por causa da diferença do tempo necessário para resolver cada evento. Faltas de TLB geralmente tomam um tempo relativamente curto para serem resolvidas, porque o sistema precisa apenas acessar a tabela de páginas. Assumindo que não ocorram faltas de página enquanto se está acessando a tabela de páginas, faltas de TLB podem normalmente ser resolvidas em algumas poucas centenas de ciclos, de modo que o programa do usuário precisa esperar apenas que a falta de TLB tenha sido resolvida.

Por outro lado, faltas de página exigem o acesso ao disco para buscar a página. O acesso a um disco rígido geralmente dura diversos milissegundos, um tempo que é comparável ao tempo que o sistema operacional permite que um programa seja executado antes de dar acesso ao processador a um outro programa. (Muitos sistemas operacionais fazem a comutação entre programas de 60 a 100 vezes por segundo, permitindo que cada programa seja executado por 16,7 ms a 10 ms entre comutações de contexto.) Dada a duração para tratar uma falta de página, não é incomum que o sistema operacional faça uma comutação de contexto quando uma falta de página ocorre, dando a outro programa a oportunidade de ser executado, enquanto a falta de página está sendo resolvida.

Organização de TLBs

Os TLBs são organizados de modo semelhante às *caches*, possuindo uma associatividade e um número de conjuntos. Enquanto os tamanhos de *cache* são, geralmente, descritos em *bytes*, os tamanhos dos TLBs são normalmente descritos em termos do número de entradas, ou traduções, contidas no TLB, uma vez que o espaço ocupado para cada entrada é irrelevante para o desempenho do sistema. Assim, um TLB de conjuntos associativos de 4 caminhos, com 128 entradas, teria 32 conjuntos, cada um contendo 4 entradas.

A Fig. 10-10 mostra uma entrada típica de TLB. O seu formato é semelhante a uma entrada na tabela de páginas e contém um NPF, um *bit* de válido e um *bit* de sujo. Além disto, a entrada do TLB contém o NPV da página, que é comparado ao NPV do endereço de uma referência à memória para determinar se ocorreu um acerto. De forma semelhante a uma entrada na matriz de etiquetas de uma *cache*, os *bits* do NPV que são utilizados para selecionar uma entrada no TLB são geralmente omitidos do NPV armazenado na entrada, para economizar espaço. No entanto, todos os *bits* do NPF precisam ser armazenadas no TLB porque eles podem ser diferentes dos *bits* correspondentes no NPV.

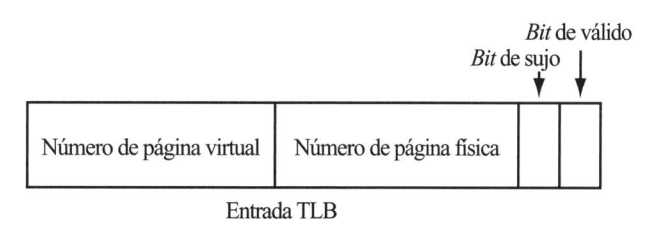

Fig. 10-10 Entrada TLB.

Os TLBs são geralmente muito menores que a(s) *cache*(s), porque cada entrada em um TLB faz referência a muito mais dados do que uma linha de *cache*, permitindo que um número de entradas TLB relativamente menor descreva o conjunto de trabalho de um programa. Os TLBs contêm mais entradas do que seriam necessárias para descrever os dados contidos na *cache* porque é desejável que ele contenha traduções para dados que residam na memória principal, bem como na *cache*. Por exemplo, TLBs com 128 entradas eram comuns em processadores construídos em meados da década de 90 e tinham de 32 a 64 *KBytes* de *cache* de primeiro nível e páginas de 4 *KBytes*.

Exemplo Suponha que um TLB tem uma taxa de acertos de 95% e o ônus da falta de TLB é de 150 ciclos. Assuma que quando existe um acerto de TLB, a tradução do endereço dura um tempo zero. (A Seção 10.8 explicará porque esta é uma hipótese razoável.) Qual é o tempo médio necessário para a tradução de um endereço?

Solução

Da mesma forma que com *caches*, o tempo médio para a tradução de um endereço é de $T_{acerto} \times P_{acerto} + T_{falha} \times P_{falha}$. Incluindo as probabilidades e os números de atrasos, obtemos um tempo médio de tradução de endereço de 7,5 ciclos, uma redução de 20 vezes sobre o tempo de tradução sem o TLB.

Superpáginas (Blocos de Páginas)

Um problema com os TLBs é que a quantidade de dados referenciada pelos programas está crescendo rapidamente ao longo do tempo, mas o tamanho das páginas está crescendo de forma razoavelmente lenta. Isto ocorre por causa da diferença entre o número de entradas necessárias na tabela de páginas e no TLB, a qual diminui à medida que o tamanho da página aumenta, e a quantidade de memória desperdiçada porque frações de uma página não podem ser designadas para um programa, que cresce à medida que o tamanho da página aumenta. Por causa desta tendência, o número de páginas de dados referenciadas por um programa está crescendo ao longo do tempo, significando que um TLB de um dado tamanho é capaz de conter traduções para cada vez menos dados referenciados por um programa, reduzindo a taxa de acertos do TLB. Por exemplo, um processador com 128 entradas no TLB e páginas de 4 *KBytes* pode manter no TLB traduções para 512 *KBytes* de dados. Se o sistema que contém o processador tem 128 *MBytes* de memória principal, as traduções no TLB cobrem menos de 0,5% da memória principal.

Para resolver este problema, alguns processadores possuem a habilidade de mapear blocos de dados maiores, chamados *superpáginas* ou *blocos de páginas*, em cada entrada TLB. Alguns sistemas permitem que cada entrada TLB contenha a tradução para um bloco de dados de tamanho variável, enquanto que outros admitem dois tamanhos – um igual ao tamanho da página e outro muito maior, freqüentemente com mais de um *megabyte* de tamanho. Quando uma aplicação faz referência a blocos grandes de dados contíguos, estes aperfeiçoamentos podem aumentar enormemente a taxa de acertos do TLB.

10.7 PROTEÇÃO

Além de permitir o emprego de meios magnéticos como um nível da hierarquia de memória, a memória virtual também é muito útil em sistemas de computadores multiprogramados porque fornece proteção de memória, evitando que um programa acesse dados de outro. A Fig. 10-11 ilustra como isso funciona. Cada programa tem o seu próprio espaço de endereçamento virtual, mas o espaço de endereçamento físico é compartilhado entre todos programas que estão sendo executados no sistema. O sistema de tradução de endereços assegura que as páginas virtuais utilizadas por cada programa sejam mapeadas sobre páginas físicas diferentes e posições diferentes no meio magnético.

Isto traz dois benefícios. Primeiro, evita que os programas acessem dados um do outro, porque qualquer endereço virtual ao qual um programa faça referência será traduzido para o endereço físico pertencente a ele. Não existe maneira de um programa criar um endereço virtual que seja mapeado sobre um endereço físico que pertença a outro programa e, portanto, não há modo de um programa acessar dados de outro programa. Se os programas querem compartilhar dados um com o outro, a maioria dos sistemas operacionais permite que eles solicitem especificamente que parte das suas páginas virtuais sejam mapeadas sobre os mesmos endereços físicos.

O segundo benefício é que um programa pode criar e utilizar endereços no seu próprio espaço de endereçamento virtual sem interferência de outros programas. Assim, os programas independem de quantos programas mais estão sendo executados no sistema e/ou quanta memória aqueles outros programas estão utilizando. Cada programa tem o seu próprio espaço de endereçamento virtual e pode fazer cálculos de endereços e operações de memória naquele espaço de endereços, sem se preocupar com quaisquer outros programas que possam estar sendo executados naquela máquina.

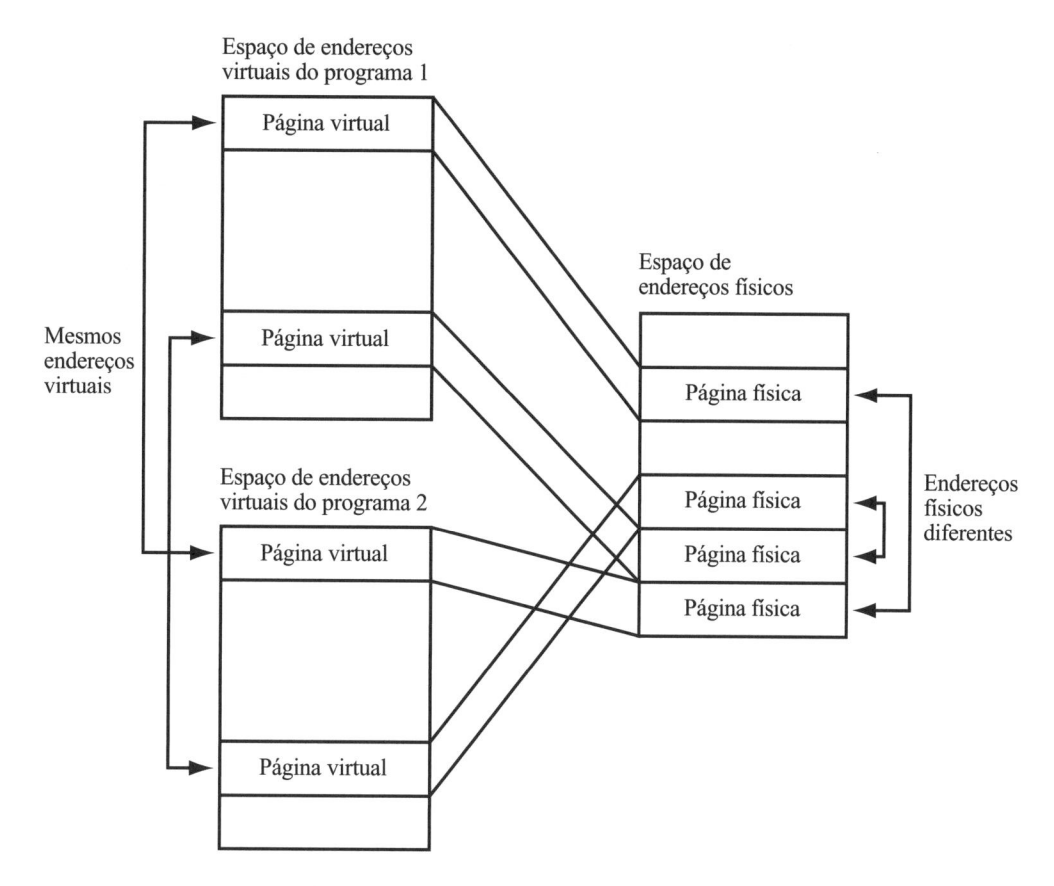

Fig. 10-11   Proteção através de memória virtual.

A desvantagem desta abordagem é que o mapeamento de endereços virtuais-físicos torna-se parte do estado de um programa. Quando o sistema faz a comutação da execução de um programa para outro, ele precisa mudar a tabela de páginas que ele utiliza e invalidar quaisquer traduções de endereços no TLB. De outro modo, o novo programa utilizaria o mapeamento de endereços físicos-virtuais do programa antigo, sendo capaz de acessar os dados. Isto aumenta o ônus de uma comutação de contexto, devido ao tempo necessário para invalidar o TLB e trocar a tabela de páginas, e porque, também, o novo programa sofrerá um número maior de faltas de TLB quando ele começar a ser executado com um TLB vazio.

Alguns sistemas tratam desta questão acrescentando, a cada entrada no TLB, *bits* adicionais para armazenar a identificação do processo ao qual a entrada se aplica. O *hardware* emprega o identificador do processo para o qual está sendo feito a tradução como parte da informação utilizada para determinar se houve um acerto de TLB, permitindo que traduções a partir de vários programas residam no TLB ao mesmo tempo. Isto elimina a necessidade de invalidar o TLB em cada comutação de contexto, mas aumenta a quantidade de espaço de armazenamento exigido para o mesmo.

Em sistemas modernos, a memória virtual é mais freqüentemente utilizada como uma ferramenta para a apoiar a multiprogramação que como uma ferramenta para permitir que os programas utilizem mais memória do que aquela que é fornecida na memória principal do sistema. O custo de DRAM é baixo o suficiente e o tempo para resolver uma falta de página alto o suficiente para que a maioria dos sistemas seja configurado com memória principal adequada para que programas individuais raramente, se nunca, precisem acessar o nível de meio magnético da hierarquia de memória. No entanto, é extremamente valioso ter memória virtual para fornecer proteção entre programas e permitir, em uma comutação de contexto, a substituição dos dados de cada programa entre a memória principal e o disco, o que explica porque praticamente todos os sistemas operacionais e *hardware* modernos suportam memória virtual.

10.8 *CACHES* E MEMÓRIA VIRTUAL

Muitos sistemas que utilizam memória virtual também incorporam *caches* como nível, ou níveis, mais alto(s) da sua hierarquia de memória. Nestes sistemas, as implementações da *cache* variam com relação à utilização de endereços virtuais ou físicos para selecionar um conjunto que possa conter o endereço que está sendo referenciado por uma instrução e com relação à utilização de endereços físicos ou virtuais para determinar se houve um acerto[2]. Há quatro combinações possíveis:

- *Endereçada virtualmente, identificada virtualmente* – estas *caches* utilizam endereços virtuais tanto para selecionar um conjunto quanto para determinar se houve um acerto. Elas têm a vantagem de que só é necessária uma tradução de endereço se houver uma falta de *cache*, mas a desvantagem de que todos os dados na *cache* precisam ser invalidados quando ocorrer uma comutação de contexto, de modo a evitar que o novo programa acesse os dados do programa antigo. Acrescentar *bits* de identificação de processo a cada identificador na *cache* pode eliminar este problema, ao custo de aumentar a área de armazenamento necessária para a matriz de etiquetas.

- *Endereçada fisicamente, identificada fisicamente* – *caches* que utilizam endereços físicos para selecionar conjuntos e determinar se houve um acerto não tem problemas com a substituição de endereços virtuais entre programas e podem tirar vantagem do fato de que em muitos sistemas os endereços físicos são mais curtos do que endereços virtuais, de modo a diminuir o tamanho das suas matrizes de etiquetas. No entanto, é necessário executar a tradução do endereço antes que a *cache* seja acessada, o que aumenta seu tempo de acerto.

- *Endereçada fisicamente, identificada virtualmente* – estes sistemas combinam os piores aspectos do endereçamento virtual e físico, e quase nunca são utilizados. Utilizar endereços físicos para selecionar um conjunto dentro de uma *cache* significa que seu acesso precisa esperar que a tradução do endereço seja completada antes que ele possa ser iniciado, enquanto que a etiqueta virtual significa que a *cache* não fornece proteção contra a utilização do mesmo endereço virtual por vários programas.

- *Endereçada virtualmente, identificada fisicamente* – utilizar endereços virtuais para selecionar um conjunto dentro da *cache* e endereços físicos para determinar se houve um acerto permite que a procura na *cache* comece em paralelo com a tradução do endereço, mas fornece proteção, identificadores de sistemas endereçados virtualmente/identificados virtualmente. Desde que a tradução do endereço dure menos do que o acesso à matriz de etiquetas, este tipo de *cache* pode ser tão rápido quanto a *cache* endereçada virtualmente/identificada virtualmente, uma vez que o endereço físico não é necessário para a determinação de um acerto/falha, até depois que a procura na matriz de etiquetas tenha sido completada. TLBs tendem a conter menos dados do que uma matriz de etiquetas, de modo que a tradução do endereço é geralmente mais rápida do que o acesso à matriz de etiquetas, a menos que ocorra uma falha de TLB. Esta combinação de velocidade e proteção faz com que as *caches* endereçadas virtualmente/identificadas fisicamente sejam a opção para a maioria dos sistemas atuais. A Fig. 10-12 mostra um diagrama de acessos neste tipo de *cache*.

---

[2] Uma vez que *caches* completamente associativas podem ter apenas um conjunto, elas não utilizam nem o endereço físico nem o virtual de uma referência à memória para selecionar um conjunto. Os projetistas de *caches* completamente associativas precisam decidir se utilizam endereços físicos ou virtuais para determinar se houve um acerto, e os argumentos apresentados nesta seção aplicam-se a esta decisão.

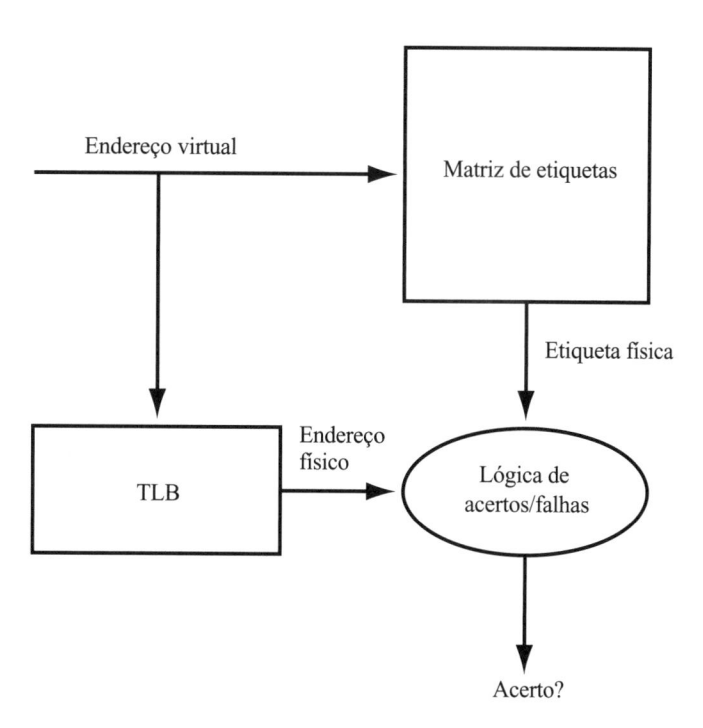

Fig. 10-12 Acesso a uma cache endereçada virtualmente/identificada fisicamente.

Em sistemas com mais de um nível de memória *cache*, apenas a de nível 1 é geralmente implementada como sendo endereçada virtualmente/identificada fisicamente, porque cada nível é acessado em seqüência. *Caches* de nível mais baixo são usualmente endereçadas fisicamente/identificados fisicamente. A tradução do endereço é executada durante o acesso à *cache* de nível 1, de modo que o endereço físico está disponível por ocasião em que os acessos às *caches* de nível 2 e mais baixos começam, fazendo com que seja mais simples e igualmente mais rápido utilizar *caches* endereçadas fisicamente/identificadas fisicamente para estes níveis. Para reduzir o tempo de acesso aos níveis mais baixos da *cache*, alguns sistemas verificam a ocorrência de uma referência à memória simultaneamente em todos os níveis. Tais sistemas podem utilizar *caches* endereçadas virtualmente/identificadas fisicamente em todos as suas *caches*, de modo a permitir que o acesso a todos os níveis da *cache* comece imediatamente.

10.9 RESUMO

A memória virtual é um componente essencial dos modernos sistemas de memória, fornecendo tanto grandes áreas de armazenamento quanto proteção. Ao permitir que o nível mais baixo de uma hierarquia de memória seja implementado com discos rígidos, ou outro meio magnético, a memória virtual aumenta enormemente a quantidade de espaço de armazenamento disponível para os programas, superando uma limitação significativa dos primeiros sistemas de computadores. À medida que a memória DRAM se tornou mais barata, este aspecto da memória virtual tornou-se menos significativo, mas a capacidade de permitir vários programas sendo executados em uma única máquina, cada um com seu espaço de endereçamento, torna a memória virtual uma exigência para a maioria dos sistemas operacionais modernos.

Neste capítulo, descrevemos o conceito de tradução de endereços, o mapeamento de endereços virtuais para endereços físicos em um sistema de memória virtual. Os mecanismos utilizados para transferir páginas de dados entre a memória principal e o disco rígido foram descritos, e discutimos como a tradução de endereços é utilizada para fornecer proteção. Foram descritas as tabelas de páginas, estruturas de dados utilizados para armazenar os mapeamentos de endereços para cada programa, bem como tabelas de páginas invertidas e de vários níveis, que são extensões ao conceito de tabela de páginas que reduzem a quantidade de memória principal exigida para a tabela de páginas de um programa.

Acessar a tabela de páginas de um programa para executar a tradução de endereços em cada referência à memória aumenta enormemente a latência de uma referência, de modo que sistemas de memória virtual incorporam o mecanismo de *translation lookaside buffers* (TLB), reduzindo o tempo de tradução. Os TLBs atuam como *caches* para mapeamentos de endereços virtuais-físicos, reduzindo enormemente o tempo de tradução, quando a tradução necessária é encontrada no TLB. Os TLBs são organizados de forma muito semelhante às memórias *cache* e são, freqüentemente, implementados como estruturas de conjuntos associativos.

Finalmente, descrevemos como sistemas de memória virtual interagem com memórias *cache*, em especial como a escolha de quando executar uma tradução de endereço afeta a *cache*. Sistemas que executam apenas a tradução de endereços em faltas de *cache* (endereçada virtualmente, identificada virtualmente) têm baixos tempos de acesso, mas precisam limpar a *cache* a cada comutação de contexto para evitar a substituição de dados entre programas, ou acrescentar *bits* a cada entrada na matriz de identificadores na *cache*, de modo a identificar o programa que corresponde à linha de *cache*. *Caches* endereçadas fisicamente, identificadas fisicamente, que executam a tradução antes que o acesso inicie, não tem problemas com a substituição, mas são mais lentas do que outras *caches* porque o acesso não pode começar até que a tradução do endereço tenha sido completada. *Caches* endereçadas virtualmente, identificadas fisicamente fornecem os melhores aspectos de cada uma das abordagens, ao utilizar o endereço virtual para escolher um conjunto dentro da *cache* e o endereço físico para determinar se houve um acerto. Isto fornece proteção porque os endereços físicos são utilizados para determinação do acerto, mas permitem acesso rápido, uma vez que a tradução do endereço pode ser feita em paralelo com o acesso à matriz de etiquetas.

Este capítulo concluiu a nossa discussão dos sistemas de memória. No próximo capítulo, discutiremos sistemas E/S e o Capítulo 12 concluirá este livro fornecendo uma introdução aos multiprocessadores, sistemas que utilizam vários processadores para melhorar o desempenho.

Problemas Resolvidos

Endereços Físicos e Virtuais (I)

10.1 Qual é a diferença entre um endereço físico e um endereço virtual?

Solução

Endereços físicos fazem referência direta a posições na memória do sistema. Eles são os endereços que o processador envia para o sistema de memória. Endereços virtuais são os endereços que os programas utilizam nas suas operações de carga e armazenamento. O sistema de memória virtual é responsável pela tradução dos endereços virtuais utilizados por um programa, para os endereços físicos utilizados pelo sistema de memória, como parte da execução de cada referência à memória.

Endereços Físicos e Virtuais (II)

10.2 Em um computador multiprogramado, você percebe que dois programas estão fazendo referência ao mesmo endereço virtual, mas parecem estar obtendo resultados diferentes quando eles fazem a carga do endereço. Qual é o problema?

Solução

Em quase todos os casos, isto não é um problema, mas comportamento intencional do sistema. Por *default*, cada programa tem o seu próprio espaço de endereçamento virtual e o sistema de memória virtual gerencia as traduções de endereços virtuais-físicos, de modo que endereços virtuais de quaisquer dois programas não sejam mapeados sobre o mesmo endereço físico, evitando assim, que eles tenham acesso aos dados um do outro. Assim, a explicação mais provável para o comportamento observado é que os dois programas estão acessando o mesmo endereço virtual, mas diferentes endereços físicos. O único caso no qual isso seria um problema, seria se você soubesse que os dois programas querem compartilhar dados e solicitassem ao sistema operacional que mapeasse os seus endereços virtuais sobre os mesmos endereços físicos.

Endereços Físicos e Virtuais (III)

10.3 Se um processador tem endereçamento virtual de 32 *bits*, endereço físico de 28 *bits* e páginas de 2 *KBytes*, quantos *bits* são necessários para os números de página virtual e física?

Solução

O logaritmo de base 2 de 2.048 é 11; assim, são necessários 11 *bits* de cada endereço para especificar o deslocamento dentro da página. Portanto, são necessários 21 *bits* (32 –11) para especificar o número da página virtual e são necessários 17 *bits* para especificar o número da página física.

Endereços Físicos e Virtuais (IV)

10.4 Um sistema tem endereço virtual de 48 *bits*, endereço físico de 36 *bits* e 128 *MBytes* de memória principal. Se o sistema utiliza páginas de 4096 *bytes*, quantas páginas físicas e virtuais o espaço de endereçamento pode suportar? Quantas páginas físicas existem na memória principal?

Solução

$4.096 = 2^{12}$, de modo que são utilizados 12 *bits* dos endereços virtuais e físicos para o deslocamento dentro de uma página. Portanto, o NPV é (48 –12) = 36 *bits* de comprimento, de modo que o espaço de endereçamento virtual pode suportar 2^{36} páginas virtuais. O NPF é (36 –12) = 24 *bits* de comprimento, de modo que espaço de endereçamento físico pode suportar 2^{24} páginas físicas.

Para obter o número de páginas físicas no sistema, dividimos o total de memória principal pelo tamanho de cada página, obtendo assim o número de páginas que podem caber na memória principal ao mesmo tempo. 128 *MBytes*/4 *KBytes* = 32.768 páginas físicas. Assim, neste computador em especial, a quantidade de dados que o sistema operacional pode mapear simultaneamente sobre o espaço de endereçamento físico é de 32.768 páginas, independente do fato de que o espaço de endereçamento físico permitiria que muito mais páginas fossem mapeadas. É necessário haver espaço na memória principal para que cada página virtual seja mapeada sobre uma página física.

Tradução de Endereços (I)

10.5 Por que a maioria dos sistemas utiliza páginas físicas e virtuais que são do mesmo tamanho?

Solução

Tanto endereços físicos quanto virtuais podem ser divididos em um número de página que identifica a página que contém um endereço e um deslocamento que identifica a localização daquele endereço dentro da página. Se as páginas virtuais e físicas em um sistema têm o mesmo tamanho, então o deslocamento a partir de um endereço virtual pode ser concatenado com o número de página física que corresponde à página virtual que contém o endereço, para produzir o endereço físico que corresponda a um endereço virtual. Se as páginas física e virtual de um sistema fossem de tamanhos diferentes, seria necessário um meio mais complicado para gerar o endereço físico a partir do número da página física e do campo de deslocamento de um endereço virtual.

Tradução de Endereços (II)

10.6 Dado o seguinte conjunto de mapeamentos de endereços para uma arquitetura na qual os endereços físico e virtual têm 32 *bits* de comprimento e páginas de 4 *KBytes* de tamanho, qual é o endereço físico que corresponde a cada um dos seguintes endereços virtuais?
   a. 0x22433007
   b. 0x13385abc
   c. 0xabc89011

Número de página virtual	Número de página física
0xabc89	0x97887
0x13385	0x99910
0x22433	0x00001
0x54483	0x1a8c2

Fig. 10-13   Exemplo de mapeamentos de endereços.

Solução

a. Neste sistema, os 12 *bits* menos significativos do endereço (neste caso, 0x007) são o deslocamento dentro da página e os 20 *bits* mais significativos (0x22433) definem o número da página virtual. Olhando na tabela, vemos que o número da página física correspondente a este número de página virtual é 0x00001. Concatenando o deslocamento dentro da página com o número da página física, obtemos o endereço físico que corresponde ao endereço virtual (0x00001007).

b. 0x99910abc

c. 0x97887011

Tabelas de Páginas (I)

10.7 Um sistema tem endereço virtual de 32 *bits*, endereço físico de 24 *bits* e páginas de 2 *KBytes*.

a. Qual é o tamanho de cada entrada na tabela de páginas, se for utilizada uma tabela de páginas de nível único? (Arredonde para cima, para o *byte* mais próximo.)

b. Quantas entradas na tabela de páginas são necessárias para este sistema?

c. Quanta área de armazenamento é necessária para a tabela de páginas (tabela de páginas de nível único)?

Solução

a. Um tamanho de página de 2 *KBytes* significa que são necessários 11 *bits* para o campo de deslocamento dos endereços físico e virtual. Portanto, são necessários 13 *bits* para o NPF. Cada entrada na tabela de páginas precisa manter o NPF para esta página mais os *bits* de válido e de sujo, para um total de 15 *bits*, que é arredondado para 16 *bits*, ou 2 *bytes*.

b. Com um tamanho de página de 2 *KBytes*, o espaço de endereçamento virtual pode manter 2^{21} páginas, exigindo 2^{21} entradas na tabela de páginas.

c. Cada entrada na tabela de páginas exige 2 *bytes* de armazenamento, de modo que a tabela de páginas ocupa 2^{22} *bytes*, ou 4 *MBytes*.

Tabelas de Páginas (II)

10.8 Para um sistema com endereços físicos e virtuais de 32 *bits* e tamanho de página de 1 *KByte*, quantos níveis seriam necessários em uma tabela de páginas multinível? Quanta área de armazenamento adicional seria necessária para a tabela de páginas multinível, quando comparada com uma tabela de páginas de nível único, para o mesmo sistema? Para simplificar os cálculos de endereços, arredonde o tamanho da entrada da tabela de páginas para cima, para uma potência de 2 *bytes*, e assuma que as entradas em todos os níveis da tabela de páginas têm o mesmo tamanho que as entradas no nível mais baixo da tabela de páginas.

Solução

Com páginas de 1 *KByte*, o sistema tem NPVs e NPFs de 22 *bits*. Uma vez que cada entrada na tabela de páginas precisa manter um NPF, um *bit* de válido e um *bit* de sujo, a entrada na tabela de páginas é arredondada para 4 *bytes*. Isto significa que podem ser armazenadas 256 entradas na tabela de páginas, em cada página, e os grupos de *bits* de endereço utilizados para indexar cada nível na tabela de páginas têm o comprimento de $\log_2(256) = 8$ *bits*. Portanto, para uma tabela de páginas de 3 níveis, o NPV será dividido em 3 grupos de *bits*, com comprimentos com 8, 8 e 6 *bits*.

Uma tabela de páginas de nível único para este sistema exigiria 2^{22} entradas, uma para cada página no espaço de endereçamento virtual, ocupando 16 *MBytes* de memória, o que também é o total de área de armazenamento necessário para o nível mais baixo da tabela de páginas multinível. Uma vez que na tabela de páginas existem 256 entradas em uma página de dados, o nível acima do mais baixo tem 1/256 do tamanho do nível mais baixo, ou 64 *KBytes*. O próximo nível acima (o nível mais alto) seria 1/256 deste, ou 256 *bytes*, exceto que ele precisa ocupar, no mínimo, uma página de 1 *KByte*. Nessa situação, na qual o número de níveis da tabela de páginas é arredondado para o próximo maior inteiro, o nível superior é aquele em que, para reduzir desperdício de armazenamento, se utiliza a menor quantidade de *bits*. Portanto, o total de área de armazenamento necessário para a tabela de páginas de vários níveis é 1 *KByte* + 64 *KBytes* + 16 *MBytes*, para um total adicional de 65 *KBytes*, pois foi utilizada uma tabela de páginas multinível.

Tabelas de Páginas (III)

10.9 Um sistema tem páginas de 4.096 *bytes* e utiliza uma tabela de páginas multinível. Se o sistema exige uma tabela de páginas de 4 níveis, quais são os números mínimo e máximo de *bits* nos seus endereços virtuais? Para simplificar os seus cálculos, assuma que as entradas na tabela de páginas ocupam 64 *bits* de espaço em todos os níveis da tabela de páginas, independentemente do número de *bits* dos endereços virtuais.

Solução

Lembre-se, da Fig. 10-7, que, em um sistema com uma tabela de páginas multinível, o NPV é dividido em "grupos" de *bits*, cada um dos quais endereça um nível na tabela de páginas. O tamanho total do endereço virtual é igual ao número de grupos de *bits* vezes o tamanho de cada grupo, mais o número de *bits* necessários para o deslocamento dentro da página. Como 4.096 *bytes* por página é igual a 2^{12} *bytes* por página, são necessários 12 *bits* de endereço para o deslocamento dentro do campo da página.

Com páginas de 4.096 *bytes* e 64 *bits* por entrada na tabela de páginas, uma página de dados pode manter 512 entradas. Visto que $512 = 2^9$, podem ser utilizados até 9 *bits* do NPV para endereçar cada nível na tabela de páginas. (Cada "grupo" tem 9 *bits* de comprimento.) O número máximo de *bits* no endereço virtual é, portanto, 4 grupos × 9 *bits* por grupo + 12 *bits* de deslocamento = 48 *bits*. O menor número possível de *bits* no endereço virtual é simplesmente um a mais do que caberia em uma tabela de páginas de 3 níveis, ou (3 grupos × 9 *bits* por grupo mais 12 *bits* de deslocamento) + 1 = 40 *bits*. Deste modo, os endereços virtuais neste sistema precisam estar entre 40 e 48 *bits* de comprimento.

Translation Lookaside Buffers

10.10 Um dado processador tem endereços físicos e virtuais de 32 *bits*. O tamanho da página é de 1 *KByte* e o TLB do processador possui 128 entradas sendo organizado na forma conjunto associativo de 4 caminhos. Quanta área de armazenamento é necessária para o TLB? Assuma que o TLB não arredonda as entradas no TLB para o *byte* superior seguinte.

Solução

Uma vez que existem 128 entradas no TLB, a área total de armazenamento é de 128 vezes o tamanho de cada entrada. Cada entrada precisa conter um *bit* de válido, um *bit* de sujo, o NPF e o NPV da página menos o número de *bits* utilizados para selecionar o conjunto no TLB.

Com endereços de 32 *bits* e páginas de 1 *KByte*, o NPV e o NPF tem 22 *bits* cada. Com 128 entradas e associatividade de conjuntos de 4 caminhos, existem 32 conjuntos no TLB, de modo que são utilizados 5 *bits* do NPV para selecionar um conjunto. Portanto, precisamos armazenar apenas 17 *bits* do NPV para determinar se houve um acerto, mas precisamos de todos os 22 *bits* do NPF para determinar o endereço físico de um endereço virtual. Isto dá um total de 41 *bits* por entrada TLB o que totaliza 5.248 *bits* (41 × 128), ou seja, 5,125 *KBytes*.

Duração da Tradução com TLB

10.11 Se o TLB de um processador tem uma taxa de acertos de 90% e demora 200 ciclos para fazer a pesquisa na tabela de páginas, qual é a duração média da tradução de um endereço? Assuma que a *cache* é identificada virtualmente e endereçada fisicamente, para eliminar o tempo de tradução, se ocorrer um acerto no TLB.

Solução

Utilizando a nossa equação padrão para o tempo médio de acesso, a duração média de uma tradução é (T_{acerto} × P_{acerto}) + (T_{falha} × P_{falha}). Uma vez que neste caso $T_{acerto} = 0$, a equação fica simplificada para T_{falha} × P_{falha} = 200 ciclos × 0,1 = 20 ciclos.

Interação entre o TLB e a Cache

10.12 O TLB de um processador demora 2,2 ns para traduzir um endereço em um acerto de *cache*. A matriz de etiquetas da *cache* demora 2,5 ns para fazer o acesso, a lógica de acertos/faltas demora 1,0 ns, a matriz de dados tem um tempo de acesso de 3,4 ns e demora 0,5 ns para retornar os dados ao processador, se ocorreu um acerto. Qual é a latência de acerto da *cache* quando ocorre um acerto no TLB, se ela é endereçada virtualmente/identificada virtualmente? Endereçada virtualmente/identificada fisicamente? Endereçada fisicamente/identificada fisicamente?

Solução

Se a *cache* é endereçada virtualmente/identificada virtualmente, não precisamos fazer uma tradução de endereço quando ocorre um acerto. Portanto, a latência de acerto da *cache* é o tempo mais longo entre o tempo para determinar se houve um acerto e o tempo de acesso à matriz de dados, mais o tempo para retornar os dados, uma vez que a decisão de acerto/falta tenha sido tomada. A matriz de etiquetas demora 2,5 ns para fazer o acesso e a lógica de acertos/faltas demora 1 ns adicional, de modo que demora 3,5 ns para determinar se houve um acerto, um tempo maior do que o tempo de acesso à matriz de dados. Portanto, a latência de acertos da *cache* é 3,5 ns + 0,5 ns (tempo para retornar os dados) = 4,0 ns.

No caso de endereçada virtualmente/identificada fisicamente, o tempo para determinar se houve um acerto é igual à latência da lógica de acertos/faltas, mais o maior entre os tempos de procura na matriz de etiquetas e o tempo de tradução do endereço de TLB. Uma vez que o caminho crítico da *cache* é a determinação de falta ou acerto, podemos ignorar o tempo de acesso à matriz de dados. A matriz de etiquetas demora 2,5 ns para fazer o acesso, enquanto que a tradução do TLB demora 2,2 ns, de modo que a latência, neste caso, será 2,5 ns (acesso à matriz de etiquetas) + 1 ns (determinação em de um acerto/falta) + 0,5 ns (retorno dos dados) = 4,0 ns.

No caso de endereçada fisicamente/identificada fisicamente, a tradução do endereço precisa ser completada antes que o acesso à matriz de etiquetas possa começar, de modo que o tempo de acesso é 2,2 ns (TLB) + 2,5 ns (matriz de etiquetas) + 1,0 ns (lógica de acertos/faltas) + 0,5 ns (retorno dos dados) = 6,2 ns.

Proteção

10.13 Como o sistema de memória virtual evita que programas acessem os dados uns dos outros?

Solução

Cada programa tem o seu próprio espaço de endereçamento virtual. O sistema de memória virtual é responsável por assegurar que diferentes endereços virtuais dos programas sejam traduzidos para endereços físicos diferentes, de modo que os endereços virtuais de dois programas não sejam mapeados ao mesmo tempo sobre o mesmo endereço físico. Isto significa que referências à memória de um programa não podem ter como alvo o endereço físico que contém dados de um outro programa, evitando que os programas acessem os dados uns dos outros.

Paginação por Demanda versus Swapping

10.14 Por que sistemas que utilizam paginação por demanda geralmente têm um desempenho melhor do que aqueles que utilizam memória virtual baseada em *swapping*?

Solução

Sistemas com paginação por demanda copiam páginas para a memória principal à medida em que os programas as acessam, enquanto que sistemas por *swapping* copiam toda a memória utilizada por um programa para dentro da memória principal quando o contexto do sistema faz a comutação para o programa. Quando um programa apenas faz referências a alguns dos seus dados durante a sua fatia de tempo, o sistema com paginação por demanda copiará menos dados do disco rígido para a memória principal, uma vez que ele apenas copia dados quando eles são utilizados. Isto diminui o tempo gasto copiando dados de/para os discos rígidos, melhorando o desempenho.

Memória Virtual Write-Through

10.15 Todos projetos de tabelas de páginas e de TLBs apresentados neste capítulo assumiram um sistema de memória virtual *write-back*, fornecendo um *bit* de sujo para registrar se cada página foi modificada desde que ela foi trazida para dentro da memória física. Sugira uma explicação do porquê sistemas de memória virtual *write-through* não são utilizados.

Solução

Sistemas de memória virtual não são *write-through* por causa da imensa diferença de velocidade entre a memória principal de um sistema e os seus discos rígidos. Os discos rígidos têm tempos de acesso de diversos milissegundos, enquanto que os tempos de acesso à memória principal são geralmente da faixa de centenas de nanosegundos. Se todas as escritas à memória principal tivessem que ser enviadas ao disco, como ocorreria em um sistema de memória virtual *write-through*, ele não seria capaz de acompanhar a velocidade e o processador teria que parar e esperar para que as escritas fosse tratadas pelo disco rígido. Reunir todas as escritas em uma página e escrever a página modificada de volta no disco, uma vez que ela tenha sido retirada (um esquema *write-back*), reduz enormemente o número de acessos, diminuindo relativamente a diferença de velocidade de escrita no disco.

Capítulo 11

Entrada e Saída

11.1 OBJETIVOS

Até agora, tratamos apenas de dois dos componentes de um sistema de computadores: o processador e o sistema de memória. Dispositivos de entrada/saída (E/S) são o terceiro principal componente de sistemas de computadores e são responsáveis pela comunicação com o mundo externo e pelo armazenamento de dados para posterior recuperação. Neste capítulo, discutiremos como dispositivos de E/S fazem a interface com o processador e o sistema de memória, bem como discutiremos discos rígidos, um dos dispositivos de E/S mais comuns.

Depois de completar este capítulo, você deverá:

1. Estar familiarizado com barramentos de E/S e o seu uso para fazer a interface entre dispositivos e o processador.
2. Compreender interrupções e ser capaz de comparar o mecanismo de interrupções com *polling*.
3. Ser capaz de discutir e pensar a respeito de E/S mapeado em memória.
4. Estar familiarizado com discos rígidos, incluindo a sua organização física e os algoritmos utilizados para enviar solicitações a eles.

11.2 INTRODUÇÃO

Os projetistas de computadores têm a tendência de dirigir sua atenção primeiramente para o processador, depois para o sistema de memória e por último (se tanto) para o sistema de E/S. Isto ocorre, em parte, porque os testes e as unidades de medição que têm sido utilizados para comparar sistemas de computadores são voltadas para os tempos de execução de programas que efetuam cálculos intensivos, os quais não utilizam muito o sistema de E/S. Outro motivo é que algumas das técnicas utilizadas para implementar os sistemas de E/S dificultam melhorar o seu desempenho à mesma taxa pela qual o desempenho dos processadores tem melhorado.

No entanto, sistemas de E/S, em especial dispositivos de armazenamento, são fundamentais para o desempenho de muitas das mais importantes (e lucrativas) aplicações da computação atual. Sistemas de transação-processamento, como aqueles utilizados pelos sistemas de reservas de linhas aéreas, transações com cartão de crédito e automação bancária, exigem um desempenho de E/S muito grande, porque estes sistemas precisam escrever os resultados de cada transação em alguma forma de armazenamento permanente, como um disco rígido, antes que a transação possa ser considerada como completada. Deixar os resultados na memória torna o sistema vulnerável a falhas de energia, quedas de sistema e outros erros que podem destruir os dados na memória principal.

O desempenho destes sistemas é medido em termos do número de transações (como compras com cartão de crédito) que o sistema pode executar e enviar para o disco a cada segundo. Freqüentemente, o fator limitante aqui é a taxa pela qual os dados podem ser transferidos de/para o disco rígido, com o processador perdendo muito do seu tempo, de modo ocioso, esperando pelo sistema de E/S. Assim, os compradores destes sistemas de bancos de dados se dispõem a pagar uma grande quantidade de dinheiro por um desempenho melhor do sistema de E/S e geralmente estão menos preocupados a respeito da velocidade do processador do seu sistema.

Sistemas de E/S podem ser divididos em dois componentes principais: os próprios dispositivos de E/S e as tecnologias usadas para fazer a interface dos dispositivos de E/S com o resto do sistema. Este capítulo começa com uma discussão sobre tecnologias de interface, incluindo barramentos de E/S, interrupções, *polling* e E/S mapeada em memória. Dada a enorme variedade de dispositivos de E/S em uso hoje em dia, uma discussão completa está além do escopo deste livro. No entanto, apresentaremos uma visão geral de como são projetados e acessados os discos rígidos, um dos dispositivos de armazenamento de dados mais comuns nos sistemas de computadores atuais.

11.3 BARRAMENTOS DE E/S

No Capítulo 3, apresentamos o diagrama em blocos de um típico sistema de computadores que é reproduzido na Fig. 11-1. Barramentos distintos de memória e de E/S são utilizados para fazer a comunicação com o sistema de memória e o sistema de E/S. Estes barramentos comunicam-se com o processador através de um módulo de comutação.

O barramento de E/S cria uma abstração de interface que acompanha o processador no interfaceamento com uma ampla gama de dispositivos de E/S, utilizando um conjunto muito limitado de *hardware* para interface. Cada barramento de E/S, tal como o barramento PCI encontrado na maioria dos PCs e estações de trabalho, fornece uma especificação sobre como os dados e comandos são transferidos entre o processador e os dispositivos de E/S e como diversos dispositivos competem pela utilização do barramento. Qualquer dispositivo que seja compatível com o barramento de E/S de um sistema pode ser acrescentado ao sistema – assumindo que um programa acionador de dispositivo (*driver*) adequado esteja disponível –, e um dispositivo que seja compatível com um barramento de E/S, em especial, pode ser integrado a qualquer sistema que use aquele tipo de barramento. Isto faz com que sistemas que utilizem barramentos de E/S sejam muito flexíveis, em oposição a conexões diretas entre o processador e cada dispositivo de E/S, permitindo que um sistema suporte muitos dispositivos de E/S diferentes, dependendo das necessidades dos seus usuários, e permitindo que estes mudem os dispositivos de E/S que estão conectados em seus sistemas, à medida que as suas necessidades mudam.

A principal desvantagem de um barramento de E/S (e dos barramentos em geral) é que tem uma largura de banda fixa que precisa ser compartilhada por todos os dispositivos que estão sobre ele. Pior ainda, restrições elétricas (comprimento dos cabos e efeitos nas linhas de transmissão) fazem com que os barramentos tenham menos largura de banda do que utilizando o mesmo número de fios para conectar apenas dois dispositivos. Essencialmente, existe um comprometimento entre simplicidade da interface e largura de banda.

> ***Exemplo*** O barramento PCI original operava a 33 MHz e transferia 32 *bits* de dados por vez, para uma largura de banda total de 132 *MBytes*/s. (Versões mais recentes do PCI aumentaram tanto a freqüência do relógio quanto a largura do caminho de dados.) Se os discos rígidos conectados ao barramento pudessem entregar no máximo 40 *MBytes*/s e a placa de vídeo precisasse 128 *MBytes*/s de largura de banda para ir ao encontro das exigências de uma aplicação, não seria possível fazer o acesso ao disco na largura de banda máxima e transferir dados para a placa de vídeo ao mesmo tempo, na taxa necessária.

Os primeiros computadores faziam acesso à sua memória principal através do barramento de E/S, ao invés de um barramento de memória distinto. Esta configuração reduziu o número de sinais indo para o processador ou computador, mas significou que a memória principal teve também que compartilhar a largura de banda disponível no barramento de E/S. Ao longo do tempo, os computadores evoluíram para conexões distintas para a memória e para o barramento de E/S, de modo a aumentar a largura de banda.

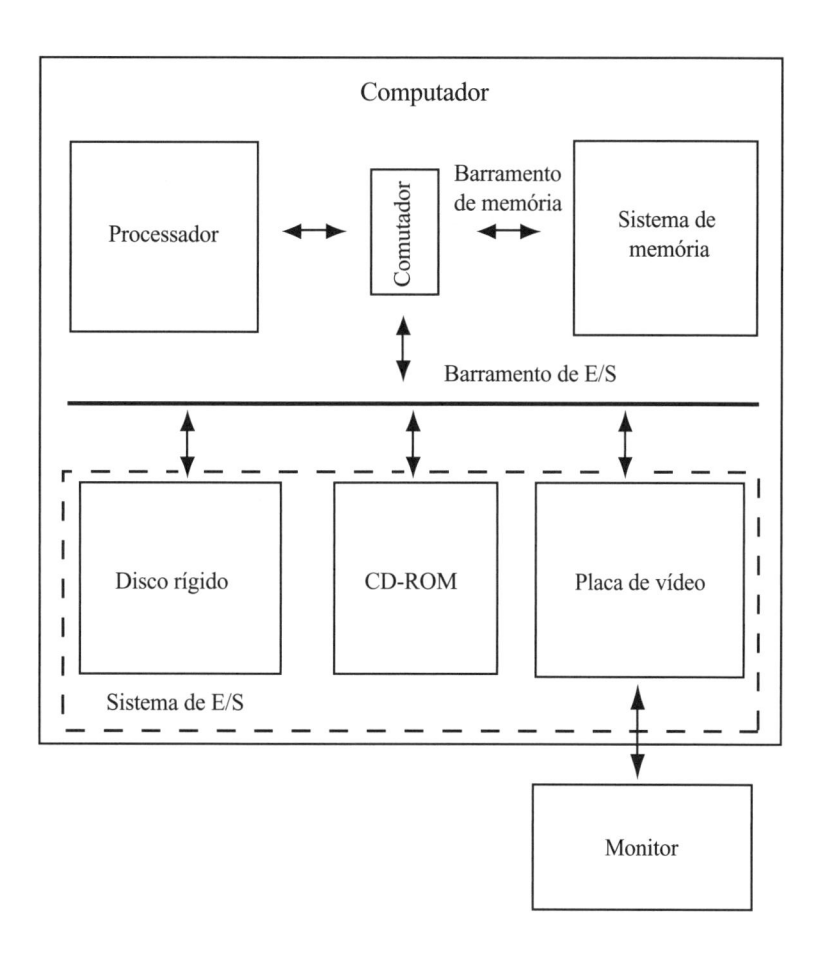

Fig. 11-1   Organização básica de computadores.

Acessando o Barramento de E/S

Cada tipo de barramento (PCI, SCSI, etc.) define um protocolo sobre como os dispositivos podem acessar o barramento, quando os dados podem ser enviados e assim por diante. Um dos elementos-chave disto é a *política de arbitramento*, que é utilizada para decidir qual dispositivo pode acessar o barramento em um dado momento. A maioria dos barramentos permite que qualquer dispositivo sobre o barramento solicite o seu uso e tenha uma política para decidir qual dispositivo obtém o seu uso, se mais de um dispositivo quiser o acesso ao mesmo tempo. Por exemplo, no protocolo SCSI, cada dispositivo tem um *ID SCSI* que é utilizado para identificá-lo no barramento. Quando vários dispositivos solicitam o barramento, aquele com o ID mais alto vence e recebe permissão para acessá-lo.

A política de arbitramento SCSI tem a vantagem de que é fácil decidir qual dispositivo ganha acesso ao barramento, mas a desvantagem de que um dispositivo com um ID SCSI mais alto pode, ao fazer repetidas solicitações ao barramento, evitar que um dispositivo com um ID mais baixo sequer tenha uma oportunidade de utilizar o barramento. Este problema é chamado de *inanição** e pode ocorrer a qualquer momento em que uma política de arbitramento sempre dê prioridade de um dispositivo sobre outro. Algumas políticas de arbitramento evitam a inanição ao dar mais prioridade aos dispositivos que estejam esperando há mais tempo pelo barramento.

O tempo para executar uma operação sobre um barramento é a soma do tempo para um dispositivo solicitar o uso do barramento, o tempo para executar o arbitramento (decidir qual dispositivo pode usar o barramento) e o tempo para completar a operação, uma vez que tenha sido concedido ao dispositivo o acesso ao barramento. Alguns protocolos de barramento podem estabelecer limites sobre o tempo que uma única operação pode demorar para ser completada, de modo a assegurar que dispositivos de baixa prioridade que tenham iniciado operações com uma latência longa não possam impedir que dispositivos de alta prioridade usem o barramento.

---

* N. de R. T. *Starvation*, em inglês.

Exemplo Se um barramento exige 5 ns para solicitações, 5 ns para arbitramento e demora uma média de 7,5 ns para completar uma operação, uma vez que o acesso ao barramento tenha sido concedido, este barramento pode executar 50 milhões de operações por segundo?

Solução

Para atingir 50 milhões de operações/s, cada operação precisa ser completada em uma média de 20 ns. Somando os tempos de solicitação, arbitramento e média para ser completado neste barramento, temos uma duração média de 17,5 ns por operação. Assim, o barramento será capaz de completar mais de 50 milhões de operações por segundo, em média.

11.4 INTERRUPÇÕES

Muitos dispositivos de E/S geram eventos *assíncronos* – eventos que ocorrem a intervalos que o processador não pode prever ou controlar, mas aos quais o processador precisa responder com razoável rapidez para fornecer um desempenho aceitável. Um exemplo disto é o teclado em uma estação de trabalho ou PC. O processador não pode prever quando o usuário irá apertar uma tecla, mas precisa reagir ao pressionar da tecla em menos de 1 segundo ou o tempo de resposta será notado pelo usuário. *Interrupções* é o mecanismo utilizado pela maioria dos processadores para tratar este tipo de evento. Essencialmente, as interrupções permitem que os dispositivos solicitem que o processador pare o que está fazendo no momento e execute um *software* para processar a solicitação do dispositivo, de modo muito parecido com uma chamada de procedimento, a qual é iniciada pelo dispositivo externo, ao invés de pelo programa que está sendo executado no processador.

As interrupções também são utilizadas quando o processador precisa executar uma operação de longa duração em algum dispositivo de E/S e quer ser capaz de fazer outro trabalho, enquanto espera que a operação seja completada. Por exemplo, geralmente os acionadores de disco têm tempos de acesso de, aproximadamente, 10 ms, o que pode significar milhões de ciclos do processador. Ao invés de esperar para que o acionador de disco complete uma solicitação de leitura ou escrita, o processador poderia executar algum programa de usuário, enquanto o acionador de disco está tratando a solicitação. Utilizando interrupções, o processador pode enviar a solicitação ao acionador de disco e, então, executar uma comutação de contexto para começar a executar o programa do usuário. Quando o disco tiver terminado a operação, ele gera uma interrupção para informar ao processador que a operação está completa e que quaisquer dados resultantes da operação estão disponíveis.

Implementando Interrupções

Para implementar interrupções, o processador designa um sinal, conhecido como uma *linha de solicitação de interrupção*, para cada dispositivo que pode emitir uma interrupção. Geralmente, a cada dispositivo também é designada uma linha de *reconhecimento de interrupção* que o processador utiliza para sinalizar ao dispositivo que ele recebeu e começou a processar a solicitação de interrupção. O processador também fornece um conjunto de posições de memória, conhecido como *vetor de interrupções*, o qual contém os endereços das rotinas, chamadas *tratadores de interrupção*, e que devem ser executadas quando uma interrupção acontece.

A Fig. 11-2 mostra como pode ser disposto o vetor de interrupções para um processador com quatro interrupções. O vetor de interrupções consiste de quatro palavras de memória, uma para cada interrupção. Quando o processador é ligado, estas posições de memória contêm valores indefinidos. Algum *software* (geralmente o sistema operacional, mas algumas vezes programas de usuário) precisa armazenar os endereços dos tratadores de interrupção, para cada interrupção, nos locais adequados no vetor de interrupções, antes que os dispositivos associados a cada linha de solicitação de interrupção possam ser usados.

Palavra 0	Palavra 1	Palavra 2	Palavra 3
Endereço do tratador para a interrupção 0	Endereço do tratador para a interrupção 1	Endereço do tratador para a interrupção 2	Endereço do tratador para a interrupção 3

*Fig. 11-2 **Exemplo de um vetor de interrupções.***

Para interromper o processador (gerar uma interrupção), um dispositivo envia um sinal na sua linha de interrupção até que o processador o reconheça. Quando o processador o recebe, envia um sinal sobre a linha adequada de reconhecimento de interrupção para comunicar que a interrupção foi recebida. Ele então procura a localização adequada no vetor de interrupções para encontrar o endereço de início do tratador de interrupções para o dispositivo e executa uma comutação de contexto para iniciar a execução deste. A comutação de contexto é necessária para garantir que o programa que está sendo executado no processador quando ocorre a interrupção será capaz de retornar à execução depois que esta for completada. Depois que o tratador de interrupções termina, ocorre outra comutação de contexto e a execução retorna a algum programa de usuário (não necessariamente ao mesmo). Em geral, as interrupções são invisíveis aos programas de usuário, do mesmo modo que as fatias de tempo alocadas para outros programas de usuários. A única maneira de um programa saber que houve uma interrupção é acessar o relógio em tempo real do sistema e estabelecer que decorreu mais tempo do que o normal entre dois eventos.

Prioridades de Interrupção

Uma vez que as interrupções são assíncronas, é possível que mais de um dispositivo possa gerar uma interrupção ao mesmo tempo, ou que sejam acumuladas várias interrupções, enquanto uma delas está sendo tratada. Para decidir em qual ordem as interrupções devem ser tratadas, a maioria dos processadores designa uma prioridade a cada interrupção, como decidir que as interrupções de número mais baixo têm prioridade sobre aquelas com números mais altos. Quando mais de uma interrupção está esperando pelo processador, ele assume aquela com a prioridade mais alta. Alguns processadores permitem que interrupções de alta prioridade interrompam os tratadores das interrupções de prioridade mais baixa, enquanto que outros sempre terminam o tratamento de uma interrupção antes de permitir que outra seja iniciada.

Assim como em outros sistemas de escalonamento baseados em prioridade, as prioridades de interrupções apresentam o problema de que uma série de interrupções de alta prioridade pode evitar que interrupções de baixa prioridade sejam tratadas. Em casos nos quais o sistema quer dar prioridade a algum dos dispositivos, isto pode ser aceitável. Em outros casos, não. Para resolver este problema, alguns processadores fornecem um modo pelo qual a prioridade de uma interrupção cai cada vez que ela é tratada ou permite que algum *software* mude as prioridades das interrupções, quando necessário.

Polling versus Interrupções

O *polling* é uma alternativa para o uso de interrupções com dispositivos de E/S. No *polling*, o processador verifica periodicamente cada um dos seus dispositivos de E/S, para verificar se quaisquer deles têm uma solicitação que precise ser tratada. Por exemplo, ao invés de ter o disco rígido sinalizando uma interrupção quando ele tem um bloco de dados para o processador, o sistema operacional poderia verificar a cada poucos milissegundos se os dados estão disponíveis. Isto permitiria ao processador responder a eventos externos assíncronos sem o *hardware* adicional necessário para as interrupções.

Utilizar o *polling*, em vez de interrupções, pode fornecer vantagens de desempenho se o processador não tiver nenhum outro trabalho que ele possa estar fazendo, enquanto as operações de E/S estão em andamento. Se o processador não tem mais nada a fazer, ele pode entrar em um laço, no qual tudo o que ele faz é sondar (verificar) repetidamente os dispositivos de E/S para ver se existe qualquer coisa que precise ser feita. Se sim, o processador pode simplesmente desviar para a rotina de tratamento da solicitação. Em contraste, responder a um interrupção exige executar uma comutação de contexto para salvar o estado atual do programa, de modo que ele possa ser restaurado ao final da interrupção, aumentando a latência para o início do tratamento da interrupção.

No entanto, o *polling* tem duas desvantagens significativas que tornam as interrupções a opção preferida, exceto quando o tempo de resposta a um dado evento é absolutamente crítico. Primeiro, o *polling* consome recursos de processamento, mesmo quando não há solicitações de E/S para tratar, uma vez que o processador precisa verificar cada dispositivo para saber se não há solicitações de E/S esperando. O atraso médio antes da resposta a um evento é baseado na freqüência do *polling*, de modo que o processador precisa sondar freqüentemente para assegurar um tempo de resposta aceitável. Isto pode consumir uma parcela significativa dos ciclos de processamento.

> ***Exemplo*** Com que freqüência um sistema precisa sondar um dispositivo de E/S, se ele quer que o atraso médio entre quando o dispositivo inicia uma solicitação e o momento em que é sondado seja no máximo de 5 ms? Se demora 10.000 ciclos para sondar o dispositivo de E/S e o processador opera a 500 MHz, qual parte do ciclos do processador é gasto fazendo a sondagem *polling*? E se o sistema quer fornecer um atraso médio de resposta de 1 ms?

Solução

Assumindo que as solicitações de E/S estão distribuídas uniformemente ao longo do tempo, o tempo médio que um dispositivo terá que esperar pelo processador para ser sondado é metade do tempo entre as tentativas de sondagem. Portanto, para fornecer um atraso médio de 5 ms, o processador terá que fazer uma sondagem a cada 10 ms, ou 100 vezes/s. Se cada tentativa de sondagem demora 10.000 ciclos, então o processador utilizará 1.000.000 de ciclos fazendo sondagem a cada segundo, ou 1/500 dos ciclos de processador disponíveis.

Para fornecer um atraso médio de 1 ms, o processador terá que fazer a sondagem a cada 2 ms, ou 500 vezes/s. Isto consumirá 5.000.000 de ciclos/s, ou 1/100 dos ciclos de execução.

A segunda desvantagem do *polling* é que os sistemas que o utilizam exigem que o *software* que está sendo executado no processador (seja o sistema operacional, seja o programa do usuário) efetue a sondagem. Isto significa que ou o programador da aplicação precisa saber com que freqüência o sistema quer fazer a sondagem e escrever programas de tal modo que eles façam a sondagem com aquela freqüência, ou que o sistema operacional interrompa a execução dos programas do usuário para sondar os dispositivos de E/S. Esta segunda opção simplifica a tarefa de escrever aplicações para o sistema, mas levanta a questão de como o sistema operacional sabe que já decorreu o período correto para programar um evento de sondagem. A menos que o programa do usuário saiba como devolver o processador de volta para o sistema operacional sempre que necessário, é muito difícil para o sistema operacional saber quando ele deve fazer uma sondagem ou mesmo fazer comutações de contexto em um sistema sem interrupções.

Estas duas desvantagens, o ônus e a complexidade da programação, tornam as interrupções uma opção melhor para o tratamento de eventos assíncronos na maioria dos sistemas do que o *polling*. Na verdade, a maioria dos sistemas operacionais implementam a multiprogramação através da utilização de uma *interrupção de temporização*, a qual periodicamente sinaliza a execução de uma comutação de contexto para o sistema operacional, de modo a permitir que um programa diferente utilize o processador. O *polling* é geralmente utilizado apenas quando existe apenas um programa em execução no sistema ou quando é absolutamente crítico que o sistema responda à conclusão de uma solicitação de E/S, tão rapidamente quanto possível.

11.5 E/S MAPEADA EM MEMÓRIA

Para utilizar o sistema de E/S, o processador precisa ser capaz de enviar comandos para os dispositivos de E/S e ler dados a partir deles. Para isto, a maioria dos sistemas utiliza um mecanismo chamado *E/S mapeada em memória*. Na E/S mapeada em memória, os registradores de comando (também chamados registradores de controle) de cada dispositivo de E/S aparecem para o programador como se fossem posições de memória. Quando o programa lê ou escreve nestas posições de memória, o *hardware* transforma a operação de memória em uma transação sobre o barramento de E/S, que lê ou escreve em registradores apropriados no dispositivo. No caso de uma leitura, o resultado da operação é transferido de volta para o processador sobre o barramento de E/S e escrito no registrador de destino da carga.

A Fig. 11-3 ilustra como os registradores de comando de um disco rígido que utiliza registradores de comando de 32 *bits* podem ser tratados com E/S mapeada em memória. O registrador de comando é utilizado para dizer ao dispositivo o que o processador quer fazer. As informações armazenadas em registradores associados ao prato, trilha e setor codificam a localização dos dados que o processador quer ler ou escrever (estes termos serão definidos na Seção 11.8). O campo de endereço inicial diz ao disco a partir de onde os dados devem ser lidos na memória principal (no caso de uma escrita no disco) ou escritos (no caso de uma leitura a partir do disco) e o campo de tamanho diz ao disco quantos dados devem ser transferidos. Estes registradores são utilizados para transferências de DMA na memória, que serão discutidas na Seção 11.6.

Como uma grande variedade de dispositivos pode ser conectada a um barramento de E/S, a arquitetura define um bloco de endereços de memória para conter os registradores de comando de cada dispositivo de E/S em potencial, se bem que o arranjo destes blocos varie de processador para processador. A Fig. 11-4 mostra um exemplo de como estes blocos de memória podem ser dispostos em um processador que associa uma região de memória com dispositivos anexados a linhas de interrupção. Neste exemplo, a arquitetura define 512 *bytes* para registradores de controle para cada dispositivo, não porque a maioria dos dispositivos exige essa quantidade, mas para garantir que não haverá dificuldades causadas por dispositivos que exijam mais espaço para registradores de controle do que a arquitetura permite.

Registradores de comando

Endereço base	Comando
Endereço base + 4	Prato
Endereço base + 8	Trilha
Endereço base + 12	Setor
Endereço base + 16	Endereço inicial
Endereço base + 20	Tamanho

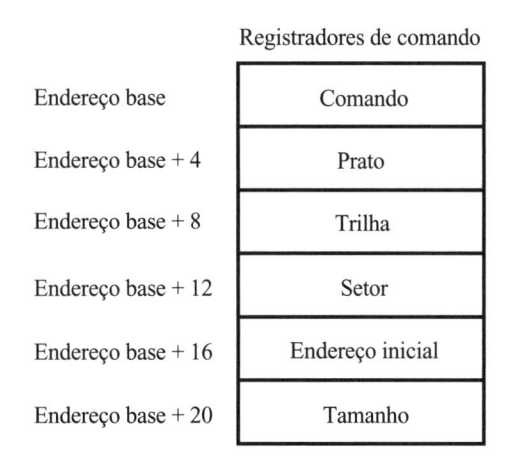

Fig. 11-3   E/S mapeada em memória.

Espaço de endereçamento

0x2000 (início da E/S mapeada em memória) – 0x21FF	Registradores de controle na interrupção 0
0x2200 – x23FF	Registradores de controle na interrupção 1
x2400 – 0x25FF	Registradores de controle na interrupção 2
0x2600 – 0x27FF	Registradores de controle na interrupção 3
0x2800 – 0x29FF	Registradores de controle na interrupção 4
0x2a00 – 0x2bFF	Registradores de controle na interrupção 5
0x2c00 – 0x2dFF	Registradores de controle na interrupção 6
0x2e00 – 0x2FFF	Registradores de controle na interrupção 7

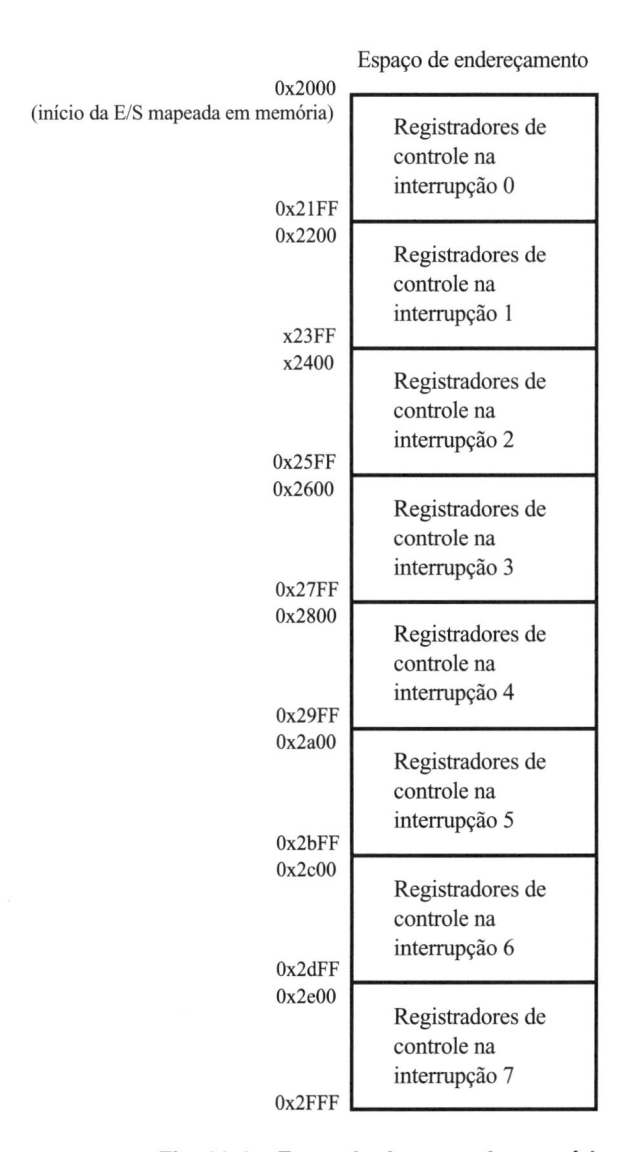

Fig. 11-4   Exemplo de mapa de memória.

Na Fig. 11-3, definimos cada registrador de controle no *driver* de disco em termos de um deslocamento a partir do endereço base da região de memória alocada para o dispositivo. Se tal disco fosse associado a uma interrupção no sistema, cujo mapa de memória está representado na Fig. 11-4, o endereço de cada registrador de controle seria calculado somando-se o deslocamento do registrador de controle até o endereço base (o mais baixo) da região de memória alocada para a interrupção do disco rígido.

Exemplo Se o *driver* de disco da Fig. 11-3 fosse associado à interrupção 4 do computador, cujo mapa de memória de E/S é mostrado na Fig. 11-4, qual seria o endereço do registrador de setor?

Solução

O endereço base da região alocada para a interrupção 4 é 0x2800 e o deslocamento para o registrador de setor é de 12 (0xc) *bytes*. Portanto, o endereço do registrador de controle é 0x2800 + 0xc = 0x280c.

A E/S mapeada em memória permite que o processador faça a interface com uma ampla variedade de dispositivos, sem precisar saber, por ocasião do projeto, com que tipos de dispositivos o processador interagirá. Quando um dispositivo é construído, os projetistas podem simplesmente escrever um *acionador de dispositivo* (*device driver*) que faça a interface com o sistema operacional, dizendo a ele como controlá-lo. Processadores que não utilizam E/S mapeada em memória freqüentemente baseiam-se em instruções especiais para controlar dispositivos de E/S.

11.6 ACESSO DIRETO À MEMÓRIA

Muitos dispositivos de E/S operam sobre grandes blocos de dados, freqüentemente de vários *quilobytes* de comprimento, permitindo que a latência de uma operação longa, como um acesso a um disco rígido, seja amortizada ao longo da transferência de todo o bloco, ao invés de solicitar acessos distintos ao disco, para cada *byte* ou palavra de dados. Estes dispositivos geralmente contêm um pequeno *buffer* na memória, o qual mantém o bloco de dados que está sendo movido de/para o dispositivo. Os registradores de comando do dispositivo, mapeados em memória, permitem que o processador leia ou escreva palavras de/para o *buffer* com as operações de carga e armazenamento, as quais o *hardware* converte em solicitações sobre o barramento de E/S.

Ao utilizar este esquema, o processador precisa executar uma operação de carga ou armazenamento para cada palavra de dados que está sendo enviada de/ou para um dispositivo de E/S, de modo a copiar os dados para dentro ou para fora do *buffer* do dispositivo. Embora as transações sobre o barramento de E/S ocorram geralmente a uma velocidade inferior do que a velocidade de relógio do processador, não há tempo suficiente entre transações sobre o barramento de E/S para permitir que aja um chaveamento de contexto e o processador passe a executar outra tarefa. Isso significa que o processador ficará dedicado a transferência de dados de/para o barramento de dados, não executando nenhum tipo de cálculo.

Os sistemas de *acesso direto à memória* (*Direct Memory Access* – DMA) foram desenvolvidos para resolver este problema. Em um sistema de DMA, os dispositivos de E/S podem acessar a memória diretamente, sem a intervenção do processador. A Fig. 11-5 ilustra a seqüência de eventos envolvidos em uma transferência por DMA para copiar os resultados de uma operação de E/S para a memória principal.

Para iniciar uma seqüência de DMA, o dispositivo de E/S envia uma interrupção para solicitar a atenção do processador. O processador responde, verificando o estado do dispositivo, via registradores de controle mapeados em memória, e emite um comando dizendo ao dispositivo para fazer uma transferência por DMA, de modo a mover os dados resultantes para dentro da memória. Uma vez que o comando de início do DMA tenha sido emitido, o processador é liberado para executar uma outra tarefa, enquanto o dispositivo de E/S transfere os dados para a memória. Quando a transferência por DMA tiver sido completada, o dispositivo de E/S envia uma outra interrupção para informar ao processador que o DMA foi completado e que ele pode acessar os dados.

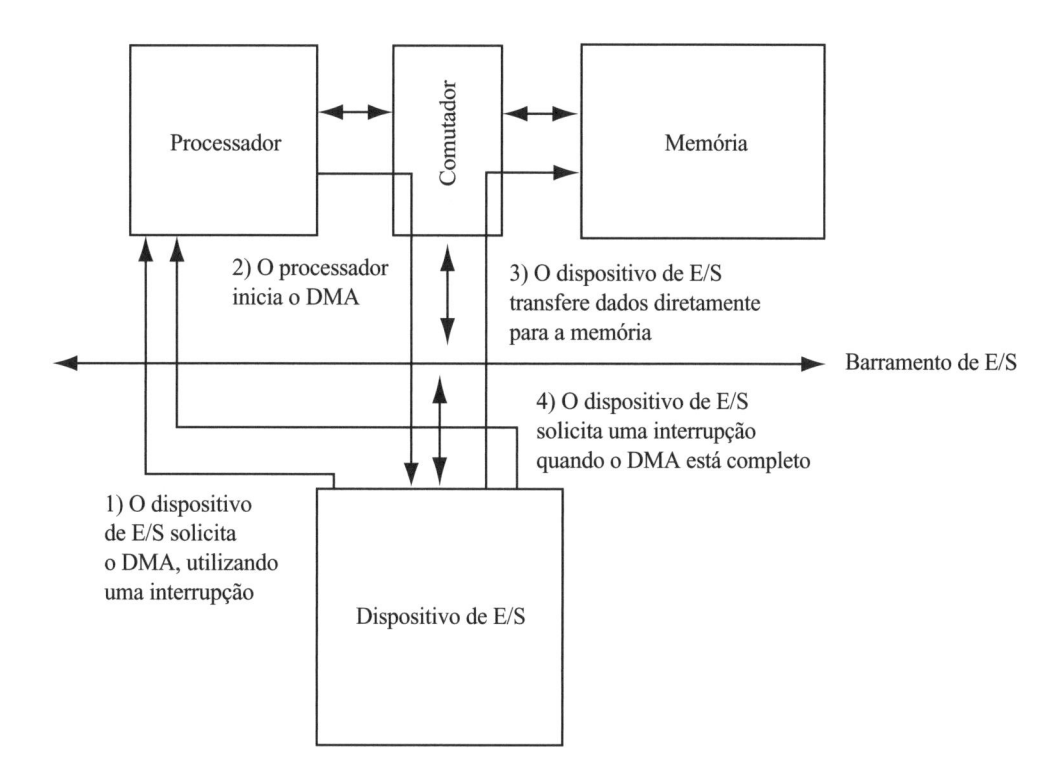

Fig. 11-5   Acesso direto à memória.

Utilizar transferências por DMA pode reduzir substancialmente o número de ciclos do processador que são gastos no tratamento E/S, liberando o processador para outros cálculos. No entanto, o dispositivo de E/S e o processador têm que compartilhar a largura de banda da memória, o que significa que a largura de banda de memória disponível para programas é reduzida enquanto está ocorrendo uma operação de DMA.

11.7   DISPOSITIVOS DE E/S

Existe um número enorme de diferentes dispositivos de E/S para os sistemas de computadores atuais, os quais podem ser divididos genericamente em três categorias: dispositivos que recebem dados de usuário, dispositivos que apresentam saída de dados para usuários e dispositivos que interagem com outras máquinas. Os dispositivos que recebem entrada de dados diretamente de usuários, como teclados e *mouses*, tendem a ter exigências relativamente baixas de largura de banda, mas exigem resposta imediata. Por exemplo, uma pessoa que digite 60 palavras por minuto está gerando apenas cinco caracteres por segundo de E/S, assumindo que o comprimento médio da palavra é de cinco letras. Isto representa uma largura de banda de E/S baixa, mas a pessoa rapidamente nota o atraso se o computador não responder imediatamente à sua digitação.

Dispositivos que apresentam saída de dados para usuários, como placas de vídeo, impressoras e placas de som, podem exigir uma quantidade significativa de largura de banda de saída, mas pouca largura de banda de entrada. Dispositivos que interagem com outras máquinas, como *drivers* de disco, CD-ROMs, interfaces de rede e assim por diante, freqüentemente precisam de larguras de banda altas em ambas as direções e baixo tempo de resposta do processador, para que possam atingir seu desempenho de pico. Compreender as necessidades de diferentes dispositivos de E/S é fundamental para que se obtenha um bom desempenho geral do sistema.

11.8 DISCOS MAGNÉTICOS

Discos rígidos são um dos componentes mais importantes de sistemas de E/S com relação ao desempenho. Além de dar suporte à memória virtual, eles são utilizados para o armazenamento permanente de dados. Como mencionado na introdução deste capítulo, o desempenho de muitas aplicações comerciais é determinado pela largura de banda dos discos rígidos de um computador. Eles têm este nome para distinguí-los dos discos flexíveis que são utilizados para transferir pequenas quantidades de dados de um computador para outro. A capacidade de dados típica de um disco flexível de 3,5 polegadas é de 1,44 *MByte*, enquanto discos rígidos podem ter capacidades de mais de 75 *GBytes**. Os discos rígidos também permitem um acesso substancialmente mais rápido do que os discos flexíveis.

A Fig. 11-6 mostra um subsistema típico de discos rígidos, no contexto de um sistema de E/S de um computador. Uma placa adaptadora é inserida ao barramento de E/S do processador e os discos rígidos são anexados ao barramento da placa, ao invés de serem diretamente conectados ao barramento de E/S. Como a largura de banda necessária a um único disco é tipicamente muito menor que a largura de banda de um barramento de E/S, este arranjo permite que diversos discos compartilhem um único conector de expansão sobre o barramento de E/S, sem restringir a sua capacidade de transferir dados, liberando espaço no barramento para outros dispositivos. Isto também permite que um único modelo de disco rígido faça a interface com diversos formatos de barramento de E/S. Por exemplo, um disco rígido que utilize o protocolo SCSI pode fazer interface com um barramento de E/S PCI, através de uma placa adaptadora que seja compatível com o formato PCI, ou com um outro barramento diferente, utilizando uma placa adaptadora diferente.

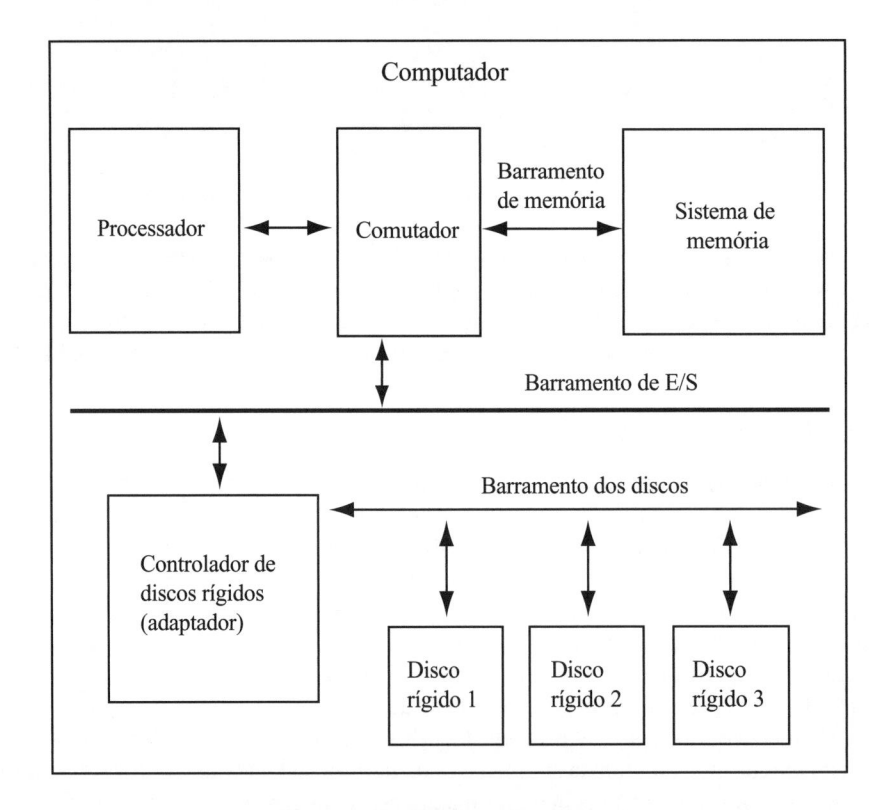

Fig. 11-6   Subsistema de discos.

Organização de Discos Rígidos

Um disco rígido típico é constituído de diversos *pratos*, superfícies planas nas quais são armazenados os dados, como indicado na Fig. 11-7. Cada prato tem seu próprio cabeçote de leitura/escrita, permitindo que dados em pratos diferentes sejam acessados em paralelo. Em cada prato, os dados são organizados em *trilhas* (anéis concêntricos) e *setores* (partes de um anel), como ilustrado na Fig. 11-8. Em um dado disco rígido, cada setor contém a mesma quantidade de dados, freqüentemente 512 *bytes*.

---

* N. de T. Atualmente, os fabricantes já oferecem pela Internet discos rígidos de até 300 *GBytes* cada.

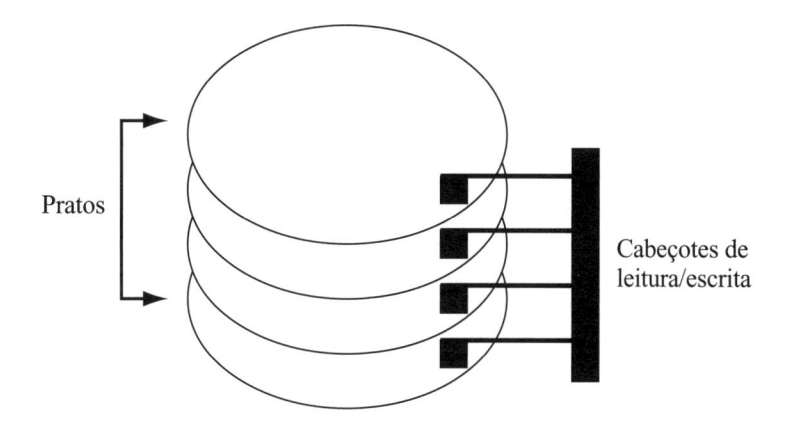

Fig. 11-7   Organização de um disco.

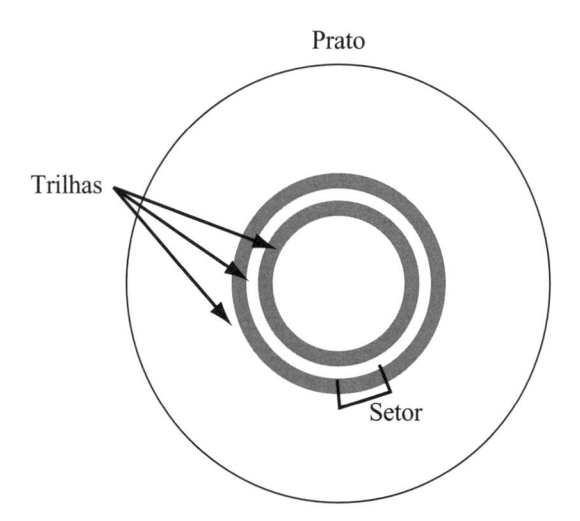

Fig. 11-8   Trilhas e setores.

Nos discos rígidos mais antigos, cada trilha continha o mesmo número de setores. Isso facilitava o controle do dispositivo, uma vez que cada trilha continha a mesma quantidade de dados, mas resultava em um disco que armazenava menos dados do que efetivamente poderia conter, pois o fator limitante real para quantos dados podem ser armazenados em uma trilha é o número de *bits* por polegada que o cabeçote do disco consegue ler ou escrever. Em discos que têm um número constante de setores por trilha, o número de setores por trilha é definido com base no número de *bits* que aquele controlador de disco pode ter na sua trilha mais interna (a menor), o que é uma função tanto da circunferência da trilha mais interna como da tecnologia utilizada para construir o disco. As outras trilhas contêm o mesmo número de *bits*, mas eles são escritos de forma menos densa, de modo que cada setor ocupa a mesma fração da circunferência da trilha que a trilha mais interna. Isto desperdiça uma parte significativa do potencial de armazenamento das trilhas mais externas, uma vez que os *bits* são escritos de forma menos concentrada do que nas internas.

Os discos mais recentes armazenam os dados de forma diferente, mantendo quase constante a densidade na qual os *bits* são escritos e variando o número de setores armazenados em cada trilha, de modo que as trilhas mais distantes do centro do disco contêm mais dados. Teoricamente, cada trilha poderia conter um número diferente de setores para maximizar a quantidade de dados armazenados no disco. Na prática, os fabricantes de discos dividem o disco em diversas zonas de trilhas contíguas. Cada trilha dentro de uma zona tem o mesmo número de setores, mas o número de setores por trilha aumenta à medida que as zonas afastam-se do centro do disco. Isto fornece um bom compromisso entre a capacidade de armazenamento e a complexidade do *hardware* no disco.

Escalonamento do Disco

O tempo para completar uma operação de leitura ou escrita em um disco pode ser dividido em três partes: o *tempo de posicionamento* (*seek*), a *latência rotacional* e o *tempo de transferência*. O tempo de posicionamento é o tempo que demora para mover o cabeçote de leitura/escrita da trilha onde ela está naquele momento até a trilha que contém os dados solicitados. A latência rotacional é o tempo necessário, uma vez posicionado na trilha, para que o início do setor solicitado chegue sob o cabeçote de leitura/escrita. O tempo de transferência é o tempo que demora para ler ou escrever o setor, que é basicamente o tempo que o setor demora para passar sob a cabeça de leitura/escrita. Isso omite o tempo de transmissão dos dados da cabeça de leitura/escrita para o controlador de disco rígido, o que é determinado pelo projeto da lógica da interface no disco, que é, portanto, difícil de calcular a partir de outros parâmetros do disco. A latência rotacional é uma função da taxa pela qual o disco rígido gira, enquanto que o tempo de transferência é uma função da taxa de rotação e do número de setores na trilha.

> **Exemplo** Se um disco gira a 10.000 RPM, qual é a duração da latência rotacional média de uma solicitação? Se uma dada trilha no disco tem 1.024 setores, qual é o tempo de transferência para um setor?
>
> **Solução**
>
> A 10.000 RPM, uma rotação do disco demora 6 ms para ser completada. Em média, a cabeça de leitura/gravação terá que esperar por meia rotação antes que o setor necessário a alcance, de modo que a latência rotacional média será de 3 ms. Uma vez que existem 1.024 setores na trilha, o tempo de transferência de um setor será igual ao tempo de rotação do disco dividido por 1.024 ou, aproximadamente, 6 microssegundos.

O modo pelo qual o sistema operacional, ou o *hardware*, pode influenciar o desempenho de um disco rígido é pela escolha da ordem na qual as solicitações de acesso ao disco serão atendidas, se existirem várias solicitações pendentes. Há três políticas normalmente utilizadas: *first-come-first-served* (FCFS), *shortest-seek-time-first* (SSTF) e LOOK. Na FCFS, o disco trata as solicitações na ordem em que elas foram feitas, como indicado na Fig. 11-9. O escalamento FCFS tem a vantagem de ser facilmente implementado, mas pode exigir muito mais movimentação do cabeçote do disco que outras políticas. Uma vez que o tempo de pesquisa de uma solicitação é proporcional ao número de trilhas que a cabeça de leitura/escrita tem que atravessar para satisfazer a solicitação, este aumento na movimentação do disco conduz a tempos de pesquisa médios mais longos e desempenho mais baixo.

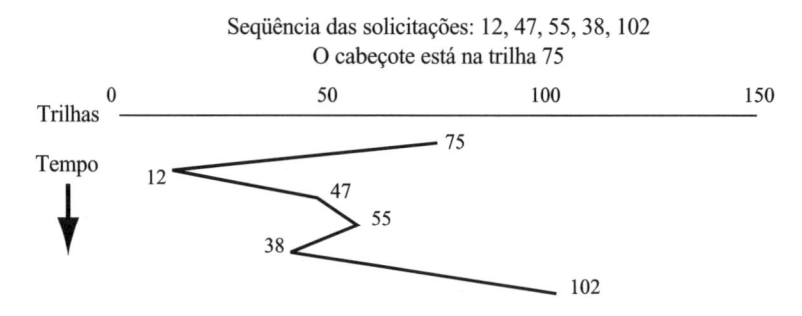

Fig. 11-9 Escalonamento FCFS.

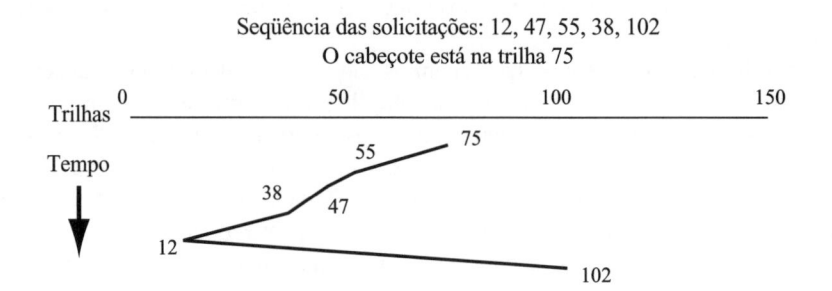

Fig. 11-10 Escalonamento SSTF.

Seqüência das solicitações: 12, 47, 55, 38, 102
O cabeçote está na trilha 75

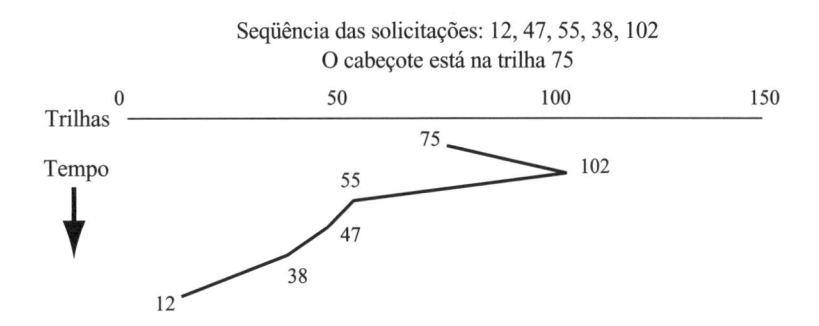

Fig. 11-11   Escalonamento LOOK.

O escalonamento SSTF reduz o tempo de pesquisa tratando sempre a solicitação cuja trilha esteja mais próxima da posição atual da cabeça do disco. A Fig. 11-10 mostra como esta política de organização trataria a seqüência de solicitações da Fig. 11-9. O escalonamento SSTF pode reduzir significativamente o tempo de pesquisa médio de um disco, mas tem a desvantagem de que uma seqüência de solicitações a trilhas próximas umas das outras pode evitar que uma solicitação a uma trilha que esteja mais distante seja sequer completada (inanição). Como um exemplo, considere um programa que começa fazendo solicitações às trilhas 1, 2 e 100, e então faz uma seqüência de solicitações às trilhas 1 e 2. Se a solicitação à trilha 1 for tratada primeiro, a solicitação à trilha 2 será tratada em segundo lugar, seguida pela próxima solicitação à trilha 1, e assim por diante. Enquanto não for concluída a seqüência de solicitações às trilhas 1 e 2, a solicitação à trilha 100 não será satisfeita.

O escalonamento LOOK (também chamado de algoritmo do elevador) é um comprometimento entre o FCFS e o SSTF e geralmente fornece um desempenho melhor do que o FCFS, sem a possibilidade de inanição. No escalonamento LOOK, o cabeçote começa a se mover ou para dentro ou para fora no prato, satisfazendo todas as solicitações para as trilhas sobre as quais ela passe. Quando ela atinge a trilha mais interna, ou mais externa, que foi solicitada, ela reverte a direção, tratando as solicitações pendentes à medida que ela atinge as suas trilhas. Isso é semelhante ao modo pelo qual a maioria dos elevadores trabalha. Uma vez que o elevador comece a se mover para cima, ele continua para cima até que atinja o andar mais alto que qualquer um tenha solicitado. Então, ele começa a descer até que atinja o andar mais baixo solicitado.

A Fig. 11-11 ilustra o escalonamento LOOK, com o cabeçote começando a mover-se para fora (em direção às trilhas de número mais alto) no disco. Este algoritmo evita a inanição, ao garantir que, uma vez que a cabeça tenha começado a mover-se em direção à trilha solicitada por uma determinada solicitação, ela se manterá movendo naquela direção até que a tenha satisfeito. Uma vez que o disco tem tanto limites internos como externos para o movimento do cabeçote, está garantido que o cabeçote só pode se mover para longe da trilha necessária para uma solicitação por uma determinada quantidade de tempo e que, portanto, nenhuma seqüência de solicitações pode impedir que uma dada solicitação seja completada.

Sistemas reais tendem a utilizar o escalonamento SSTF ou o LOOK, algumas vezes com pequenas variações nos algoritmos apresentados aqui. Em geral, o escalonamento LOOK é melhor para sistemas que se espera que tenham demandas pesadas sobre o disco, porque a possibilidade de inanição no SSTF aumenta com a parcela do tempo na qual o disco está ocupado.

11.9 RESUMO

Um sistema de E/S de um computador geralmente contém dispositivos de armazenamento de dados, dispositivos que recebem dados do mundo externo e dispositivos que transmitem dados para o mundo externo. Os dispositivos de E/S comunicam-se com o processador através de um barramento de E/S, o qual permite que o computador faça a interface com uma ampla variedade de dispositivos, sem precisar de uma interface dedicada para cada dispositivo. No entanto, o barramento de E/S limita a largura de banda do sistema de E/S porque todos os dispositivos no barramento precisam compartilhar a largura de banda disponível.

Sistemas de E/S geralmente utilizam interrupções ou *polling* para comunicar-se com os dispositivos de E/S. No *polling*, o processador faz repetidamente uma verificação para determinar se algum dispositivo de E/S precisa de atenção, criando uma distinção entre o desejo de resposta rápida para qualquer evento de E/S e o desejo de limitar o tempo do processador que é gasto fazendo o *polling*. Interrupções fornecem um mecanismo que permite que os dispositivos de E/S enviem um sinal para o processador quando eles precisam de atenção, permitindo que o processador ignore os dispositivos de E/S, exceto quando eles enviam um sinal. Utilizar interrupções pode reduzir significativamente o tempo do processador que é gasto interagindo com dispositivos de E/S, embora o *polling* possa ser uma abordagem melhor se o processador não tem nenhum outro trabalho a fazer enquanto está esperando que alguma solicitação de E/S seja completada.

A maioria dos processadores utiliza E/S mapeada em memória para controlar diretamente os dispositivos de E/S. Nesta técnica, os registradores de controle de um dispositivo de E/S são mapeados sobre posições de memória no espaço de endereçamento do processador. Quando o processador lê ou escreve em uma destas posições de memória, ele está, na verdade, acessando um dos registradores de controle. Esta técnica permite que o processador suporte diferentes dispositivos de E/S, porque tudo o que o *hardware* precisa fazer é alocar espaço de endereçamento suficiente a cada dispositivo, para tratar seus registradores de E/S. O *software* que faz a interface com o dispositivo é responsável por entender o mapeamento entre as posições de memória e os registradores de controle e por executar a seqüência correta de operações de memória para controlar o dispositivo.

O acesso direto à memória (DMA) é uma técnica que permite que o processador instrua um dispositivo a copiar um bloco de dados diretamente de/ou para o sistema de memória. Isso reduz o esforço que é necessário para que o processador transfira dados entre o sistema de E/S e o sistema de memória, melhorando o desempenho.

A última seção deste capítulo descreveu os discos rígidos em mais detalhes, pois eles são o dispositivo de E/S de uso mais comum hoje em dia, e aquele cujo desempenho é o mais crítico para o desempenho de aplicativos. Descrevemos a organização dos discos em pratos, trilhas e setores, e mostramos como calcular a latência média de uma operação de E/S no disco. Finalmente, foram descritos diversos algoritmos de escalonamento que procuram reduzir o tempo para completar uma série de acessos ao disco, e foram apresentados os compromissos entre o tempo mínimo para completar uma operação e a adequabilidade de cada um desses algoritmos.

Problemas Resolvidos

Barramento de E/S

11.1 Quais são os prós e os contras de utilizar um barramento de E/S padrão em um projeto, em oposição a uma conexão direta entre o processador e cada dispositivo de E/S?

Solução

A principal vantagem de utilizar um barramento de E/S padrão é que os usuários podem interfacear diversos dispositivos de E/S diferentes com o computador, sem que o projetista do sistema tenha que considerar todos os possíveis dispositivos que possam ser instalados no sistema. Desde que o fabricante do dispositivo de E/S forneça um acionador de dispositivo adequado (*device driver*), qualquer dispositivo que seja compatível como o barramento padrão pode ser utilizado com o computador. Além disto, utilizar um barramento de E/S padrão é geralmente mais barato porque os usuários não têm que pagar pela capacidade de ter uma conexão direta com um dispositivo de E/S que eles podem não querer utilizar.

A principal desvantagem de utilizar tal barramento é que ele será mais lento do que uma conexão direta entre o processador e o dispositivo de E/S. Todos os dispositivos têm que compartilhar a largura de banda do barramento de E/S, a qual é, geralmente, menor do que a largura de banda que pode ser obtida com uma conexão direta entre o processador e o dispositivo de E/S. É por isto que dispositivos para os quais a largura de banda é crucial, como o sistema de memória, têm conexões diretas com o processador.

Largura de Banda do Barramento

11.2 Suponha que um dado protocolo de barramento exija 10 ns para que os dispositivos façam solicitações, 15 ns para a arbitramento e 25 ns para completar cada operação. Quantas operações podem ser completadas por segundo?

Solução

O tempo total para uma operação é a soma dos tempos de solicitação, arbitramento e conclusão, que é 50 ns. Portanto, o barramento pode completar 20 milhões de operações por segundo.

Utilização do Barramento SCSI

11.3 Um barramento SCSI tem quatro dispositivos anexados a ele, com IDs 1, 2, 3 e 4. Se cada dispositivo quer utilizar 30 *MBytes*/s da largura de banda do barramento e a largura de banda total do barramento SCSI é de 80 *MBytes*/s, quanta largura de banda cada dispositivo será capaz de utilizar? Assuma que quando é o acesso de um dispositivo ao barramento, ele tenta novamente até que obtenha acesso.

Solução

O dispositivo 4 é o de prioridade mais alta, de modo que ele obtém acesso ao barramento sempre que tentar utilizá-lo e é capaz de utilizar todos os 30 *MBytes*/s. Dos 50 *MBytes*/s remanescentes, o dispositivo 3 pode utilizar 30 *MBytes*/s, porque ele apenas perde o acesso ao barramento para o dispositivo 4 quando este necessita usá-lo. O dispositivo 2 utiliza todos os 20 *MBytes*/s restantes, porque ele sempre suplanta o dispositivo 1, o qual não recebe largura de banda alguma. Aqui, estamos ignorando situações de início – o dispositivo 1 pode ter uma oportunidade de acesso ao barramento se a sua primeira solicitação for feita antes que qualquer outro dos dispositivos tenha desejado utilizar o barramento.

Arbitramento Justo do Barramento

11.4 Suponha que o barramento do Problema 11.3 utilize uma política de arbitramento justo, na qual o dispositivo que está esperando pelo barramento pelo período mais longo tem a prioridade mais alta. Quanta largura de banda cada dispositivo seria então capaz de utilizar?

Solução

Na política de arbitramento justo, cada dispositivo obtém um número igual de oportunidades de utilizar o barramento, porque qualquer dispositivo que perca um arbitramento terá uma prioridade mais alta para utilizar o barramento em relação ao dispositivo para o qual ele perdeu, até que ele obtenha uma oportunidade de utilizar o barramento. Portanto, a largura de banda do barramento, de 80 *MBytes*/s, será uniformemente dividida entre os dispositivos, cada um dos quais recebendo 20 *MBytes*/s.

Prioridades de Interrupção

11.5 Um dado processador tem oito linhas de interrupção (numeradas de 0 a 7) e uma política na qual interrupções com números baixos têm prioridade sobre aquelas com números altos. O processador inicia sem interrupções pendentes e ocorre a seguinte seqüência de interrupções: 4, 7, 1, 3, 0, 5, 6, 4, 2, 1. Assuma que o tratamento de qualquer interrupção demora o suficiente para que mais duas interrupções cheguem enquanto a primeira está sendo tratada, até que todas as interrupções tenham chegado, e que elas não possam interromper umas às outras. (Muitos processadores permitem que interrupções de alta prioridade interrompam tratadores de interrupções de baixa prioridade, mas assumindo que as interrupções não podem interromper umas às outras simplifica o problema de pensar sobre prioridades.) Qual é a ordem na qual as interrupções são tratadas?

Solução

Um bom modo de abordar este tipo de problema é criar uma lista dos eventos pendentes (como as interrupções). Quando o processador está livre, ele trata o evento pendente de prioridade mais alta, removendo-o da lista. Assim, a interrupção 4 é tratada primeiro, porque ela chega primeiro. Quando o processador tiver terminado a interrupção 4, a interrupção 7 e a 1 estarão pendentes, de modo que a interrupção 1 é tratada. Repetindo este processo, temos a seguinte ordem de tratamento de interrupções: 4, 1, 0, 3, 2, 1, 4, 5, 6, 7.

Interrupções versus Polling

11.6 Um dado processador exige 1.000 ciclos para executar uma comutação de contexto e iniciar o tratamento de interrupções (e o mesmo número de ciclos para fazer uma comutação de contexto de volta para o programa que estava sendo executado quando a interrupção ocorreu), ou 500 ciclos para fazer o *polling* em um dispositivo de E/S. Um dispositivo de E/S conectado a este processador faz 150 solicitações por segundo, cada uma das quais demora 10.000 ciclos para ser resolvida, uma vez que o tratador tenha sido iniciado. Por *default*, o processador faz um *polling* a cada 0,5 ms, se ele não estiver utilizando interrupções.

a. Quantos ciclos por segundo o processador gasta tratando E/S do dispositivo, se forem utilizadas interrupções?
b. Quantos ciclos por segundo são gastos em E/S, se for utilizado *polling* (incluindo todas as tentativas de sondagem)? Assuma que o processador somente faz *polling* durante as fatias de tempo em que os programas de usuário não estão sendo executados, de modo que não inclua quaisquer tempos de comutação de contexto nos seus cálculos dos custos de *polling*.
c. Com que freqüência o processador terá que fazer *polling* para que as sondagens durem tantos ciclos por segundo quanto as interrupções?

Solução

a. O dispositivo faz 150 solicitações, cada uma das quais exige uma interrupção. Cada interrupção dura um total de 12.000 ciclos para ser tratada (1.000 para iniciar o tratador, 10.000 para o tratador, 1.000 para fazer a comutação de volta ao programa original), para um total de 1.800.000 ciclos gastos atendendo este dispositivo, a cada segundo.

b. O processador faz um *polling* a cada 0,5 ms, ou seja, 2.000 vezes/s. Cada sondagem dura 500 ciclos, de modo que ele gasta 1.000.000 de ciclos por segundo fazendo *polling*. Em 150 das tentativas de sondagem existe uma solicitação do dispositivo de E/S esperando, cada uma das quais dura 10.000 ciclos para ser completada, um total de 1.500.000 ciclos. Portanto, o tempo total gasto com *polling* para E/S a cada segundo é de 2.500.000 ciclos.

c. O processador gasta 1.800.000 ciclos/s tratando E/S com interrupções, dos quais 1.500.000 são gastos processando as solicitações de E/S. Se o processador deve gastar o mesmo tempo tratando de E/S com *polling*, isto deixa 300.000 ciclos por segundo disponíveis para sondagens. Cada tentativa de sondagem demora 500 ciclos, de modo que o processador pode executar 600 sondagens/s para gastar a mesma quantidade de tempo tratando E/S via *polling* que com interrupções.

Acesso Direto à Memória

11.7 Um dispositivo de E/S transfere 10 *MBytes*/s de dados para a memória pelo barramento de E/S, que tem uma largura de banda de 100 *MBytes*/s. Os 10 *MBytes*/s de dados são transferidos como 2.500 páginas independentes, cada uma das quais tem 4 *KBytes* de comprimento. Se o processador opera a 200 MHz e demora 1.000 ciclos para iniciar uma operação de DMA e 1.500 ciclos para responder à interrupção do dispositivo quando uma transferência DMA é completada, qual parte do tempo da CPU é gasto tratando da transferência de dados com e sem DMA?

Solução

Sem DMA, o processador precisa copiar os dados da memória à medida em que o dispositivo de E/S os envia pelo barramento. Uma vez que o dispositivo envia 10 *MBytes*/s sobre o barramento de E/S, que tem uma largura de banda total de 100 *MBytes*/s, 10% de cada segundo é gasto transferindo dados sobre o barramento. Assumindo que o processador está ocupado tratando dados durante o tempo em que cada página está sendo transferida sobre o barramento (o que é uma hipótese razoável porque o tempo entre transferências no barramento é muito curto para que valha a pena fazer uma comutação de contexto), então 10% do tempo do processador é gasto copiando dados.

Com DMA, o processador está livre para trabalhar em outras tarefas, exceto quando está iniciando cada operação de DMA ou respondendo à interrupção ao final de cada transferência. Isto demora 2.500 ciclos por transferência, ou um total de 6.250.000 ciclos gastos tratando DMAs, a cada segundo. Uma vez que o processador opera a 200 MHz, isto significa que 3,125% de cada segundo, ou 3,125% do tempo do processador é gasto tratando de DMAs, o que é menos de um terço do que o ônus de fazer a mesma operação sem DMA.

Capacidade de Discos (I)

11.8 Um disco rígido com 5 pratos tem 2.048 trilhas/prato, 1.024 setores/trilha (número fixo de setores por trilha) e setores de 512 *bytes*. Qual é a sua capacidade total?

Solução

512 *byte*s × 1.024 setores = 0,5 *MByte*/trilha. Multiplicando por 2.048 trilhas/prato, temos 1 *GByte*/prato ou 5 *GBytes* de capacidade no disco. (Neste problema, utiliza-se as definições padrão de arquitetura de computadores, com o *MByte* = 2^{20} *bytes* e o *GByte* = 2^{30} *bytes*. Muitos fabricantes de discos rígidos utilizam o *MByte* = 1.000.000 *bytes* e o *GByte* = 1.000.000.000 *bytes*. Estas definições são próximas, mas não são equivalentes.)

Capacidade de Discos (II)

11.9 Um fabricante deseja projetar um disco rígido com capacidade de 30 *GBytes* ou mais (utilizando a definição padrão de 1 *GByte* = 2^{30} *bytes*). Se a tecnologia utilizada para fabricar os discos permite setores de 1.024 *bytes*, 2.048 setores/trilha e 4.096 trilhas/prato, quantos pratos serão necessários? (Assuma um número fixo de setores por trilha.)

Solução

Multiplicando os *bytes* por setor vezes os setores por trilha vezes as trilhas por prato, temos a capacidade de 8 *GBytes* (8 × 2^{30} *bytes*) por prato. Portanto, serão necessários 4 pratos para dar a capacidade total ≥ 30 *GBytes*.

Número Fixo versus Número Variável de Setores/Trilha

11.10 A trilha mais interna de um prato em um disco rígido tem um raio de 0,25 polegadas (isto é, está localizada a 0,25 polegadas do centro do eixo). A trilha mais externa tem um raio de 1,75 polegadas. Qual é a razão entre as capacidades do disco se for utilizado um número variável de setores por trilha, em comparação com a capacidade de um número fixo de setores por trilha? Assuma que cada trilha tem tanto setores quantos cabem nela, ignore questões relativas ao fato de que o número de setores em uma trilha tem que ser um número inteiro e assuma que há muitas trilhas no disco. (Sim, isto pode ser feito sem saber o número de trilhas nem o número de setores em cada trilha.)

Solução

Em ambos os casos, o número de trilhas no disco é o mesmo, de modo que a razão entre as capacidades será a mesma que a razão entre o número de setores em uma trilha média. No esquema com número fixo de setores por trilha, este número é determinado pelo número de setores que cabem na trilha mais interna e todas as outras trilhas têm a mesma capacidade. Utilizando o número variável de setores por trilha, o espaço que um setor ocupa em uma trilha será o mesmo para todas as outras, de modo que a razão da capacidade da trilha média com relação àquela da trilha mais interna é igual à razão entre o comprimento da trilha média e o comprimento da trilha mais interna. Uma vez que a capacidade de cada trilha no esquema com um número fixo de setores é o mesmo que a capacidade da trilha mais interna, esta razão será a razão entre as capacidades totais dos dois esquemas.

A circunferência varia linearmente com o raio, de modo que o comprimento médio de uma trilha será aquele de uma trilha a meia distância entre as trilhas mais interna e mais externa. A trilha mais interna tem um raio de 0,25 polegadas e a mais externa um raio de 1,75 polegadas, para uma diferença de 1,5 polegadas. A metade disso é 0,75 polegadas que, somado ao raio da trilha mais interna, dá um raio de 1,0 polegadas para a trilha média. A razão entre as circunferências das duas trilhas é a mesma que a razão entre os seus raios, de modo que a trilha média terá 4 vezes a capacidade da trilha mais interna, e o esquema com número variável de setores fornecerá 4 vezes mais capacidade no disco do que o esquema com o número fixo de setores.

Tempos de Acesso ao Disco (I)

11.11 Um disco rígido rotaciona a 15.000 RPM e tem 1.024 trilhas, cada uma das quais com 2.048 setores. A cabeça do disco começa na trilha 0 (as trilhas são numeradas de 0 a 1.023). O disco, então, recebe uma solicitação para acessar um setor aleatório, em uma trilha aleatória. Se o tempo de posicionamento do cabeçote do disco é de 1 ms para cada 100 trilhas que ela precisa atravessar:

a. Qual é o tempo médio de posicionamento?
b. Qual é a latência rotacional média?
c. Qual é o tempo de transferência para um setor?
d. Qual é o tempo total médio para resolver uma solicitação?

Solução

a. Uma vez que o cabeçote do disco começa na trilha 0, ele terá que atravessar 0 trilhas para tratar uma solicitação à trilha 0, 1 trilha para tratar uma solicitação à trilha 1 e assim por diante, até 1.023 trilhas para uma solicitação à trilha 1.023. Na média, o cabeçote terá que atravessar metade do caminho para a trilha mais externa, ou 511,5 trilhas. A 100 trilhas/ms, isto dá um tempo médio de posicionamento de 5,115 ms.

b. A 15.000 RPM, cada rotação dura 4 ms. A latência rotacional média é metade do tempo de rotação, ou 2 ms.

c. Cada rotação dura 4 ms. Há 2.048 setores por trilha, de modo que cada setor demora 4 ms/2.048 = 1,95 microssegundos para passar sob o cabeçote de leitura/escrita. Portanto, o tempo de transferência é de 1,95 microssegundos.

d. O tempo médio de acesso é simplesmente a soma dos três componentes, ou 7,117 ms (arredondando para três casas decimais/quatro algarismos significativos). Como declarado no texto, isto ignora o tempo de transmissão dos dados para o processador.

Tempos de Acesso ao Disco (II)

11.12 Pesquisadores têm investigado mecanismos nos quais o sistema operacional deliberadamente coloca os arquivos utilizados com mais freqüência nas trilhas mais externas do disco rígido de um sistema, de modo a melhorar o desempenho.

a. Por que isto melhoraria o desempenho?

b. Esta abordagem daria um desempenho melhor em um sistema que tivesse um número fixo ou um número variável de setores por trilha?

c. Em um sistema que utilize o número fixo de setores por trilha, faz diferença se o sistema operacional coloca os arquivos mais freqüentemente utilizados na trilha mais interna ou na mais externa, ou é apenas importante que eles sejam colocados próximos uns ao outros?

d. Como a sua resposta muda se o sistema utilizar um número variável de setores por trilha?

Solução

a. Se os arquivos são distribuídos aleatoriamente pelas trilhas, os arquivos utilizados com mais freqüência tenderão a estar espalhados uniformemente em todo o disco, assim como as solicitações de E/S. Colocar tais arquivos nas trilhas mais externas significa que a maior parte das solicitações de E/S serão feitas naquelas trilhas. Isto reduz o número médio de trilhas que o cabeçote do disco precisa atravessar para satisfazer uma solicitação de memória, reduzindo o tempo médio de pesquisa.

b. Em um sistema com um número fixo de setores por trilha, todas as trilhas contêm o mesmo número de setores, o qual é determinado pelo número de setores que cabem na trilha mais interna do disco. Em um sistema com um número variável de setores por trilha, a trilha mais interna geralmente tem o mesmo número de setores que no sistema com setores fixos por trilha, mas a trilha mais externa contém muito mais setores e, portanto, muito mais dados. Isto significa que os arquivos utilizados com mais freqüência podem ser colocados em menos trilhas em um disco com número variável de setores por trilha que em um com número fixo, uma vez que são colocados nas trilhas mais externas. Assim, o número médio de trilhas que o cabeçote do disco precisa cobrir será menor quando esta abordagem é utilizada em um disco que tem um número variável de trilhas/setor, conduzindo a tempos de pesquisa mais baixos e a um desempenho melhor.

c. Em um disco que tenha um número fixo de setores por trilha, todas as trilhas em um disco contêm a mesma capacidade de armazenamento, tornando-as equivalentes. Não faz diferença qual conjunto de trilhas adjacentes é utilizado para manter os arquivos mais freqüentemente usados em tal sistema porque todas as trilhas são iguais. O benefício de desempenho vem de colocar tais arquivos juntos, reduzindo o tempo médio de posicionamento.

d. Em discos que tenham um número variável de setores por trilha, as trilhas mais externas contêm mais dados do que as mais internas. Assim, colocar os arquivos mais freqüentemente utilizados nas trilhas mais externas permite que sejam compactados em menos trilhas que se colocados nas trilhas mais internas, porporcionando, assim, um desempenho melhor.

Política de Escalonamento do Disco (I)

11.13 Qual das três políticas de escalonamento do disco discutidas neste capítulo seria a melhor em cada uma das seguintes situações:

a. Um sistema de uso geral no qual a largura de banda é importante, mas qualquer solicitação de E/S tem que ser completada em um tempo razoável.

b. Um sistema no qual se sabe que o programa só fará uma solicitação de E/S por vez.

c. Um sistema no qual a largura de banda é absolutamente fundamental, mas não existe limite sobre quanto tempo uma dada solicitação pode demorar para ser completada.

Solução

a. Neste caso, é provável que o escalonamento LOOK seja o melhor. O LOOK geralmente fornece uma largura de banda melhor do que o FCFS e também pode garantir que qualquer solicitação será tratada com relativa rapidez.

b. Aqui, na verdade, não existe uma política de escalonamento, uma vez que existe apenas uma solicitação de E/S pendente a qualquer tempo. Com apenas uma solicitação pendente, as três políticas podem tratar solicitações na ordem em que elas são feitas. Assim, uma política FCFS deveria ser utilizada, uma vez que ela é a mais simples.

c. Neste caso, deveria ser utilizado o SSTF. Este geralmente tem a mais alta largura de banda das três políticas, mas pode ocorrer que uma dada solicitação pode ser arbitrariamente atrasada por outras solicitações a trilhas mais próximas do cabeçote do disco. Neste caso, isto é aceitável, fazendo do SSTF a melhor escolha.

Política de Escalonamento do Disco (II)

11.14 Se o cabeçote de leitura/escrita de um disco está na trilha 100 e o disco tem solicitações pendentes para as trilhas 43, 158, 44, 203 e 175 (nesta ordem de chegada), qual é o número total de trilhas que o cabeçote de leitura/escrita terá que cruzar para satisfazer estas solicitações sob as políticas FCFS, SSTF e LOOK? (Para o escalonamento LOOK, assuma que o cabeçote começa movendo-se da trilha 100 para fora, em direção às trilhas de número mais alto.) Inclua a trilha destino no número de trilhas cruzadas, mas não a trilha de início, de modo que mover-se da trilha 100 para a trilha 90 significa cruzar 10 trilhas.

Solução

FCFS: as solicitações são tratadas na ordem de chegada, de modo que o cabeçote vai primeiro para a trilha 43, cruzando 57 trilhas; 158 em segundo, cruzando 115 trilhas; e assim por diante, para um total de 473 trilhas.

SSTF: a trilha 44 é a mais próxima do cabeçote de leitura/escrita, de modo que esta solicitação é tratada primeiro, seguida pela trilha 43. A seqüência na qual as solicitações são tratadas é 44, 43, 158, 175 e 203, para um total de 217 trilhas cruzadas.

LOOK: o cabeçote do disco começa movendo-se para fora, tratando todas as solicitações às trilhas mais externas, então ela volta e vem para dentro. A ordem na qual as solicitações são tratadas é: 158, 175, 203, 44 e 43, para um total de 263 trilhas cruzadas.

Capítulo 12

Multiprocessadores

12.1 OBJETIVOS

Este capítulo conclui a nossa discussão sobre a organização e a arquitetura de computadores, fornecendo uma introdução aos sistemas multiprocessados. Depois de completar este capítulo, você deverá:

1. Estar familiarizado com arquiteturas básicas de multiprocessadores, incluindo sistemas com memória centralizada ou distribuída.
2. Ser capaz de discutir o desempenho de multiprocessadores, incluindo causas comuns para aceleração sublinear e superlinear.
3. Compreender a diferença entre memória compartilhada e troca de mensagens, e ser capaz de comparar estas duas abordagens.
4. Compreender o protocolo de coerência de *cache* MESI e as exigências da consistência forte de memória.

12.2 INTRODUÇÃO

Como o seu nome sugere, sistemas multiprocessados utilizam mais de um processador para melhorar o seu desempenho. Os primeiros sistemas multiprocessados utilizavam vários processadores para melhorar o rendimento, executando trabalhos independentes em processadores diferentes. Desde então, houve uma enorme quantidade de pesquisa com relação à utilização de vários processadores para reduzir os tempos de execução de aplicações individuais, ao dividir o trabalho de um único programa através de vários processadores.

Multiprocessadores são atrativos por causa das limitações tecnológicas e práticas para aperfeiçoar o desempenho de um processador a qualquer momento dado. Como já discutimos, técnicas, como paralelismo no nível das instruções, *caches* e *pipelining* fornecem melhorias de desempenho decrescentes à medida que a área do *chip* dedicado a elas aumenta, limitando o desempenho máximo que pode ser obtido com um único processador. Ao dividir o trabalho de um único programa entre vários processadores, os multiprocessadores podem atingir um desempenho maior do que é possível com um único processador, em qualquer tecnologia de fabricação.

12.3 ACELERAÇÃO E DESEMPENHO

Assim como em sistemas uniprocessados, os projetistas de multiprocessadores freqüentemente medem o desempenho em termos de *aceleração*. No contexto dos multiprocessadores, a aceleração geralmente se refere a quão mais rapidamente um programa é executado em um sistema com n processadores, em relação a um sistema com um processador do mesmo tipo. A Fig. 12-1 mostra um exemplo de um gráfico de aceleração. No eixo vertical, está representada a aceleração sobre um sistema uniprocessado; o eixo horizontal é o número de processadores no sistema. Note que a origem nestes gráficos é, freqüentemente, (1,1), em vez de (0,0), porque a aceleração é medida com relação a uma máquina com um processador e não com zero processadores.

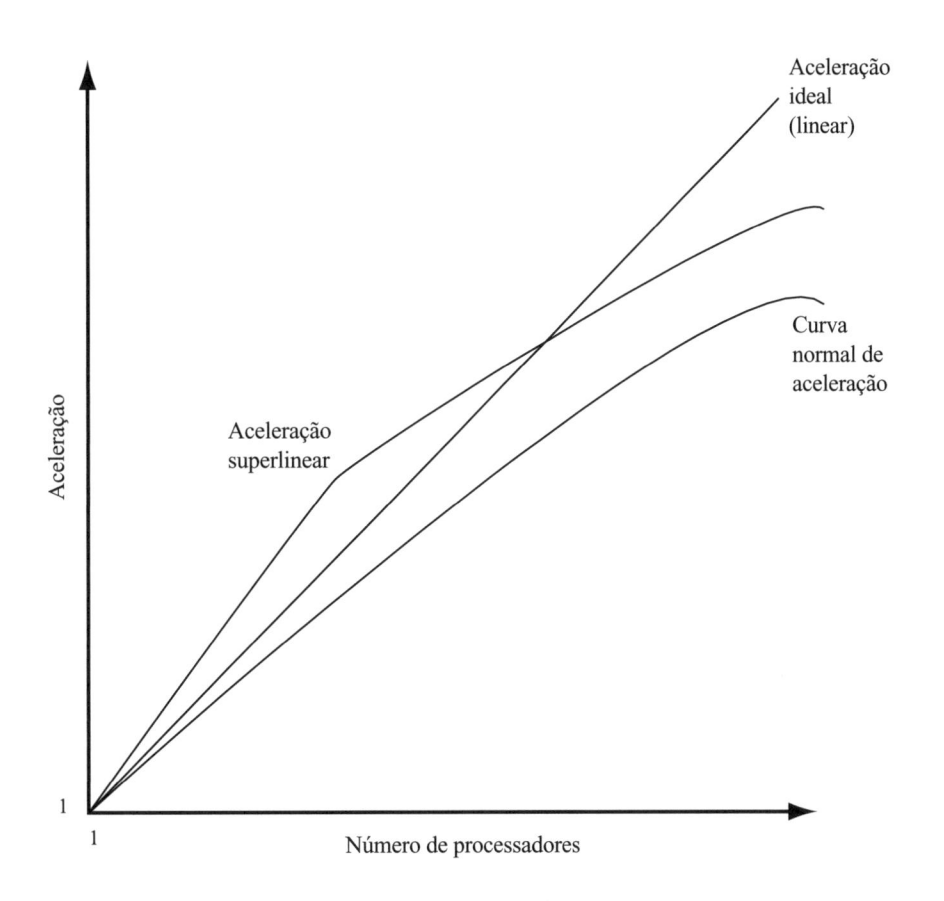

Fig.12-1   Exemplo de um gráfico de aceleração.

Limitações da Aceleração

Um sistema multiprocessado ideal teria *aceleração linear* – o tempo de execução de um programa em um sistema com n processadores seria $1/n$ do tempo de execução em um sistema com um processador. Esta taxa de aceleração é representada pela linha aceleração ideal (linear) no gráfico de exemplo. Na prática, os sistemas apresentam curvas de aceleração semelhantes à curva normal de aceleração mostrada no gráfico. Quando o número de processadores aumenta, a curva de aceleração diverge da ideal, podendo se tornar horizontal ou mesmo decrescente.

Há várias razões pelas quais os sistemas apresentam uma aceleração sublinear. As três razões mais comuns são:

1. *Comunicação entre processadores* – em um sistema multiprocessado, quando um processador gera (calcula) um valor que é necessário para uma parcela do programa que está sendo executada em outro(s) processador(es), o valor precisa ser comunicado ao(s) processador(es) que necessita(m) dele, o que toma tempo. Em um sistema uniprocessado, todo o programa é executado em um processador, de modo que não existe tempo perdido na comunicação entre processadores.

2. *Sincronização* – uma outra complicação introduzida por multiprocessadores é a necessidade de sincronizar os processadores para garantir que eles tenham completado uma mesma fase do programa antes que qualquer processador comece a trabalhar na próxima fase do programa. Por exemplo, programas que simulam fenômenos físicos, como fluxo de ar sobre um objeto, geralmente dividem o tempo em passos de duração fixa e exigem que todos processadores tenham completado a sua simulação de uma dada fatia de tempo antes que qualquer processador possa prosseguir para a próxima fatia de tempo, de modo que a simulação da próxima fatia de tempo possa ser baseada nos resultados da simulação da fatia de tempo atual. Esta sincronização exige comunicação entre processadores, introduzindo um ônus que não é encontrado em sistemas uniprocessados.

3. *Distribuição da carga* – em muitas aplicações paralelas, é difícil dividir o programa através dos processadores, de modo que cada parte do trabalho de um processador dure o mesmo tempo. Quando isto não é possível, alguns dos processadores terminam as suas tarefas mais cedo e, então, ficam ociosos esperando que os outros terminem. Esta distribuição não uniforme de tarefas através dos processadores aumenta o tempo geral de execução, por que os processadores não estão todos em uso, o tempo todo.

Em geral, quanto maior o tempo necessário para fazer a comunicação entre os processadores, menor a aceleração que os programas que estão sendo executados no sistema irão atingir. Obviamente, a latência da comunicação entre processadores afeta o tempo necessário para comunicar os dados entre as partes do programa que estão sendo executados em cada processador. Isto também afeta o tempo necessário para a sincronização, porque é implementada a partir de uma seqüência de comunicações entre processadores. Em geral, a distribuição da carga não é afetada pelo tempo de comunicação entre processadores, mas sistemas com baixas latências de comunicação podem tirar proveito de algoritmos que distribuem dinamicamente a carga de uma aplicação, movendo o trabalho de um processador que está demorando mais para completar a sua parte do programa para outros processadores, de modo que nenhum fique ocioso em momento algum. Sistemas com latências de comunicação maiores tiram menos benefícios destes algoritmos porque é a latência da comunicação que determina quanto tempo demora para mover uma unidade de trabalho de um processador para outro.

Aceleração Superlinear

Na seção anterior, declaramos que a aceleração ideal em um sistema multiprocessado era igual ao número de processadores no sistema. Em geral isto é verdade, mas alguns programas exibem uma *aceleração superlinear*, atingindo uma aceleração maior do que *n* em sistemas com *n* processadores. Acelerações superlineares ocorrem por que os programas algumas vezes são mais eficientes em sistemas multiprocessados do que em sistemas uniprocessados, permitindo que cada processador em um multiprocessador com *n* processadores complete a sua parte do programa em menos do que $1/n$ do tempo de execução de um programa em um uniprocessador.

Há duas razões comuns pelas quais os programas atingem uma aceleração superlinear:

1. *Tamanho de* cache *aumentado* – em um multiprocessador, freqüentemente cada processador tem tanta memória *cache* associada a ele quanto um único processador em um uniprocessador. Assim, o total de memória *cache* em multiprocessadores é freqüentemente maior do que o total de memória *cache* em um uniprocessador. Quando um programa cujos dados não cabem na *cache* de um uniprocessador é executado em um multiprocessador, os dados necessários para a parte do programa que é executada em cada processador pode caber na *cache* daquele processador, reduzindo a latência média de memória e melhorando o desempenho. Se o uniprocessador com o qual o multiprocessador está sendo comparado tivesse tanta memória *cache* quanto a memória *cache* total no multiprocessador, o programa não apresentaria aceleração superlinear.

2. *Estrutura melhor* – alguns programas fazem menos trabalho quando executados em multiprocessadores do que quando executados em um único processador, permitindo-lhes atingir acelerações superlineares. Por exemplo, programas que procuram a melhor resposta para um problema examinando todas as possibilidades algumas vezes exibem aceleração superlinear porque a versão para multiprocessadores examina as possibilidades em uma ordem diferente, uma que permita excluir mais possibilidades sem examiná-las. Como a versão multiprocessada precisa examinar menos possibilidades do que o programa uniprocessado, ela pode completar a pesquisa com uma aceleração maior do que linear. Rescrever o programa uniprocessado para examinar as possibilidades na mesma ordem executada por um programa multiprocessado melhoraria o seu desempenho, fazendo com que a aceleração obtida pela versão multiprocessada voltasse a apresentar uma característica linear ou sublinear.

12.4 MULTIPROCESSADORES

Multiprocessadores consistem de um conjunto de processadores ligados por uma rede de comunicações, como ilustrado na Fig. 12-2. Para melhorar a eficiência, os primeiros multiprocessadores freqüentemente utilizavam processadores que haviam sido projetados especificamente para esta utilização. Nos útimos anos isto mudou e a maioria dos multiprocessadores atuais utilizam os mesmos processadores encontrados em sistemas uniprocessadores contemporâneos, tirando vantagem da redução do preço de processadores devido ao maior volume de vendas. À medida que o número de transistores em um *chip* aumenta, os recursos necessários para suportar sistemas multiprocessados estão sendo integrados nos processadores projetados inicialmente desenvolvido para o mercado de monoprocessadores, permitindo, assim, que multiprocessadores baseados nesses mesmos processadores sejam mais eficientes.

O projeto da rede de interconexão para multiprocessadores é um tópico complexo que está além do escopo deste livro. Neste capítulo, trataremos a rede de interconexão como uma "caixa-preta" que permite que qualquer processador se comunique com qualquer outro processador, ignorando os detalhes de como isto foi feito.

Os multiprocessadores podem ter sistemas de memória centralizada ou distribuída. Em um sistema de memória centralizada, como indicado na Fig. 12-3, existe um sistema de memória para todo o multiprocessador, e as referências à memória, por parte de todos os processadores, vão para aquele sistema de memória. Em um sistema de memória distribuída, como indicado na Fig. 12-4, cada processador tem o seu próprio sistema de memória, a qual ele pode acessar diretamente. Para obter dados que estão armazenados na memória de outro processador, é necessário realizar uma operação de comunicação para solicitar os dados.

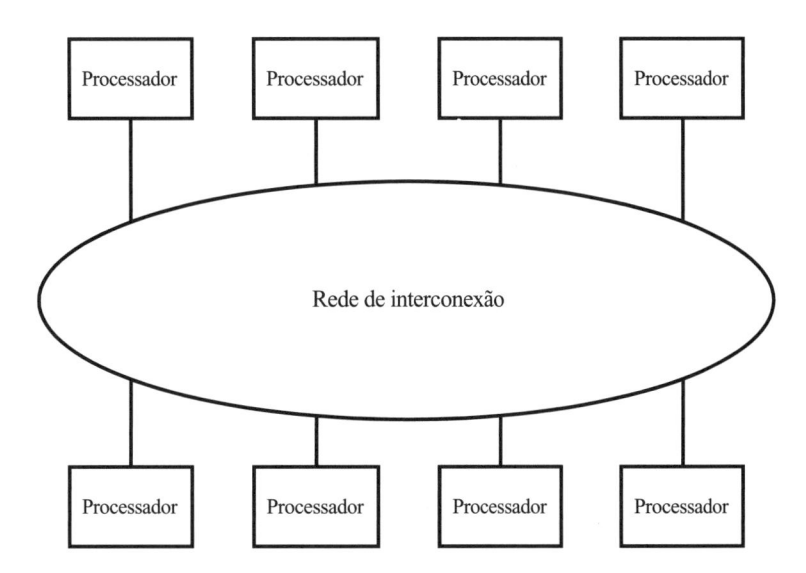

Fig. 12-2   Multiprocessador básico.

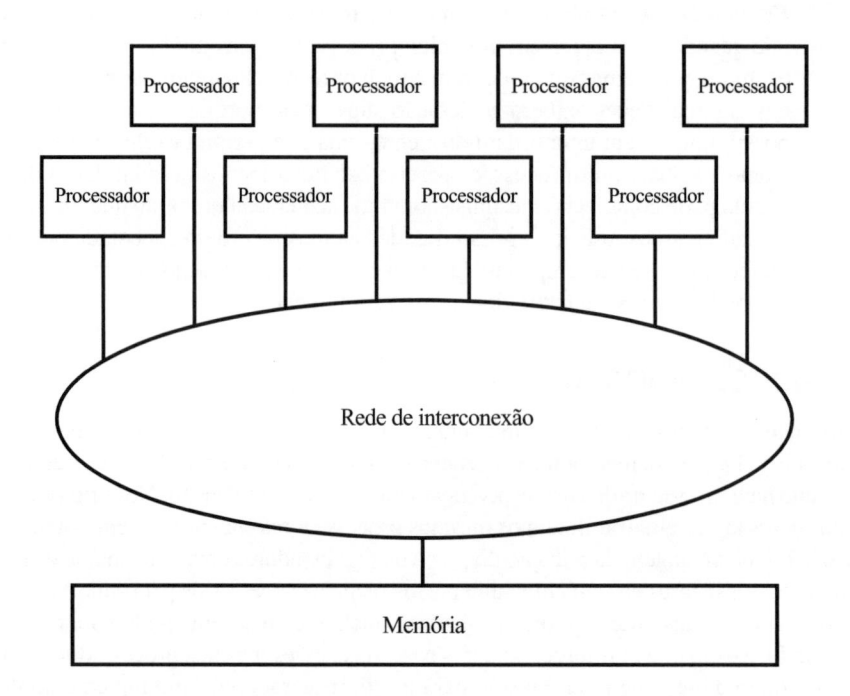

Fig. 12-3   Multiprocessador com memória centralizada.

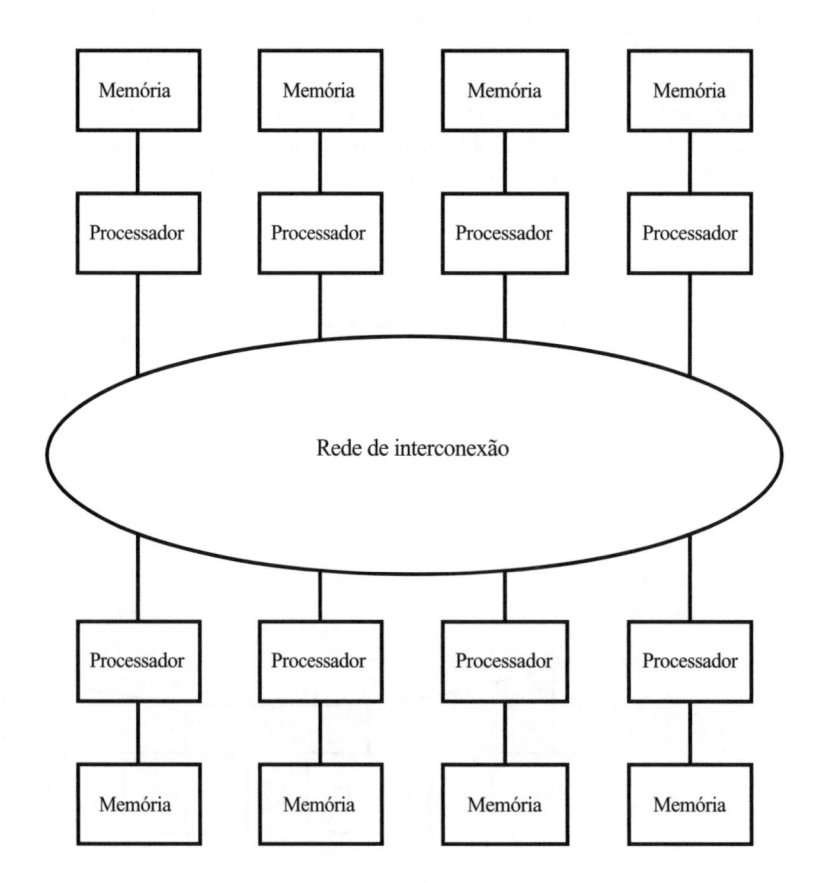

Fig. 12-4   Multiprocessador com memória distribuída.

Sistemas de memória centralizada têm a vantagem de ter todos os dados na memória sendo acessados por qualquer processador e não tendo o problema de existir múltiplas cópias de um mesmo dado. No entanto, a largura de banda do sistema de memória centralizada não cresce propocionalmente ao número de processadores na máquina, e a latência da rede de interconexão é somada à latência de cada referência à memória. Para resolver essas limitações, muitos multiprocessadores com memória centralizada fornecem uma *cache* local para cada processador e só enviam, sobre a rede de interconexão, para a memória principal, solicitações que tenham ocasionado uma falta na *cache* do processador. Solicitações que tenham um acerto na *cache* são tratadas rapidamente e não trafegam sobre a rede de interconexão, reduzindo a quantidade de dados que a mesma tem que transportar e permitindo que a memória principal suporte mais processadores. No entanto, mais de uma *cache* pode ter uma cópia de uma dada posição de memória, criando o mesmo problema de coerência que ocorre em sistemas de memória distribuída.

Sistemas de memória distribuída oferecem a vantagem de que cada processador tem o seu próprio sistema de memória local. Isto significa que existe uma maior largura de banda total no sistema de memória do que em um sistema de memória centralizada, e a latência para completar uma solicitação à memória é menor, porque cada memória de um processador está localizada fisicamente próxima a ele. No entanto, estes sistemas têm a desvantagem de que apenas alguns dos dados na memória podem ser acessados diretamente por processador, uma vez que um processador só pode ler ou escrever no seu sistema de memória local. Acessar os dados na memória de um outro processador exige uma comunicação através da rede de interconexão. Além disto, existe a possibilidade de que duas ou mais cópias de um determinado dado possam existir em memórias de processadores diferentes, fazendo com que diferentes processadores tenham valores diferentes para a mesma variável. Isto é chamado de problema de *coerência* e é uma fonte importante de complexidade em sistemas de memória compartilhada, que serão discutidos na Seção 12.6. Sistemas de troca de mensagens, que são cobertos na Seção 12.5, não têm um problema tão sério com a coerência como os sistemas de memória compartilhada, porque eles não permitem que os processadores leiam e escrevam diretamente dados contidos nas memórias de outros processadores.

Os sistemas de memória centralizada são freqüentemente o melhor projeto quando o número de processadores em um sistema é pequeno. Para estes sistemas, um único sistema de memória pode ser capaz de ir ao encontro das exigências de largura de banda dos processadores, especialmente se cada processador possuir uma memória *cache* local. Quando um sistema de memória centralizada é capaz de fornecer a largura de banda necessária aos processadores, a redução na complexidade do projeto e da programação, que vêm do fato de não se ter que gerenciar várias memórias independentes, é um argumento forte a favor deste tipo de sistema de memória. À medida que o número de processadores cresce, torna-se impossível que um sistema de memória centralizada vá ao encontro das necessidades de largura de banda dos processadores, tornando-se necessário utilizar um sistema de memória distribuída. Sistemas de memória distribuída também são utilizados quando a latência da rede de interconexão é grande o suficiente para que o uso de um sistema de memória centralizada torne as latências de memória inaceitavelmente longas, mesmo se o sistema de memória centralizada vá ao encontro das necessidades de largura de banda dos processadores.

12.5 SISTEMAS BASEADOS EM TROCA DE MENSAGENS

Há dois principais modelos de programação para sistemas multiprocessados: memória compartilhada e troca de mensagens. Em sistemas de memória compartilhada, o próprio sistema de memória oferece, de forma implícita, a comunicação entre os processadores, permitindo que todos os processadores vejam os dados escritos por qualquer processador. Em contraste, os sistemas de troca de mensagens comunicam-se através de mensagens explícitas. Para enviar uma mensagem, um processador executa uma operação explícita SEND(dados, destino), geralmente uma chamada de procedimento, que instrui o *hardware* a enviar os dados especificados para o processador de destino. Mais tarde, o processador de destino executa uma operação RECEIVE(*buffer*) para copiar os dados enviados para o *buffer* especificado, tornando-os disponíveis para uso. Se o processador responsável por enviar os dados não tiver executado a operação SEND antes que a operação RECEIVE seja executada, a operação RECEIVE espera que a operação SEND seja completada, forçando a ordem das operações SEND e RECEIVE. Este processo é ilustrado na Fig. 12-5.

Em sistemas de troca de mensagens, cada processador tem o seu próprio espaço de endereçamento, e os processadores não podem ler ou escrever dados contidos no espaço de endereçamento de outro processador. Por causa disto, muitos sistemas de troca de mensagens são implementados como máquinas de memória distribuída, uma vez que eles podem tirar proveito dos benefícios de latência ao associar uma memória com cada processador, sem a complexidade de ter que permitir que os processadores acessem as memórias uns dos outros.

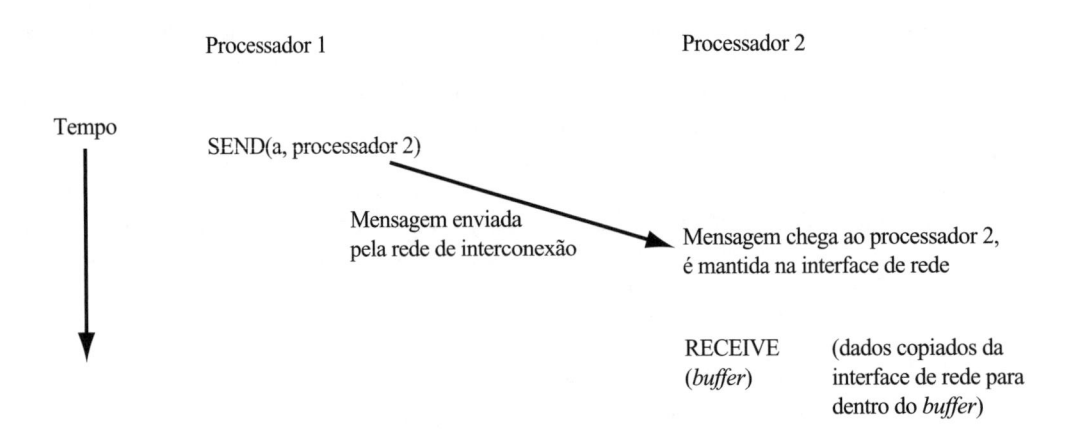

```
                Processador 1                          Processador 2

Tempo       SEND(a, processador 2)

                    Mensagem enviada
                    pela rede de interconexão  →  Mensagem chega ao processador 2,
                                                  é mantida na interface de rede

                                                  RECEIVE      (dados copiados da
                                                  (buffer)      interface de rede para
                                                                dentro do buffer)
```

Fig. 12-5   Troca de mensagens.

12.6 SISTEMAS DE MEMÓRIA COMPARTILHADA

Em sistemas de memória compartilhada a comunicação é implícita, ao invés de explícita. Tais sistemas fornecem um espaço de endereçamento único que todos os processadores podem ler e escrever. Quando um processador escreve em uma posição no espaço de endereçamento, quaisquer leituras subseqüentes daquela posição, por qualquer processador, vêem o resultado da escrita, como ilustrado na Fig. 12-6. O sistema executa todos os procedimentos necessários para fazer com que as operações de memória sejam visíveis por todos processadores.

```
Tempo       Processador 1                  Processador 2

            ST a, #7

                                            LD r3, a
            (Sistema de memória envia valor
            de a para o processador 2)
                                            r3 = 7
```

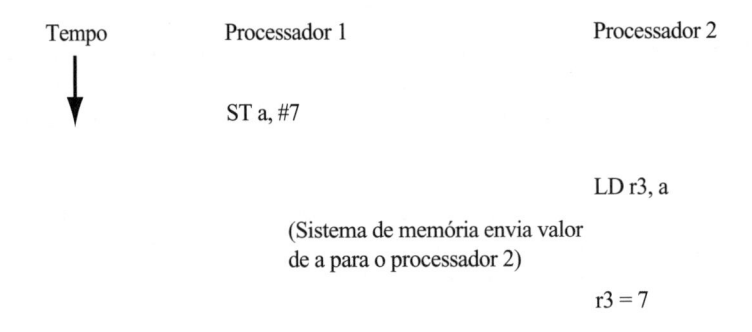

Fig. 12-6   Exemplo de memória compartilhada.

Modelos de Consistência de Memória

Muito da complexidade envolvida no projeto de um sistema de memória compartilhada vem do fato de que o multiprocessador precisa apresentar a ilusão de que existe um único sistema de memória, independentemente do fato de que existem várias memórias físicas na máquina. Os multiprocessadores de memória compartilhada podem ser implementados com sistemas de memória centralizada ou distribuída, mas, em ambos os casos, terão memórias *caches* associadas a cada processador, reduzindo a latência de memória e criando a possibilidade de que várias cópias de um determinado dado existam em diferentes *caches*. O sistema de memória compartilhada é responsável por especificar as condições sob as quais várias cópias de um dado podem existir, de modo que os programadores possam escrever programas que sejam executados corretamente.

O *modelo de consistência de memória* de um multiprocessador define quando as operações de memória executadas em um processador se tornam visíveis para outros processadores. O mais comumente utilizado é o modelo de *consistência forte*, o qual determina que o sistema de memória aja exatamente como se houvesse apenas uma memória no computador, a qual diferentes processadores usam alternadamente. A maioria dos outros modelos de consistência implementam várias formas de *consistência fraca*, permitindo que diferentes processadores tenham diferentes valores para um determinado dado, até que o programa solicite que todas as memórias tornem-se coerentes.

Consistência Forte

Em sistemas que fornecem consistência forte (também chamada de consistência seqüencial), o sistema de memória pode executar em paralelo várias operações na memória, entretanto o resultado obtido deve ser o mesmo se essas operações tivessem sido executadas em um sistema de memória único compartilhado por todos os processadores, como ilustrado na Fig. 12-7. Propiciar consistência forte em um multiprocessador com memória compartilhada geralmente torna mais fácil programar o sistema, porque os dados escritos por qualquer operação de memória torna-se imediatamente visível para todos os processadores no sistema. Em contraste, sistemas com consistência fraca podem exigir mais esforço do programador, mas eles freqüentemente alcançam um desempenho melhor do que sistemas com consistência forte, porque o modelo de consistência fraca permite que mais operações de memória sejam executadas em paralelo.

Para implementar a consistência forte, o sistema de memória precisa satisfazer duas exigências:

1. Os resultados de um programa em qualquer processador tem que ser os mesmos, como se as operações de memória no programa tivessem ocorrido na ordem em que elas aparecem no programa.

2. Os resultados de quaisquer operações de memória têm que ser os mesmos, como se elas tivessem ocorrido em alguma ordem seqüencial. Essencialmente, isto significa que se um processador enxerga duas operações de memória ocorrendo em uma ordem em especial, todos os demais processadores têm que enxergar estas operações ocorrendo nessa mesma ordem.

A consistência forte permite que referências a diferentes endereços ocorram em paralelo, pois executar referências em paralelo para endereços diferentes dá os mesmos resultados como se elas tivessem sido executadas seqüencialmente. Várias leituras para o mesmo endereço também podem ocorrer em paralelo, porque elas retornarão o mesmo resultado, independentemente de terem sido executadas em paralelo ou seqüencialmente. No entanto, leituras e escritas para um endereço, ou várias escritas para um endereço, têm que ser serializadas, de modo que cada escrita possa ser vista como tendo sido executada em um tempo específico.

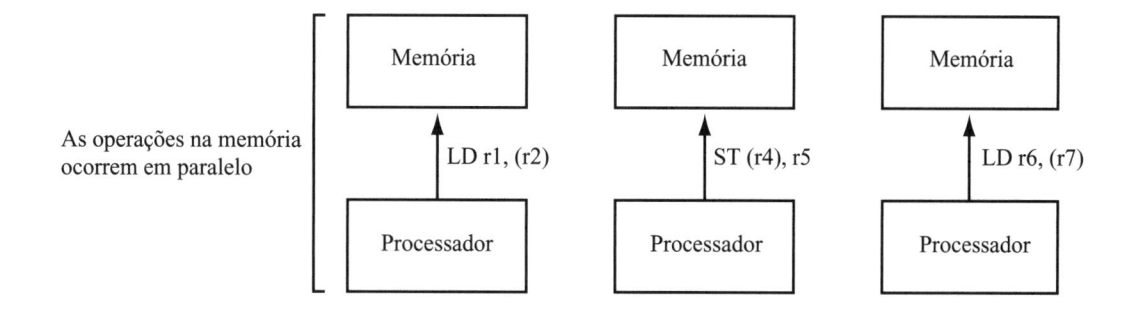

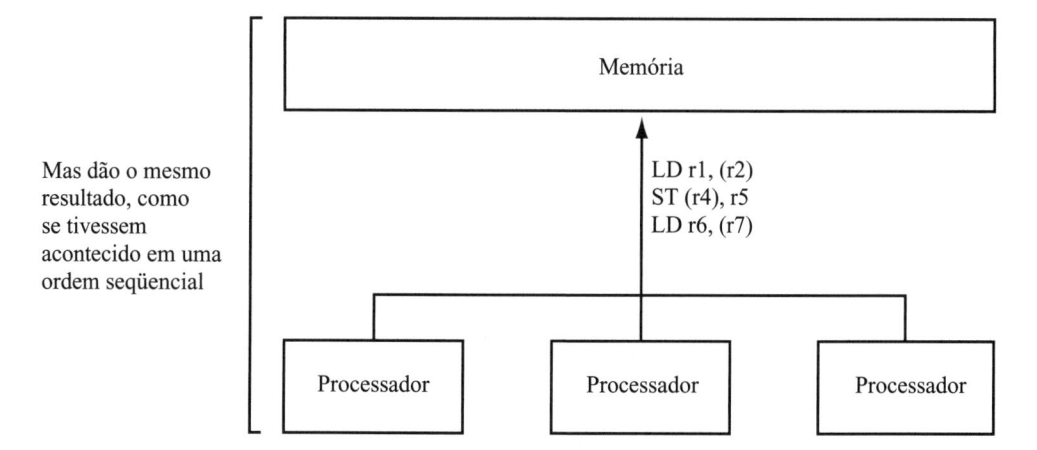

Fig. 12-7 Modelo de consistência forte.

Coerência de *Cache*

O *protocolo de coerência de cache* de um multiprocessador com memória compartilhada define como os dados podem ser compartilhados e replicados através dos processadores. Enquanto que o modelo de consistência de memória define quando os programas que estão sendo executados nos processadores verão as operações executadas em outros processadores, o protocolo de coerência de *cache* define o conjunto específico de ações que são executadas para manter coerente a visão que cada processador tem do sistema de memória. Geralmente, os protocolos de coerência de *cache* operam sobre uma linha de *cache* de dados distribuindo-a, quando necessário, entre os processadores, em vez de enviar uma única palavra.

Os protocolos de coerência de *cache* podem ser divididos em duas categorias: baseados em invalidação e baseados em atualização. Em um protocolo baseado em invalidação, como ilustrado na Fig. 12-8, permite-se que vários processadores tenham cópias apenas de leitura de uma mesma linha de *cache*. Se um processador possuir uma cópia de uma dada linha para escrita, os demais processadores não podem possuir para leitura cópia dessa mesma linha. Quando um processador quer escrever uma linha, da qual um ou mais processadores têm cópias (seja apenas de leitura ou de escrita), a linha é *invalidada*, forçando todos os processadores que atualmente têm cópias da linha a desistirem das suas cópias, de modo que o processador que faz a solicitação possa obter uma cópia no estado apropriado.

Protocolos baseados em atualização, como ilustrado na Fig. 12-9, permitem que vários processadores tenham cópias para escrita de uma linha que pode ser escrita. Quando um processador escreve uma linha, da qual um ou mais processadores tem cópias, ocorre uma *atualização*, transmitindo-se o novo valor dos dados dentro da linha para todos processadores que a estão compartilhando. Dependendo da aplicação, tanto o protocolo baseado em invalidação, quanto o baseado em atualização, podem fornecer o melhor desempenho.

Os protocolos baseados em invalidação geralmente fornecem um desempenho melhor em aplicações que possuem uma grande localização de dados, porque os protocolos baseados em atualização exigem uma comunicação cada vez que uma linha compartilhada é escrita. Os protocolos baseados em invalidação só incorrem em comunicação quando um processador que não tem uma cópia de uma linha precisa fazer acesso a essa, ou quando um processador com uma cópia apenas de leitura de uma linha precisa escrever nela. Isso pode resultar em custos de comunicação mais baixos, se os processadores executam muitas operações de memória entre o tempo no qual eles inicialmente acessam uma linha e o tempo em que um outro processador acessa esta linha.

Em contraste, protocolos baseados em atualização podem atingir desempenhos melhores em programas onde um processador repetidamente atualiza um dado que é lido por muitos outros processadores. Neste caso, pode ser mais eficiente enviar cada novo valor do dado para todos processadores que precisam dele do que invalidar todas as cópias da linha que contém o dado, cada vez que ele é escrito.

Eventos	Processador 1	Processador 2	Processador 3
Início	Sem cópia	Sem cópia	Sem cópia
Processador 1 lê linha	Cópia apenas de leitura	Sem cópia	Sem cópia
Processador 2 lê linha	Cópia apenas de leitura	Cópia apenas de leitura	Sem cópia
Processador 3 escreve linha (as outras cópias são invalidadas)	Sem cópia	Sem cópia	Cópia que pode ser escrita
Processador 2 lê linha	Sem cópia	Cópia apenas de leitura	Cópia apenas de leitura

Fig. 12-8 Protocolo de coerência de cache *baseado em invalidação.*

Eventos	Processador 1	Processador 2	Processador 3
Início	Sem cópia	Sem cópia	Sem cópia
Processador 1 lê linha	Cópia que pode ser escrita	Sem cópia	Sem cópia
Processador 2 lê linha	Cópia que pode ser escrita	Cópia que pode ser escrita	Sem cópia
Processador 3 escreve linha (atualizações são enviadas para os processadores 1 e 2)	Cópia que pode ser escrita	Cópia que pode ser escrita	Cópia que pode ser escrita
Processador 2 lê linha (vê o valor escrito pelo processador 3)	Cópia que pode ser escrita	Cópia que pode ser escrita	Cópia que pode ser escrita

Fig. 12-9   Protocolo de coerência de cache *baseado em atualização.*

Protocolo MESI

O protocolo MESI é um protocolo de coerência de *cache* baseado em invalidação, comumente utilizado. No MESI, é designado, a cada linha dentro da *cache* de um processador, um de quatro estados, de modo a manter o controle sobre quais *caches* têm cópias da linha: modificado, exclusivo, compartilhado ou inválido.* O estado inválido significa que o processador não tem uma cópia da linha. Qualquer acesso à linha exigirá que o sistema de memória compartilhada envie uma mensagem de solicitação à memória que contém a linha, para obter uma cópia. O estado compartilhado significa que dois ou mais processadores possuem cópias de uma mesma linha. O processador pode ler a linha, mas qualquer tentativa de escrita exige que as outras cópias dessa linha sejam invalidadas. Se uma linha está no estado exclusivo, o processador é o único que tem uma cópia da linha, porém ele não efetuou ainda alteração alguma na mesma. O estado modificado significa que o processador é o único que possui uma cópia de uma linha e realizou alguma alteração nessa. Tanto no estado exclusivo quanto no modificado, o processador pode livremente ler e escrever a linha.

O MESI distingue entre os estados exclusivo e modificado, de modo que o sistema possa saber onde está armazenado o valor mais recente de uma linha. Se uma linha é exclusiva na *cache* de um processador, a cópia da linha na memória principal está atualizada e o processador pode simplesmente descartar a linha, se ele precisa invalidá-la. Se ela está modificada, o processador tem o valor mais recente da linha e ele precisa escrever a linha de volta na memória principal, quando for invalidada. A Fig. 12-10 mostra as transições de estado no protocolo MESI.

Sistemas de Memória Compartilhada Baseados em Barramento

Um projeto comum para sistemas de memória compartilhada é o sistema baseado em barramento, mostrado na Fig. 12-11. Nestes sistemas, um barramento é utilizado como rede de interconexão entre os processadores e o sistema centralizado de memória. Sistemas de memória compartilhada baseados em barramento, são utilizados porque o barramento permite que um número variável de processadores comuniquem-se uns com os outros sem modificar o *hardware*. Além disso, o barramento torna fácil implementar os mecanismo de coerência de *cache*. Sua principal desvantagem é que a largura de banda disponível sobre o barramento não cresce à medida que cresce o número de processadores no sistema, tornando-o inadequado para multiprocessadores com mais do que uns poucos processadores.

---

* N. de R. T. Em inglês *modified, exclusive, shared* e *invalid*, respectivamente; as primeiras letras de cada palavra formam a sigla MESI.

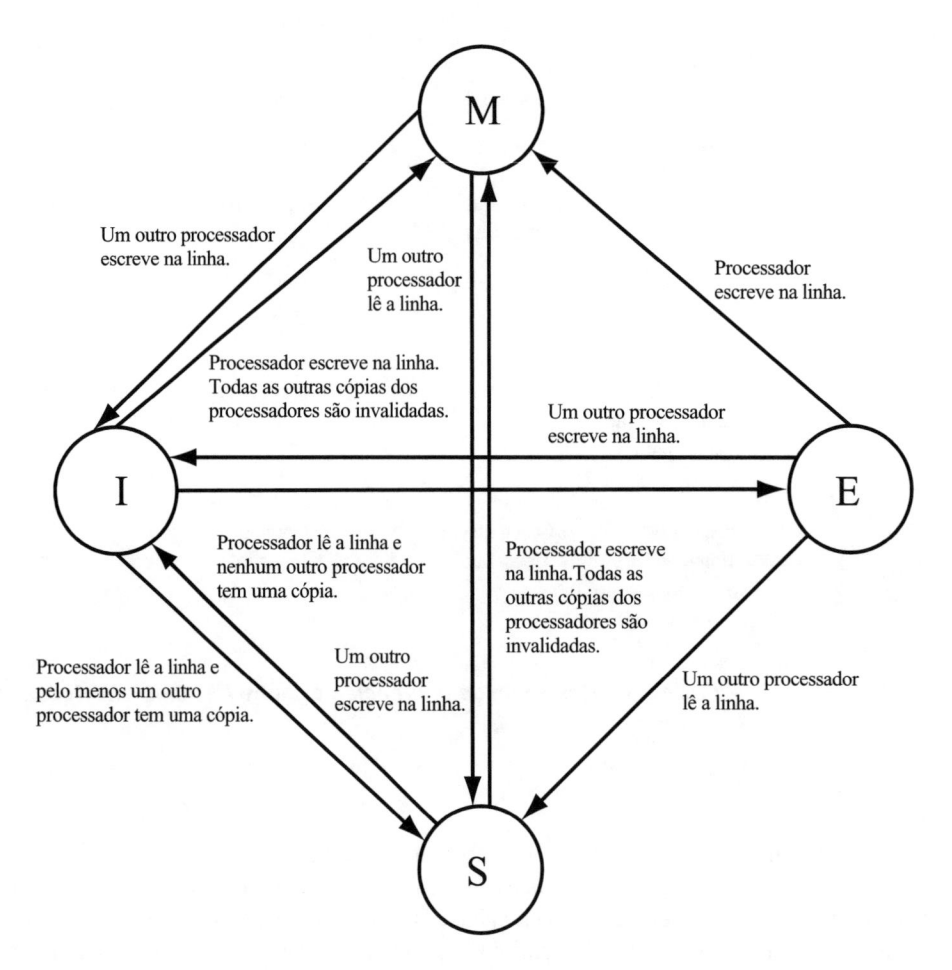

Fig. 12-10 Protocolo MESI.

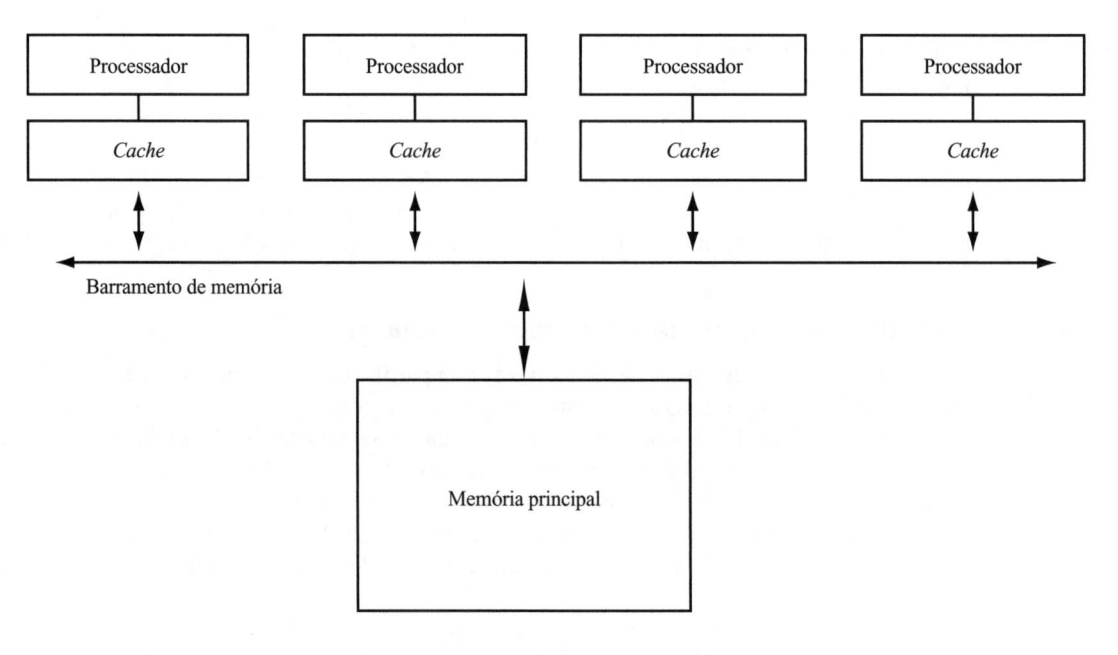

Fig. 12-11 Sistema de memória compartilhada baseado em barramento.

É fácil manter a coerência de *cache* em um multiprocessador baseado em barramento porque cada processador no sistema pode observar o estado do barramento de memória, permitindo que ele veja quaisquer solicitações que os outros processadores façam à memória principal. Isto é chamado de espionagem da *cache* (*cache snooping*), porque todas as *caches* observam as atividades dos outros processadores. Quando um processador faz uma referência à memória, para um endereço que está contido na *cache* de outro processador, o outro processador pode ver a solicitação, responder com os dados solicitados e modificar apropriadamente o estado da sua cópia, sem sequer envolver a memória principal. Assim, referências à memória em um sistema de memória compartilhada baseado em barramento podem ser completadas mais rapidamente se outro processador possuir uma cópia da linha solicitada, do que se a linha tiver que ser lida a partir da memória principal.

Sincronização

Um problema com sistemas de memória compartilhada é que existe pouca ordenação de operações entre os processadores. Em sistemas baseados em troca de mensagens, um processador que conclui uma operação de RECEIVE sabe que um outro processador executou a operação SEND correspondentemente, pois um RECEIVE só pode ser completado com a prévia realização de um SEND. Em sistemas de memória compartilhada, referências à memória podem acontecer a qualquer instante, de modo que os programas precisam executar operações de sincronização explícitas quando for necessário que as operações ocorram em uma ordem em especial.

Existem duas operações comuns de sincronização: *barreiras* e *locks*. Uma barreira atua como um ponto de encontro entre os processadores. Um processador só pode prosseguir através de uma barreira quando todos os outros processadores tiverem atingidos essa barreira. Elas são úteis quando um programa é executado em fases que precisam ser completadas antes que a próxima fase possa começar. Por exemplo, uma simulação paralela de uma aplicação meteorológica pode utilizar barreiras para garantir que todos os processadores tenham finalizado a simulação de um determinado período antes de inicializar o cálculo do próximo.

Os *locks* garantem que apenas um processador por vez tenha acesso a uma dada variável ou execute um dado procedimento. Quando um processador executa uma opeação de *lock*, ele pára a execução até que o acesso à variável, ou procedimento, seja liberado e ele possa continuar sua execução a partir desse ponto. Após concluir o acesso, o processador realiza uma operação de liberação do *lock* para permitir que outro processador tenha acesso a essa variável ou procedimento.

Existem diversas implementações de barreiras e *lock*, cada uma se adequando melhor a uma ou outra arquitetura de multiprocessador. A escolha que um programador faz sobre como implementar operações de sincronização e onde as operações de sincronização devem ser colocadas em um programa tem um grande impacto em seu desempenho e este é um dos mais significativos desafios de aprender a programar multiprocessadores de forma eficiente.

12.7 COMPARANDO MEMÓRIA COMPARTILHADA E TROCA DE MENSAGENS

É provável que, em um futuro próximo, os sistemas de memória compartilhada e a troca de mensagens continuem a ser os paradigmas de comunicação dominantes em multiprocessadores. Cada abordagem tem as suas vantagens e desvantagens, o que impede que um método seja dominante sobre o outro. A vantagem mais significativa de sistemas de memória compartilhada é que o próprio sistema trata a comunicação, tornando possível escrever um programa em paralelo, sem considerar quando os dados devem ser comunicados de um processador para outro. No entanto, para atingir bom desempenho, o programador precisa considerar como os dados são utilizados pelos processadores, de modo a minimizar a comunicação entre processadores (solicitações, invalidações e atualizações). Isto é especialmente verdadeiro em sistemas de memória compartilhada baseados em memória distribuída, porque o programador também precisa pensar sobre qual memória, de qual processador, deve ter a cópia principal de uma parte dos dados.

O lado negativo dos sistemas de memória compartilhada é a capacidade limitada que o programador tem de controlar a comunicação entre processadores, uma vez que toda a comunicação é tratada pelo sistema. Em muitos sistemas, transferir um grande bloco de dados entre processadores é mais eficiente se isto for feito como uma única comunicação, o que não é possível em sistemas de memória compartilhada, uma vez que o *hardware* controla a quantidade de dados que é transferida por vez. O sistema também controla quando a comunicação acontece, tornando difícil enviar dados para um processador que irá precisar deles mais tarde, de modo a evitar que o processador tenha que solicitar os dados e, então, esperar por eles.

Sistemas baseados em troca de mensagens podem atingir uma eficiência maior do que sistemas de memória compartilhada ao permitir que o programador controle a comunicação entre processadores, mas isto tem o custo de exigir que o programador especifique toda a comunicação, explicitamente, dentro do programa. Ao controlar a comunicação pode-se melhorar a eficiência, já que os dados podem ser divulgados tão logo sejam disponibilizados, ao invés de quando eles são necessários. Outro ponto favorável à eficiência é a possibilidade de adequar a quantidade de dados transferidos de acordo com as necessidades específicas de uma ou outra aplicação; e não mais em função do tamanho da linha de dados da *cache* do sistema sobre o qual a aplicação está sendo executada. Além disto, sistemas baseados em troca de mensagens exigem menos operações de sincronização do que sistemas de memória compartilhada, porque as operações SEND e RECEIVE fornecem, por elas mesmas, grande parte da sincronização necessária.

Em geral, sistemas baseados em troca de mensagens são muito atrativos para cálculos científicos, porque a estrutura regular dessas aplicações torna mais fácil determinar quais dados devem ser transferidos entre processadores. Sistemas de memória compartilhada são mais adequados para aplicações irregulares, por causa da dificuldade de determinar, na ocasião em que o programa é escrito, qual comunicação é necessária. Como cada modelo de programação é mais apropriado para um diferente conjunto de aplicações, muitos processadores estão começando a fornecer suporte, no mesmo sistema, tanto para a troca de mensagens quanto para a memória compartilhada. Isto permite que os programadores escolham o modelo de programação de melhor adequação à sua aplicação. Permite também uma *paralelização incremental*, isto é, a fim de reduzir o tempo de implementação, um programa é inicialmente desenvolvido baseado em um módulo de memória compartilhada e, após estar funcionando, ser transformado pouco a pouco em um modelo baseado em troca de mensagens. Essa técnica é baseada na identificação de pontos críticos de sincronização e compartilhamento de dados e de sua substituição por comunicações via troca de mensagens. O esforço adicional de programação é compensado pelo ganho de desempenho.

12.8 RESUMO

Este capítulo forneceu uma introdução aos multiprocessadores, que são sistemas que combinam vários processadores visando melhorias de desempenho. O desempenho de um único processador é limitado pela tecnologia de fabricação subjacente, e os multiprocessadores oferecem uma técnica para aumentar a velocidade além deste limite, apesar do aumento significativo do custo do *hardware*. O desempenho de multiprocessadores é normalmente medido pela aceleração do multiprocessador em relação a um sistema de um único processador. A aceleração ideal de um multiprocessador é igual ao número de processadores no sistema; embora a maioria dos programas apresente acelerações menores do que esta devido aos custos de comunicação, sincronização e distribuição de carga. Alguns programas atingem acelerações superlineares por serem mais eficientes em multiprocessadores do que eles são em uniprocessadores.

Os dois principais modelos de programação para multiprocessadores são troca de mensagens e memória compartilhada. Para comunicar dados entre processadores, os sistemas baseados em troca de mensagens exigem que o programador insira operações SEND e RECEIVE explícitas no programa, enquanto que sistemas de memória compartilhada mantém um espaço de endereçamento compartilhado que permite que qualquer processador veja os dados escritos por outro processador. Sistemas baseados em troca de mensagens são freqüentemente mais eficientes do que sistemas de memória compartilhada, mas programas de memória compartilhada geralmente exigem menos esforços de implementação do que programas que utilizam troca de mensagens.

Sistemas multiprocessados são uma área de pesquisa ativa. Os esforços de pesquisa estão focalizados na redução dos custos de comunicação e de sincronização, de modo a melhorar o desempenho, e no desenvolvimento de técnicas de programação que reduzam o esforço necessário para atingir boas acelerações.

Problemas Resolvidos

Custos de Comunicação e Sincronização

12.1 Explique por que os custos de sincronização e comunicação podem fazer com que muitos programas nos multiprocessadores atinjam acelerações sublinear.

Solução

Uma forma de ver isto é que os custos de sincronização e comunicação são um trabalho adicional que a versão paralela do programa tem que fazer e que a versão seqüencial (um processador) não tem. Assim, o trabalho total que uma versão multiprocessada de um programa tem que fazer é a soma do trabalho que o programa seqüencial tem que fazer mais os tempos de sincronização e comunicação. Quando este trabalho total é dividido entre os n processadores de um multiprocessador, cada processador tem que fazer mais trabalho do que $1/n$ do programa original, de modo que aceleração total é menor do que n.

Distribuição de Carga

12.2 Explique por que uma distribuição de carga pobre conduz a uma aceleração sublinear.

Solução

Em um multiprocessador, um programa não termina até que cada processador tenha completado a sua parte do programa global. Se um programa tem a sua carga mal distribuída, alguns dos processadores podem ter mais trabalho a fazer, de modo que eles demoram mais para completar a sua parte do programa do que demorariam se o trabalho tivesse sido uniformemente dividido, o que significa que o tempo geral de execução do programa é mais longo do que ele poderia ser com uma divisão uniforme do trabalho.

Custo de Sincronização

12.3 Um programa executa, repetidamente, um laço que tem 120 iterações. Cada iteração dura 10.000 ciclos. Em sistemas multiprocessados, são necessários 50.000 ciclos para sincronizar os processadores, uma vez que as iterações do laço tenham sido completadas.

a. Qual é o tempo de execução de cada laço em um sistema uniprocessado?
b. Qual é o tempo de execução de cada laço em um sistema com dois processadores e qual é a aceleração com relação a um sistema uniprocessado?
c. Qual é o tempo de execução de cada laço em um sistema com quatro processadores e qual é a aceleração com relação a um sistema uniprocessado?

Solução

a. 120 iterações × 10.000 ciclos = 1.200.000 ciclos.

b. Em um sistema com dois processadores, cada processador trataria 60 iterações, para um tempo base de execução de 600.000 ciclos. Acrescentando o tempo de comunicação, temos um tempo de execução de 650.000 ciclos e uma aceleração de 1,85.

c. Cada processador executa 30 iterações, para um tempo de execução de 350.000 ciclos e uma aceleração de 3,43.

Tempo de Comunicação

12.4 Assuma os mesmos parâmetros do programa no Problema 12.3, mas ignore o tempo de sincronização. Assuma que cada iteração tem um custo fixo de 500 ciclos por processador presente no sistema (isto é, 1.000 ciclos por iteração em um sistema com 2 processadores, mais 500 ciclos por iteração para cada processador adicional). Qual seria a aceleração se o programa fosse executado em um sistema com dois, quatro ou oito processadores?

Solução

Com dois processadores, cada processador executa 60 iterações. Cada iteração tem um tempo base de execução de 10.000 ciclos, mais 1.000 ciclos, para um tempo total de execução de 660.000 ciclos e uma aceleração de 1,82. Com quatro processadores, cada processador executa 30 iterações e o custo de comunicação por iteração é de 2.000 ciclos, de modo que o tempo de execução é de 360.000 ciclos e a aceleração é de 3,33. Como oito processadores, o tempo de comunicação é de 4.000 ciclos por iteração, são 15 iterações por processador, e o tempo de execução é de 210.000 ciclos. Isto dá uma aceleração de 5,71.

Distribuição de Carga

12.5 Um programa consiste de cinco tarefas que têm tempos de execução de 2.000, 4.000, 6.000, 8.000 e 10.000 ciclos. Não é possível dividir a execução de uma tarefa entre vários processadores, mas não há custos de comunicação ou sincronização. Se as tarefas são distribuídas pelos processadores de modo a obter o menor tempo de execução, qual é a aceleração ao executar o programa em:

a. Dois processadores
b. Quatro processadores
c. Oito processadores

Solução

O tempo de execução do programa em um processador é de 30.000 ciclos, a soma dos tempos de execução das tarefas.

a. A divisão de tarefas mais uniforme entre os processadores dá 16.000 ciclos de trabalho para um processador e 14.000 para o outro, de modo que o tempo de execução nos dois processadores é de 16.000 ciclos, o que dá uma aceleração de 1,875.

b. Em quatro processadores, a distribuição mais uniforme de tarefas atribui 10.000 ciclos de trabalho para um processador, 8.000 para o segundo e 6.000 para cada um dos outros dois. Isto dá um tempo de execução de 10.000 ciclos, para uma aceleração de 3.

c. Em uma máquina com oito processadores, a melhor divisão é atribuir uma tarefa a cada processador (deixando três sem nenhum trabalho a fazer), o que dá um tempo de execução de 10.000 ciclos (limitado pela tarefa mais longa) e uma aceleração de 3.

Aceleração Superlinear

12.6 Um programa faz referência a 280 *KBytes* de dados. Quando executado em multiprocessador, ele apresenta uma aceleração sublinear em dois ou quatro processadores, mas aceleração superlinear em oito. Qual é a explicação mais provável para a aceleração superlinear, se cada processador tem 64 *KBytes* de *cache*?

Solução

A explicação mais provável é a quantidade aumentada de *cache* no sistema multiprocessado. Com um, dois ou quatro processadores, o total de memória *cache* é menor do que a quantidade de dados que está sendo referenciada. Com oito processadores existe um total de 512 *KBytes* de *cache* no sistema, o que é mais do que os 280 *KBytes* de dados referenciados pelo programa. Portanto, todo o conjunto de dados cabe na *cache* dos oito processadores, melhorando o desempenho e permitindo uma aceleração superlinear.

Sistemas Baseados em Troca de Mensagens (I)

12.7 Um programa baseado em troca de mensagens é executado em dois processadores. Neste sistema, o atraso entre quando uma mensagem é enviada até quando ela está disponível para ser recebida no processador de destino é de 1.000 ciclos e demora 500 ciclos para completar uma operação RECEIVE, se a mensagem que estiver sendo recebida estiver disponível.

a. Qual é o menor atraso possível entre quando uma mensagem é enviada e quando o conteúdo da mensagem está disponível para uso pelo programa, no processador de destino?

b. No ciclo 100, o programa que está sendo executado no processador 0 envia uma mensagem ao processador 1. No ciclo 200, o programa que está sendo executado no processador 1 realiza uma operação RECEIVE para receber a mensagem. Quando a operação RECEIVE é completada?

c. Quando seria completada a operação RECEIVE da parte **b** deste exercício, se o programa que está sendo executado no processador 1 realizasse a operação RECEIVE no ciclo 2.000, ao invés de no ciclo 200?

Solução

a. 1.500 ciclos. Demora 1.000 ciclos para que a mensagem chegue ao processador de destino e outros 500 para que ela seja recebida pelo programa que está sendo executado no processador de destino.

b. O modo de abordar este problema é dar-se conta de que a operação RECEIVE é bloqueada até que a mensagem chegue ao processador 1 e, então, ela demora 500 ciclos para ser completada. Uma vez que a mensagem foi enviada no ciclo 100, ela chega ao processador 1 no ciclo 1.100 e a operação RECEIVE é completada no ciclo 1.600.

c. Neste caso, a mensagem ainda chega ao processador 1 no ciclo 1.100, porque ela foi enviada no ciclo 100. No entanto, o programa que está sendo executado no processador 1 espera até o ciclo 2.000 para executar a operação RECEIVE. Uma vez que a mensagem que está sendo recebida já chegou no processador 1 quando a operação RECEIVE é executada, a operação RECEIVE é completada em 500 ciclos, no ciclo 2.500.

Sistemas Baseados em Troca de Mensagens (II)

12.8 Um programa baseado em troca de mensagens, sendo executado em dois processadores, executa a seguinte seqüência de tarefas:

Processador 0	Processador 1
Calcula por 1.000 ciclos	Calcula por 500 ciclos
Recebe mensagem 1	Envia mensagem 1 para o processador 0
Calcula por 2.000 ciclos	Calcula por 500 ciclos
Envia mensagem 2 para o processador 1	Recebe mensagem 2
Calcula por 5.000 ciclos	Calcula por 7.000 ciclos

Qual é o tempo de execução total deste programa (isto é, quando a última tarefa é completada no processador que demora mais)? Utilize os parâmetros de temporização de mensagens do Problema 12.7. Para este problema, assuma que um processador que envia uma mensagem estará ocupado por todos os 1.000 ciclos necessários para que a mensagem alcance o processador de destino.

Solução

A melhor abordagem para este problema é verificar como os eventos se sucedem em cada processador. Ambos os processadores começam ao mesmo tempo. No ciclo 500, o processador 1 envia a mensagem 1 ao processador 0, a qual chega no ciclo 1.500. Então, o processador 1 calcula por 500 ciclos e tenta receber a mensagem 2 no ciclo 2.000. O processador 0 inicia a recepção da mensagem 1 no ciclo 1.000, mas ela não chega até o ciclo 1.500, de modo que a operação RECEIVE é completada no ciclo 2.000. O processador 1 então calcula por 2.000 ciclos e envia a mensagem 2, começando no ciclo 4.000, a qual chega no ciclo 5.000. Então, o processador 0 calcula por 5.000 ciclos, completando a sua tarefa no ciclo 10.000. Enquanto isto, o processador 1 esteve esperando pela mensagem 2 desde o ciclo 2.000 e a operação RECEIVE é finalmente completada no ciclo 5.500. Então, o processador 1 calcula por 7.000 ciclos, terminando no ciclo 12.500.

O tempo total de execução do programa é o tempo de execução mais longo entre os dois processadores, de modo que o tempo de execução é de 12.500 ciclos.

Protocolo MESI (I)

12.9 Um sistema de memória compartilhada com quatro processadores implementa o protocolo MESI para coerência de *cache*. Para a seguinte seqüência de referências à memória, mostre o estado da linha que contém a variável *a* na *cache* de cada processador, após cada referência ter sido resolvida. Todos os processadores começam com a linha que contém *a* na sua *cache* como sendo inválida.

Operações:
Ler a (processador 0)
Ler a (processador 1)
Ler a (processador 2)
Escrever a (processador 3)
Ler a (processador 0)

Solução

Operação	Processador 0	Processador 1	Processador 2	Processador 3
P0 lê a	E	I	I	I
P1 lê a	S	S	I	I
P2 lê a	S	S	S	I
P3 escreve a	I	I	I	M
P0 lê a	S	I	I	S

Protocolo MESI (II)

12.10 Suponha que o protocolo utilizado no sistema do Problema 12.9 retorne uma cópia compartilhada, ao invés de uma cópia exclusiva, quando é lida uma localização que não estava na *cache* de qualquer processador. Qual seria o estado da localização de memória que contém *a*, depois de cada operação daquele exercício?

Solução

Operação	Processador 0	Processador 1	Processador 2	Processador 3
P0 lê a	S	I	I	I
P1 lê a	S	S	I	I
P2 lê a	S	S	S	I
P3 escreve a	I	I	I	M
P0 lê a	S	I	I	S

Protocolos Baseados em Atualização (I)

12.11 Para a seqüência de operações do Problema 12.9, mostre o estado da linha, em cada processador, se fosse utilizado um protocolo de memória compartilhada baseado em atualização. Assuma que o protocolo de memória compartilhada tem três estados: inválido, para quando o nodo não tem uma cópia da linha; exclusivo, quando o nodo é o único a ter uma cópia da linha; e compartilhado, quando vários nodos têm cópias da linha.

Solução

Operação	Processador 0	Processador 1	Processador 2	Processador 3
P0 lê a	E	I	I	I
P1 lê a	S	S	I	I
P2 lê a	S	S	S	I
P3 escreve a	S	S	S	S
P0 lê a	S	S	S	S

Protocolos Baseados em Atualização (II)

12.12 Na seqüência de operações do Problema 12.11, quantas mensagens de atualização são necessárias? Conte uma mensagem de atualização para cada nodo que precise ser informado a respeito do novo valor de uma localização. (Isto fornece o modelo de execução de um protocolo baseado em atualização, em um sistema com uma rede de interconexão que permita a comunicação ponto a ponto. Sistemas que fornecem suporte para a transmissão de dados para todos os nodos, como multiprocessadores baseados em barramento, podem exigir menos mensagens de atualização.)

Solução

As mensagens de atualização só podem ocorrer quando uma localização é modificada e quando na seqüência de operações existe apenas uma escrita (a escrita de *a* pelo processador 3). No momento em que a escrita ocorre, três outros processadores tem cópias de *a*, de modo que mensagens de atualização tem que ser enviadas a cada um deles. Portanto, são necessárias três mensagens de atualização.

Modelos de Consistência

12.13 **a.** Sugira algumas explicações sobre por que os modelos de consistência fraca podem permitir um desempenho maior que os modelos de consistência forte.
b. Por que os modelos de consistência fraca são mais difíceis de programar do que os modelos de consistência forte?
(*Nota*: esta é uma pergunta mais aberta do que a maioria daquelas encontradas neste texto e não é uma para a qual possa ser encontrada uma resposta concreta neste capítulo.)

Solução

a. Modelos de consistência forte exigem que todos os processadores tenham, o tempo todo, a mesma visão da memória, exigindo que quaisquer mudanças sejam tornadas instantaneamente visíveis, por todos elementos que compõem o multiprocessador. Isto pode exigir um grande número de mensagens, se as mudanças a uma dada posição são freqüentes. Em contraste, modelos de consistência fraca geralmente exigem apenas que as visões que os diferentes processadores têm da memória sejam tornadas consistentes em momentos específicos, como quando exigido pelo programa. Isto significa que as operações de memória executadas em um processador só precisam ser visíveis para os outros processadores quando o programa exigir, o que pode reduzir o volume necessário de comunicação. Por exemplo, se um dado processador executou 10 escritas em uma posição em especial, entre os momentos em que o programa exigiu que aquela memória fosse tornada consistente, apenas o valor final da posição teria que ser transmitido para os outros processadores, por meio de mensagens de atualização e ou de invalidações de linhas de *cache*. Em um modelo de consistência forte de memória, todas as 10 operações de escrita teriam que ser tornadas visíveis para os outros processadores, o que implicaria em muito mais comunicação.

b. A principal complexidade adicional envolvida na programação em um modelo de consistência fraca é que o programador precisa decidir quando a memória deve ser tornada coerente e colocar, dentro do programa, as instruções necessárias para forçar a coerência. Além disto, é possível que diferentes processadores tenham diferentes valores para uma posição de memória que foi modificada desde a última solicitação para que a memória fosse tornada consistente. Isto pode conduzir a erros, se o programador não for cuidadoso.

Memória Compartilhada versus *Troca de Mensagens*

12.14 Para programas com cada um dos seguintes conjuntos de características, qual seria a melhor escolha: um multiprocessador com memória compartilhada ou um multiprocessador baseado em troca de mensagens, sendo todos os outros fatores os mesmos?

a. Os valores tendem a ser calculados muito antes do que eles são utilizados.

b. A estrutura de controle é muito complicada, tornando difícil prever quais dados serão necessários para cada processador.

Solução

a. Neste caso, um sistema baseado em troca de mensagens teria maior probabilidade de fornecer um desempenho melhor porque poderia enviar valores aos processadores que irão precisar deles, quando os valores forem calculados, de modo que os valores alcançam os seus destinos antes que eles sejam necessários. Isto elimina o atraso de comunicação dos processadores que precisam daqueles valores, melhorando o desempenho. Em contraste, um sistema de memória compartilhada só comunica os dados quando eles são solicitados por um processador, de modo que o programa solicitante precisa esperar para que os dados sejam enviados antes que ele possa prosseguir.

b. Para este programa, um sistema de memória compartilhada seria provavelmente o melhor, porque ele comunica os dados implicitamente aos processadores à medida que estes fazem referência àqueles. O programador não precisa ser capaz de prever todas as comunicações necessárias pelo programa, o que pode ser muito difícil em aplicações irregulares.

Para implementar um programa como este em um sistema baseado em troca de mensagens, o programador teria duas alternativas. A primeira seria distribuir os dados para todos os processadores que pudessem precisar deles. A outra seria fazer com que os programas solicitassem os dados aos processadores que os detêm à medida que fossem necessários. Enviar dados a todos processadores pode resultar em comunicações desnecessárias, já que, eventualmente, nem todos os dados são utilizados por todos processadores. Ao fazer com que os dados sejam solicitados à medida do necessário, torna a solução mais próxima do comportamento de um sistema de memória compartilhada. A diferença nesse caso é que os programas necessitam tratar explicitamente o compartilhamento de dados através de solicitações, em vez de tratá-las via *hadware*.

Índice

Aceleração, 14-15
    ideal, 220-222
    linear, 220-222
    multiprocessador, 220-223
    superlinear, 222-223
Acerto (em um nível da hierarquia de memória), 145
Acesso direto à memória (DMA), 208-209
Acionador de dispositivos (*device driver*), 51-52, 208
Alocação de registradores, 69
Aritmética de saturação, 84-85
Arquitetura:
    carga-armazenamento, 81-82
    CISC, 81-82
    Harvard, 159-160
    RISC, 81-82
Arquitetura baseada em pilha, 61-68
    conjunto de instruções para, 65-67
    instruções na, 63, 65
    programação, 67
Arquitetura com registradores de uso geral (RUG), 68-72
    conjunto de instruções para, 69-70
    instruções na, 68-69
    programação, 71
Arquitetura de conjunto de instruções, 80-87
Assembler (montador), 45-46
Assembly (linguagem de montagem), 45-46
Associatividade, 162-165

Banco de registradores, 49-50
    arquitetural, 124-125
    hardware, 124-125
    projeto, 88-90
Barramento:
    E/S, 44, 51-52, 201-204
    memória, 44, 142-143
    política de arbitramento, 202-204
    protocolo, 202-204
Barreira, 231
Benchmark, conjuntos de (medição do desempenho), 13-14
Bit, 22-23
Big endian, 50-51
Bit de presença, 104
Bit de sujo, 167-168, 186
Bit de válido, 167-168, 186
Bloco, 145
Bloco limpo, 146
Bloco sujo, 146
Bolha, 100-101
Bypassing, ver Transmissão de resultados
Byte, 49-50

Cache, 158-172
    associatividade, 162-165
    capacidade, 160-161
    completamente associativo, 162
    comprimento da linha, 160-162
    dados, 159-160
    de vários níveis, 171-172
    determinação de acertos/faltas no, 169-170
    endereçado fisicamente, identificado fisicamente, 193-195
    endereçado fisicamente, identificado virtualmente, 194-195
    endereçado virtualmente, identificado fisicamente, 194-195
    endereçado virtualmente, identificado virtualmente, 193-194
    espionagem da *cache* (*snooping*), 229-231
    faltas compulsórias no, 170-171
    faltas de capacidade no, 170-171
    faltas de conflito no, 170-171
    grupo associativo, 164-165
    Harvard, 159-160
    instrução, 159-160
    mapeamento direto, 162-165
    matriz de dados, 158, 169-171
    matriz de identificadores, 158, 167-170
    política de substituição, 165-166
        aleatória, 165
        não utilizada mais recentemente, 165-166
        usada menos recentemente (LRU), 165
    unificado, 159-160
    write-back, 166-167
    write-through, 166-167
Caminho de dados, 87
CAS (validação da coluna do endereço), 149-150
Células de *bit*, 146-147
    DRAM, 149
    SRAM, 147-148
Chamada de sistema, 48
Chamadas de procedimento, 72-74
Ciclos por instrução (CPI), 13
Codificação de conjunto de instruções de comprimento fixo, 85-86
Codificação de conjuntos de instruções de comprimento variável, 86-87
Coerência de *cache*, 227-229
    protocolo, 227-228
        baseado em atualização, 228-229
        baseado em invalidação, 227-229
    MESI, 228-229
Compilador, 45-47

Comprimento da linha, 160-162
Computador com programa armazenado, 44-45
Computador Von Neumann, 44-45
Computadores com conjuntos de instruções complexas (CISC), 81-82
Computadores com conjuntos reduzidos de instruções (RISC), 81-82
Comunicação entre processadores, 221-222
Comutação de contexto, 47-48
Conjunto de instruções, 44-45, 57-58
Consistência de memória, 226-227
    forte, 226-227
    relaxada, 226-227
    seqüencial, 226-227
Contador de programas (CP), 56-57
Convenção de sinais, 22-23
Convenções de chamada, 74

Dependências:
    dados, 100-101
    nome, 102-103
    verdadeira, 100-101
Depurador (*debugger*), 45-46
Desempenho, 12-13
Desfazendo laços, 128-131
Deslocamento, 57-59
Despejo, 146
Desvios:
    atraso, 103-104
    condicional, 60-61
    incondicional, 60-61
    operações, 60-61
Discos rígidos, 209-213
Distribuição de carga, 221-222

E/S, 201-213
    barramento, 44, 51-52, 201-204
    mapeada em memória, 206-208
    sistema, 51-52
Endereçamento de registrador mais imediato, 83-84
Endereçamento de registradores, 82-83
Endereçamento por rótulos, 82-83
Endereço, 49-50
    físico, 181-183
    largura, 49-50
    tradução, 181-185
    virtual, 181-183
Escalonamento:
    elevador, 213
    first-come-first-serve (FCFS), 212-213
    LOOK, 213
    shortest-seek-time-first (SSTF), 212-213
Execução em-ordem, 121-122
Execução fora de ordem, 122

Expoente, 30-31
Extensão de sinal, 30

Falta (em um nível da hierarquia de memória), 145
Falta de capacidade, 170-171
Falta TLB, 190-191
Faltas compulsórias, 170-171
Faltas por conflito, 170-171
Fatia de tempo, 47-48
Formato de instrução de dois operandos, 68
Formato de instrução de três operandos, 68

Hexadecimal, 23-24
Hierarquia de memória, 143-147
    níveis na, 145
    tempo médio de acesso, 146
    write-back, 146
    write-through, 146

ID de registrador, 67-68
Inanição, 203-204
Inclusão, 146
Instrução, 44-45
    ADD, 58, 65-66, 69-70
    AND, 58, 65-66, 69-70
    apontador de instruções, 56-57
    ASH, 58, 66-67, 69-70
    BEQ, 61, 66-67, 69-70
    BGE, 61, 66-67, 69-70
    BGT, 61, 66-67, 69-70
    BLE, 61, 66-67, 69-70
    BLT, 61, 66-67, 69-70
    BNE, 61, 66-67, 69-70
    BR, 61, 66-67, 69-70
    cache, 159-160
    codificação, 85-87
        comprimento fixo, 85-86
        comprimento variável, 86-87
    dependências, 100-101
    DIV, 58, 65-66, 69-70
    EQ, 59-60
    execução, 56-57
    FADD, 58, 65-66, 69-70
    FDIV, 58, 65-66, 69-70
    FMUL, 58, 65-66, 69-70
    formato de dois operandos, 68
    formato de três operandos, 68
    FSUB, 58, 65-66, 69-70
    GEQ, 59-60
    GT, 59-60
    janela, 123-124
    JMP, 61
    latência, 104-105
    LD, 59-60, 65-66, 69-70
    LEQ, 59-60
    LSH, 58, 65-66, 69-70
    LT, 59-60

MOV, 58, 69-70
MUL, 58, 65-66, 69-70
NEQ, 59-60
NOT, 58, 65-66, 69-70
OR, 58, 65-66, 69-70
POP, 65-66
PUSH, 65-66
riscos, 100-104
  controle, 103-104
  escrita após escrita (EAE), 102-103
  escrita após leitura (EAL), 102-103
  estrutural, 103-104
  leitura após escrita (LAE), 100-101
  leitura após leitura (LAL), 100-101
ST, 59-60, 65-66, 69-70
SUB, 58, 65-66, 69-70
Instrução de máquina, 44-45
Instruções por ciclo, 13
Instruções vetoriais multimídia, 84-86
Inteiros:
  negativo:
    representação em complemento de 11-12, 29-30
    representação sinal magnitude, 27-28
  positivo:
    adição de, 24-25
    divisão de, 25, 27
    multiplicação de, 25, 27
    representação de, 23-24
    representação por excesso, 32
Interpretador, 46
Interrupção, 203-206
  prioridade, 205
  reconhecimento, 204-205
  solicitação, 204-205
  temporização, 205-206
  tratador, 204-205
  vetor, 204-205
Intervalo semântico, 80-81
IPC, 13

Largura de banda, 141-142
  de pico, 143-144
  real, 143-144
Latência:
  instrução, 104-105
  rotacional, 211-212
Lei de Amdahl, 14-16
Lei de Moore, 11-12
Ligadores (*linkers*), 45-46
Linguagem de máquina, 45-46
Linguagem de montagem (*assembly*), 45-46
Linguagens de alto nível, 45-46
Linha de palavra, 146-147
Linhas de *bit*, 146-147
Little endian, 50-51
Localização da referência, 145
Lock, 231

Mantissa, 30-31
Marcação de registradores (*scoreboarding*), 103-104
Margens de ruído, 22-23
Matriz de dados, 158, 169-171
Matriz de identificadores, 158, 167-170

Média geométrica, 13-14
Medição do desempenho (conjuntos de *benchmark*), 13-14
Memória:
  barramento, 44, 142-143
  proteção, 192-194
  tecnologias, 146-152
  virtual, 181-196
Memória apenas de leitura (ROM), 49-50
Memória compartilhada, 225-231
Memória de acesso aleatório (RAM), 49-50
Memória de núcleo, 181
Memória virtual, 181-196
  interação com *caches*, 193-196
Microarquitetura, 80, 86-90
Microprogramação, 88-89
MIPS, 12-13
Modelo de programação, 56-57
Modo de arredondamento, 30-31
Modo de usuário, 48
Modo privilegiado, 48
Modos de endereçamento, 82-84
  pós-incremento, 83-84
  registrador mais imediato, 83-84
  registrador, 82-83
  rótulo, 82-83
Montador (*assembler*), 45-46
Multiprocessadores, 220-232
  aceleração nos, 220-223
  memória centralizada, 223, 224
  memória compartilhada, 225-231
    baseada em barramento, 228-231
  memória distribuída, 223, 224
  troca de mensagens, 225-226
Multiprogramação, 46-48

Não é número (NaN), 32-33
Notação pós fixada (NPR), 67
Número da página física (NPF), 183-184
Número de página virtual (NPV), 183-184
Números em ponto flutuante, 30-35
  padrão IEEE, 31-32
  precisão dupla, 31-32
  precisão simples, 31-32
Números não normalizados, 32-33
Números normalizados, 32-33

Operação:
  aritmética, 57-59
  comparação, 59-61
  controle, 60-61
  deslocamento, 57-59
  desvio condicional, 60-61
  desvio, 60-61
  memória, 59-60
  POP, 61-62
  PUSH, 61-62
Operações alinhadas de memória, 50-51
Ortogonal, 82-83

Página, 181-183
  estrutura, 181-183
  falta, 181-183
  física, 181-183
  tabela, 181-183, 185-189
    de nível único, 185-186
    invertida, 188-189

  multinível, 187-189
  virtual, 181-183
Paginação por demanda, 184-186
Paralelismo de dados, 84-85
Paralelismo no nível das instruções, 118-131
  definição de, 119-120
  limitações do, 120-122
  técnicas de compilação para, 128-131
Permutação, 185-186
Pico da largura de banda, 143-144
Pilha, 61-63, 65
  célula, 72
  implementação de chamadas de procedimento com, 72-74
  implementação de, 62-63, 64
  transbordo, 62-63
Pipeline, 96-109
  adiamento, 100-101
  desvios em, 102-104
  efeitos sobre o tempo de ciclo, 97, 99-100
  estágio, 97
  latch, 97
  latência de, 99-100
  marcação de registradores (*scoreboarding*) em, 103-104
  prevendo o tempo de execução em, 104-107
Pipelining de *software*, 130-131
Política de arbitramento, 202-204
Política de substituição, 146, 165-166
  aleatória, 165
  não utilizada mais recentemente, 165-166
  usada menos recentemente (LRU), 165
Prato, 210-211
Pré-carregamento, 141-142
Precisão dupla, 31-32
Precisão simples, 31-32
Processador, 48-49
  em ordem, 121-122
    prevendo o tempo de execução, 122-123
  fora de ordem, 122
    prevendo tempos de execução em, 122-124
    questões para a implementação, 123-125
  palavra de instrução muito longa (PIML), 126-128
  superescalar, 121-122
Programas automodificáveis, 44-45
Proteção, 48, 192-194
Protocolo MESI de coerência de *cache*, 228-229

RAM dinâmica (DRAM), 146-147, 149-152
  células de *bit*, 149
  modo de página, 150-152
  refrescamento (*refresh*), 149-150
  síncrona, 151-152
  temporização, 149-151
RAM estática (SRAM), 146-148
  célula de *bit*, 147-148
  temporização, 148
RAS (validação da linha do endereço), 149-150
Refrescamento (*refresh*), 149-150

Região proibida, 22-23
Registradores:
  comando, 206-207
  controle, 206-207
Renomeação de registradores, 124-126
Retirada em-ordem, 124-125
Riscos, 100-104
  controle, 103-104
  escrita após escrita (EAE), 102-103
  escrita após leitura (EAL), 102-103
  estrutural, 103-104
  leitura após escrita (LAE), 100-101
  leitura após leitura (LAL), 100-101
Rótulo, 60-61

Saltos, 60-61
Scoreboarding, ver Marcação de registradores
Setor, 210-211
Sincronização, 221-222, 229-231
Sistema de memória, 49-52, 141-152
  com *pipeline*, 141-142
  em bancos, 143
  largura de banda, 141-142
  latência, 141-142
  replicado, 142-143
  taxa de transferência, 141-142
Sistema dedicado, 47
Sistema operacional, 47-48
Somadores completos, 25
Sondagem, 205-206
SPEC, 13-14
SRAM, 146-148
  célula de *bit*, 147-148, 148
  temporização, 148
Standard Performance Evaluation Corporation, 13-14
Substituição, 146
Superpáginas, 192

Tabela de páginas de nível único, 185-186
Tabela de páginas invertidas, 188-189
Tabela de páginas multinível, 187-189
Taxa de acertos, 145
Taxa de falhas, 145
Tempo de procura, 211-212
Tempo de transferência, 211-212
Tendências tecnológicas, 11-12
Transbordo, 27-28
Transbordo negativo, 27-28
Translation lookaside buffers (TLB), 188-192
  falta, 190-191
  organização, 191-192
  superpáginas em, 192
Transmissão de resultados (*bypassing*), 106-109
Trilha, 210-211
Troca de mensagens, 225-226

Unidade de execução, 87-88

Write-back, 146
Write-through, 146